Quantitative Methods in Morphology

Quantitative Methoden in der Morphologie

Edited by

Ewald R. Weibel and Hans Elias

Proceedings
of the Symposium on Quantitative Methods in Morphology
held on August 10, 1965,
during the Eigth International Congress of Anatomists
in Wiesbaden, Germany

Springer-Verlag Berlin Heidelberg GmbH 1967

Symposium organized with the financial assistance of the Council
for International Organization of Medical Sciences, an Organization
subsidized by the World Health Organization and UNESCO

ISBN 978-3-642-50132-6   ISBN 978-3-642-50130-2 (eBook)
DOI 10.1007/978-3-642-50130-2

Titelnummer 1373

Softcover reprint of the hardcover 1st edition 1967

Preface

Stereologic techniques begin to play an increasing role in biologic morphology, particularly there where correlation of structure and function on a quantitative basis is sought. These powerful methods have been in use for many years — partly even for many decades — in geology, mineralogy and metallurgy, while attempts to introduce them into histology have remained rather rare until a few years ago.

In order to stimulate discussion among anatomists about stereologic methods the International Society for Stereology, an interdisciplinary society, organized a Symposium on Quantitative Methods in Morphology which took place on August 10, 1965 in the framework of the Eighth International Congress of Anatomists in Wiesbaden, Germany. The papers presented at this symposium are published in this volume in slightly extended form.

Some of the papers of this volume are of rather specialized nature and presume a basic knowledge of stereology. The first chapter on general stereological principles has therefore been considerably extended and short introductory review paragraphs have been added to a few subsequent chapters to help those who are not yet familiar with this new field in understanding the more specialized original articles.

Long discussion periods formed an essential part of the symposium. However, they were conducted very informally and hence it would not have been profitable to reproduce them in extenso, particularly since the major results of discussion have been incorporated by the authors into the expanded manuscripts presented here. We have thus omitted publication of discussion remarks altogether, although a few valuable contributions could thus not be included in this volume.

We would like to express our gratitude to the Organizing Committee of the Eighth International Congress of Anatomists for having helped and supported the organization of this symposium. The editorial work involved in the publication of this volume has been supported by Wild Heerbrugg Instruments Inc., Switzerland, and we would like to gratefully acknowledge the help received. Last but not least we wish to thank the authors for their enthusiastic cooperation and the Springer-Verlag for the great efforts made in giving this publication an excellent format.

Zürich and Chicago, 1966   E. R. WEIBEL, H. ELIAS

Table of Contents
Inhaltsverzeichnis

1.

2.

3.

4.

5.

6.

List of authors

Doz. Dr. **Günter Bach,** Institut für Mathematik B, Technische Hochschule, 33 Braunschweig (Germany)

Prof. Dr. **Hans Elias,** Department of Anatomy, The Chicago Medical School, 710 South Wolcott Avenue, Chicago 12, Illinois (USA)

Peter M. Elias, B.A., Division of Dermatology, School of Medicine, University of California, San Francisco Medical Center, San Francisco, California (USA)

Prof. Dr. **Hellmut Fischmeister,** Department of Engineering Materials, Chalmers University of Technology, Gibraltargatan 5, Göteborg S (Sweden)

Prof. Dr. **Herbert Haug,** Anatomisches Institut der Universität, Martinistr. 52, 2 Hamburg 20 (Germany)

Dr. **August Hennig,** Anatomisches Institut der Universität, Pettenkoferstr. 11, 8 München 15 (Germany)

Prof. Dr. **Robert Schenk,** Anatomisches Institut der Universität, Pestalozzistr. 20, 4000 Basel (Switzerland)

Doz. Dr. **Hellmuth Sitte,** Elektronen-Mikroskopie-Abteilunng, Medizinische Fakultät, 665 Homburg, Saar (Germany)

Dr. **Werner Treff,** Institut für Hirnforschung der Universität, 74 Tübingen (Germany)

Sylvanus A. Tyler, M. S., Division of Biological and Medical Research, Argonne National Laboratories, Argonne, Illinois (USA)

Prof. Dr. **Friedrich Wassermann,** Senior Scientist, Argonne National Laboratories, Argonne, Illinois (USA)

Prof. Dr. **Ewald R. Weibel,** Anatomisches Institut der Universität, Bühlstr. 26, 3000 Bern (Switzerland)

Chapter 1

Introduction
Einleitung

Introduction to stereology and morphometry

Ewald R. Weibel * and Hans Elias **

I. Fundamental problems of quantitative morphology

It is the purpose of this symposium to demonstrate means and usefulness, pitfalls and successes of introducing a quantitative point of view into morphology. Before entering into details it may be appropiate to point out some of the fundamental problems with which such endeavours may meet. They are, in essence, problems well-known to any morphologist — however, those who wish to *measure* structures have to be more seriously concerned about them. They are the following.

Every organism consists of a *highly ordered* complex of structures, the majority of which are hidden in its interior (Fig. 1a). The functional behavior of some of these systems of structures, for example of the circulatory system, can be studied physiologically in the intact organism by tapping the system from outside. But, as shall be exposed more explicitly in the last chapter of this symposium, such investigations will necessarily have to remain somewhat at the surface of the functional events. No matter how far the investigator can penetrate into the organism, he will never be able to advance his searching probes to the very center of function, but can only endeavor to place it as near to this center as possible. This exclusion of the interior of any system from direct investigation is an operational limitation to all research (Euler, 1766; Truesdell, 1956). In biology it means, that *the interior of an organism cannot be investigated without prior destruction of this organism.*

However, most organs depend on their highly differentiated order for the performance of their function, so that functional studies in a destroyed organism or at some point distant to the actual functional center are of only limited value, if they cannot be related to each other and to the intact organism by means of *models*, as shall be discussed later on. It is the task of the morphologist to develop — in close collaboration with the physiologist — such models on the basis of accurate and reliable quantitative data on the structure of organs, tissues, cells and subcellular units.

In order to achieve this goal the morphologist will have to destroy the organism and the organs under investigation in an orderly fashion, thus gaining insight into the interior while still carefully preserving some of the structural relationships. One way to achieve this is by the classical method of anatomical dissection, or,

---

* Anatomisches Institut der Universität Zürich.
** Department of Anatomy, Chicago Medical School.

most commonly used today, by sectioning tissues on microtomes. Such thin tissue sections have two main features (Fig. 1b):

1. They allow a very refined analysis of internal structures, in the sense that these can be examined in light and electron microscopes, yielding resolutions all the way down to molecular dimensions.

2. The spatial relationship between the different substructures is faithfully preserved at least in two of the three dimensions of space.

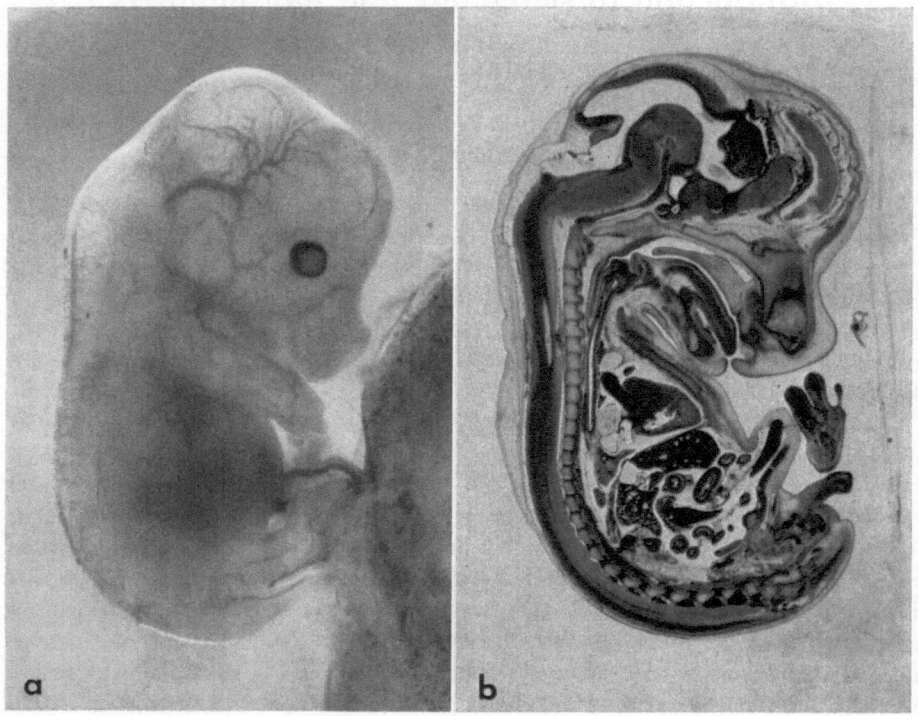

Fig. 1. Lateral view (a) and sagittal section (b) of mouse embryo. Internal structures are seen only after destruction of organism [a: Courtesy Prof. K. Theiler]

However, the third dimension is lost in the process of tissue destruction, since our requirements for good resolution demand that the section be as thin as possible. This *loss of the third dimension* is one of the main difficulties inherent in morphologic work involving sectioning of tissues, particularly when we are interested in obtaining quantitative information. It is therefore the main objective of the field named "stereology" to devise methods for compensating for this loss of one dimension by "reconstruction" of spatial relationships on theoretical grounds. This problem shall now be exposed explicitly on a few examples.

The best known and today most commonly used method of stereology is that of three-dimensional reconstruction from serial sections (Fig. 2). This quite laborious technique yields excellent results, particularly when dealing with relatively simple and well-defined structures (e.g. Boyden, 1965). The practice of serial reconstruction poses not too many serious problems but is mainly a challenge to the skills and inventiveness of the investigator. It shall therefore not be dealt with here.

There are however numerous problems in which serial reconstruction would be a very cumbersome way to go about it, if it could at all lead to success. This particularly when we are asking quantitative questions. Imagine for example, that we wish to determine the growth of the internal surface of the fetal intestine which is twisted in numerous convolutions in the abdominal cavity (Fig. 3a). The study of its internal surface requires destruction, thus for best results sectioning (Fig. 3b). A section of the convoluted fetal intestine reveals two features:

1. Although the intestine is formed by a cylindrical tube with an essentially circular cross-section its sections have all shapes: circles, ellipses etc. This is due to random sectioning of the intestinal tube, since the direction of sectioning is not oriented with respect to the structure investigated. The axis of some intestinal

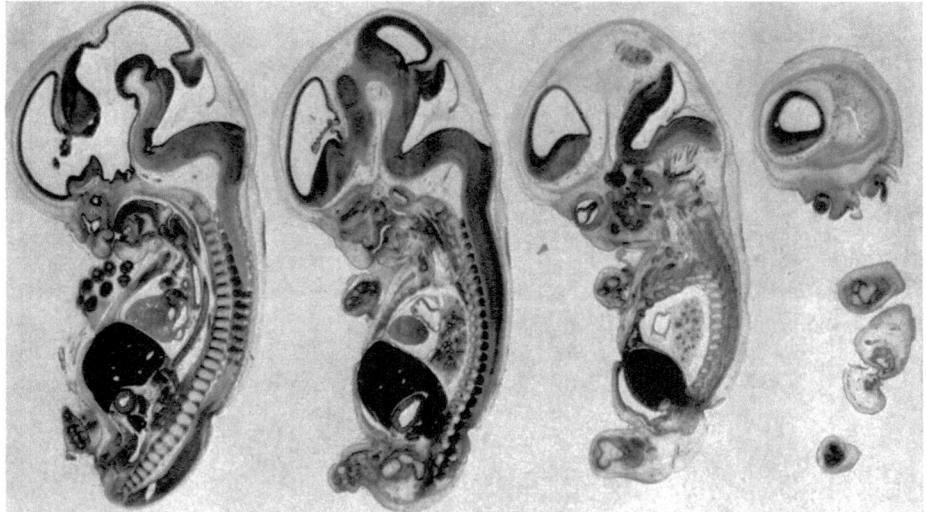

Fig. 2. Serial sections of human embryo provide three-dimensional picture of organism with good resolution of internal structures

loops is perpendicular to the plane of section yielding circular profiles, the axis of others is inclined to the section plane yielding ellipses of all kinds. One of the problems of stereology will be to deduce the three-dimensional shape of this structure from such aggregates of section images.

2. The internal surface of the intestine appears finely corrugated by the formation of folds and villi. It will therefore appear difficult to obtain an accurate estimate of the surface of this complicated structure, unless some tricks are introduced which render the problem rather simple indeed. The presentation of elegant, efficient and reliable methods of measurement for such problems forms a major part of this symposium (chapters 4 and 5). They make use of random probes and of considerations on the probability of coincidence of structure and probe.

Another set of problems may be illustrated on a model situation which simulates the circumstances met in the study of many organs. Imagine a set of structures (e.g. spherical cells), all of the same shape and size but with some identifying characteristic such as color. They are compounded to form an organ impenetrable for refined investigation (Fig. 4) except after destruction.

If we section such a tissue at random (Fig. 5a) our cut will hit some structures through the center or near it, but some will be cut nearer to the pole. A tissue

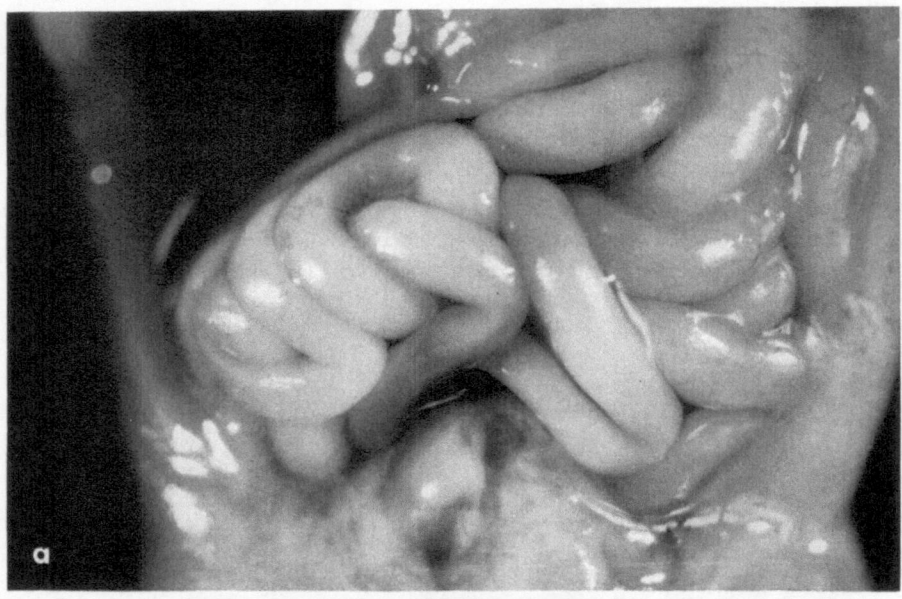

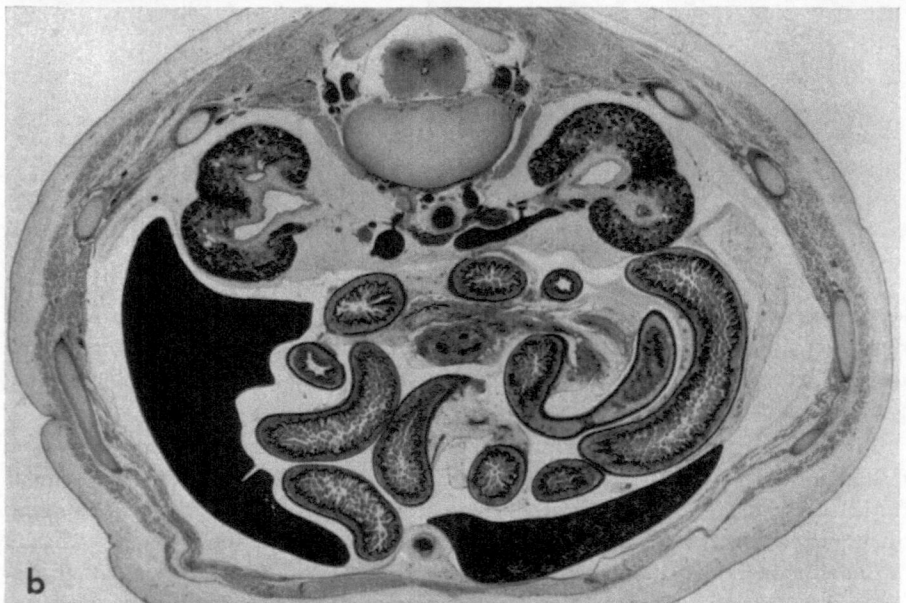

Fig. 3. Intestinal loops of human embryo in frontal view after removal of liver (a) and in section (b). Note varying shape of profiles of intestine and good resolution of inner surface

section, as we usually examine it, is formed between two cuts, one at the upper and one at the lower surface of the slice. If the thickness of this tissue slice is about the same as the size of our structures (Fig. 5a), some will be included almost en-

tirely within the section, while others will contribute only a smaller or larger frag-
ment. The content of this section will thus be very heterogeneous and difficult to
study, but it is a situation commonly encountered when a population of cells is
studied in light microscope preparations. It will thus always be of great importance
to give serious consideration to the relationship between section thickness and
size of structures.

From the point of view of stereology the ideal situation presents itself in most
cases, when the section has no thickness at all, or at least nearly none. In this case
every structure will be represented on the section by an infinitely thin slice, but
again one sphere will be cut near the center another one nearer to the pole. The

Fig. 4. Model of compound organ; deeper spheres cannot be resolved

resulting section is illustrated in Fig. 5 b: Circles of different size are found due to
the different levels at which the individual spheres of equal size have been sectioned.
In this model we know that all spheres were of equal size. In practice we know
usually nothing about the population of structures forming the tissue sectioned.
We then are faced with the problem of finding out from section images such as
the one of Fig. 5 b whether the spheres are of equal or of different size and, if so,
what their size distribution is. Chapter 2 deals with this problem.

We might also want to know how many spheres there are of the different kinds.
This introduces the problem of counting on random sections structures contained
in a volume. There are different approaches to this, and these will be exposed in
chapter 3. Or, it may suffice to determine the volume fraction of the tissue occupied
by one or more of the different components. This is easy to solve with appropriate
procedures which will be presented in chapter 4.

All methods used in stereologic work are based on considerations on geometric
probability, particularly on the probability of coincidence between some appropriate

and well-defined test system and the structures under investigation. The *derivation* of such methods thus poses mathematical proplems which require a certain

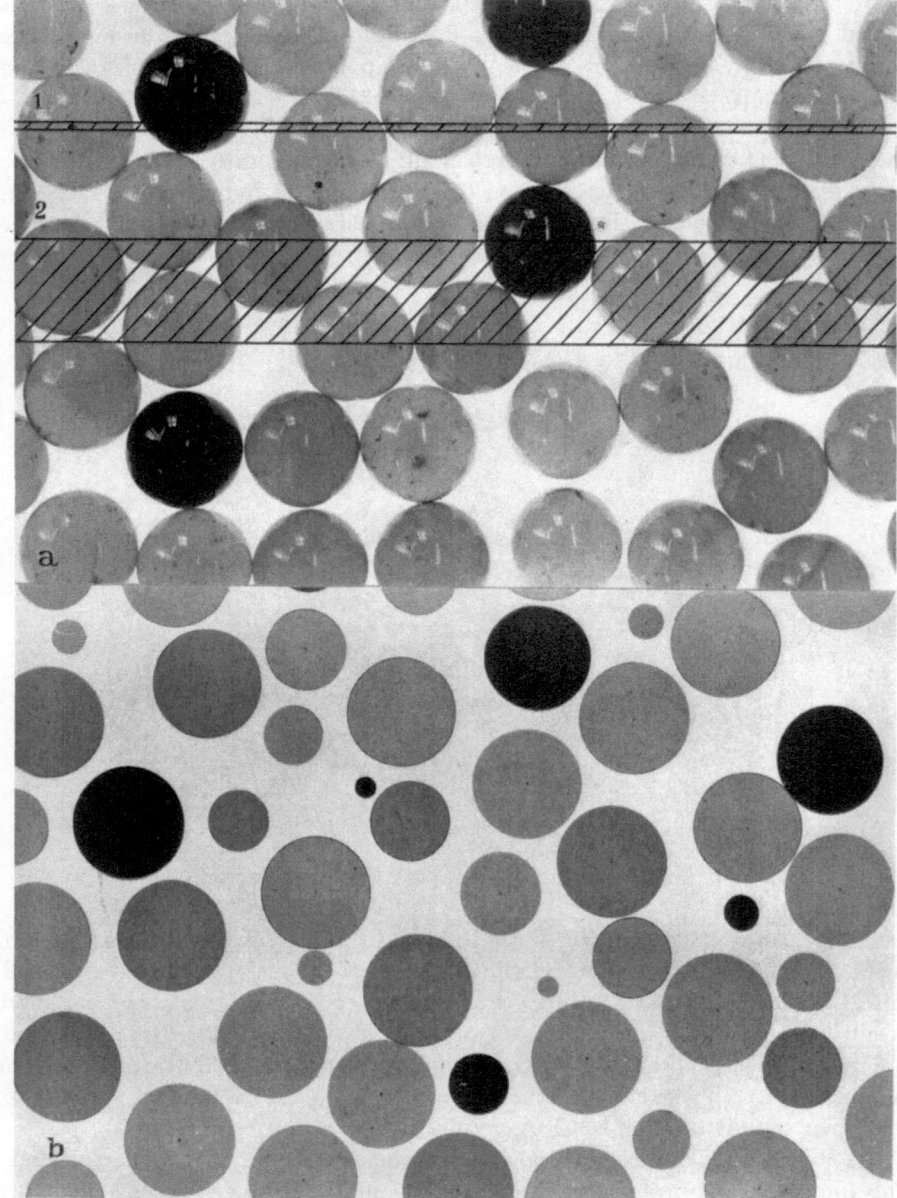

Fig. 5. Effect of sectioning spheres of equal size. In (a) an infinitely thin section (1) passes through spheres at varying distance from center, yielding profiles of varying diameter (b). Thick section or slice (2) contains large fragments of the spheres

skill. Once derived, however, their *application* is rather simple and does not require more mathematical knowledge than usual arithmetics and common statistical analysis. This distinction between requirements for derivation and application of methods needs to be stressed, since it is often found that morphologists shy away from morphometric work for fear of anticipated mathematical "stress".

It is hoped that this symposium will dissipate many of the worries of morphologists by presenting as well papers on theory as on application of the methods.

II. Stereology and morphometry

It may now be appropriate to define the two terms, about which this symposium is centered.

Stereology is a body of procedures, mainly geometrico-statistical, which have the aim of obtaining information about three-dimensional structure from two-dimensional, flat images. It can also be defined as extrapolation from two to three-dimensional space. In the field of astronomy, the flat image from which extrapolation must take place is the inner surface of a gigantic sphere described around the earth. Early attempts to interpret events which are projected, as it were, on this sphere include the Ptolemaic system of planetary motions. The most ingenious works in the history of stereology are the accomplishments of COPERNICUS and KEPLER.

Geologists, mineralogists and metallurgists have used stereological methods since 1847 (DELESSE). As in biologic morphology their flat images are sections through more or less bulky, often complex solids. The sections of the metallurgists are cut and polished surfaces through opaque objects, i. e. they are true mathematical planes. In the case of microscopic anatomy, histology, ultra structure, mineralogy and geology, the so-called sections are in reality slices of finite thickness through translucent materials. The stereologist measures and counts the profiles of the cut tissue elements within a slice, and from the data thus obtained he draws conclusions about the geometrical properties of the original, three-dimensional objects.

Morphometry, a term originally used by geographers to mean quantitative description of geographical features has recently been introduced into the field of microscopic anatomy and ultrastructure. Morphometric data can be obtained by various means in various organs. If one wishes to know how long the ductus epididymidis is, one can macerate the epididymis, tease out the duct and measure its length. Or, if one wants to know the internal surface area of a pulmonary alveolus, one can make a wax plate reconstruction of that alveolus and then measure the internal surface area of it by cutting it apart and laying a pattern of squares over the parts. While these and similar procedures yield morpometric information, they are extremely time consuming and require great technological skill. When stereological methods are applied to the same problems, the procedures are efficient, rather accurate, and they can be carried out on many specimens. One advantage of stereology which is, perhaps, a little undiplomatic to mention is the fact that the sections do not need to be perfect, since stereology is based on random sampling. Those parts of the sections to be measured must be stretched perfectly; but folds and cracks, as well as the wires of an electron microscope grid can be overlooked; nor need the sections be kept in serial order.

Stereology is based on the assumption that component parts of an organ or of a cell are similar to each other in size and shape. Fortunately, this is true for most organs and cells; for, to function in harmony, these parts, all subserving the same function need to be of similar construction.

III. General stereologic principles

1. Measuring with random probes

The term "measure" usually implies an action which is aimed as precisely as possible at the object investigated: A ruler is carefully placed over a micrograph to measure the diameter of cell nuclei, or a caliper is finely adjusted to read off the diameter of a rod etc. This being an action governed by strict rules one may wonder whether *random* probes can at all be used to obtain any good and reliable measurement.

A stereologic random probe is a well defined test system whose properties are known to the investigator. It is confronted with the object under investigation in any random manner, whereby this confrontation is considered to occur at random if the object does not influence the positioning of the probe; probe and object are thus stochastically independent and it is evident that any given confrontation of probe and object will occur with a certain probability. If we succeed in precisely defining the dimensional properties of the image generated by each possible confrontation we may also succeed to derive the dimensions of the objects themselves from their repeated confrontation with specified random probes.

This is all very abstract, and it appears necessary to define (1) the properties of objects, (2) the properties of stereologic probes, and (3) the images generated by their random confrontation.

The tissues of biologic organisms are built of solid structures, three-dimensional bodies which are characterized by a certain volume, a surface area and some geometric properties which are often difficult to define in precise terms. Generally speaking, tissues are compact systems of solid structures: Every membrane which may appear to be a two-dimensional figure is in fact a broad sheet of a certain thickness. It may only be a matter of appropriate resolving power of the observation instrument to visualize it. Even fine filaments are not truly linear elements but are long cylindrical or prismatic solids. The only true objects of tissues are thus three-dimensional structures of varying geometry, while two-dimensional figures appear only as interfaces between adjacent solids, and true one-dimensional lines only as intersections between interfaces.

The properties of random probes can be chosen at the discretion of the investigator, although it will be generally useful to keep them as simple as possible. For stereologic work three basic types of probes are used: Planes, lines and points.

Random planes are "placed" in the tissue by cutting a tissue block open with a sharp cut. The cut-surface passes through the solids composing the tissue and these cause a certain picture to appear on the cut-surface which we will now consider to be a test-plane: "profiles" of solids will appear as areas, surfaces as contour lines and any lines as points. We derive the general rule that sectioning an n-dimensional figure in space yields an $(n-1)$-dimensional image on the test plane. Conversely, an n-dimensional figure in a section indicates the presence in space of an $(n+1)$-dimensional structure (Elias, 1951).

Exact test lines are obtained at the intersection of two test planes. We could also imagine an infinitely thin needle to be shot at random into the tissue. The image of n-dimensional figures of the tissue on the test line is $(n-2)$-dimensional: three-dimensional objects are represented by a stretch of the line which passes through the solid; two-dimensional surfaces are marked by the point of intersection between line and surface.

In placing random test points into the tissue — exactly they are obtained by intersection of three random planes — the "image" is consequently reduced by three dimensions: Points will always be located within one of the solid components of tissue, but very unlikely on a truly two-dimensional surface.

This last comment already points to one important condition, namely that not all properties of tissue structure can be investigated with any one of the customary test systems: Only test planes will allow us to estimate the length of lines in space, surfaces can only be seized on planes and lines while volumes are represented on planes, lines and points. As we shall see later on (p. 93), the lowest possible dimension of the test system provides the easiest test method.

We have so far considered general properties of the images generated by random confrontation of probes and tissue structures. If we look at single images we observe that they depend (1) on the type of probe and (2) on the shape of the structures. Spheres cut by random planes will always yield circles; their diameter will vary depending on the distance of the center of the sphere from the test plane. Ellipsoids yield ellipses of varying size and of varying ratio of axes depending on the inclination of the long axis of the ellipsoid to the test plane. Further considerations on this topic are presented in chapter 2.

2. Requirements for derivation of stereologic principles

A stereologic principle is a working prescription which states in algebraic form the relationship between measurable properties of the images on random probes and some characteristic property of a tissue component: for example, the relationship between the number of sphere sections on the unit area of a test plane (random section) and the number of spheres contained in the unit volume of tissue. Or, the relationship between the surface area of a solid and the number of intersections of a random line of given length with this surface.

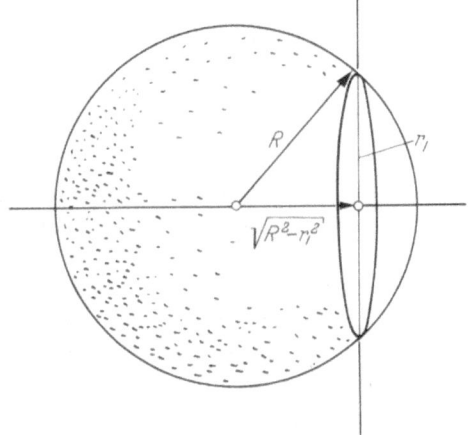

Fig. 6. Relation between sphere radius R and radius r of circular profile on section

The derivation of such precise mathematical relationships involves rigorous considerations on geometrical probability, since both the tissue elements and the probes are geometrical objects which can combine at random. Well defined combinations will occur with definable probabilities. For example, if a tissue is made up of 80% of component A and 20% of B and if a point is placed at random in the tissue, then it will lie within component A with a probability of 0.8. Or, if spheres of radius R are sectioned (Fig. 5 and 6), circular profiles of radius r_1 are obtained at a distance of $\sqrt{R^2 - r_1^2}$ from the center. In random sectioning, such profiles are known to occur with a probability of

$$\frac{r_1}{R\sqrt{R^2 - r_1^2}}. \tag{1}$$

These two examples are very simple. If we section cylinders, however, the problem becomes more involved (Fig. 7). The section images on the random test planes will include circles, ellipses of varying axial ratios and even rectangles, dependnig on the inclination of the cylinder axis with respect to the test plane. The probability of obtaining a profile of given shape will not only depend on length and diameter of the cylinder and on location of the cut, but also on the relative orientation of cylinder and test plane. And it will therefore be most important to define both object and probe with respect to a spatial reference system which has to be carefully selected. It is precisely the selection of an appropriate reference system which is laden with pitfalls, as is nicely illustrated by Kendall and Moran (1963): A number of strange

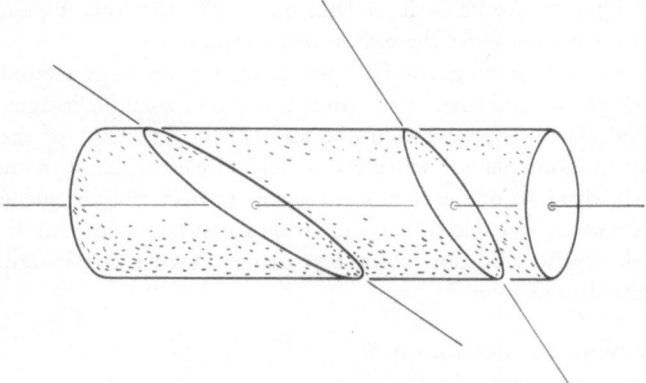

Fig. 7. Random sections of cylinder yield elliptic profiles

paradoxes can be obtained by making "correct" considerations on geometric probability, but on incorrect reference sets.

If we now wish to illustrate the relationship between problems of geometric probability and the derivation of stereologic principles we may demonstrate the relationship between Buffon's needle problem and a principle for estimating the length of a curved line with random probes. For sake of plausibility we will first operate on a plane and then extend to a three-dimensional system.

In 1777 Buffon has confronted the French Academy with the following classical problem which marked the beginning of geometric probability (Fig. 8): Place a needle of length l at random on a plane on which parallel lines are ruled at equal distance D, whereby $l < D$. What is the probability that the needle intersects one of the lines?

If the needle would always lie at right angle to the lines the probability of intersection would be

$$P_L = \frac{l}{D} \tag{2}$$

that is, the larger this ratio, the larger the probability of intersection. If $D = l$, the needle will always intersect a line, if it is oriented perpendicularly and thus $P_L = 1$. If the needle lies parallel to the line grid there will never be an intersection and therefore $P|| = 0$. These are obviously two boundary cases between which the real over-all probability will lie.

If the needle is oriented at an angle Θ to the course of lines the probability of intersection is determined by the distance x between two parallels to the line grid which are tangent to the ends of the needle, and since

$$x = l \cdot \sin \Theta$$

$$P_\Theta = \frac{x}{D} = \frac{l}{D} \cdot \sin \Theta . \tag{3}$$

Having defined the probability of intersection at any angle Θ between needle and direction of line grid, it now remains to sum over all possible orientations, that is over a range of $0 < \Theta < 2\pi$. One end of the needle is then performing a full circle around the needle's center. But since the rotation of the needle through the four quadrants of the circle yields an identical set of values for x it is sufficient

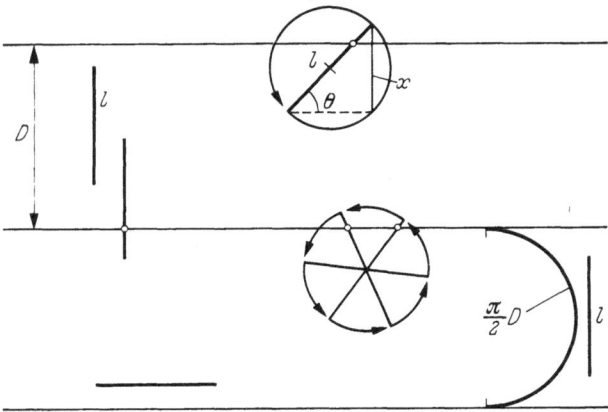

Fig. 8. Buffon's needle problem

to consider only the rotation through one quadrant, i.e. over a range $0 < \Theta < \pi/2$. We then obtain the probability

$$P = \frac{2}{\pi} \int_0^{\pi/2} \frac{l}{D} \cdot \sin \Theta \, d\Theta \tag{4}$$

$$= \frac{2l}{\pi D} \cdot \left[- \cos \Theta \right]_0^{\frac{\pi}{2}} \tag{5}$$

$$= \frac{2l}{\pi D} . \tag{6}$$

In words, the probability of obtaining an intersection between needle and line grid is equal to the ratio of needle length over half the circumference of a circle whose diameter corresponds to the line distance D, also called grid constant (Fig. 8).

This consideration on geometric probability can now immediately lead to a stereologic principle. Taking the grid of parallel lines with grid constant D to be a stereologic probe it is now easy to determine the unknown length of a needle by randomly tossing it N times and counting the number n of intersections obtained:

$$l = \frac{n}{N} \cdot \frac{\pi}{2} \cdot D . \tag{7}$$

Or we can use the test grid to measure the length L of a long curved line (Fig. 9), if we imagine it to be composed of N short straight elements of unit length l:

$$L = N \cdot l = n \cdot \frac{\pi}{2} \cdot D . \tag{8}$$

This provides a useful "stereologic" principle in a two-dimensional system: The length of a curve randomly laid out on a plane can be rapidly estimated if a parallel line grid of known grid constant is placed over the curve and all intersections between curve and grid are counted. This is much less cumbersome than using a map curvimeter and often yields a result of sufficient accuracy.

What is involved in deriving a similar principle for a truly stereologic three-dimensional problem? Take again the needle which can assume any orientation in space. Instead of using a grid of parallel lines we will now have to set our needle in relation to a set of parallel planes of equal distance D (Fig. 10). While assuming all possible orientations, the ends of the needle will now not only perform a circle around the needle's center but a sphere. Without further exposing the various

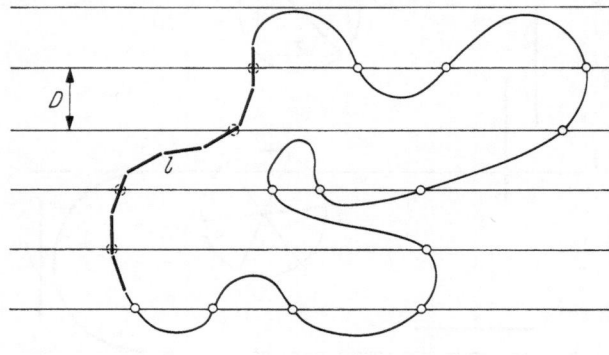

Fig. 9. Measuring the length of a curve on a plane from its number of intersections with line grid

steps, which are in essence identical to the ones given for the planar problem, it is found that the probability of intersection between needle and test planes is:

$$P = \frac{1}{2} \cdot \frac{l}{D} \, . \tag{9}$$

From this basic relationship Hennig (1963) has derived a stereologic principle for estimating the length of a curve randomly twisted in space, by again subdividing the curve into short units, as shown for the planar problem. The principle states that

$$L = N \cdot l = 2 \cdot n \cdot D \, , \tag{10}$$

where n is the average number of intersections of the curve with the test planes.

In practice it is however not convenient to use a set of parallel test planes. By performing the following transformation the practical application of this principle is rendered much easier. If we cut a cube of volume V_T out of our tissue block (Fig. 10) and place our system of test planes of distance D in it, then a total test area of

$$A_T = \frac{V_T}{D} \tag{11}$$

will be enclosed in the cube. Solving (11) for D and substituting into (10), we obtain

$$L = 2 \cdot n \cdot \frac{V_T}{A_T}$$

or
$$\frac{L}{V_T} = 2 \cdot \frac{n}{A_T} .$$
(12)

Calling $L/V_T = L_V$ the "density" of the curve in the unit volume and $n/A_T = N_A$ the average number of intersections of the curve with the unit test area, we obtain the simple relationship (HENNIG, 1963)

$$L_V = 2 \cdot N_A .$$
(13)

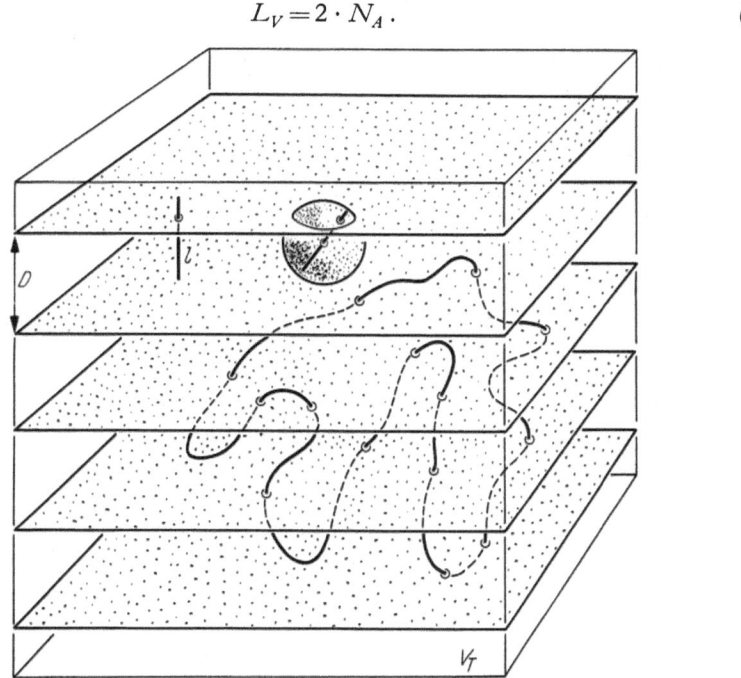

Fig. 10. Application of Buffon's needle problem to a stereologic problem in space. The length of a curve is estimated from its number of intersections with equidistant planes

These examples may suffice to illustrate the basic requirements for derivation of stereologic principles. Further examples will be given in subsequent articles of this volume.

3. Requirements for application of stereologic principles in morphology

Once a suitable test system is defined, practical application will depend on its proper confrontation with the objects. We must here remember that the plane has been characterized as the test system of highest order, followed by lines — obtained as intersections of two planes — and points, intersections of three planes. So, obviously, all test systems can be obtained starting with planes, and planes are generated by cutting open tissue blocks.

From this the tissue section evolves as the ideal basic sample for stereologic work. We must only demand that the section be of negligible thickness, always remembering that a regular microtome "section" is actually a slice whose thickness can only be disregarded if it is small with respect to the size of structures under investigation.

There are various ways of superimposing a given test system with a sample section. For light microscopy, reticles with a frame to define a test area and with line grids or point nets can be mounted in the focal plane of eyepieces (Haug, 1955; Hennig, 1956; Weibel, Kistler and Scherle, 1966); or the section can be projected onto a screen carrying the test system (Elias, 1966). In electron microscopy, transparent sheets can be placed over micrographs, or the test system can be photographically printed on the enlargement (Sitte, 1963; Loud, Barany and Pack, 1965), or the micrographs can be recorded on film and projected on a screen with a table projector (Weibel, Kistler and Scherle, 1966). Many variations on this theme are presented in the articles of this volume.

Most stereologic principles will reduce the actual "measuring" to a simple counting procedure, as will be outlined in chapters 3—5. It will thus be of practical importance to have an efficient tally counter available in order to conveniently tabulate the basic data before they are introduced into the formulae.

The results obtained by stereologic methods are evidently *estimates* of the parameters investigated. The quality of this estimate can be tested by usual statistical techniques. It can be improved by increasing the sample size, e.g. the number of sections investigated or the number of test points placed on the sections, but it should be borne in mind that this improvement runs proportional to the square root of sample size (Hennig, 1959 a.o.). In addition, proper distribution of the sample over the specimen is important. Hennig will show in chapter 4 that systematic distribution of test points yields better results than random distribution. The "randomness" required by the theory of stereology is still preserved if there is no coincidence between the lattice of the test system and any lattice that may underlie tissue organization. Similarly, organs are best sampled by a method of stratified random sampling (Weibel, 1963; Dunnill, 1964).

One point which is often overlooked is the importance of optimal tissue preparation. Stereologic principles are very powerful tools which will easily pick up all imperfections of the specimen due to inadequate tissue preparation. The morphologist is usually best satisfied if his material gives aesthetically pleasing pictures. For stereology this is entirely irrelevant; it is much more important to have faithful and reproducible representation of tissue architecture and dimensions. Since ideal preparation is still far away it is essential to develop a standardized preparation procedure for each problem and to determine, if possible, the dimensional artifacts introduced (Weibel, 1963; Weibel and Knight, 1964).

IV. Terminology and symbolism*

In the subsequent chapters a standard notation for stereology is used wherever possible. This notation has been proposed by Underwood (1964) in a note to the members of the International Society for Stereology. Its general properties shall be briefly outlined.

Basic parameters of stereology are usually ratios of two quantities, such as: numbers of objects per volume of tissue, or volume of objects per tissue volume etc. To make the symbols self-explanatory it is proposed to identify the reference

---

* The set of symbols suggested here and used throughout this volume is of preliminary nature and may be revised for later publications of the International Society for Stereology.

system (denominator of ratio) by a capital subscript. For example, the number of objects per unit volume of tissue is

$$N_V = \frac{N_i}{V_T},$$

where N_i is the number of objects counted in a volume V_T of tissue. Similarly, the volumetric fraction of these objects is

$$V_V = \frac{V_i}{V_T}.$$

When counting N_i transsections of these objects on a section area A_T we obtain the number of objects transsected by the unit area of random section as

$$N_A = \frac{N_i}{A_T};$$

or counting N_i intersections of their surface with a test line of length L_T we obtain

$$N_L = \frac{N_i}{L_T}$$

as the average number of intersections per unit test line length.

The basic set of symbols for stereology thus derived is given in Table 1 together with their English and German definitions.

Table 1. *Basic list of symbols for stereology* (from UNDERWOOD, 1964)

Symbol	Dimension	English Definition	Deutsche Definition
N	1	Number of objects	Anzahl Objekte
P	1	Number of points	Anzahl Punkte
L	cm	Length of lineal element or test line	Länge von Linienelementen oder Testlinien
A	cm²	Planar area (transsection of object or test area)	Ebener Flächeninhalt (Objektquerschnitte oder Testflächen)
S	cm²	Surface or interface area (not necessarily planar)	Ober- oder Grenzfläche (nicht unbedingt eben)
V	cm³	Volume of threedimensional object or test volume	Volumen räumlicher Objekte oder Testvolumen
T	cm	Section (slice) thickness	Schnitt- oder Scheibendicke
N_V	cm⁻³	Number of objects per unit (test) volume (numerical density)	Anzahl Objekte im Einheitsvolumen (Numerische Dichte)
P_V	cm⁻³	Number of points per unit volume (point density)	Anzahl Punkte im Einheitsvolumen (Punktdichte)
L_V	cm⁻²	Length of line element per unit volume (line density)	Länge von Linienzügen im Einheitsvolumen (Liniendichte)
S_V	cm⁻¹	Surface or interface area per unit volume (surface density)	Ober- oder Grenzfläche im Einheitsvolumen (Oberflächendichte)
V_V	1	Volume of objects per unit volume (volumetric density)	Objektvolumen im Einheitsvolumen (Volumetrische Dichte)
N_A	cm⁻²	Number of objects intersected (profiles) per unit area	Anzahl Objektanschnitte auf Einheitsfläche
P_A	cm⁻²	Number of points per unit area	Anzahl Punkte auf Einheitsfläche
L_A	cm⁻¹	Length of lineal element per unit area	Länge eines Linienzuges auf Einheitsfläche
A_A	1	Area of profiles per unit area (area fraction)	Anschnittsfläche per Einheitsfläche (Flächenanteil)

Table 1 (Fortsetzung)

Symbol	Dimension	English Definition	Deutsche Definition
N_L [1]	cm^{-1}	Number of features per unit length of (test) line	Anzahl Elemente pro Einheitslänge einer (Test-) Linie
P_L [1]	cm^{-1}	Number of points per unit length of line	Anzahl Punkte auf Einheitslinienlänge
L_L	1	Length of lineal intercepts per unit length of line (lineal fraction)	Durchstoßlänge (Sehnenlänge) einer Einheitslinie in Objekten (Anteil Objekte an Testlinienlänge)
P_P	1	Fraction of point system included in objects (point fraction)	Anteil eines Punktnetzes, der in Objekten eingeschlossen ist (Punktanteil)

It is clear that this set of symbols is incomplete; for any particular application it must be augmented by appropriate additional symbols. As generally useful additions two modifications are suggested in Table 2 (Weibel, Kistler and Scherle, 1966):

Table 2. *Proposed augmentation of notation for practical stereology*
(from Weibel, Kistler and Scherle, 1966)

General features:

1. Symbols: Capitals refer to collective treatment of structures, lower case to individual structures; e.g. v = volume of individual; V = total volume of group of structures.

2. Subscripts: Capitals identify reference or test system, lower case identify the object (i).

Individual dimensions
v_i volume of structure i
s_i surface area of structure i
a_i transsection area of structure i on section
d_i diameter of structure i

Collective dimensions of group of structures
V_i Collective volume of structures i
S_i Collective surface area of structures i
A_i Collective area of transsections of i
N_i Number of structures i
L_i Collective length of intercepts of test line in i or total length of i
P_i Collective number of test points lying in i

Relative dimensions
V_{Vi} Volume fraction occupied by i (volumetric density)
S_{Vi} Collective surface area per volume (surface density)
N_{Vi} Number of i per volume (numerical density)
A_{Ai} Area fraction of section occupied by i
N_{Ai} Number of transsections of i per section area
L_{Li} Fraction of test line intercepting i
N_{Li} Number of intersections with i per test line length
P_{Pi} Fraction of test points enclosed in i

Test systems
V_T Test volume
A_T Test area on section
L_T Length of test line
P_T Number of test points

---

[1] Intersections of test lines with surfaces or interfaces are point elements and should logically be designated by P_L. To avoid possible confusion, surfaces are generally regarded as "features" and surface intersections with unit test line are designated by the symbol N_L.

a) The symbols of Underwood's list use only capital letters. The introduction of lower case letters allows distinction between dimensions of *individual* structures (lower case) and *collective* dimensions of the entire population of structures (capitals). For example, v is the volume of one individual object, while V gives the volume of all these objects taken together.

b) The *subscripts* are again augmented by lower case letters which identify the nature of the objects, while capital subscripts identify the reference (or test) system. Thus, N_A is the number of objects per test area and N_a is the number of objects a. Using subscript T to identify a test system we can define the number of profiles of object a per unit area of random section as

$$N_{Aa} = \frac{N_a}{A_T}.$$

It may be argued that the lower case subscript should logically precede the capital; however, the proposed arrangement appears easier to handle in practice and carries all the information necessary.

References

BOYDEN, E. A., and D. H. TOMPSETT: The changing patterns in the developing lungs of infants. Acta anat. (Basel) 61, 164—192 (1965).

BUFFON, G.: Essai d'arithmétique morale. Suppl. à l'Histoire Naturelle (Paris) 4 (1777).

DUNNILL, M. S.: Evaluation of a simple method of sampling the lung for quantitative histological analysis. Thorax 19, 443 (1964).

ELIAS, H.: A mathematical approach to microscopic anatomy. Chicago Med. School Quart. 12, 98—103 (1951).

EULER, L.: Sectio prima de statu aequilibrii fluidorum. Novi comm. acad. sci. Petrop. 13, 305—416 (1769).

HAUG, H.: Die Treffermethode, ein Verfahren zur quantitativen Analyse im histologischen Schnitt. Z. Anat. Entwickl.-Gesch. 118, 302 (1955).

HENNIG, A.: A critical survey of volume and surface measurements in microscopy. Zeiss-Werkz. Nr 30 (1959).

— Länge eines dreidimensionalen Linienzuges. Proc. I. Int. Congr. Stereology 44/1—8. Wien: Med. Akad. 1963.

KENDALL, M. G., and P. A. P. MORAN: Geometrical probability. Griffin's statistical monographs and courses, no 10. London: Griffin 1963.

LOUD, A. V., W. C. BARANY, and B. A. PACK: Quantitative evaluation of cytoplasmic structures in electron micrographs. Lab. Invest. 14, 996 (1965).

SITTE, H., u. M. STEINHAUSEN: Stereologische Auswertung elektronenoptischer Aufnahmen der Säugerniere. Proc. I. Int. Congr. Stereology, Vienna 1963, p. 24.

TRUESDELL, C.: Euler's Leistungen in der Mechanik. Enseignement math. 3, 251—262 (1957).

UNDERWOOD, E. E.: A standardized system of notation for stereologists. Stereologia 3, 5—7 (1964).

WEIBEL, E. R.: Morphometry of the human lung. Berlin-Göttingen-Heidelberg: Springer 1963.

— G. S. KISTLER, and W. F. SCHERLE: Practical stereologic methods for morphometric cytology. J. Cell Biol. 30, 23—39 (1966).

—, and B. W. KNIGHT: A morphometric study on the thickness of the pulmonary air-blood barrier. J. Cell Biol. 21, 367 (1964).

Chapter 2

Derivation of size distribution of structures from analysis of sections

Bestimmung von Größenverteilungen von Strukturen aus Schnitten

Kugelgrößenverteilung und Verteilung der Schnittkreise; ihre wechselseitigen Beziehungen und Verfahren zur Bestimmung der einen aus der anderen

GÜNTER BACH *

Zusammenfassung

Das Tomatensalatproblem (Bestimmung der Größenverteilung von Kugeln aus der Größenverteilung ihrer Schnittscheiben oder ebenen Schnittkreise) wird in größter Allgemeinheit gelöst. Es werden Auswertungsverfahren und Formeln angegeben, die es erlauben, neben der Bestimmung von charakteristischen Größen der Kugelverteilung (Anzahl der Kugeln pro Einheitsvolumen, Mittelwert der Radien, Streuung, mittleres Kugelvolumen usw.) auch die Häufigkeitsverteilung (Histogramm) der Kugeln auszurechnen.

Das zur Verwendung der Formeln erforderliche Zahlenmaterial ist in fünf Tabellen zusammengestellt. Ein Diagramm zur näherungsweisen Ermittlung des Kugelradienmittelwertes aus dem Mittelwert der Schnittkreisradien ist beigefügt.

Die Anwendung der Verfahren wird an zwei Beispielen erläutert.

Summary

The problem of determining the size distribution of spheres from the size distribution of slices or plane section circles thereof is solved in greatest possible generality. Procedures and formulas for practical application are given; these allow a determination of various parameters of the sphere size distribution such as the number of spheres per unit volume, the mean radius, variance, mean sphere volume etc. It is also possible to calculate the size distribution as a histogram.

The numerical coefficients necessary for practical application of the formulae are presented in table form. The mean sphere radius can be obtained from the mean radius of section circles through graphical approximation by means of a diagram. Two practical examples illustrate the application of these procedures.

Das Problem der Bestimmung von Anzahl und Größenverteilung kugelförmiger Partikel aus der Verteilung ihrer kreisförmigen Schnittbilder an Hand zufälliger Schnitte ist schon alt und tritt in vielen verschiedenen Disziplinen auf, wie z. B. in der Histologie, der Metallographie und der Astronomie. Bei histologischen und metallographischen Fragestellungen handelt es sich darum, aus der Projektion der im Schnitt befindlichen Kugelanschnitte auf die Schnittoberfläche bzw. aus der im

---

* Am Institut für Mathematik B, Technische Hochschule, Braunschweig.

Anschliff sichtbaren Verteilung der Schnittkreise, die Verteilung der Kugeln zu rekonstruieren, während es beim astronomischen Problem darum geht, die Verteilung der Sterne in einer Sternwolke aus der Verteilung ihrer auf das Himmelsgewölbe projizierten Bilder zu bestimmen.

Die histologischen und metallographischen Probleme lassen sich zu einem Komplex zusammenfassen, wenn man in den (bei histologischen Präparaten üblichen) Schnittscheiben die Schnittdicke gegen Null streben läßt; eine solche Schnittscheibe mit verschwindender Dicke kann ja als Anschliff angesehen werden, wie er bei metallographischen Messungen benutzt wird.

1. Ableitung einer Formel, die die Verteilungsdichten der Schnittkreis- und Kugelverteilung miteinander verknüpft

Zur Veranschaulichung betrachten wir folgendes Modell: In einem Kubus aus durchsichtigem Material seien undurchsichtige Kugeln eingebettet, deren Radien eine beliebige Größenverteilung aufweisen. Die Dichte der Kugelmittelpunkte und

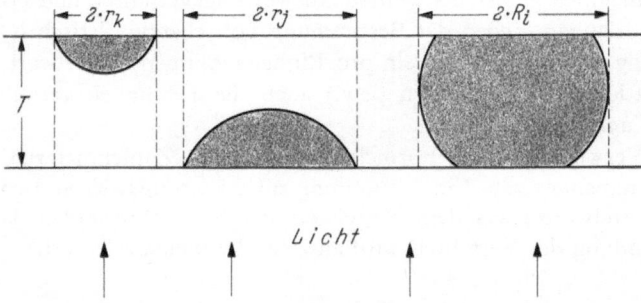

Abb. 1. Querschnitt durch eine Schnittscheibe der Dicke T

die Radienverteilung seien die gleichen in allen Teilen des Kubus, dessen Kantenlänge groß gegen den größten Kugeldurchmesser sei. Wird eine zufällige Schnittscheibe der Dicke T durch den Kubus gelegt, herausgenommen und mit parallelem Licht durchstrahlt, so erscheint dem Beobachter eine Verteilung von Kreisen mit unterschiedlichen Durchmessern, da die im Schnitt liegenden Kugelzonen und Kalotten in der Aufsicht als Kreise gesehen werden. Ist die Einbettungsmasse genügend durchsichtig bzw. die Schnittdicke T nicht zu groß, so wird jeweils der größere Schnittdurchmesser einer angeschnittenen Kugel gesehen bzw. der wirkliche Kugeldurchmesser, falls der Kugelmittelpunkt im Schnittinneren liegt (Abb. 1). Damit keine Überlappungseffekte auftreten — darunter versteht man die Verdeckung kleinerer Anschnitte durch größere, darüberliegende; die Unmöglichkeit der Abgrenzung der einzelnen Anschnitte usw. — genügt es, die Schnittdicke im allgemeinen als klein gegenüber dem zweifachen mittleren Kugeldurchmesser anzunehmen. Es existieren bereits einige Methoden, mit deren Hilfe man die Überlappungseffekte erfassen und in der Auswertung berücksichtigen kann, sie sind jedoch relativ kompliziert und erfordern Sondermessungen bzw. zusätzliche Annahmen über die räumliche Verteilungsdichte der Kugelmittelpunkte (Mack, 1954, 1955; Hilliard, 1961). Da außerdem ein unkontrollierbarer Verlust an kleineren Anschnitten durch Herausfallen beim Schneiden, Identifizierungsschwierigkeiten usw. eintritt, werden wir bei der Ableitung der Formeln im folgenden Überlappungseffekte grundsätzlich nicht berücksichtigen. Dazu kommt noch, daß die o.a. Bedingung für das Verhältnis von Schnittdicke zu mittlerem Kugeldurchmesser gerade bei histologischen Präparaten fast immer erfüllt sein dürfte.

Mit $G(R)$ werde die Verteilungsdichte der Kugelradien in bezug auf das Einheitsvolumen bezeichnet, d.h. $G(R)\varDelta R$ gibt die Anzahl der Kugeln mit Radien zwischen R und $R+\varDelta R$ im Einheitsvolumen an. Die Verteilungsdichte der Schnittkreise in bezug auf die Einheitsfläche werde mit $g(r)$ bezeichnet. Offenbar erzeugen alle diejenigen Kugeln vom Halbmesser R, deren Mittelpunkte im Abstand zwischen h und $h-|\varDelta h|$ oberhalb der Schnittebene liegen, Schnittkreise mit Radien zwischen r und $r+\varDelta r$ (Abb. 2). Im Volumen $|\varDelta h|\cdot 1$ liegen auf Grund der Voraussetzung über die Gleichverteilung der Kugelmittelpunkte $G(R)\varDelta R|\varDelta h|$ Mittelpunkte von Kugeln mit Radien zwischen R und $R+\varDelta R$. Wegen

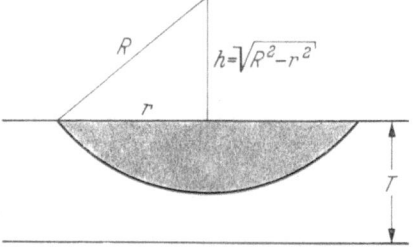

Abb. 2. Beziehung zwischen Kugel- und Schnittkreisradius

$$h=\sqrt{R^2-r^2}\ \text{gilt}\ |\varDelta h|=\frac{r\,\varDelta r}{\sqrt{R^2-r^2}}.$$

Es tragen also von den Kugeln mit Radien zwischen R und $R+\varDelta R$, deren Mittelpunkte oberhalb der Schnittebene liegen, $r\varDelta r\,\dfrac{G(R)\varDelta R}{\sqrt{R^2-r^2}}$ zu Schnittkreisen mit Radien zwischen r und $r+\varDelta r$ bei. Beachten wir, daß der gleiche Beitrag noch einmal hinzukommt von den Kugeln, deren Mittelpunkte unterhalb der unteren Schnittebene liegen und daß alle Kugeln mit Radien $R\geqq r$ Schnittkreise mit Radien zwischen r und $r+\varDelta r$ ergeben können, so folgt durch Summation über alle Kugeln mit Radien $\geqq r$ und Berücksichtigung der Tatsache, daß die $T G(r)\varDelta r$ Kugeln, deren Mittelpunkte in der Schnittscheibe liegen, ebenfalls als Schnittkreise mit Radien zwischen r und $r+\varDelta r$ gesehen werden

$$g(r)\varDelta r=2r\varDelta r\sum \frac{G(R)\varDelta R}{\sqrt{R^2-r^2}}+TG(r)\varDelta r.$$

Division durch $\varDelta r$ und Grenzübergang $\varDelta R\to 0$ ergibt die gesuchte Beziehung zwischen den Verteilungsdichten der Schnittkreis- und Kugelverteilung:

$$g(r)=2r\int\limits_{r}^{\infty}\frac{G(R)\,dR}{\sqrt{R^2-r^2}}+TG(r). \tag{1.1}$$

Die Lösung dieser Volterraschen Integralgleichung zweiter Art werde hier aus Platzmangel ohne Beweis mitgeteilt (BACH, 1959):

$$G(R)=\frac{g(R)}{T}-\frac{\sqrt{\pi}}{T^3}R\int\limits_{R}^{\infty}w\left[\frac{\pi}{T^2}(r^2-R^2)\right]g(r)\,dr, \tag{1.2}$$

mit $w(z)=e^z\varGamma(-\tfrac{1}{2},z)$. $\varGamma(-\tfrac{1}{2},z)$ ist die unvollständige Gammafunktion (vgl. hierzu etwa *Bateman Manuscript Project*, 1954). Damit ist, zumindest theoretisch, das Problem der Bestimmung der Kugelverteilung $G(R)$ aus der Verteilung der

Schnittkreise $g(r)$ völlig gelöst. Jedoch ist die Formel (1.2) wegen der relativ komplizierten Gewichtsfunktion w unter dem Integral für die praktische Auswertung nicht besonders gut geeignet.

2. Herleitung einer praktisch verwendbaren Formel aus der Lösung der Integralgleichung

Unter N_V soll ab jetzt immer die Gesamtzahl der Kugeln im Einheitsvolumen, unter N_A die Gesamtzahl der Schnittkreise in der Einheitsfläche verstanden werden. Damit folgt aus der Beziehung (1.2) durch Integration über R von 0 bis ∞

$$\int\limits_0^\infty G(R)\,dR = N_V = \frac{N_A}{T} - \frac{\sqrt{\pi}}{T^3} \int\limits_0^\infty g(r) \int\limits_0^r w\left[\frac{\pi}{T^2}(r^2 - R^2)\right] R\,dR\,dr. \tag{2.1}$$

(Im Doppelintegral wurde noch die Integrationsreihenfolge vertauscht!) Mittels der Substitution $\frac{\pi}{T^2}(r^2 - R^2) = \tau$ ergibt sich

$$N_V = \frac{N_A}{T} - \frac{1}{2T}\frac{1}{\sqrt{\pi}} \int\limits_0^\infty g(r) \int\limits_0^{\pi r^2/T^2} w(\tau)\,d\tau\,dr. \tag{2.2}$$

Unter Beachtung der Beziehung

$$w(z) = -2\sqrt{z}\,\frac{d}{dz}f(\sqrt{2z}) \quad \text{mit} \quad f(u) = e^{u^2/2} \int\limits_u^\infty e^{-s^2/2}\,ds, \tag{2.3}$$

folgt dann

$$N_V = \frac{N_A}{T} + \frac{1}{T}\sqrt{\frac{2}{\pi}} \int\limits_0^\infty g(r)f\left(\frac{\sqrt{2\pi}}{T}r\right)dr - \frac{1}{T}\sqrt{\frac{2}{\pi}} \int\limits_0^\infty g(r)f(0)\,dr. \tag{2.4}$$

Da $f(0) = \sqrt{\frac{\pi}{2}}$, läßt sich (2.4) noch in der kürzeren Form

$$N_V = \frac{1}{T}\sqrt{\frac{2}{\pi}} \int\limits_0^\infty f\left(\sqrt{2\pi}\,\frac{r}{T}\right)g(r)\,dr \tag{2.5}$$

schreiben.

Bei praktischen Messungen dürften die Schnittkreise immer in Klassen eingeteilt sein, wir wollen daher unseren Betrachtungen ein für allemal die folgende Klasseneinteilung zugrunde legen: Die Schnittkreisradien seien in $n+1$ Klassen eingeteilt mit den Klassenmitten $r_i = (i + \frac{1}{2})h$, $(i = 0, 1, 2, 3, \ldots, n)$, den Klassenhäufigkeiten p_i und der Klassenbreite h. Wenn nicht ausdrücklich anders vermerkt, wollen wir unter den p_i immer absolute Häufigkeiten, bezogen auf die Einheitsfläche verstehen. Zur Vereinfachung der Schreibweise soll weiterhin in den Integralgrenzen $r_i + h/2$ durch $r_i +$, $r_i - h/2$ durch $r_i -$ gekennzeichnet werden. Schreiben wir (2.5) um als Summe der Integrale über die Klassen:

$$N_V = \frac{1}{T}\sqrt{\frac{2}{\pi}} \sum_{i=0}^n \int\limits_{r_i -}^{r_i +} f\left(\sqrt{2\pi}\,\frac{r}{T}\right)g(r)\,dr,$$

so folgt bei genügend feiner Klasseneinteilung mit $\int\limits_{r_i-}^{r_i+} g(r)\,dr = p_i$

$$N_V = \frac{1}{T} \sqrt{\frac{2}{\pi}} \sum_{i=0}^{n} p_i f\left(\sqrt{2\pi}\,\frac{r_i}{T}\right). \tag{2.6}$$

Formel (2.6) gestattet also unmittelbar die Berechnung der Gesamtzahl der Kugeln im Einheitsvolumen aus den beobachteten Schnittkreishäufigkeiten. Die Werte der Funktion $f\left(\sqrt{2\pi}\,\frac{r_i}{T}\right)$ sind dazu aus einer Tafel zu entnehmen (vgl. Tabelle 1)[1]. Es sei noch erwähnt, daß die Funktion f folgendermaßen mit dem Gaußschen Fehlerintegral Φ zusammenhängt:

$$f(x) = \sqrt{\frac{\pi}{2}}\, e^{x^2/2}\left(1 - \Phi(x)\right) \quad \text{mit} \quad \Phi(x) = \frac{1}{\sqrt{2\pi}} \int\limits_{-x}^{x} e^{-t^2/2}\,dt.$$

Da für große Werte von x näherungsweise gilt $f(x) \approx 1/x$, folgt aus (2.6) durch Grenzübergang zur Schnittdicke $T = 0$ die entsprechende Formel für Anschliffe

$$N_V = \frac{1}{\pi} \sum_{i=0}^{n} \frac{p_i}{r_i}. \tag{2.6^0}$$

3. Herleitung weiterer Auswertungsformeln unmittelbar aus der Integralgleichung (1.1)

Bezeichnen wir die Momente der Verteilungen um den Nullpunkt mit M_k bzw. m_k, also

$$M_k = \int\limits_0^\infty R^k G(R)\,dR \quad \text{bzw.} \quad m_k = \int\limits_0^\infty r^k g(r)\,dr, \qquad k = 0, 1, 2, \ldots \tag{3.1}$$

(man beachte, daß $M_0 = N_V$, $m_0 = N_A$), so folgt durch Multiplikation der Gl. (1.1) mit r^k und Integration über r von 0 bis ∞

$$m_k = 2 \int\limits_0^\infty G(R) \int\limits_0^R \frac{r^{k+1}}{\sqrt{R^2 - r^2}}\,dr\,dR + T M_k.$$

(Im Doppelintegral wurde die Integrationsreihenfolge vertauscht!) Substitution von $r = R\sqrt{z}$ im inneren Integral ergibt:

$$\int\limits_0^R \frac{r^{k+1}}{\sqrt{R^2 - r^2}}\,dr = \int\limits_0^1 z^{k/2}(1-z)^{-\frac{1}{2}}\,\frac{R^{k+1}}{2}\,dz = \frac{R^{k+1}}{2}\,\frac{\Gamma(\frac{1}{2})\,\Gamma(1 + k/2)}{\Gamma\left(\frac{k+3}{2}\right)}.$$

Zusammenfassend haben wir damit folgende Beziehung erhalten

$$m_k = \sqrt{\pi}\,\frac{\Gamma\left(\dfrac{k+2}{2}\right)}{\Gamma\left(\dfrac{k+3}{2}\right)}\,M_{k+1} + T M_k. \tag{3.2}$$

---

[1] Die Tabellen befinden sich am Ende von Abschnitt 8.

$\Gamma(x)$ steht für die Gammafunktion, für ganzzahlige Werte von x gilt demnach $\Gamma(1+x)=x!$. Unter Benutzung bekannter Eigenschaften der Gammafunktion läßt sich (3.2) für die Anwendung noch bequemer schreiben durch Aufspaltung in gerade und ungerade k-Werte[1]. Für $k=2\nu$ gilt

$$m_{2\nu}=\frac{1\cdot2\cdot3\cdot4\cdot\ldots\cdot(\nu-1)\nu\cdot2^{\nu+1}}{1\cdot3\cdot5\cdot7\cdot\ldots\cdot(2\nu-1)(2\nu+1)}\,M_{2\nu+1}+T\,M_{2\nu}. \qquad (3.2)^g$$

Für $k=2\nu+1$ erhalten wir

$$m_{2\nu+1}=\pi\,\frac{1\cdot3\cdot5\cdot7\cdot\ldots\cdot(2\nu-1)(2\nu+1)}{1\cdot2\cdot3\cdot4\cdot\ldots\cdot\nu(\nu+1)2^{\nu+1}}\,M_{2\nu+2}+T\,M_{2\nu+1}. \qquad (3.2)^u$$

Auf Grund der Messungen am Schnitt sind die Momente der Schnittkreisradien-verteilung bekannt, es ist ja näherungsweise

$$m_k=\sum_{i=0}^{n}p_i\,r_i^k. \qquad (3.3)$$

Hat man dann nach (2.6) $N_V=M_0$ bestimmt, so lassen sich offenbar nach (3.2)^g und (3.2)^u rekursiv alle Momente der Kugelverteilung aus N_V und den Momenten (3.3) der Schnittkreisverteilung bestimmen und damit auch die üblichen statistischen Maßzahlen. Insbesondere erhält man für den Mittelwert $\bar{R}$ und die Varianz σ_R^2 der Kugelradien

$$\bar{R}=\frac{M_1}{M_0}, \qquad \sigma_R^2=\frac{M_2}{M_0}-\bar{R}^2, \qquad (3.4)$$

und durch Einsetzen der Werte von M_1 und M_2 aus (3.2)^g und (3.2)^u

$$\bar{R}=\frac{1}{2}\left(\frac{N_A}{N_V}-T\right), \qquad \sigma_R^2=\frac{2}{\pi}\left(\frac{N_A}{N_V}\,\bar{r}-T\,\bar{R}\right)-\bar{R}^2, \qquad (3.5)$$

$$\bar{v}=2\,T^2\,\bar{R}+(2\,\bar{R}+T)\,[\pi(s^2+\bar{r}^2)-2\,T\bar{r}]. \qquad (3.6)$$

$\bar{r}$ bezeichnet den Mittelwert der Schnittkreisradien, s^2 ihre Varianz. $\bar{v}$ ist das mittlere Kugelvolumen.

4. Korrekturformeln zur Kompensation des Nichterfassens kleinerer Anschnitte

Man kann die Formeln (2.6) und (3.3) noch durch Korrekturterme ergänzen, falls die beobachtete Schnittkreisverteilung durch Nichterfassen der kleineren An-schnitte rechts von Null abbricht. Wir betrachten wieder die in Abschnitt 2 einge-führte Klasseneinteilung, aber jetzt seien die Klassen mit den Nummern 0, 1, 2, ... $j-1$ leer. Theoretisch könnte ein solcher Fall nicht eintreten, da durch den Schnitt-vorgang immer Anschnitte mit sehr kleinen Durchmessern vorkommen müßten. In praxi werden diese kleinen Anschnitte jedoch häufig nicht als solche erkannt bzw. fallen schon beim Schneiden aus dem Schnitt heraus oder werden auch zum Teil durch die eingangs erwähnten Überlappungseffekte der Beobachtung entzogen.

---

[1] Es gilt $T(n+1)=n!$; $T(n+\frac{1}{2})=\sqrt{\pi}\,\frac{(2n)!}{4^n\cdot n!}$ für $n=0,1,2,\ldots$

Da $g(r)$ für kleine Werte von r annähernd linear verläuft, liegt es nahe, zur Korrektur im Intervall $0 \leq r \leq r_j - h/2$ den Ansatz

$$g(r) = \frac{p_j}{r_j} \cdot \frac{r}{h} \qquad (4.1)$$

zu machen. Tragen wir dies in (2.5) und (3.1) ein, so gehen (2.6) und (3.3) über in

$$N_V = \frac{T}{\pi \sqrt{2\pi}} \cdot \frac{p_j}{h r_j} \left\{ \sqrt{\frac{2\pi}{T}} \left(r_j - \frac{h}{2} \right) + f \left(\sqrt{\frac{2\pi}{T}} \left(r_j - \frac{h}{2} \right) \right) - f(0) \right\} + \left. \right.$$
$$+ \frac{1}{T} \sqrt{\frac{2}{\pi}} \sum_{i=j}^{n} p_i f \left(\sqrt{2\pi} \frac{r_i}{T} \right), \qquad \left. \right\} \qquad (2.6)^{\text{Korr}}$$

$$m_k = \frac{1}{k+2} \left(r_j - \frac{h}{2} \right)^{k+2} \cdot \frac{p_j}{h r_j} + \sum_{i=j}^{n} p_i r_i^k. \qquad (3.3)^{\text{Korr}}$$

Wie man leicht erkennt, gehen diese Formeln für $j = 0$, d.h. $r_0 - h/2 = 0$, also $r_0 = h/2$ in die Formeln (2.6) und (3.3) über.

In den bisherigen Abschnitten wurden Möglichkeiten aufgezeigt, statistische Maßzahlen der Kugelverteilung direkt aus den gemessenen Schnittkreishäufigkeiten zu berechnen. Die angeführten Methoden stützen sich im wesentlichen auf die übliche Berechnung von Mittelwert und Varianz der Schnittkreisradien; aus diesen beiden Größen und einer weiteren, die als Summe der mit gewissen Faktoren multiplizierten Schnittkreishäufigkeiten erhalten wird, ergeben sich N_V, $\bar{R}$, σ_R^2 und $\bar{\nu}$, also gerade die Maßzahlen, die in vielen Fällen eine ausreichende Charakterisierung der Kugelverteilung gewährleisten.

Möchte man genauere Aussagen über die Häufigkeiten der Kugeln in bestimmten Radienklassen haben, so könnte die Berechnung etwa durch numerische Integration der Beziehung (1.2) erfolgen. Aber dieses Verfahren dürfte für die Praxis zu kompliziert und zeitraubend sein. Um Aussagen über die Kugelhäufigkeiten zu erhalten, bedient man sich daher wieder geschickterweise der Ausgangsgleichung (1.1).

5. Formeln zur Berechnung der Schnittkreishäufigkeiten aus den Kugelhäufigkeiten und umgekehrt

Zur Bestimmung der Häufigkeiten integrieren wir Gl. (1.1) über r von r_i- bis r_i+ (Abkürzungen und zugrundeliegende Schnittkreisklasseneinteilung s. Abschnitt 2, für die Kugelradien werde dieselbe Klasseneinteilung vorgenommen):

$$\int_{r_i-}^{r_i+} g(r) \, dr = p_i = T P_i + 2 \int_{r_i-}^{r_i+} r \int_{r}^{\infty} \frac{G(R) \, dR}{\sqrt{R^2 - r^2}} \, dr. \qquad (5.1)$$

P_i ist die Häufigkeit der Kugelradien in der i-ten Klasse. Zur Berechnung des Doppelintegrals vertauschen wir die Integrationsreihenfolge und erhalten

$$\int_{r_i-}^{r_i+} r \int_{r}^{\infty} \frac{G(R) \, dR}{\sqrt{R^2 - r^2}} \, dr = \int_{r_i+}^{\infty} G(R) \int_{r_i-}^{r_i+} \frac{r \, dr}{\sqrt{R^2 - r^2}} \, dR + \int_{r_i-}^{r_i+} G(R) \int_{r_i-}^{R} \frac{r \, dr}{\sqrt{R^2 - r^2}} \, dR.$$

Die Integration der inneren Integrale ist elementar durchführbar, es folgt, wenn man noch die Integration von r_i+ bis ∞ in eine Summe der Integrale über die Klassen schreibt

$$\left. \begin{aligned} p_i = TP_i + 2\int\limits_{r_i-}^{r_i+} \sqrt{R^2 - \left(r_i - \frac{h}{2}\right)^2}\, G(R)\, dR + \\ + 2\sum_{j=i+1}^{n} \int\limits_{r_j-}^{r_j+} \left\{ \sqrt{R^2 - \left(r_i - \frac{h}{2}\right)^2} - \sqrt{R^2 - \left(r_i + \frac{h}{2}\right)^2} \right\} G(R)\, dR. \end{aligned} \right\} \quad (5.2)$$

In (5.2) bleibt also noch die Berechnung von Integralen der Form

$$\int\limits_{r_j - h/2}^{r_j + h/2} G(R)\, w(R, i)\, dR \qquad (5.3)$$

auszuführen, dabei wurde zur Abkürzung gesetzt $w(R, i) = \sqrt{R^2 - \left(r_i - \frac{h}{2}\right)^2}$, entsprechend $w(R, i+1) = \sqrt{R^2 - \left(r_i + \frac{h}{2}\right)^2}$, da $r_{i+1} - h/2 = r_i + h/2$.

Da wir $G(R)$ bestimmen wollen, wissen wir darüber im Augenblick nichts weiter, als daß

$$\int\limits_{r_j-}^{r_j+} G(R)\, dR = P_j$$

gesetzt worden ist. Nehmen wir jedoch an, wir könnten das Integral (5.3) schreiben als

$$\int\limits_{r_j-}^{r_j+} G(R)\, w(R, i)\, dR = h P_j \lambda_{j, i}, \qquad (5.4)$$

worin die Größe $\lambda_{j, i}$ nur von i und j abhängen soll, so folgt aus (5.2) unmittelbar

$$p_i = (T + 2h\lambda_{i, i})P_i + 2h\sum_{j=i+1}^{n} P_j(\lambda_{j, i} - \lambda_{j, i+1}), \qquad (5.5)$$

womit die Berechnung der p_i aus den P_i ermöglicht ist.

Die Beziehung (5.5) erlaubt aber auch unmittelbar eine rekursive Berechnung der P_i aus den p_i, da

$$P_i = \frac{p_i - 2h\sum\limits_{j=i+1}^{n} P_j(\lambda_{j, i} - \lambda_{j, i+1})}{T + 2h\lambda_{i, i}}, \qquad i = n, n-1, \ldots, 0. \qquad (5.6)$$

Insbesondere erhält man für $i = n$ und $n-1$

$$P_n = \frac{p_n}{T + 2h\lambda_{n, n}}, \qquad P_{n-1} = \frac{p_{n-1} - 2h P_n(\lambda_{n, n-1} - \lambda_{n, n})}{T + 2h\lambda_{n-1, n-1}}.$$

Zur Bestimmung der Größen $\lambda_{j, i}$ unterscheiden wir zwei Fälle:

I. Diskrete Kugelverteilung

Es werde gesetzt
$$G(R) = \begin{cases} c_i & \text{für } R_i + h/2 - \varepsilon \leq R \leq R_i + h/2 \\ 0 & \text{sonst} \end{cases}$$

und es gelte außerdem $\lim\limits_{\varepsilon \to 0} c_i \varepsilon = P_i$. Das bedeutet, daß wir durch Grenzübergang $\varepsilon \to 0$ eine Kugelverteilung vom diskreten Typ erhalten, es sind nur Kugeln in den Radienabstufungen $R_i + \dfrac{h}{2} = (i+1)h$ vorhanden $(i = 0, 1, 2, 3, \ldots, n)$, $(n+1)h$ kann also insbesondere als größter gemessener Schnittkreisradius angenommen werden.

Aus (5.3) folgt unmittelbar

$$\int\limits_{r_j - h/2}^{r_j + h/2} G(R)\,w(R, i)\,dR = \int\limits_{r_j + h/2 - \varepsilon}^{r_j + h/2} c_j\,w(R, i)\,dR = c_j \varepsilon \frac{1}{\varepsilon} \int\limits_{r_j + h/2 - \varepsilon}^{r_j + h/2} w(R, i)\,dR$$

und durch Grenzübergang $\varepsilon \to 0$

$$\int\limits_{r_j - h/2}^{r_j + h/2} G(R)\,w(R, i)\,dR = P_j\,w(r_j + h/2, i). \tag{5.7}$$

Nach (5.4) ist folglich zu setzen $\lambda_{j,i} = \dfrac{1}{h}\,w(r_j + h/2, i)$.

Beachten wir die Definition von $w(R, i)$, so kommt

$$\lambda_{j,i} = \sqrt{(j+1)^2 - i^2} \tag{5.8}$$

und schließlich mit der Abkürzung $\lambda_{j,i} - \lambda_{j,i+1} = \alpha_{j,i}$ nach (5.5) und (5.6)

$$p_i = (T + 2h\alpha_{i,i})P_i + 2h \sum_{j=i+1}^{n} P_j \alpha_{j,i} \quad (i = 0, 1, 2, \ldots, n), \tag{5.5^{d}}$$

$$P_i = \frac{p_i - 2h \sum\limits_{j=i+1}^{n} P_j \alpha_{j,i}}{T + 2h\alpha_{i,i}} \quad (i = n, n-1, n-2, \ldots, 0). \tag{5.6^{d}}$$

Das Formelsystem (5.5)^{d}, (5.6)^{d} erlaubt also die Berechnung der Schnittkreishäufigkeiten aus den Kugelhäufigkeiten und umgekehrt. Das System gilt streng unter der Voraussetzung einer diskreten Kugelverteilung mit den Radien $(i+1)h$. Die Faktoren $\alpha_{j,i}$ lassen sich in Form einer Tabelle ein für allemal bereitstellen (vgl. Tabelle 2). Die Koeffizienten $\alpha_{j,i}$ wurden bereits von Saltykov (1958) auf einem anderen Wege hergeleitet.

II. Stetige Kugelverteilung.

Hier liegen die Verhältnisse insofern komplizierter als sich das Integral (5.3) zunächst nur formal in der Form

$$\int\limits_{r_j -}^{r_j +} G(R)\,w(R, i)\,dR = P_j\,w\!\left(r_j - \frac{h}{2} + \vartheta_j h, i\right) \tag{5.9}$$

schreiben läßt, ϑ_j ist eine von j abhängige, unbekannte Zahl zwischen 0 und 1. Als Faktor von P_j ist also hier der Wert der Gewichtsfunktion w an einer — prinzipiell — unbekannten Stelle des Integrationsintervalles zu nehmen. Entweder nimmt man daher den Wert in der Intervallmitte oder, um unter Umständen eine etwas größere Genauigkeit zu erreichen, den Integralmittelwert der Gewichts-funktion über das Integrationsintervall[1]. Setzen wir also

$$w\left(r_j - \frac{b}{2} + \vartheta_j b, i\right) \approx \frac{1}{b} \int\limits_{r_j-}^{r_j+} w(R, i)\, dR,$$

so erhalten wir unter Berücksichtigung der Definition von $w(R, i)$ nach (5.4)

$$\left.\begin{aligned}
&A_{j,i} = \frac{1}{2}\left[(j+1)\sqrt{(j+1)^2 - i^2} - j\sqrt{j^2 - i^2} - i^2 \log \frac{j+1+\sqrt{(j+1)^2 - i^2}}{j+\sqrt{j^2 - i^2}}\right], \\
&A_{0,0} = \frac{1}{2}, \quad A_{j,i} = 0 \quad \text{für} \quad j < i.
\end{aligned}\right\} \quad (5.10)$$

Damit resultiert, mit den Abkürzungen $A_{j,i} - A_{j,i+1} = \beta_{j,i}$, $\beta_{0,0} = \frac{1}{2}$, aus (5.5) und (5.6) folgendes System

$$p_i = (T + 2b\beta_{i,i})P_i + 2b \sum_{j=i+1}^{n} P_j \beta_{j,i} \quad (i = 0, 1, 2, \ldots, n), \tag{5.5}^s$$

$$P_i = \frac{p_i - 2b \sum_{j=i+1}^{n} P_j \beta_{j,i}}{T + 2b\beta_{i,i}} \quad (i = n, n-1, \ldots, 0). \tag{5.6}^s$$

Die Größen $\beta_{j,i}$ schlägt man wieder in einer Tabelle nach (Tabelle 3). Die Formeln (5.5)^s und (5.6)^s stellen das „stetige" Gegenstück zu den Formeln (5.5)^d und (5.6)^d dar. Durch sie wird eine stetige Verteilung der Kugeln besser approximiert, allerdings liegt in der Einführung des Integralmittelwertes eine Fehlerquelle, die bedingt, daß die Klasseneinteilung nicht zu grob gewählt werden darf. Als Anhaltspunkt für die zu wählende Klasseneinteilung kann die Faustformel $k_N \approx 3{,}76 \, (N-1)^{0,4}$ dienen, N ist der Stichprobenumfang, k_N die Zahl der Klassen, in die die Stichprobe zu unterteilen ist.

6. Diskussion der in Abschnitt 5 abgeleiteten Methoden zur Bestimmung der Kugelhäufigkeiten

Wie man den Formeln (5.5)^d bzw. (5.5)^s entnimmt, ist die Bestimmung der Schnittkreishäufigkeiten aus den Kugelhäufigkeiten immer möglich. Umgekehrt erhält man zwar auch zu jeder Schnittkreishäufigkeitsverteilung eindeutige Kugel-häufigkeiten, die aber auf Grund der Struktur der Gln. (5.6)^d bzw. (5.6)^s zum Teil als negative Werte herauskommen können, was ihrer Bedeutung als Häufigkeiten widerspricht. In einem solchen Fall liegt es nahe, diese „negativen Häufigkeiten" einfach durch Null zu ersetzen. Wir wollen annehmen, daß wir aus den beobachteten Schnittkreishäufigkeiten $p_0, p_1, \ldots, p_n$ die Kugelhäufigkeiten $P_0, P_1, \ldots, P_n$ berechnet haben. Wir verändern nun diese P_ν, indem wir setzen $P_\nu' = \max(P_\nu, 0)$, $(\nu = 0, 1, 2, \ldots, n)$ (das ist die mathematische Formulierung des Nullsetzens der negativen Häufigkeiten). Aus diesen P_ν' berechnen wir nach (5.5)^d oder (5.5)^s wieder rück-wärts zugehörige Schnittkreishäufigkeiten p_ν', die nun natürlich nicht mehr alle mit den p_ν übereinstimmen. Nach dem Test von KOLMOGOROFF können wir (bei

---

[1] Das gleiche Ergebnis erhält man, wenn für die Kugeldichte $G(R)$ eine Treppenfunk-tion (stückweise konstante Funktion) vorausgesetzt wird, $G(R) = \frac{P_i}{b}$ für $r_{j-} \leqq R < r_{j+}$.

genügend feiner Klasseneinteilung!) einen Streifen der Breite 2ε um die aus den p_i resultierende empirische Verteilungsfunktion abgrenzen, innerhalb dessen bei einer vorgegebenen statistischen Sicherheit die „wahre" Verteilungsfunktion liegt.

ε entnehmen wir in Abhängigkeit vom Umfang der Stichprobe $\left(\text{also von } \sum\limits_{i=0}^{n} p_i\right)$ und der Sicherheitswahrscheinlichkeit einer Tafel (Tabelle 5). Die empirische Verteilungsfunktion der p_i ist

$$F\left(r_i + \frac{b}{2}\right) = \left(\sum_{j=0}^{i} p_j\right) \bigg/ \left(\sum_{m=0}^{n} p_m\right) \quad (i = 0, 1, 2, \ldots, n). \tag{6.1}$$

Liegen dann die Werte der aus den p_i' gebildeten empirischen Verteilungsfunktion

$$F'\left(r_i + \frac{b}{2}\right) = \left(\sum_{j=0}^{i} p_j'\right) \bigg/ \left(\sum_{m=0}^{n} p_m'\right) \tag{6.2}$$

ganz innerhalb des Streifens um F, d.h. gilt stets

$$\left| F'\left(r_i + \frac{b}{2}\right) - F\left(r_i + \frac{b}{2}\right) \right| < \varepsilon \quad (i = 0, 1, 2, \ldots, n),$$

so kann das „Nullsetzen" der negativen Häufigkeiten in gewissem Sinne als erlaubt angesehen werden, da sich die beiden Schnittkreisverteilungen statistisch nicht signifikant unterscheiden. Es soll aber nicht verhehlt werden, daß dieses statistische Prüfverfahren nur dann von einigem Wert ist, wenn man sicher sein kann, daß die p_i der am weitesten links liegenden Klassen einigermaßen exakt bestimmt worden sind. Liegt gerade hier eine große Unterbestimmtheit durch Nichterfassen der kleineren Anschnitte vor (und nur dadurch können ja überhaupt negative P_i-Werte resultieren), so nützt es wenig, eine Kugelverteilung anzugeben, deren zugehörige Schnittkreisverteilung sich statistisch nicht von der — durch Unterbestimmung verfälschten — Stichprobe unterscheidet. Es hat sich bei der Durchrechnung einer Reihe von Beispielen gezeigt, daß man zweckmäßig nicht nur die negativen P_i durch Null ersetzt, sondern alle P_i derjenigen Klassen, die links von der am weitesten rechts liegenden Klasse mit einer negativen Häufigkeit liegen.

Kommen sehr viele negative Häufigkeiten heraus, so ist entweder der Versuch mit einer anderen (meist feineren!) Klasseneinteilung zu wiederholen oder es ist zu prüfen, ob nicht durch bestimmte Umstände eine oder mehrere Voraussetzungen verletzt sind, die bei der Ableitung der Beziehung (1.1) gemacht wurden. Die Hauptfehlerquelle dürfte die Unterbestimmung der kleineren Anschnitte sein. Man kann unter Umständen das „Verlorengehen" der kleineren und kleinsten Anschnitte geringfügig dadurch korrigieren, daß man das Verfahren der linearen Extrapolation von Abschnitt 4 auf die Schnittkreishäufigkeiten anwendet. Wird der größte Index, für den ein negatives P_i bei der Berechnung nach (5.6) resultiert, mit i_0 bezeichnet, so kann man näherungsweise setzen

$$p_j'' \approx r_j \frac{p_{i_0+1}}{r_{i_0+1}} \quad \text{für } 0 \leq j \leq i_0, \text{ und} \tag{6.3}$$

aus den so modifizierten p_j'' (für $0 \leq j \leq i_0$) und den beobachteten p_j (für $i_0 + 1 \leq j \leq n$) wieder nach (5.6) die Kugelhäufigkeiten bestimmen.

Der extremste Fall von Unterbestimmung der kleineren Anschnitte liegt dann vor, wenn die Schnittradienverteilung bei einem Radienwert $r_0 > 0$ nach links abbricht, wenn also nur Schnittkreise mit Radien $\geqq r_0$ beobachtet werden. Dann zeigt ein Blick auf die Gln. (1.2), (5.6), daß dann auch über $G(R)$ nur Aussagen für $R \geqq r_0$ gemacht werden können.

Weitergehende Informationen kann man nur dadurch gewinnen, daß man Voraussetzungen über den Verlauf von $g(r)$ im nichterfaßten Bereich macht. Das geht im wesentlichen auf zwei Wegen, entweder nach der eben erwähnten Methode der linearen Extrapolation der gemessenen Häufigkeiten (statistisch nicht befriedigend, aber oft die einzige Möglichkeit!), oder durch Annahme einer Verteilungsdichte für $g(r)$, die noch von Parametern abhängig ist. Dann kann man nämlich aus der mit r_0 abbrechenden Stichprobe nach der Momentenmethode (oder noch besser nach dem Maximum-Likelihood-Prinzip) die Parameter der abgebrochenen Verteilung schätzen und hat damit die Möglichkeit, Aussagen über $g(r)$ auch im Streifen $r \leqq r_0$ zu machen.

Daher ist, falls größere Genauigkeit gewünscht wird, mit abbrechenden Verteilungen zu rechnen. Diesem Problemkreis wollen wir uns im nächsten Abschnitt zuwenden.

7. Bestimmte Verteilungstypen und nach links abbrechende Schnittradienverteilungen

In allen vorangegangenen Untersuchungen haben wir (mit Ausnahme der Unterteilung in diskrete und stetige Kugelverteilungen) keine einschränkenden Annahmen über $g(r)$ bzw. $G(R)$ gemacht, d.h. die angestellten Überlegungen waren für beliebige Verteilungstypen gültig, oder, wie man auch sagt, parameterfrei. Tatsächlich sind bis auf eine Ausnahme, die gleich näher untersucht werden soll, keine einfachen Verteilungstypen bekannt, die in die Integralgleichung eingesetzt, wieder mathematisch einfach zu behandelnde Verteilungen, sei es der Schnittkreise oder der Kugeln, ergeben.

I. Auf die erwähnte Ausnahme kommt man, wenn man die naheliegende Frage stellt, ob nicht eine Verteilung existiert, die bei der durch die Integralgleichung bewirkten Transformation bis auf einen Faktor reproduziert wird, für die also gilt

$$G(r) = c g(r). \tag{7.1}$$

Trägt man dies in (1.1) ein, so folgt

$$g(r)(1 - Tc) = 2cr \int\limits_r^\infty \frac{g(R)\,dR}{\sqrt{R^2 - r^2}}. \tag{7.2}$$

Mit der Abkürzung $g(r) = r H(r)$ kommt

$$H(r)(1 - Tc) = 2c \int\limits_r^\infty H(R)\,d(\sqrt{R^2 - r^2}),$$

und durch partielle Integration unter der Voraussetzung

$$\lim_{R \to \infty} H(R)\sqrt{R^2 - r^2} = 0,$$

$$H(r)(1 - Tc) = -2c \int\limits_r^\infty \sqrt{R^2 - r^2}\,\frac{dH(R)}{dR}\,dR.$$

Differentiation nach r ergibt

$$H'(r)(1-Tc)=2cr\int_r^\infty \frac{H'(R)dR}{\sqrt{R^2-r^2}}.$$ (7.3)

Dieses Ergebnis besagt, daß die Funktion $H'(r)$ derselben Integralgleichung genügt, wie die Funktion $g(r)=rH(r)$. Das bedeutet, daß sich die beiden Funktionen nur um einen konstanten Faktor unterscheiden können. Mithin gilt

$$H'(r)=kr\,H(r) \qquad (k=\text{Konstante}).$$ (7.4)

Die Differentialgleichung (7.4) besitzt die Lösung

$$H(r)=\frac{g(r)}{r}=Ce^{kr^2} \qquad (C=\text{Konstante}),$$ (7.5)

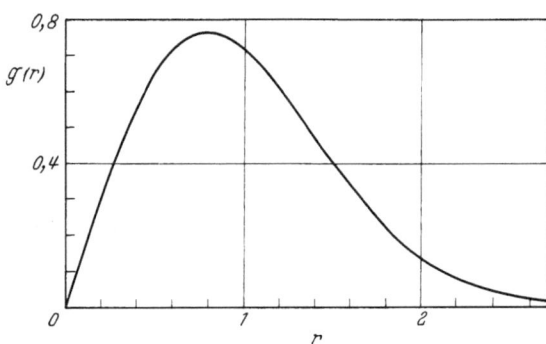

Abb. 3. Normierte Verteilungsdichte einer sich reproduzierenden Verteilung mit Mittelwert 1 [Formel (7.7)]

also auch

$$g(r)=Cre^{kr^2}.$$ (7.6)

Aus der Voraussetzung $\lim_{R\to\infty} H(R)\sqrt{R^2-r^2}=0$ entnimmt man, daß k negativ

sein muß. Setzen wir noch $\int_0^\infty g(r)dr=1$, so erhalten wir schließlich für die gesuchte Schnittradienverteilung

$$g(r)=2kre^{-kr^2} \qquad (k=\text{positive Konstante}).$$ (7.7)

Nach (1.2) ergibt sich als zugehörige Kugelverteilung

$$G(r)=\frac{\sqrt{k}}{\sqrt{\pi}+T\sqrt{k}}\,g(r).$$ (7.8)

In Abb. 3 ist die Verteilung (7.7) mit $\bar r=1$ dargestellt. Besitzt die vorgefundene Schnittradienverteilung das Aussehen der Verteilungskurve von Abb. 3, also steilen Anstieg zu einem Maximum und anschließend langsameren Abfall, so wird man versuchen, diese Kurve durch einen Ansatz der Form (7.7) zu approximieren.

Wir wollen die Approximation gleich für den allgemeinen Fall durchführen, in dem die beobachtete Verteilung nach links abbricht, wir setzen also voraus, daß die Klassen mit den Nummern $0, 1, 2, \ldots, j-1$ leer sind bzw. infolge vermutlicher

3*

Unterbestimmung als leer angesehen werden sollen. Ist dann N_A die Gesamtzahl der Schnittkreise in den restlichen Klassen, also $N_A = \sum_{i=j}^{n} p_i$, so gilt für die Dichte der abgebrochenen Verteilung

$$g(r) = \begin{cases} N_A e^{k h^2 j^2} 2 k r e^{-k r^2} & \text{für } r \geq r_j \\ 0 & \text{sonst} \end{cases} \tag{7.9}$$

und den Parameter k schätzt man nach dem Maximum-Likelihood-Prinzip aus

$$k = \frac{1}{\dfrac{1}{N_A} \sum_{i=j}^{n} p_i r_i^2 - h^2 j^2}. \tag{7.10}$$

Indem man nun die Verteilung

$$g(r) = N_A e^{k h^2 j^2} 2 k r e^{-k r^2} \tag{7.11}$$

als die gesuchte, vollständige Schnittradienverteilung für alle $r \geq 0$ auffaßt, hat man — gewissermaßen auf natürliche Weise — die Extrapolation in den Nullpunkt erreicht. Selbstverständlich ist noch die Güte der Anpassung dieser theoretischen an die beobachtete Verteilung zu prüfen. Das kann etwa mit dem Chi-Quadrattest geschehen, die Zahl der Freiheitsgrade beträgt $n - j - 1$. Zur Durchführung des Testes benötigt man noch die aus (7.11) resultierenden theoretischen Häufigkeiten. Zu ihrer Berechnung läßt sich vorteilhaft eine Tafel der Ordinatenwerte der Gauß-schen Normalverteilung verwenden, da

$$p_i' = \int_{r_i-}^{r_i+} g(r) \, dr = N_A e^{k h^2 j^2} \sqrt{2\pi} \left\{ \varphi \left[\sqrt{2k} \left(r_i - \frac{h}{2} \right) \right] - \varphi \left[\sqrt{2k} \left(r_i + \frac{h}{2} \right) \right] \right\}, \tag{7.12}$$

mit $\varphi(z) = \dfrac{1}{\sqrt{2\pi}} e^{-z^2/2} =$ Ordinate der Gauß-Normalverteilung (vgl. etwa S. KOLLER, 1953).

Damit ist dann

$$\chi^2 = \sum_{i=j}^{n} \frac{(p_i - p_i')^2}{p_i'}$$

zu bilden und mit dem χ^2_{95}-Wert aus Tabelle 4 zu vergleichen. Liegt der berechnete Wert unterhalb des Tabellenwertes, so kann die Approximation als befriedigend angesehen werden. Die Kugelhäufigkeiten berechnet man dann am einfachsten aus

$$P_i = \frac{\sqrt{k}}{\sqrt{\pi} + T\sqrt{k}} \, p_i'.$$

Insbesondere gilt

$$N_V = \frac{\sqrt{k}}{\sqrt{\pi} + T\sqrt{k}} \, N_A e^{k h^2 j^2}.$$

II. Sollte die abgebrochene Schnittradienverteilung nicht durch einen Ansatz der Form (7.7) zu approximieren sein, so kann man versuchen, eine Approximation mit einer abgebrochenen Pearson-Verteilung durchzuführen. Die Technik dieser Approximation und Identifikation mit einem bestimmten Pearson-Verteilungstyp ist ausführlich nachzulesen in der Note von A. C. COHEN, Ann. Math. Stat. **22** (1951),

S. 256 ff. Hat man eine befriedigende Approximation erreicht (für unsere Fälle dürfte in erster Linie der Pearson-Typ III in Frage kommen), so wird man zweckmäßig daraus die p'_i berechnen und dann nach (5.6)[8] die zugehörigen Kugelhäufigkeiten. Ein anderer Weg dürfte kaum möglich sein, da die Lösung (1.2) der Integralgleichung nicht mehr geschlossen angebbar ist, wenn für $g(r)$ eine der Pearson-Verteilungen eingesetzt wird. Man wäre dann auf umständliche numerische Integrationen angewiesen. Allerdings erfordert die hier skizzierte Methode auch schon einen beträchtlichen Rechenaufwand.

III. Besitzt die Schnittkreisverteilung einen flachen, langsamen Anstieg zu einem Gipfel und einen anschließenden, starken Abfall, so kann es sich um einen Schnitt durch Kugeln von praktisch einer Größenordnung handeln (z. B. Normalverteilung mit sehr kleiner Streuung) (BACH, 1959).

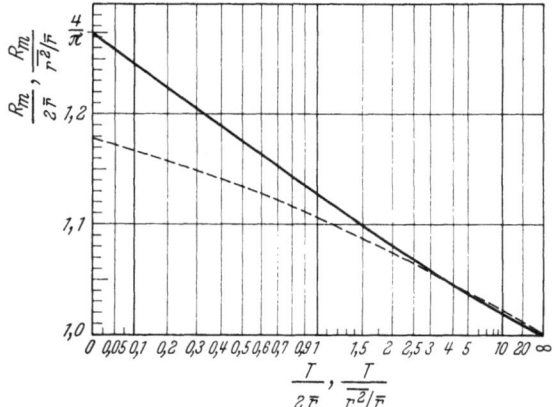

Abb. 4. Diagramm zur Ermittlung des mittleren Kugelradius R_m bei Kugelverteilungen mit kleiner Streuung. Man berechnet aus der Stichprobe den Mittelwert $\bar{r}$ der Radien und den Mittelwert $\overline{r^2}$ der Radienquadrate. Über $T/2\bar{r}$ liest man an der durchgezogenen Kurve $R_m/\bar{r}$, über $T/(\overline{r^2}/\bar{r})$ an der gestrichelten Kurve $R_m/(\overline{r^2}/\bar{r})$ ab. Der Grad der Übereinstimmung der daraus resultierenden beiden Werte für R_m ist ein Kriterium dafür, ob die Annahme über die Streuung gerechtfertigt ist [Mit freundlicher Genehmigung des S. Hirzel Verlags, Stuttgart, aus Z. wiss. Mikr. **64**, 267 (1959)]

Hier gilt

$$\frac{\bar{R}}{\bar{r}} \approx \frac{4}{\pi}\left(1 - \frac{3}{14}\frac{T}{2\bar{r}}\right) \quad \text{für} \quad \frac{T}{2\bar{r}} < 0{,}2.$$

Genauere Werte — auch für beliebige $\dfrac{T}{2\bar{r}}$ — erhält man durch Ablesung aus Abb. 4; mit $\dfrac{T}{\overline{r^2}/\bar{r}}$ kann man an Hand der gestrichelten Kurve einen zweiten Schätzwert für $\bar{R}$ bestimmen. Der Grad der Übereinstimmung der beiden Werte für $\bar{R}$ kann als Kriterium dafür dienen, ob die Annahme über die Kugelverteilung mit sehr geringer Streuung gerechtfertigt ist.

8. Zusammenstellung der wichtigsten Auswertungsformeln und Zahlentabellen

In diesem Abschnitt sollen noch einmal kurz (ohne das Beiwerk der mathematischen Deduktionen) die Beziehungen zwischen Kugel- und Schnittkreisverteilung in Form einer Formelsammlung aufgeführt werden. Zur leichteren Orientierung werden dieselben Formelnummern wie im Text benutzt.

Großbuchstaben beziehen sich im allgemeinen auf die mit den Kugeln zusammenhängenden Größen, kleine Buchstaben auf die Kreise. Für die Schnittkreise wird generell folgende Klasseneinteilung zugrunde gelegt: Klassenbreite h, Klassenmitten $r_i = (i + \frac{1}{2}) h$ $(i = 0, 1, 2, 3, \ldots, n)$, absolute Häufigkeit (bezogen auf die Einheitsfläche!) in der i-ten Klasse: p_i.

Bei den Kugeln wird dieselbe Klasseneinteilung angenommen, P_i ist die absolute Kugelhäufigkeit in der i-ten Klasse (bezogen auf das Einheitsvolumen) bzw. die Anzahl der Kugeln mit Radius $(i + 1) h$, falls es sich um eine diskrete Kugelverteilung handelt

$G(R)$: (nicht normierte!) Verteilungsdichte der Kugelradien, bezogen auf das Einheitsvolumen.

$g(r)$: (nicht normierte!) Verteilungsdichte der Schnittkreisradien, bezogen auf die Einheitsfläche.

M_k: k-tes Moment der Kugel-

m_k: k-tes Moment der Schnittradienverteilung $(k = 0, 1, 2, \ldots)$.

N_V: Gesamtzahl der Kugeln im Einheitsvolumen.

N_A: Gesamtzahl der Schnittkreise in der Einheitsfläche.

T: Schnittdicke (ist in der gleichen Dimension zu nehmen, wie die Seitenlänge der Einheitsfläche).

Gesternte Formeln sind unmittelbar bei praktischen Auswertungen zu verwenden, sie sind so gestaltet, daß rechts vom Gleichheitszeichen nur Größen stehen, die leicht aus einer Stichprobe von Schnittkreisradien bestimmbar sind.

$$g(r) = 2r \int_r^\infty \frac{G(R)\,dR}{\sqrt{R^2 - r^2}} + T\,G(r) \tag{1.1}$$

$$G(R) = \frac{g(R)}{T} - \frac{\sqrt{\pi}}{T^3} R \int_R^\infty w\left[\frac{\pi(r^2 - R^2)}{T^2}\right] g(r)\,dr, \tag{1.2}$$

mit

$$w(z) = -2\sqrt{z}\,\frac{d}{dz} f(\sqrt{2z}),$$

$$f(u) = e^{u^2/2} \int_u^\infty e^{-t^2/2}\,dt = \sqrt{\frac{\pi}{2}}\, e^{u^2/2} [1 - \Phi(u)],$$

$$\Phi(u) = \frac{1}{\sqrt{2\pi}} \int_{-u}^{+u} e^{-\tau^2/2}\,d\tau \quad \text{(Gaußsches Fehlerintegral).}$$

Werte von $f(u)$ s. Tabelle 1.

$$N_V = \frac{1}{T} \sqrt{\frac{2}{\pi}} \sum_{i=0}^n p_i\, f\left(\sqrt{2\pi}\,\frac{r_i}{T}\right) \quad \text{bzw.} \quad \text{für } T = 0: N_V = \frac{1}{\pi} \sum_{i=0}^n \frac{p_i}{r_i}. \quad *(2.6)$$

Falls die Klassen mit den Nummern $0, 1, 2, \ldots, j-1$ leer oder unterbestimmt sind, verwende man

$$
\left.
\begin{aligned}
N_V = {} & \frac{T}{\pi\sqrt{2\pi}}\,\frac{p_j}{b r_j}\left\{\frac{\sqrt{2\pi}}{T}\left(r_j - \frac{b}{2}\right) + f\!\left(\frac{\sqrt{2\pi}}{T}\left(r_j - \frac{b}{2}\right)\right) - f(0)\right\} + \\
& + \frac{1}{T}\sqrt{\frac{2}{\pi}}\sum_{i=j}^{n} p_i\, f\!\left(\sqrt{2\pi}\,\frac{r_i}{T}\right).
\end{aligned}
\right\} \quad *(2.6)^{\text{Korr}}
$$

$$
m_k = \sum_{i=0}^{n} p_i\, r_i^k \qquad\qquad *(3.3)
$$

und analog

$$
m_k = \frac{1}{k+2}\left(r_j - \frac{b}{2}\right)^{k+2}\cdot\frac{p_j}{b r_j} + \sum_{i=j}^{n} p_i\, r_i^k. \qquad *(3.3)^{\text{Korr}}
$$

$$
\frac{1\cdot 2\cdot 3\cdot 4\cdot\ldots\cdot(\nu-1)\nu\, 2^{\nu+1}}{1\cdot 3\cdot 5\cdot 7\cdot\ldots\cdot(2\nu-1)(2\nu+1)}\, M_{2\nu+1} + \delta M_{2\nu} = m_{2\nu} \qquad \nu = 0, 1, 2, \ldots \quad *(3.2)^g
$$

$$
\pi\,\frac{1\cdot 3\cdot 5\cdot 7\cdot\ldots\cdot(2\nu-1)(2\nu+1)}{1\cdot 2\cdot 3\cdot 4\cdot\ldots\cdot\nu(\nu+1)2^{\nu+1}}\, M_{2\nu+2} + \delta M_{2\nu+1} = m_{2\nu+1} \qquad \nu = 0, 1, \ldots \quad *(3.2)^u
$$

$$
\bar{R} = \frac{1}{2}\left(\frac{N_A}{N_V} - T\right) \quad \text{mittlerer Kugelradius,} \qquad *(3.5)
$$

$$
\sigma_R^2 = \frac{2}{\pi}\left(\frac{N_A}{N_V}\bar{r} - T\bar{R}\right) - \bar{R}^2 \quad \text{Varianz } (\bar{r} = \text{mittlerer Schnittkreisradius} = m_1/m_0),
$$

$$
\bar{v} = 2\,T^2\,\bar{R} + (2\bar{R} + T)\,[\pi(s^2 + \bar{r}^2) - 2T\bar{r}] \quad \text{mittleres Kugelvolumen,}
$$

$$
(s^2 = \text{Varianz der Schnittkreisradien} = m_2/m_0 - \bar{r}^2).
$$

Schnittkreishäufigkeiten aus Kugelhäufigkeiten:

$$
p_i = (T + 2b C_{i,i})P_i + 2b\sum_{j=i+1}^{n} P_j C_{j,i} \qquad i = 0, 1, 2, \ldots, n. \qquad (5.5)
$$

Kugelhäufigkeiten aus Schnittkreishäufigkeiten:

$$
P_i = \frac{p_i - 2b\sum\limits_{j=i+1}^{n} P_j C_{j,i}}{T + 2b C_{i,i}} \qquad i = n, n-1, n-2, \ldots, 0. \qquad *(5.6)
$$

In beiden Formeln ist für stetige Kugelverteilungen $C_{j,i} = \beta_{j,i}$ zu setzen (Tabelle 3), für diskrete Kugelverteilungen $C_{j,i} = \alpha_{j,i}$ (Tabelle 2).

Lineare Extrapolation bei Abbrechen der Schnittkreisverteilung: Sind die Klassen $0, 1, 2, \ldots, j-1$ leer, so kann man annähernd setzen: $p_i = r_i\,\dfrac{p_j}{r_j}$ für $i = 0, 1, 2, \ldots, j-1$.

Approximation einer sich reproduzierenden Verteilung an eine abgebrochene Schnittradienverteilung:

$$
g(r) = N_A\, e^{k h^2 j^2}\, 2k r\, e^{-k r^2}, \qquad (7.11)
$$

$$
k = 1\Big/\Big(\frac{1}{N_A}\sum_{i=j}^{n} p_i\, r_i^2 - b^2 j^2\Big). \qquad *(7.10)
$$

Schnittradienhäufigkeiten nach (7.11):

$$p'_i = N_A\, e^{k\,h^2\,j^2} \sqrt{2\pi} \left\{ \varphi\left[\sqrt{2k}\left(r_i - \frac{b}{2}\right)\right] - \varphi\left[\sqrt{2k}\left(r_j + \frac{b}{2}\right)\right] \right\}, \qquad (7.12)$$

mit $\varphi(z)$ = Ordinate der Gauß-Normalverteilung.

Kugelhäufigkeiten nach (7.11):

$$P_i = \frac{\sqrt{k}}{\sqrt{\pi} + T\sqrt{k}}\, p'_i.$$

Tabelle 1[1, 2].

$$f\left(\sqrt{2\pi}\,\frac{r_i}{T}\right) = e^{\pi(r_i/T)^2} \int\limits_{\sqrt{2\pi}(r_i/T)}^{\infty} e^{-\tau^2/2}\, d\tau.$$

$$f\left(\sqrt{2\pi}\,\frac{r_i}{T}\right) \approx \frac{1}{\sqrt{2\pi}}\,\frac{T}{r_i} \quad \text{für große Werte von } \frac{r_i}{T}.$$

$\frac{r_i}{T}$	0	5	$\frac{r_i}{T}$		$\frac{r_i}{T}$		$\frac{r_i}{T}$	
0,0	1,2533	1,1372	1,0	0,3535	2,0	0,1923	3,0	0,1307
0,1	1,0373	0,9509	1,1	0,3270	2,1	0,1838	3,1	0,1267
0,2	0,8756	0,8097	1,2	0,3039	2,2	0,1759	3,2	0,1228
0,3	0,7517	0,7004	1,3	0,2837	2,3	0,1686	3,3	0,1192
0,4	0,6548	0,6140	1,4	0,2659	2,4	0,1620	3,4	0,1158
0,5	0,5775	0,5446	1,5	0,2502	2,5	0,1558	3,5	0,1126
0,6	0,5149	0,4880	1,6	0,2361	2,6	0,1501	3,6	0,1095
0,7	0,4634	0,4410	1,7	0,2234	2,7	0,1447	3,7	0,1066
0,8	0,4205	0,4017	1,8	0,2120	2,8	0,1397	3,8	0,1039
0,9	0,3844	0,3683	1,9	0,2017	2,9	0,1351	3,9	0,1013

$\frac{r_i}{T}$	0	5	$\frac{r_i}{T}$	
4.	0,0988	0,0880	15	0,0266
5.	0,0793	0,0722	16	0,0249
6.	0,0662	0,0611	17	0,0235
7.	0,0568	0,0530	18	0,0222
8.	0,0497	0,0468	19	0,0210
9.	0,0442	0,0419	20	0,0199
10.	0,0398	0,0379		
11.	0,0362	0,0346		
12.	0,0332	0,0319		
13.	0,0307	0,0295		
14.	0,0285	0,0275		

[1] Die Tabellen 1—3 wurden vom Verfasser mittels einer elektronischen Rechenanlage (Electrologica X 1) am Rechenzentrum der Technischen Hochschule in Braunschweig berechnet.

[2] In den beiden ersten Spalten der Tabelle ist jeweils die darüberstehende 0 oder 5 an den links stehenden Argumentwert anzuhängen. Beispiel: Zum Argument $\frac{r_i}{T} = 0{,}30$ liest man in der ersten Spalte den Funktionswert $f(\sqrt{2\pi} \cdot 0{,}30) = 0{,}7517$ ab, zum Argument $\frac{r_i}{T} = 0{,}45$ erhält man aus der zweiten Spalte $f(\sqrt{2\pi} \cdot 0{,}45) = 0{,}6140$.

Tabelle 2. *Koeffizienten* $\alpha_{j,i}$

i \ j	0	1	2	3	4	5	6	7	8	9	10	11	12
0	1,0000	0,2679	0,1716	0,1270	0,1010	0,0839	0,0718	0,0627	0,0557	0,0501	0,0455	0,0417	0,0385
1		1,7321	0,5924	0,4089	0,3164	0,2592	0,2200	0,1913	0,1693	0,1519	0,1378	0,1261	0,1162
2			2,2361	0,8184	0,5826	0,4607	0,3836	0,3298	0,2897	0,2586	0,2336	0,2132	0,1961
3				2,6458	1,0000	0,7240	0,5800	0,4880	0,4230	0,3742	0,3361	0,3052	0,2798
4					3,0000	1,1555	0,8456	0,6832	0,5789	0,5049	0,4490	0,4050	0,3693
5						3,3166	1,2934	0,9535	0,7751	0,6603	0,5784	0,5164	0,4674
6							3,6056	1,4185	1,0513	0,8586	0,7343	0,6455	0,5781
7								3,8730	1,5337	1,1414	0,9354	0,8025	0,7075
8									4,1231	1,6411	1,2253	1,0070	0,8661
9										4,3589	1,7420	1,3040	1,0742
10											4,5826	1,8374	1,3784
11												4,7958	1,9282
12													5,0000

Tabelle 3. *Koeffizienten* $\beta_{j,i}$

i \ j	0	1	2	3	4	5	6	7	8	9	10	11	12
0	0,5000	0,4264	0,2123	0,1470	0,1130	0,0919	0,0775	0,0671	0,0591	0,0528	0,0478	0,0436	0,0401
1		1,0736	0,8584	0,4879	0,3584	0,2858	0,2385	0,2050	0,1798	0,1603	0,1446	0,1318	0,1210
2			1,4293	1,1527	0,6847	0,5163	0,4196	0,3553	0,3088	0,2735	0,2457	0,2231	0,2044
3				1,7124	1,3891	0,8437	0,6458	0,5310	0,4538	0,3976	0,3544	0,3201	0,2921
4					1,9548	1,5919	0,9801	0,7575	0,6278	0,5400	0,4757	0,4262	0,3866
5						2,1703	1,7721	1,1010	0,8568	0,7141	0,6173	0,5461	0,4910
6							2,3663	1,9359	1,2107	0,9468	0,7925	0,6877	0,6104
7								2,5472	2,0870	1,3117	1,0298	0,8648	0,7526
8									2,7161	2,2281	1,4057	1,1070	0,9322
9										2,8751	2,3607	1,4940	1,1794
10											3,0258	2,4864	1,5775
11												3,1692	2,6060
12													3,3065

Tabelle 4. χ^2-*Werte für eine statistische Sicher-*
heit von 95% *und Freiheitsgrad* m

Tabelle 5[1]. *Test von* Kolmogoroff. ε-*Werte*
für eine statistische Sicherheit von 95% *und*
Stichprobenumfang N

m	χ^2_{95}	m	χ^2_{95}	N	ε	N	ε
1	3,841	7	14,067	5	0,5633	40	0,2101
2	5,991	8	15,507	10	0,4087	50	0,1884
3	7,815	9	16,919	15	0,3375	60	0,1723
4	9,488	10	18,307	20	0,2939	70	0,1597
5	11,070	11	19,675	25	0,2639	80	0,1496
6	12,592	12	21,026	30	0,2417	90	0,1412

Für größere N berechnet man ε aus $\varepsilon \approx \dfrac{1,36}{\sqrt{N}}$

Häufig gebrauchte Zahlenwerte

$$\pi = 3,1416 = 1/0,31831 \qquad \sqrt{\frac{\pi}{2}} = 1,2533 = 1/0,79788 \qquad \sqrt{2\pi} = 2,5066 = 1/0,39894.$$

9. Zwei Beispiele

A. Die erste und vierte Spalte von Tabelle 6 geben die Ausmessung einer Schnittkreisverteilung von Fettzellen in $10\,\mu$ dicken Schnitten (Wassermann et al., 1965)[2]. Nach Einführung der Klassenmitten (Spalte 2) wird zunächst mit Hilfe von Tabelle 1 die dritte Spalte mit den f-Werten gefüllt. Multiplikation der dritten mit der vierten Spalte und Aufsummierung ergibt

$$\sum_{i=0}^{9} p_i f\left(\sqrt{2\pi}\,\frac{r_i}{10}\right) = 101,69$$

und damit nach (2.6) $N_V = \frac{1}{10} \times 0,7979 \times 101,69 = 8,11$.

Tabelle 6

Schnittkreise in μ	Klassen-mitten	$f\left(\sqrt{2\pi}\,\frac{r}{10}\right)$	Häufigkeit beobachtet	berechnet	Kugelhäufigkeiten repro	$\alpha_{j,i}$	$\beta_{j,i}$
0/5	2,5	0,8097	21	21,2	0,44	0,60	0,66
5/10	7,5	0,4410	41	57,1	1,19	0,63	0,47
10/15	12,5	0,2938	73	76,7	1,60	1,33	1,27
15/20	17,5	0,2177	88	77,7	1,62	1,68	1,79
20/25	22,5	0,1723	78	64,8	1,35	1,51	1,68
25/30	27,5	0,1422	54	46,2	0,96	1,07	1,33
30/35	32,5	0,1210	21	28,6	0,60	0,35	0,42
35/40	37,5	0,1053	12	15,5	0,32	0,19	0,21
40/45	42,5	0,0934	8	7,4	0,15	0,13	0,15
45/50	47,5	0,0837	4	3,1	0,06	0,07	0,10

	Direkt	Über repro-Verteilung	Über die Kugelhäufigkeiten mit $\alpha_{i,j}$	$\beta_{i,j}$
N_V	8,11	8,29	7,56	8,08
$\overline{R}$	19,65	19,29	21,4	19,7

[1] Nach B. L. van der Waerden, Mathematische Statistik. Springer 1957.
[2] Da der Bearbeiter keine Angaben über die Bezugsfläche der Häufigkeiten hatte, wurde die Auswertung so vorgenommen, als ob die Bezugsfläche die Einheitsfläche wäre. Gegebenenfalls sind also noch alle Häufigkeiten mit einem Faktor zu versehen.

Die Summe der vierten Spalte gibt $N_A = 400$. Also nach (3.5)

$$\bar{R} = \frac{1}{2}\left(\frac{400}{8{,}11} - 10\right) = 19{,}65.$$

Zur Berechnung von σ_R^2 ist noch die Kenntnis von $\bar{r}$ erforderlich, dazu multiplizieren wir die vierte mit der zweiten Spalte, summieren auf und dividieren durch 400

$$\bar{r} = 19{,}29.$$

Jetzt ist nach (3.5) die Berechnung von σ_R^2 möglich, wir erhalten

$$\sigma_R^2 = 93{,}93.$$

Infolge der nahezu perfekten Übereinstimmung der Mittelwerte von Kugel- und Schnittkreisradien liegt die Vermutung nahe, daß es sich hier um eine sich reproduzierende Verteilung handeln könnte. Dieser Eindruck wird noch durch den Vergleich des Histogramms der Schnittkreisradien mit der Kurve (Abb. 3) erhärtet. Da keine näheren Angaben über die Genauigkeit der Messungen vorliegen, sehen wir die Verteilung als vollständig an. Nach (7.10) folgt dann mit $j = 0$ (keine leeren Klassen!)

$$k = \frac{1}{\dfrac{1}{400}\,183\,650} = 0{,}002178$$

(183 650 ergibt sich durch Multiplikation von Spalte 4 mit dem Quadrat von Spalte 2 und Aufsummierung).

Mit diesem k-Wert läßt sich leicht nach (7.12) die fünfte Spalte der Tabelle berechnen. Bildet man die Differenz der vierten mit der fünften Spalte, quadriert, dividiert durch die fünfte Spalte und summiert, so erhält man $\chi^2 = 13{,}2$.

Die Zahl der Freiheitsgrade beträgt nach Abschnitt 7 $n - j - 1$, also wegen $n = 9$, $j = 0$ lesen wir in der Tabelle 4 mit acht Freiheitsgraden $\chi^2_{95} = 15{,}5$ ab. Da der von uns berechnete Wert unterhalb des Tafelwertes liegt, kann die Abweichung der theoretischen von der beobachteten Verteilung noch als zufällig angesehen werden. Nach den Formeln von Abschnitt 7 erhalten wir für die Kugelhäufigkeiten

$$P_i = 0{,}02084 \cdot p_i$$

und mit Hilfe dieser Beziehung läßt sich aus der Spalte 5 die Spalte 6 unserer Tabelle berechnen.

Summiert man diese Spalte auf, so erhält man für N_V den Wert 8,29. Mit der Klassenbreite $h = 5$ kann man unmittelbar nach (5.6)^d und (5.6)^s die Spalten 7 und 8 der Tabelle berechnen. Summiert man auch diese beiden Spalten auf, so erhält man für N_V die Werte 7,56 bzw. 8,08.

Die Fußleiste der Tabelle zeigt noch einmal in übersichtlicher Darstellung die Werte von N_V und $\bar{R}$ nach den verschiedenen Methoden, die Werte in der mit „direkt" gekennzeichneten Spalte sind dabei nach (2.6) bzw. (3.5) erhalten worden.

Nach allem dürfte hier die Annahme gerechtfertigt erscheinen, daß eine stetige Kugelverteilung vom Verteilungstyp $C R e^{-kR^2}$ vorliegt.

B. (Theoretisches Beispiel.) In diesem Beispiel wurde eine Normalverteilung der Kugelradien vorausgesetzt mit Mittelwert $\bar{R} = 1$, $\sigma_R^2 = 0{,}01$ und $N_V = 0{,}25$.

Mittels einer elektronischen Rechenmaschine[1] wurde die bei einer Schnittdicke von $T = 2\bar{R}$ zu erwartende Schnittradienverteilung ausgerechnet und durch ein Histogramm der Klassenbreite 0,1 approximiert. Daraus ergaben sich die ersten vier Spalten der Tabelle 7 (vgl. auch Abb. 5). In den Spalten 5 und 6 stehen die Kugelhäufigkeiten nach (5.6)[d] und (5.6)[s]. Gemäß der Bemerkung in Abschnitt 6 wurden nun in Spalte 5 P_0 durch Null ersetzt, in Spalte 6 alle P_i mit $i \leq 5$. Die aus den so

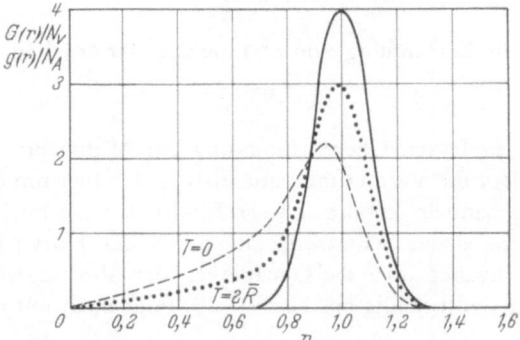

Abb. 5. Durchgezogene Kurve: Normierte Kugelradienverteilung $G(r)/N_V$ mit Mittelwert 1 und Varianz 0,1. Gestrichelte Kurve: Normierte Verteilung $g(r)/N_A$ der zugehörigen Schnittkreisradien bei Schnittdicke $T = 0$. Gepunktete Kurve: Normierte Verteilung der zugehörigen Schnittkreisradien bei Schnittdicke $T = 2$

modifizierten Kugelhäufigkeiten nach (5.5)[d] und (5.5)[s] rückwärts berechneten Schnittkreishäufigkeiten stehen in den Spalten 7 und 8. Sie unterscheiden sich nicht signifikant von den beobachteten.

Tabelle 7

Schnitt-kreise	Klassen-mitten	Häufigkeit beobachtet	Kugelhäufigkeiten			Schnittkreise aus	
			Theorie	mit $\alpha_{j,i}$	mit $\beta_{j,i}$	Spalte 5	Spalte 6
0,0/0,1	0,05	0,002	—	−0,0002	−0,0003	0,0025	0,0026
0,1/0,2	0,15	0,008	—	0,0002	0,0001	0,008	0,0078
0,2/0,3	0,25	0,013	—	0,0001	−0,0001	0,013	0,0133
0,3/0,4	0,35	0,020	—	0,0007	0,0004	0,020	0,0192
0,4/0,5	0,45	0,026	—	0,0006	0,0000	0,026	0,0261
0,5/0,6	0,55	0,033	—	0,0005	−0,0006	0,033	0,0344
0,6/0,7	0,65	0,046	0,0005	0,0019	0,0000	0,046	0,0460
0,7/0,8	0,75	0,075	0,0044	0,0087	0,0053	0,075	0,075
0,8/0,9	0,85	0,157	0,0323	0,0364	0,0334	0,157	0,157
0,9/1,0	0,95	0,278	0,0880	0,0839	0,0874	0,278	0,278
1,0/1,1	1,05	0,250	0,0880	0,0816	0,0891	0,250	0,250
1,1/1,2	1,15	0,089	0,0323	0,0295	0,0329	0,089	0,089
1,2/1,3	1,25	0,012	0,0044	0,0040	0,0045	0,012	0,012

	Theorie	Direkt	Über die Kugelhäufigkeiten mit	
			$\alpha_{j,i}$	$\beta_{j,i}$
N_V	0,25	0,252	0,2481	0,2527
$\bar{R}$	1,00	1,00	1,03	0,999

[1] Vgl. Fußnote auf S. 40.

Das Verfahren von Abschnitt 7/III. liefert hier mit $T = 2$, $\bar{r} = 0,8969$ für $\dfrac{T}{2\bar{r}}$ den

Wert 1,115 und damit nach Abb. 4 $\bar{R} = 1,007$, $N_V = \dfrac{1}{2 + 2\bar{R}} = 0,249$. Die Kontroll-

ablesung bei $\dfrac{T}{\overline{r^2}/\bar{r}} = \dfrac{2}{0,8491/0,8969} = 2,1125$ (gestrichelte Kurve!) gibt den Wert

$\bar{R} = 1,016$. Die Annahme, daß es sich um Kugeln nur einer Größenordnung handelt, ist also nicht streng erfüllt. Ein Vergleich mit den o. a. theoretischen Werten zeigt jedoch, wie genau noch die Aussagen über $\bar{R}$ und N_V sind.

Literatur

BACH, G.: Über die Größenverteilung von Kugelschnitten in durchsichtigen Schnitten endlicher Dicke. (a) Mitteilungen aus dem Math. Seminar Gießen 1959; — (b) Z. wiss. Mikr. **64**, 265 (1959).
— Über die Bestimmung von charakteristischen Größen einer Kugelverteilung aus der Verteilung der Schnittkreise. Z. wiss. Mikr. **65**, 285 (1963).
— Bestimmung der Häufigkeitsverteilung der Radien kugelförmiger Partikel aus den Häufigkeiten ihrer Schnittkreise in zufälligen Schnitten der Dicke δ. Z. wiss. Mikr. **66**, 193 (1964).
— Über die Bestimmung von charakteristischen Größen einer Kugelverteilung aus der unvollständigen Verteilung der Schnittkreise. Metrika **9**, 228 (1965).
ELIAS, H.: Contributions to the Geometry of Sectioning. III. Spheres in Masses. Z. wiss. Mikr. **62**, 32 (1954).
FULLMAN, R. L.: Measurement of Particle Sizes in Opaque Bodies. Trans. Aime **197**, 447 (1953).
HENNIG, A.: Das Problem der Kernmessung. Mikroskopie **12**, 174 (1957).
HILLIARD, J. E.: The Counting and Sizing of Particles in Transmission Microscopy. General Electric Research Laboratory. Publ. by Research Information Section. Schenectady, New York: The Knolls 1961.
KOLLER, S.: Graphische Tafeln zur Beurteilung statistischer Zahlen. Darmstadt: Dr. Dietrich Steinkopff 1953.
LENZ, F.: Zur Größenverteilung von Kugelschnitten. Z. wiss. Mikr. **63**, 50 (1956).
MACK, C.: The Expected Number of Clumps When Convex Laminae are Placed at Random and With Random Orientation on a Plane Area. Proc. Cambridge Phil. Soc. **50**, 581 (1954).
— On Clumps Formed When Convex Laminae or Bodies are Placed at Random in Two or Three Dimensions. Proc. Cambridge Phil. Soc. **52**, 246 (1956).
SCHEIL, E.: Statistische Gefügeuntersuchungen. I. Z. Metallk. **27**, 199 (1935).
UNDERWOOD, E. E.: Particle Size Distribution. Metals Science Group, Batelle Memorial Institute 1961.
WAERDEN, B. L. VAN DER: Mathematische Statistik. Berlin-Göttingen-Heidelberg: Springer 1957.
WASSERMANN, F., P. ELIAS, and S. TYLER: Quantitative studies on the postnatal development of fat cells. VIII. Internat. Anatomen-Kongr., Wiesbaden 8.—13. August 1965.

Analysis of size distribution of fat cells in adipose tissue at different ages

F. Wassermann, P. Elias and Sylvanus Tyler * **

Summary

The analysis of size distribution of fat droplets in adipose tissue of the rat reveals that the originally fine droplets grow with age. In old age small droplets reappear. This is interpreted as being related to the obesity developing in senile rats.

Zusammenfassung

Die Analyse der Größenverteilung der Fetttröpfchen im Fettgewebe der Ratte ergibt, daß die ursprünglich feinen Tröpfchen mit dem Alter an Größe zunehmen. In höherem Alter treten neuerdings kleine Tröpfchen auf. Dieser Befund wird zur Altersfettsucht der Ratten in Beziehung gesetzt.

The fat depots of the body are made up of the so-called adipose tissue. The specific cells of this tissue, the fat cells, are densely packed within the meshes of a network of blood capillaries. The fat cells take up lipids from the blood stream. They also release fat depending on the changing needs of the body for energy supply. Under favorable nutritional conditions the uptake of fat exceeds the output. The small fat droplets which are first deposited in the cells of very young animals fuse into larger droplets, and finally into one solitary fat globule that fills the entire cell. The size of the fat droplet in adult animals, or the size of the vacuole seen in our microscopic sections after dissolving the fat, corresponds therefore to the size of the fat cell. The presence of multiple small fat droplets in a fat cell does not always reflect increasing storage of fat. When in undernourished or starving animals, the fat depots become depleted, the large fat droplets in the fat cells break up into smaller droplets. Under such conditions a fat cell that loses its fat may look like one that accumulates fat although the metabolic states are fundamentally different.

The size of the fat droplet is therefore of great interest as an indicator of the metabolic activity of the cells in a given depot. Although the size of the droplets is only one of the parameters that must be considered in a particular case, it is a morphological aspect of the physiology of adipose tissue that lends itself to the application of stereological methods.

Material

This study was conducted on 10μ microscopic sections of the epididymal fat pad of rats from three different age groups: young (about two months old), adult and old animals (two years old and older).

* Division of Biological and Medical Research, Argonne National Laboratory, Argonne, Illinois.
** Work performed under the auspices of the U.S. Atomic Energy Commission.

Results and Methods

The microscopic examination of the hematoxylin-stained sections (Figs. 1—4) reveals characteristic differences between the tissues from the several age groups. In the young tissue (Fig. 1), which is certain to be in the process of storing fat,

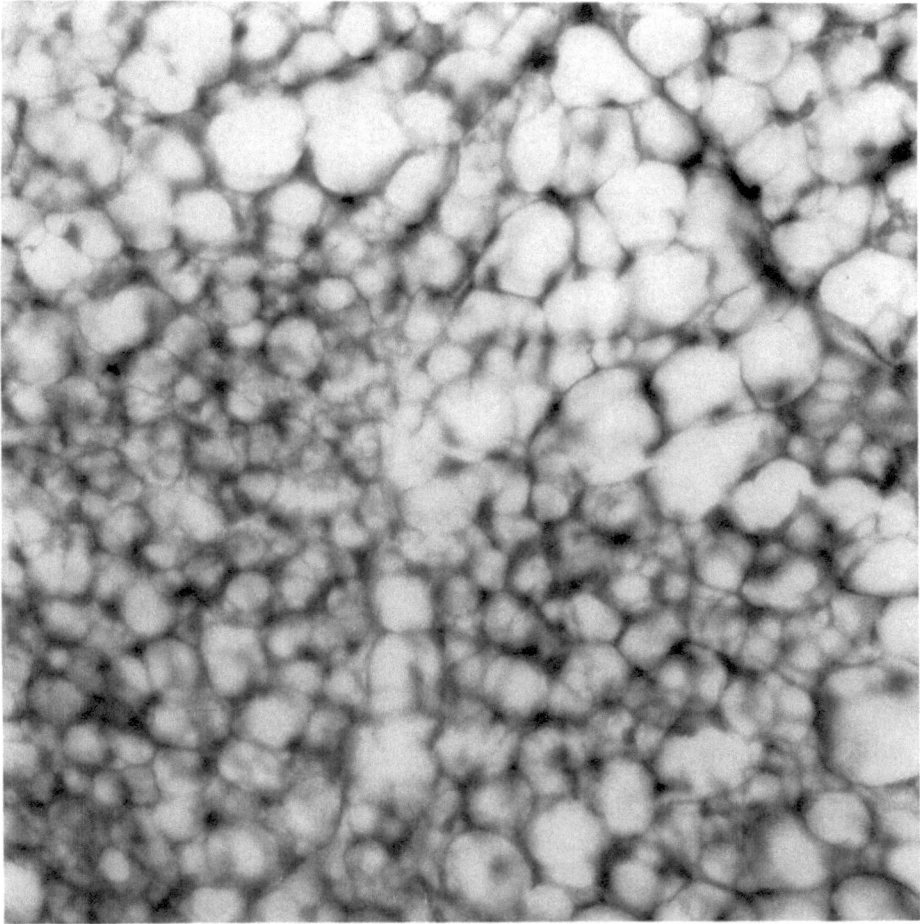

Fig. 1. Tissue from about two months old rat. Both small and larger vacuoles are present. Groups of small vacuole occupy the young fat cells, while the larger vacuoles represent the entire cells

Figs. 1—4 are photomicrographs of epidydimal adipose tissue of rats taken at the same magnification. The tissues were fixed in formalin-alcohol and embedded in paraffin. The sections were stained with Hematoxylin-Eosin. The vacuoles in the sections represent the fat droplets within the cells after the removal of the fat

small vacuoles are abundant. Groups of fat droplets occupy the entire area of one cell. But also larger droplets are already present, and they may dominate the picture in more advanced areas of the tissue in the juvenile rat. The tissue from the adult animals (Fig. 2) shows rather uniform vacuoles, and in general their diameter corresponds to that of the cell. The picture changes again with advancing age. In the two year old and especially in the senile rats (Figs. 3 and 4) one finds the largest vacuoles in great numbers. However, there are places where small droplets are crowded within the outlines of the cells. This condition resembles that seen in the young animals.

The actual measurement of the size of the fat droplets in randomly selected areas from sections of the different age groups was undertaken next. To do this, randomly chosen photographs of sections taken at known magnification were numbered from 0 to 9. Areas of the tissue were chosen by superimposing a grid of the size of the photo divided into 25 rectangles on the photographs. Both the picture and area

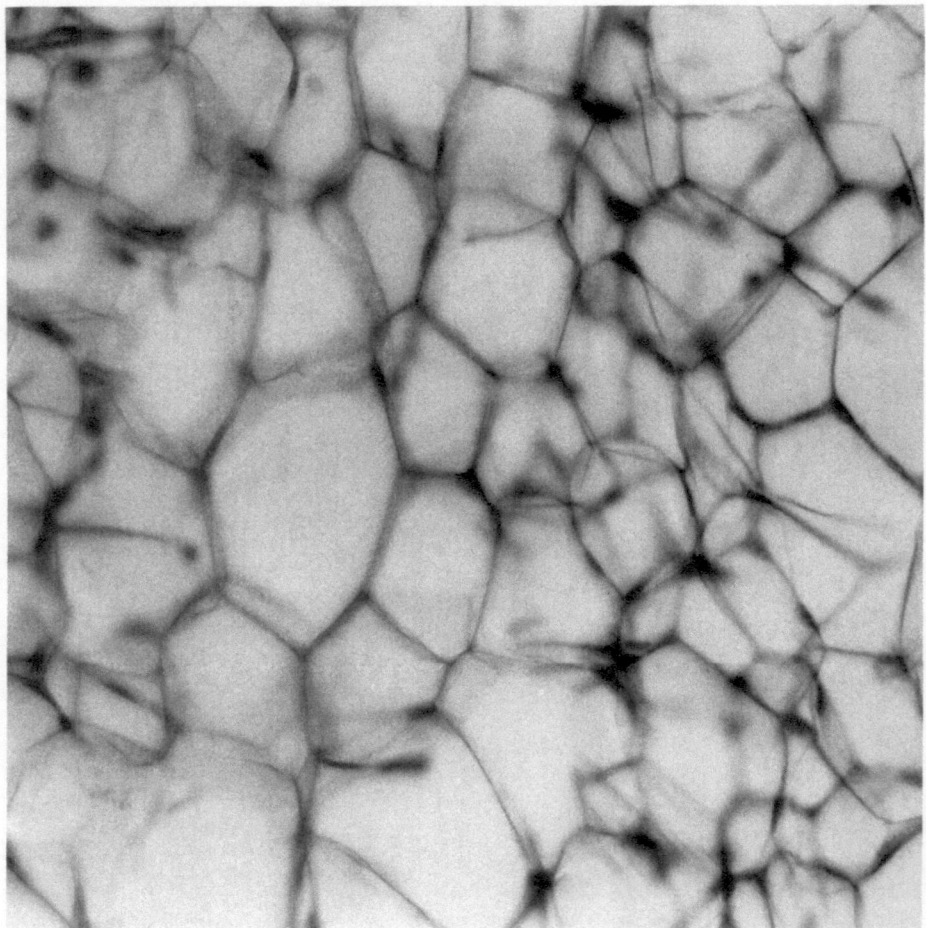

Fig. 2. Tissue from adult rat. The fat vacuoles are rather uniform in size and most of them are larger than the large vacuoles in Fig. 1

of grid taken in each case were picked from a table of random digits. Diameters of the vacuoles appearing in the rectangles of the grid were determined by 10 circles of equally spaced diameters with lengths of 10 to 100 microns and by assigning each vacuole to the size class of the circle that fitted closest to the outline of the vacuole. In each age group, sections from 2 to 5 animals were chosen and 200 vacuoles were measured in each case.

From the data obtained the size distribution of the fat droplets from plane sections was constructed (Fig. 5). The result for the young animals is given in the middle histogram of Fig. 6. Evidently, the small droplets of the classes 0 to 10 and 10 to 20 are represented in the young at a relatively high proportion while large droplets are less frequent or missing at longer diameters. In the adult animal the smallest droplets are missing and the middle sizes dominate in the picture. The highest size classes (70—100) are represented in the two year class. In the old animals the reappearance of the small droplet is the most characteristic feature.

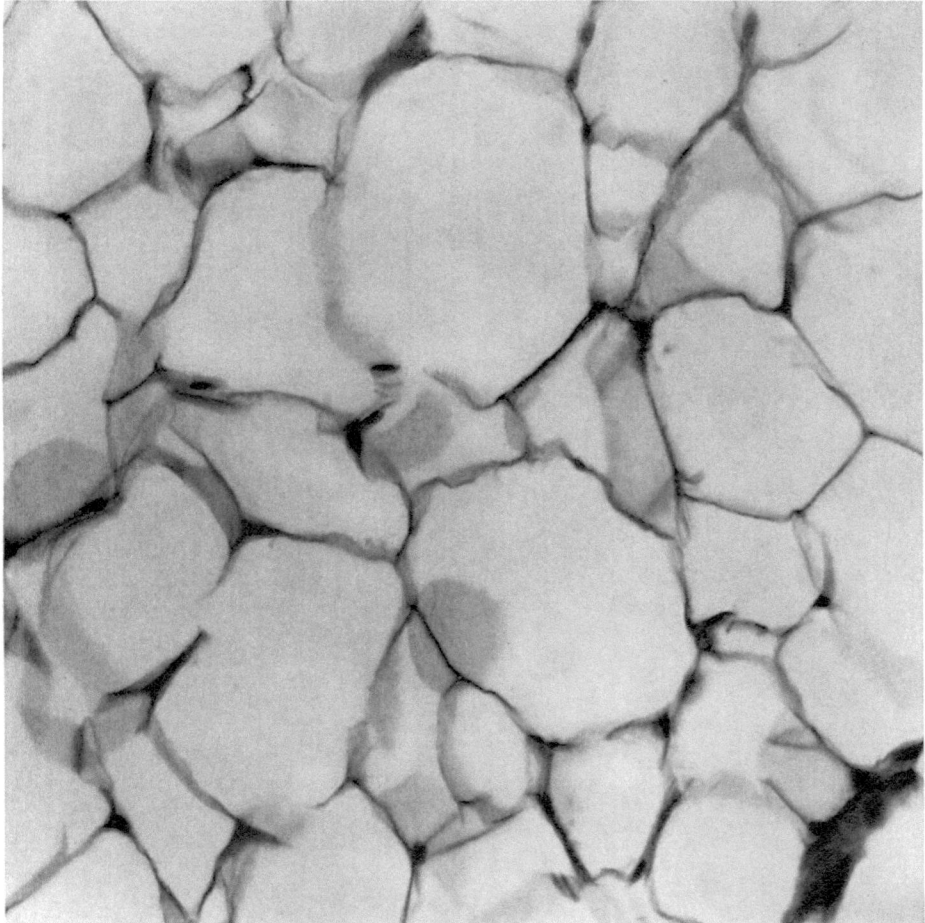

Fig. 3. Tissue from old rat. Notice the large sizes of the vacuoles which represent the maximal size of the old fat cell

The classes from 60 to 100 microns are represented in a relatively high proportion as in the adults.

The data from direct observation were then submitted to stereological methods in order to obtain an estimate of the distribution of spheres despite the random cutting by our microtechnical procedure. Both the method of SCHWARTZ (1934) and of BACH (1963) were applied.

The histograms of Fig. 6 show the results for the young tissues; those obtained by Schwartz's and by Bach's methods together with the result described in this report of direct observation. About the same distribution is shown by the Schwartz and by the Bach method, and the histogram resulting from the calculation based on our direct observation does not differ significantly from either the Schwartz or Bach histogram. It must be said, however, that the coincidence would not be the same if we had calculated the number of droplets per unit volume. Instead we expressed the results as the percent of the counted vacuoles.

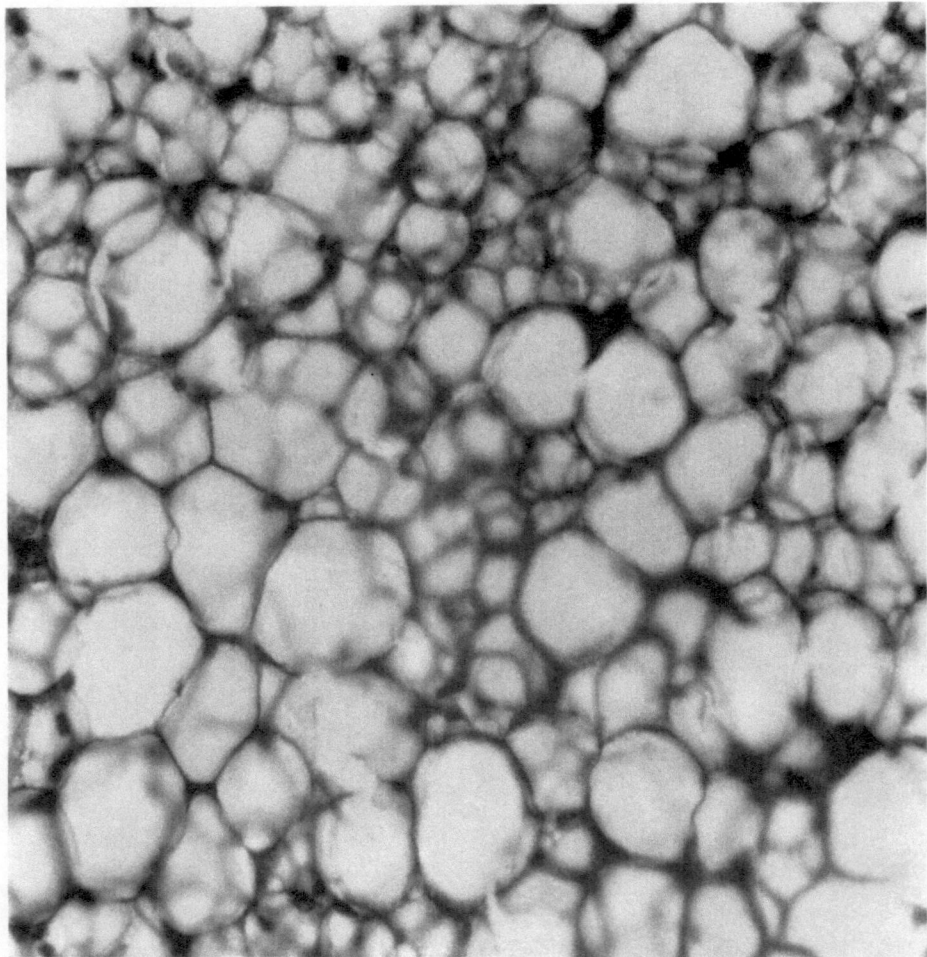

Fig. 4. Another characteristic area of the section of old adipose tissue. The picture is similar to that of the young tissue in Fig. 1: numerous small vacuoles are present in addition to larger ones. For interpretation, see text

Discussion

In applying quantitative methods to morphological studies of adipose tissue we hope to establish a basis for reliable physiological interpretation of the changes as they occur in the fat cells in development and in advanced age. Three points in this respect can be briefly discussed on the basis of our still very incomplete study. First, the filling up of the fat cells can be described in exact terms when in further studies the stereological methods will be applied in a more detailed way through the use of animals at various stages of growth and development. Secondly,

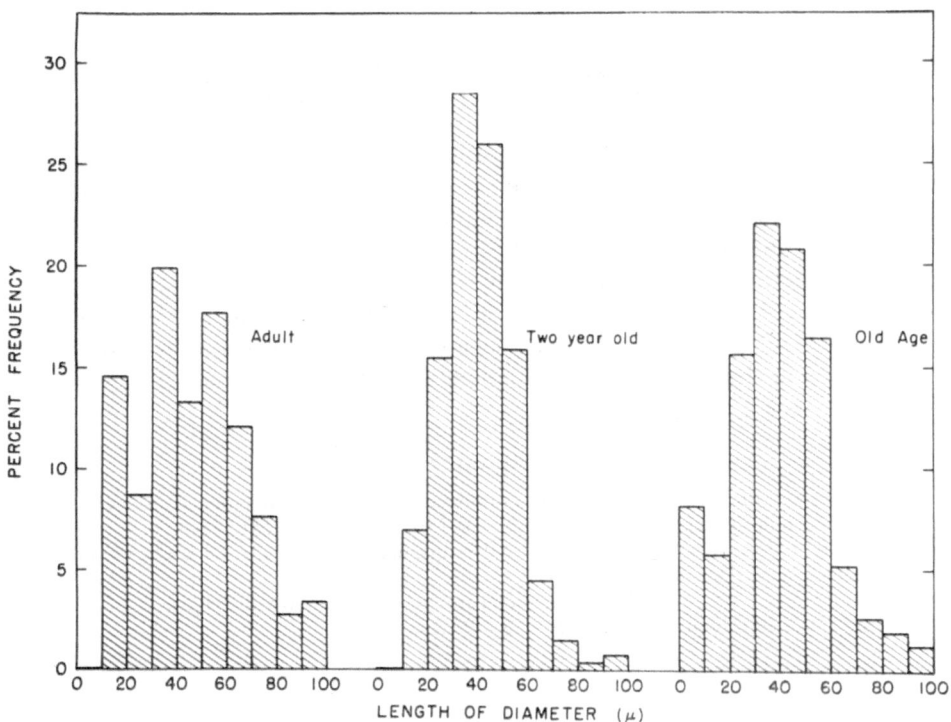

Fig. 5. Size distribution of fat droplets in adult and old rats, see text

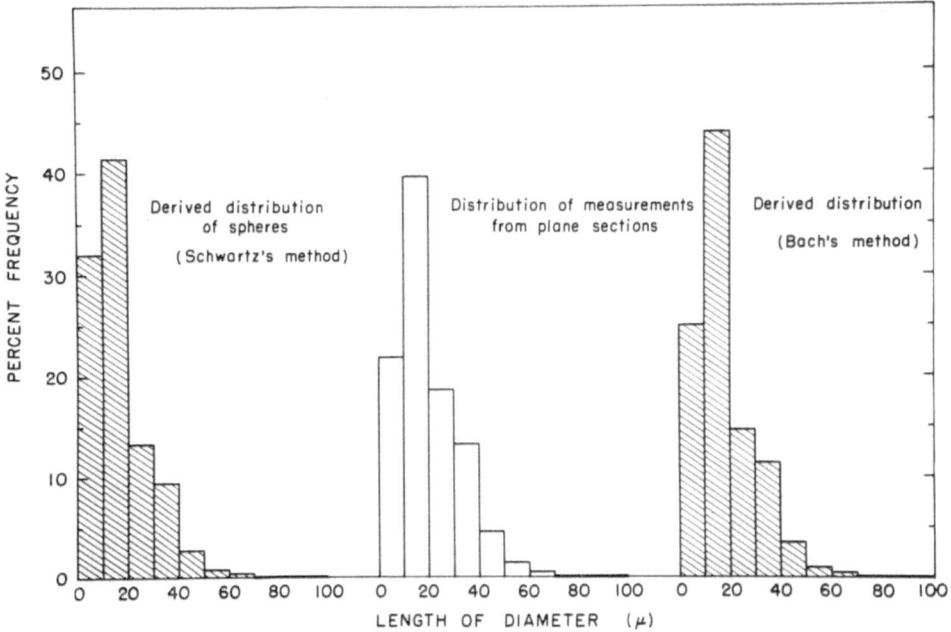

Fig. 6. Size distribution of fat droplets in young, rats, see text

4*

although droplet sizes up to 20 microns are not identical with cell size because groups of such droplets are contained in one cell, the larger droplets of more than 20 microns in diameter fill the cells in most cases. This is certainly true of the largest droplets. According to our results a droplet size of 70 to 100 microns represents the maximum cell size. Beyond this size, which is reached already in well nourished adults and is retained in senile animals, no further storage is possible in the individual cell. Hausberger (1964) in a recent publication on fat cell size in hereditarily obese mice came to the same conclusion. When fat storage goes on beyond the capacity of the existing fat cells such storage can be only achieved by new fat cells which start the process in the same way as in the young. Since old rats are usually obese we think it most probable that the increase in small fat droplets is a repetition of the situation in the young animals although restricted to areas around the blood vessels.

References

Bach, G.: Über die Bestimmung von charakteristischen Größen einer Kugelverteilung aus der Verteilung der Schnittkreise. Z. wiss. Mikr. 65, 285 (1963).

Hausberger, F. X.: Der Einfluß des Ernährungszustandes auf Größe und Anzahl der Fettzellen. Z. Zellforsch. 64, 13 (1964).

Schwartz, H. A.: The metallographic determination of the size distribution of temper carbon nodules. Metals & Alloys 5, 139 (1934).

Chapter 3

Counting structures on tissue sections

Strukturzählung auf Gewebeschnitten

Introduction to counting principles

EWALD R. WEIBEL

It is frequently of great biological interest to know the number of structural units contained in the tissue volume, and this parameter can again be determined stereologically by appropriate analysis of sections. For a description of the available counting principles two basic situations must be distinguished:

1. The section thickness T is much smaller than the diameter D_i of the structural units. This situation obtains, for instance, when cell nuclei of average diameter of $5-10\mu$ or mitochondria are counted in electron micrographs of sections 0.05μ thick; or in counting pulmonary alveoli ($D_i \approx 250\ \mu$) on $7\ \mu$ histological sections (WEIBEL, 1962, 1963). In these cases, profiles of the structures on planar random probes are counted.

2. The section thickness is of the same order of magnitude or even larger than the size of the structural units. This is the case in counting cell nuclei in regular histological sections or ribosomes in ultrathin sections. Here, the number of units contained in the unit slice volume is determined.

Since the stereologic principles to be applied are different for these two situations, they will be discussed separately.

1. Counting structures on infinitely thin sections

If $T \ll D_i$, the section thickness can be disregarded and stereologic principles can be applied by which the number of structures in the unit volume N_{Vi} can be inferred from counts of the number of profiles per unit area of random section N_{Ai}. However, the relationship between N_{Vi} and N_{Ai} depends on a variety of factors which must be determined by other means. Most importantly, it depends on a knowledge of the shape of the structures; there are various means for determining this from the shape of section images (ELIAS and COHEN, 1954; ELIAS, SOKOL and LAZAROWITZ, 1954). In addition, we need to know something about the size distribution of structures (DE HOFF and RHINES, 1961; KNIGHT, WEIBEL and GOMEZ, 1963; BACH, 1965).

If the structures studied are all of the same shape and roughly of the same size, two basic relations between N_{Vi} and N_{Ai} are available. DE HOFF and RHINES (1961) have shown that

$$N_{Ai} = N_{Vi} \cdot \bar{D}_i, \tag{1}$$

where $\bar{D}_i$ is the average "tangent diameter" of the structures. In the case of spherical structures $\bar{D}_i$ is simply their average diameter. For ellipsoidal structures $\bar{D}_i$ can be determined graphically by the method of BACH (1965).

Another principle which was derived by WEIBEL and GOMEZ (1962) requires only a rough knowledge of shape which is introduced into the relation between

N_A and N_V in form of a dimensionless coefficient β. Values of β for typical bodies have been presented in graphic form (WEIBEL and GOMEZ l. c.). In addition we need to know the volumetric fraction V_{Vi} occupied by the bodies; this can be obtained by simple point counting analysis as shown on p. 92 of this volume. The following formula applies:

$$N_{Vi} = \frac{1}{\beta_i} \cdot \frac{N_{Ai}^{3/2}}{V_{Vi}^{1/2}} \cdot K \tag{2}$$

whereby the coefficient

$$K = \left[\frac{(D)_3}{(D)_1} \right]^{3/2}$$

introduces a measure of the size distribution of the structures as the ratio of third $(D)_3$ to first moment $(D)_1$ of the distribution (KNIGHT et al., 1963). If the structures are all roughly of the same size, $K \approx 1$ can be disregarded. If the size of structures varies, then $K > 1$; for a normal distribution with a standard deviation of $\pm 25\%$ of the mean $K = 1.07$, as an example.

Equivalent biological structures often show a rather narrow size distribution. For renal glomeruli it was found, for example, that $K = 1.014$ (KNIGHT et al., 1963; WEIBEL, 1963). This coefficient can thus be disregarded for many practical purposes or replaced by an arbitrary coefficient of the order of 1.02 to 1.1, particularly when comparisons between control and experimental materials are sought. Caution is indicated though, when an experiment may have induced a change in the size distribution; this can be tested by determining the variance of the size distribution of profiles in both control and experimental material (BACH, 1963).

Recently, LOUD, BARANY and PACK (1965) have developed a method for determining the number of cylindrical structures N_{Vc} from measurements made on their profiles on random sections. In this principle N_{Vc} is a function of the volume fraction of the tissue occupied by the cylinders V_{Vc}, of the surface-to-volume ratio R and of the ratio $\varepsilon = D/L$ of diameter to length of the cylinders.

$$N_{Vc} = V_{Vc} \cdot R^3 \cdot \frac{\varepsilon}{2\pi(\varepsilon + 2)} \cdot \tag{3}$$

It is noted that here no actual count of profiles per area is necessary, but that N_{Vc} is inferred from other parameters: methods for determining these are given in chapter 4.

It may finally be pointed out that BACH has presented on p. 38 of this volume a method for determining N_V of spherical structures from the size distribution of radii of profiles on random section. For $T = 0$ he found

$$N_V = \frac{1}{\pi} \sum_{i=0}^{n} \frac{p_i}{r_i}, \tag{4}$$

where index i designates size classes in which r is the radius and p the absolute frequency.

2. Counting in sections of finite thickness

If section thickness T is not negligible, it is evident that the number of particulate structures seen in the unit area A of observation fields is proportional to T, since all structures contained within the slice of tissue are projected onto the focal plane of the system of observation. It would therefore be insufficient to express the counts performed on such observation fields in terms of number per test area $N_A = N/A$. It is more appropriate to consider these counts as number per slice volume

$$n_V = \frac{N}{T \cdot A} .$$ (5)

Principles for deriving the number N_V of particles per unit tissue volume from n_V will be extensively discussed by HAUG in the following article.

References

BACH, G.: Zufallsschnitte durch ein Haufwerk von Rotationsellipsoiden mit konstantem Achsenverhältnis. Z. angew. Math. u. Phys. 16, 224 (1965).

ELIAS, H., and T. COHEN: Geometrical analysis of inclusions in rat liver cells as seen in electronmicrograms. Z. Zellforsch. 41, 407 (1954).

— A. SOKOL, and A. LAZAROWITZ: Contribution to the geometry of sectioning. II. Circular cylinders. Z. wiss. Mikr. 62, 20 (1954).

DeHOFF, R. T. and F. N. RHINES: Determination of the number of particles per unit volume from measurements made on random plane sections: the general cylinder and the ellipsoid. Trans. Amer. Inst. Mining, Met. Petrol. Engrs 221, 975 (1961).

KNIGHT, B. W., E. R. WEIBEL, and D. M. GOMEZ: Effect of size distribution on a principle of counting on sections structures contained in a volume. Proc. 1st Int. Congr. Stereology, Vienna 1963, p. 18.

LOUD, A. V., W. C. BARANY, and B. A. PACK: Quantitative evaluation of cytoplasmic structures in electron micrographs. Lab. Invest. 14, 996 (1965).

WEIBEL, E. R.: Morphometrische Bestimmung von Zahl, Volumen und Oberfläche der Alveolen und Kapillaren der menschlichen Lunge. Z. Zellforsch. 57, 648—666 (1962).

— Morphometry of the human lung. Berlin-Göttingen-Heidelberg: Springer 1963.

—, and D. M. GOMEZ: A principle for counting tissue structures on random sections. J. appl. Physiol. 17, 343 (1962).

Probleme und Methoden der Strukturzählung im Schnittpräparat

HERBERT HAUG *

Zusammenfassung

Bei der Zählung von Strukturen in durchsichtigen Schnitten treten unvermeidliche Fehler auf, deren Ursache und Auswirkungen auf das Resultat besprochen werden. Verschiedene Korrekturformeln für den Einfluß der Schnittdicke werden kritisch diskutiert. Strukturform und -orientierung müssen ebenfalls berücksichtigt werden. Als praktisches Beispiel wird eine Zellzählung an Pyramidenzellen der menschlichen Hirnrinde durchgeführt. Schließlich werden eine Reihe von Empfehlungen für Strukturzählungen im histologischen Schnitt erörtert.

Summary

In counting structures on transparent sections or in pictures of transparent sections the same problems arise both in light and in electron-microscopy. Objectively, inevitable errors cannot be avoided even by strictly adhering to all rules. The errors are essentially due to the relation between the thickness of the section and the size as well as the shape of structures. In counting spheres of similar size in sections of finite thickness the number n_V obtained can be corrected to an actual number N_V by means of formula (2) to (6) of Table 1. The influence of statistical variability of the averages and the grouping of data into size classes are discussed. While the average variability can usually be disregarded, the definition of size classes can be of greater influence on the correction of the counting data. Objects belonging to different size classes should therefore be separately counted and corrections should be applied to each class.

The influence of shape and orientation of the structures on their counting is discussed. For the numerical evaluation of non-spherical objects the following procedures are proposed.

a) For every shape a special formula can be developed for either mathematical or graphical correction.

b) It is possible to obtain the actual number of structures by graphical analysis of countings obtained from sections of different thickness.

c) An accurate though lengthy and complicated determination is possible by combining of different methods.

d) If in each structure to be counted there is a substructure occuring only one, it is advisable to base the computationes on countings of the substructure: e.g. nuclei or nucleoli can be used as well defined markers for cells.

---

* Anatomisches Institut der Universität Hamburg, 2 Hamburg 20, Martinistr. 52.

e) It is discussed whether it is permissible to count non-spherical objects like spheres. By using ellipsoids as an example the limitations for doing so are shown up.

In a practical example of counting nerve cells of the cortex the various procedures for correction are evaluated. The result is given in the following instructions for counting:

1. Whenever possible, thick tissue slices should be used for the counting of cells.

2. When dealing with cells which have only one nucleolus it can be considered as a representative marker for the whole cell. The objective error with respect to thick slices is so small that there is no need to take it into consideration.

3. When dealing with cells which have only one nucleus it can be used as a marker as well. In this case, however, a correction is necessary because of the size of the nuclei.

4. As to spheres, the formulas (3) of FLODERUS and the modified formula of HENNIG (6), are most favourably suited for correction. An accurate determination of the factor k is difficult; rules referring to this are mentioned.

5. Grouped structures should be counted and corrected by individual classes.

6. For this purpose thick slices must be used; otherwise incomplete sections of the structures make them appear smaller than they really are and they may be attributed to a smaller class by mistake.

7. Tissues containing particles of rotational symmetry should, if possible, be cut so that the axes are situated parallel to the surface of the slice.

8. When considering whether in counting non-spherical structures can be handled like spheres two methods may be useful:

aa) The limits for permissible counting as spheres can be established by means of mathematical methods.

bb) It is to be tested experimentally whether a spherical correction is possible. For that reason counting tests should be made with sections of different thickness. If in this test the results differ by no more than 5% from the spherical correction of the same structure, the object can subsequently be treated like a sphere.

9. If there is no conformity in 8 bb, a graphic correction can be developed from the graph. It can only be used for structures and orientations corresponding to the object, which was tested before.

10. Orientation of structures can have a considerable influence on the results and must therefore be carefully taken in consideration.

1. Einleitung

Bei der Zählung von Strukturen in einem durchsichtigen Schnitt treten, wenn wir diese Zählungen auf ein bestimmtes Volumen umrechnen, regelmäßige und objektiv unvermeidbare Fehler auf. Jeder objektive Fehler hat eine exakt feststellbare Ursache und ist damit mindestens theoretisch vollständig korrigierbar.

Im folgenden wird darüber berichtet, welche Ursachen zur Fehlerentstehung beitragen. Aus der Kenntnis der Ursachen werden Regeln zur Verringerung der primären Fehlerentstehung entwickelt und Korrekturverfahren geschildert, die es ermöglichen, den verbleibenden Fehler bei Strukturzählungen in tatsächliche und damit richtige Werte umzuwandeln.

Als Beispiel für die Erklärung der Fehlerentstehung wird die Kugel genommen, da sie einerseits für das Verständnis die einfachsten Verhältnisse bietet und andererseits bei der Korrektur am leichtesten zu beherrschen ist. Dann folgt die Behandlung komplizierter gebauter Strukturformen. Zugleich wird der Einfluß der Orientierung von Strukturen im Schnitt auf die Zählung untersucht. Den Abschluß bildet eine kritische Besprechung der einzelnen Verfahren an Hand einer von mir durchgeführten Musterauswertung.

Bei allen Zählkorrekturen ist die Frage der Auswertungsdimension zweitrangig. Für die Schnitte der Lichtmikroskopie gelten die gleichen Regeln wie für die Ultradünnschnitte der Elektronenmikroskopie.

2. Fehlerentstehung und Fehlerkorrektur am Beispiel von Kugeln

Bei der folgenden Besprechung setze ich voraus, daß die üblichen Regeln einer Strukturzählung im Schnitt eingehalten sind. Einmal dürfen die sichtbar auf den äußeren Grenzlinien des Zählfeldes liegenden Strukturen nur teilweise mitgezählt werden. Ich erinnere an die Anweisungen beim Zählen der Blutzellen. Daneben gibt es weitere Regeln. Welches Verfahren der Untersucher wählt, soll ihm selbst überlassen sein. Zweitens müssen alle ermittelten Werte auf ein Einheitsvolumen umgerechnet sein.

Der verbleibende Auswertungsfehler wird im folgenden weiter untersucht. Er wird im wesentlichen bedingt durch das Verhältnis zwischen Strukturgröße und Schnittdicke.

Die Abb. 1 zeigt bei gleich großen Kugeln den Einfluß der Schnittdicke. Beim dünnen Schnitt ragen, wie beim dicken Schnitt etwa 6 Kugeln mehr oder weniger stark aus dem Schnitt heraus. Nehmen wir an, daß jeweils 6 — nur teilweise im Schnitt liegende Kugeln — sich zu 3 völlig im Schnitt liegenden ganzen Kugeln ergänzen lassen, dann gelten die in der Abb. 1 gezeigten Zahlverhältnisse. Gehen wir von der tatsächlichen Strukturzahl, welche wir N_V nennen wollen, als Bezugspunkt aus, so werden beim dicken Schnitt 16% zu viel Kugeln ausgewertet und beim dünnen Schnitt 50%. In der Abb. 1 ist als Bezugspunkt die gezählte Kugelzahl angegeben, die wir n_V nennen werden.

Bei dicken Schnitten ist der unvermeidbare Fehler beim Zählen geringer als bei dünnen; jedoch bleibt auch hier die gezählte Strukturzahl immer größer als die tatsächliche. In einer Formel ausgedrückt, ist

$$n_V > N_V. \tag{1}$$

Für die Kugeln wurden die in Tabelle 1 aufgeführten Korrekturformeln von mehreren Autoren unabhängig entwickelt. Die älteste von AGDUHR (2) stammende Formel ist etwas kompliziert in der Anwendung; inhaltlich ist sie gleich wie die Formel von ABERCROMBIE (4). Sie hat heute nur noch historische Bedeutung. Die Formeln von ABERCROMBIE (4) und HENNIG (5) ergeben gleiche Korrekturwerte; die Formel von HENNIG hat den Vorteil, auch noch Korrekturen zu ermöglichen, wenn die Schnittdicke null ist. Das ist für opake Schliffflächen wichtig.

Die Formel von FLODERUS (3) und die von mir abgeänderte Hennigsche Formel (6) enthalten einen Faktor k. Dieser Faktor k gibt eine zusätzliche Korrektur, die für die Praxis wichtig ist. Kugeln und andere Strukturen können nur schwer oder nicht mehr erkannt werden, wenn sie lediglich mit einer flachen Kalotte in

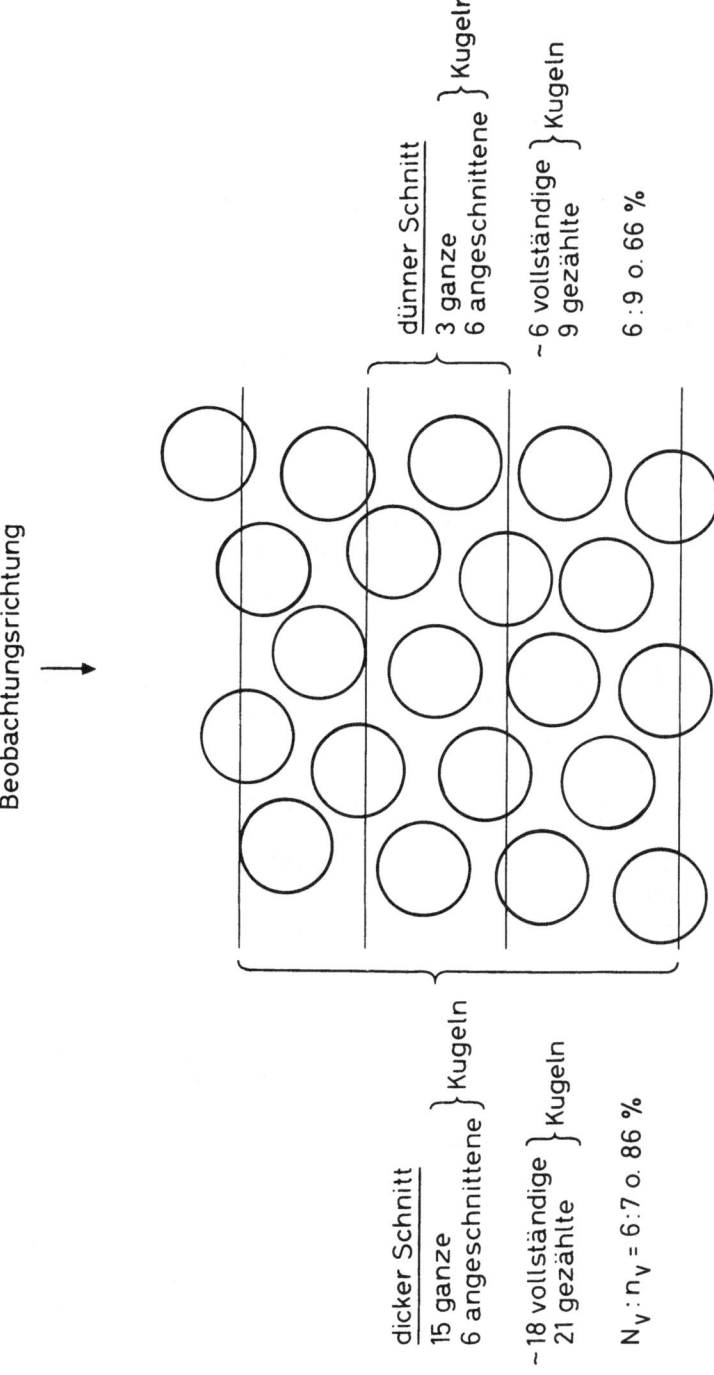

Abb. 1. Der Einfluß der Schnittdicke auf das Zählergebnis bei gleich großen Kugeln

Tabelle 1. *Korrekturformeln für Kugeln*

$$N_V = n_V \cdot \frac{2m \cdot T - 2r}{Tm \cdot (m+1)} \qquad \text{Agduhr (1941)} \ (m = \text{Anzahl Schnitte pro Kugel}) \qquad (2)$$

$$N_V = n_V \cdot \frac{T}{T + 2r - 2k} \qquad \text{Floderus (1944)} \qquad (3)$$

$$N_V = n_V \cdot \frac{T}{2r + T} \qquad \text{Abercrombie (1946)} \qquad (4)$$

$$N_V = n_V \cdot \frac{V}{A \cdot (2r + T)} \qquad \text{Hennig (1957)} \qquad (5)$$

$$N_V = n_V \cdot \frac{V}{A \cdot (2r + T - 2k)} \qquad \begin{array}{l}\text{eigener Vorschlag durch Kombination von Floderus} \\ \text{und Hennig}\end{array} \qquad (6)$$

N_V = tatsächliche Kugelanzahl im Schnitt im Bezugsvolumen V
n_V = gezählte Kugelanzahl im Schnitt im Bezugsvolumen V
T = Schnittdicke
r = Kugelradius
A = Fläche des Auswertungsfeldes
k = Ausdehnung der kleinsten erkennbaren Kugelkalotte in der Beobachtungsrichtung

den Schnitt hineinragen. k gibt die Höhe der Kugelkalotte an, bei der die Grenze des sicheren Erkennens liegt. Der Korrekturfaktor k, welcher nicht ganz einfach festzulegen ist, erfüllt die praktischen Notwendigkeiten der Zählkorrektur am besten; das werde ich am Schluß meines Referates noch zeigen können. Über seine Bestimmung werden noch nähere Hinweise gebracht.

In biologischen Objekten sind in der Regel bei gleichartigen Strukturen unterschiedliche Größen vorhanden. Wir finden in der Natur zwei Hauptarten von Größendifferenzen. Erstens die Variabilität um einen Mittelwert und zweitens die Ausbildung von unterschiedlichen Größenklassen.

In biologischen Objekten ist fast immer eine Variabilität um einen Mittelwert vorhanden, diese entspricht normalerweise einer Gaußschen Verteilung. Wir nennen sie Normalverteilung. Der Einfluß dieser Variabilität auf Zählungen ist relativ gering, da die Abweichungen klein sind und nicht sehr ins Gewicht fallen. Man setzt den Mittelwert für die Korrektur ein.

Das zweite Größenproblem ist die Ausbildung von Größenklassen. Bei den Zellkernen ist eine Einteilung in Kernklassen fast in allen Geweben zu finden. In jeder dieser Größenklassen findet sich wiederum eine statistische Verteilung, die meist eine Normalverteilung darstellt. Die Klassen weisen untereinander Größenunterschiede auf, die deutlichen Einfluß auf das Zählergebnis haben. In der Abb. 2 ist eine solche Klasseneinteilung bei Nervenzellen gezeigt. Es handelt sich um fünf Zellklassen, die jeweils in sich Normalverteilungen darstellen. Die Grenzen der einzelnen Klassen überschneiden sich.

Der Einfluß der Größenklasse wird in Abb. 3 gezeigt. Die Zählung wird inhaltlich dadurch beeinflußt, daß Kugeln, die nur mit einer kleinen Kalotte im Schnitt liegen, einer falschen kleineren Größenklasse zugeteilt werden. Die Abb. 3 zeigt dies deutlich. Die Gefahr einer Fehlzuteilung ist bei dünnen Schnitten größer als bei dickeren; jedoch lassen sich auch bei dicken Schnitten Fehlzuteilungen nicht vollständig vermeiden.

Die klassenweise gezählten Kugelzahlen werden mit Hilfe einer Kugelkorrektur klassenweise in tatsächliche Zahlen umgerechnet. Zuvor muß von jeder Klasse durch Messung der mittlere Durchmesser bestimmt werden. Bei der Korrektur mit den Formeln (3) und (6) ist die Größe von k festzulegen.

Die Größe von k ist von zwei Faktoren abhängig: 1. Von der Färbungsdifferenz der Strukturen bzw. Kugeln zur Umgebung und 2. von der Winkelabweichung der sichtbaren Kugeloberfläche gegenüber der Betrachtungsachse. Der erste Grund ist leicht verständlich und besagt, daß starke Farbdifferenzen bei einem kleineren k zählbar sind als schwache. Dabei ist k grundsätzlich unabhängig von der Strukturgröße.

Der zweite Faktor ist schwieriger zu erklären. Bei ihm ist wesentlich der Unterschied der Brechungsindices zwischen Kugel und Umgebung oder die Ausbildung einer Membrangrenze zwischen Kugel und Umgebung. Dieser zweite Faktor ist unabhängig von der Färbungsdifferenz zwischen Kugelinhalt und Umgebung,

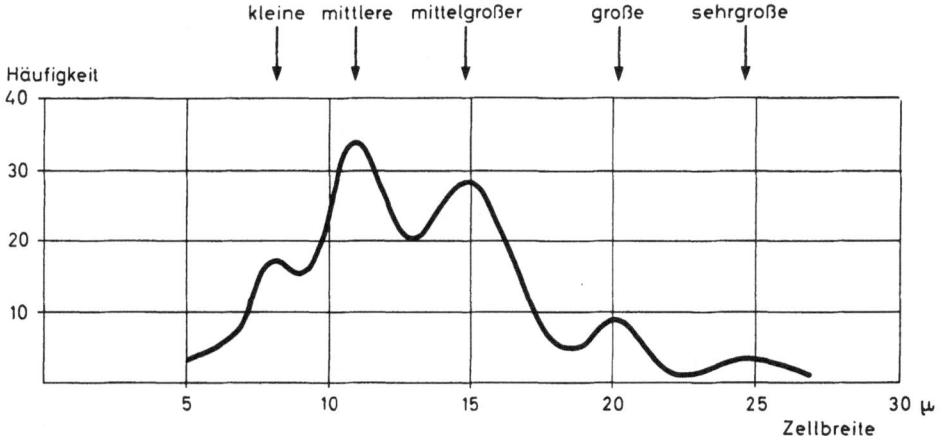

Abb. 2. Die Bildungen von Größenklassen bei Pyramidenzellen der menschlichen Hirnrinde

jedoch abhängig von der Kugelgröße. An den Membranen ist er leichter erklärbar, da wir eine Membran, die senkrecht zur Betrachtungsachse steht, nicht mehr als solche erkennen. Flache Kugelkalotten weichen mit ihrer Oberflächenneigung nur wenig von der Senkrechten zur Beobachtungsachse ab; ihre Begrenzung durch einen optischen Dichtesprung und eine Membranstruktur ist nicht mehr sichtbar, und sie können, falls sie nicht deutlich gefärbt sind, nicht ausgewertet werden. Da der Neigungswinkel vom Kugeldurchmesser abhängig ist, wird bei kleinen Kugeln k klein und bei großen groß.

In der Praxis wird im allgemeinen am gefärbten Präparat gezählt, und beide Faktoren werden wirksam. Bei kleinen Kugeln kann, da der zweite Faktor bestimmend ist, mit einem kleinen k die gezählte Zahl korrigiert werden. Mit steigender Klassengröße gewinnt der erste Faktor stärkeres Gewicht und ab einer bestimmten Größenklasse ist nur noch der erste Faktor wirksam. Kugelklassen, die über dieser Grenzklasse liegen, lassen sich mit gleichbleibendem Faktor k beim Zählen korrigieren. Unterhalb dieser Grenzgröße sind variable kleinere k vorhanden. Die Musterzählung bringt ein Beispiel.

Die klassenweise Zählung mit getrennter Korrektur und unterschiedlichen Größen von k ist relativ langwierig. Es liegt daher nahe, zur Vereinfachung die

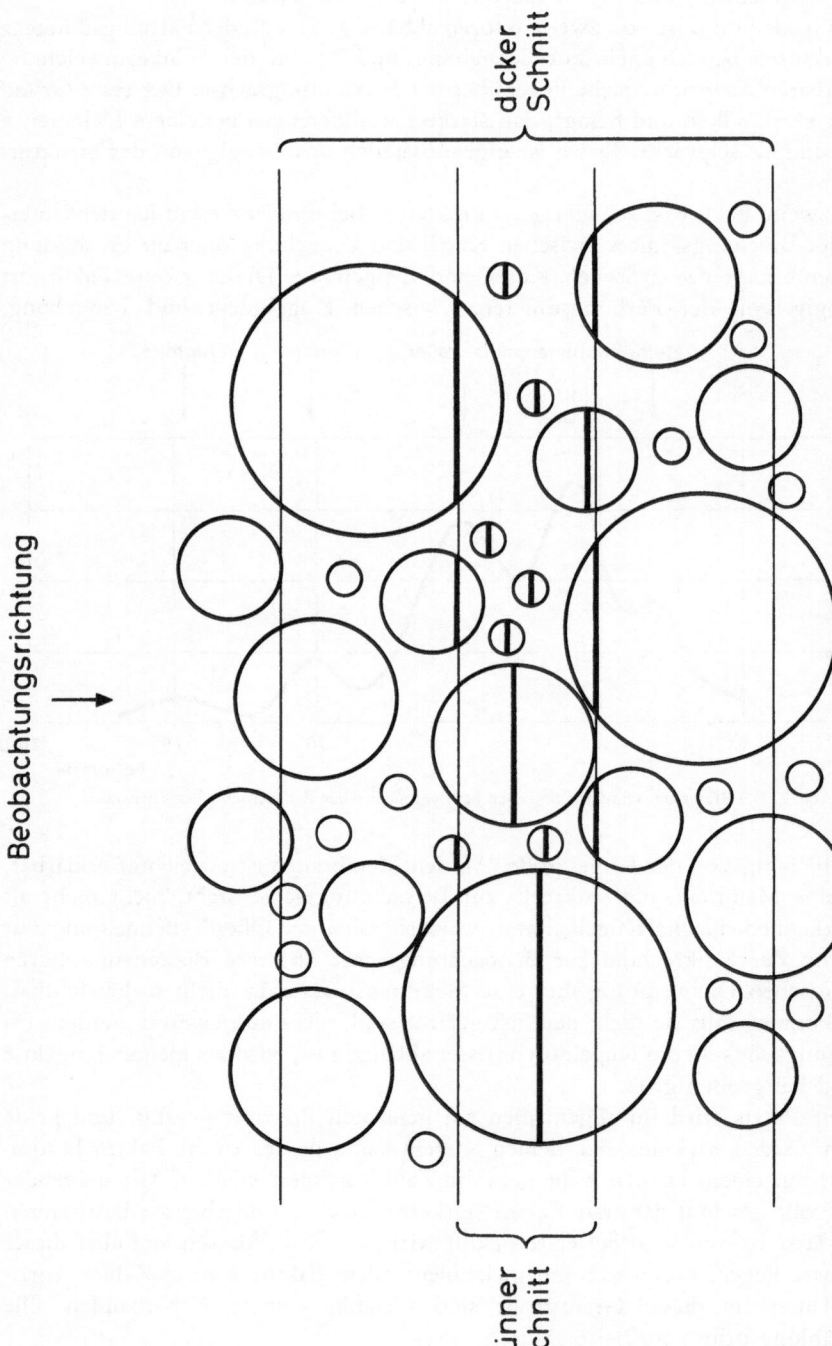

Beobachtungsrichtung

dicker Schnitt

dünner Schnitt

Abb. 3. Der Einfluß der Schnittdicke auf das Zählergebnis bei Kugeln verschiedener Größenklassen. Beim dünnen Schnitt gibt die dicke Linie die sichtbare Größe des Durchmessers aus der Beobachtungsrichtung an. Die unterste große Kugel wird hier in eine kleinere Kugelklasse eingereiht

Zählungen von einem allgemeinen Mittelwert ohne Beachtung einer Klassenbildung durchzuführen. Dieses Vorgehen führt zu Überkorrekturen, die am besten mit einem Beispiel belegt werden, das in Tabelle 2 zu sehen ist. Wir erkennen darin, daß die gezählte Zahl der kleinen Kugelklasse mit 20% nur relativ gering von der tatsächlichen abweicht, während die große mit 66% beträchtlich abweicht. Eine Korrektur, welche vom mengenmäßigen arithmetischen Mittel der beiden Kugelklassen ausgeht, zeigt eine Überkorrektur von 15% gegenüber der klassenweisen und richtigen Korrektur bei den tatsächlichen Kugelzahlen. Wer genaue Ergebnisse haben will, muß daher klassenweise auswerten.

Tabelle 2. *Einfluß der Klassengröße auf die tatsächliche Zahl bei einer Schnittdicke von 10*

Klasse	Durch-messer	n_V		N_V		Verminderung der Anzahl
		gezählte Anzahl	Anteil %	tatsächliche Anzahl	Anteil %	n_V in $\overline{N_V}$ %
a	2,5	70	70	56 ⎫ 66	85	20
b	20,0	30	30	10 ⎭	15	66
						33 (durchschnittlich bei Klassenteilung)
a + b (durch-schnittlich)	7,75	100	100	56	100	44 (durchschnittlich ohne Klassenteilung)

Am Beispiel der Kugel konnten zwei Grundprobleme der Zählung und ihrer Korrektur besprochen werden. Es sind dies die Relation Strukturgröße zu Schnittdicke und die Klassenbildung bei Strukturen. Damit können wir die Kugelform abschließen, da die weiteren Probleme der Zählung nur bei nicht kugelförmigen Strukturen entstehen.

3. Der Einfluß der Strukturform und der -orientierung auf die Zählung

a) Die Strukturform

In biologischen Objekten finden wir zahlreiche Strukturformen; so zeigen die Zellkörper viele Variationen ihrer Gestalt. Es ist nicht möglich, alle einzeln zu besprechen. Am Beispiel der Pyramidenzellen werde ich eine Reihe von Fragen behandeln, die sich sinngemäß auf viele andere Zellformen übertragen lassen. Die Kernstrukturen, ähnliches gilt für die Mitochondrien im elektronenmikroskopischen Bild, haben mit wenigen Ausnahmen eine ellipsoide Form. Wenn man die Kugel als Sonderform des Ellipsoides betrachtet, gibt es Kerne mit einer ein-, zwei- und dreiachsigen ellipsoiden Form. Das angenähert zweiachsige Ellipsoid ist am weitesten verbreitet, es wird daher etwas eingehender behandelt.

Jede Strukturform benötigt ein eigenes Korrekturverfahren. Nur für die Kugel sind bisher exakte Formeln entwickelt. Neben den im folgenden aufgezeichneten Korrekturwegen wird also immer wieder die Frage auftreten, ist es nicht möglich, Strukturgestalten, welche eine gewisse Ähnlichkeit mit Kugeln besitzen, beim Zählen wie Kugeln zu behandeln. Bei den Ellipsoiden werden die Grenzen dieser Möglichkeiten diskutiert.

b) Der Einfluß der Orientierung

Die Orientierung von Strukturen ist in biologischen Objekten eher die Regel als die Ausnahme. Ich erinnere nur an Muskel, Sehnen und Knochen. Zwei Grundarten der Orientierung haben einen wesentlichen Einfluß auf die Zählung; ihre Beachtung kann die Zählung und Korrektur erleichtern.

1. Orientierte Strukturen besitzen häufig eine Gestalt, bei der die lange Achse in der Grundorientierungsrichtung liegt.

2. Die Strukturen können in einem relativ kleinen Raum ungleichmäßig verteilt sein. Man unterscheidet hier zwischen kleinen Gruppenbildungen, größeren Strukturhaufen und lageweiser Anordnung. Beide Grundphänomene können gemeinsam und getrennt vorkommen.

Im ersten Fall der axial orientierten Strukturen ist es zweckmäßig, die Achsen so in den Schnitt zu legen, daß der Primärfehler beim Zählen klein wird und eine anschließende Korrektur mit einfacheren Methoden möglich ist. Ist die Verteilung dieser axial ausgerichteten Strukturen sonst ungeordnet, können auf diesem Wege exakte Ergebnisse gewonnen werden. Am günstigsten legt man die Achsen parallel zur Schnittfläche. Ich werde diesen Weg im folgenden bei den Pyramidenzellen näher behandeln.

Im zweiten Fall ist die Lösung eng an die Fragestellung gekoppelt. So lassen sich z.B. in einem Muskel die Anzahl der Muskelfasern nur im Querschnitt feststellen. Bei einem aus Strukturschichten oder -haufen aufgebauten Gewebe kann ich die gezählten Einheiten auf die Schicht bzw. den Haufen beziehen oder aber auf das gesamte Organ. Je nachdem ergibt sich dabei eine unterschiedliche Einheitenanzahl im Volumen. Welcher Weg richtig ist, muß hier die Fragestellung und *damit* der Untersucher beantworten.

Im Gegensatz zu anderen quantitativen Auswertungen ist es bei Zählungen in orientierten Strukturen meist unzweckmäßig, beliebige Neigungswinkel durch ein solches Gewebe zu legen. Jeder Neigungswinkel würde infolge eines anderen Achsenverhältnisses eine andere Korrektur benötigen. Andererseits ist es wichtig, sich durch qualitative Beobachtungen bei verschiedenen Schnittwinkeln den besten Weg zu einer exakten Zählung zu suchen. Darauf gehe ich im nächsten Abschnitt ein.

c) Zählungen an gerichteten Strukturen
(Beispiel: Pyramidenzellen der Hirnrinde)

Wir können an den Pyramidenzellen der Hirnrinde, die der Zellform nach Doppelkegel sind, einige allgemein wichtige Punkte der Zählung näher beschreiben.

Die Pyramidenzellen sind mit ihren Längsachsen senkrecht zur Oberfläche orientiert. Der apikale Kegelteil ist meist sehr lang und spitz. Die Zellen neigen zur Ausbildung unterschiedlicher Größen. Es sind Zellschichten ausgebildet, die parallel zur Oberfläche liegen. Die Schichten weisen stärkere Unterschiede in der Zelldichte und Zellgröße auf.

Wie kann man ein derartig heterogen gebautes Objekt optimal bei Zählungen erfassen? Es gibt mehrere Wege. Für alle aber ist die Schnittorientierung nur in ein und derselben Weise optimal. Bei dieser müssen die Zellachsen parallel zur Schnittebene liegen. Damit werden zwei Dinge für eine exakte Auswertung erreicht.

1. Da die Schichten deutlich erkennbar sind, ist eine schichtweise Auswertung ohne Schwierigkeiten möglich.

2. Die Kegelachsen liegen senkrecht zur Beobachtungsrichtung und damit ist eine sichere Größenklassifikation möglich. Weiter wird der Primärfehler verringert, da die Kegelbreite als kleinere wirksame Strukturgröße die Korrektur durch ein günstigeres Verhältnis zur Schnittdicke erleichtert.

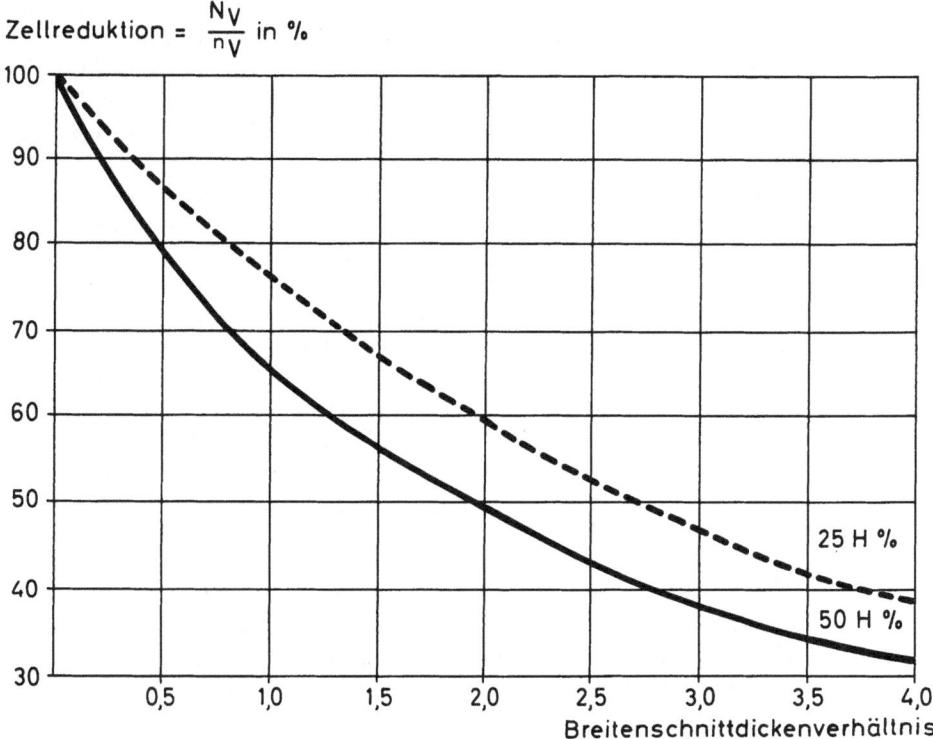

Abb. 4. Graphische Korrektur bei kegelförmigen Zellen nach HAUG (1953). Die Zellreduktion entspricht N_V/n_V in Prozent. 25 $H\%$ gelten für die kleinste Zellklasse und 50 $H\%$ für jede größere Zellklasse

Sicherer wird die Auswertung durch die Verwendung von dicken Schnitten, die zusätzlich den Primärfehler verringern und die Schichten besser trennen lassen. Bei Schrägschnitten oder oberflächenparallelen Schnitten sind die Grenzen zwischen den Schichten nicht mehr deutlich, und die langen Kegel werden in Scheiben geschnitten, so daß eine Größenzuordnung nicht mehr möglich ist. Die großen Pyramidenzellen haben Kegellängen, die wesentlich größer sind als die höchstmögliche Schnittdicke, die aus optischen und färberischen Gründen bei etwa 30—40 μ liegt.

Bei einer schichtweisen Auswertung müssen die einzelnen Zählfelder vollkommen innerhalb einer Schicht liegen. Falls die Schichten schmäler sind als die kleinstmöglichen Zählfelder, muß sich der Untersucher dieses Problem im einzelnen überlegen und einen entsprechenden Lösungsweg suchen. Wie bereits oben gesagt, hängt der Weg von der Fragestellung ab, ein Patentrezept kann daher nicht gegeben werden.

5*

Alle im folgenden geschilderten Zählwege für die Pyramidenzellen versprechen bei der beschriebenen Schnittanordnung die besten Ergebnisse. Mit Ausnahme des ersten Verfahrens sind sie ganz oder teilweise auch für anders geformte orientierte Strukturformen verwendbar.

Entsprechend der Kugelkorrektur lag es nahe, eine Kegelkorrektur durchzuführen. Mit einer einfachen Formel ist das Problem leider nicht zu beherrschen; 1950 versuchte ich die Frage graphisch zu lösen (HAUG, 1953). Die Abb. 4 enthält diese Graphik, wobei die $H\%$-Werte das Floderussche k-Problem enthalten. 50 $H\%$ sind für den kleinsten Kegel, 25 $H\%$ für jeden größeren Kegel zur Korrektur zu verwenden. Am Schluß des Referates werden, wie für alle folgenden Wege, Werte aus einer Versuchsuntersuchung mitgeteilt, die bei einer praktischen Auswertung beachtet werden sollen.

Eine zweite Korrekturmöglichkeit ergibt sich, wenn man die kreisförmige Basis des Doppelkegels nach der Kugelform korrigiert. Der Kegel wird dabei auf eine Kugel zurückgeführt. Die Korrektur ist mit und ohne den Faktor k möglich. Aus dem späteren Methodenvergleich sei hier bereits vorweggenommen, daß eine Korrektur ohne Faktor k zu starken Überkorrekturen führt und daher nicht vorgeschlagen werden kann. Es sollten zur Kugelkorrektur nur die Formeln von FLODERUS (1941) und die abgewandelte Hennigsche (1957) verwendet werden. Bei diesem Verfahren müssen Abweichungen vom idealen tatsächlichen Wert auftreten, da ja ein Kegel keine Kugel ist. Da absolut richtige Korrekturen nicht möglich sind, ist für uns die Toleranzgrenze dieser und der weiteren Korrekturen wichtig. Ist diese klein, so sind wir in der Praxis berechtigt, die einfachere Kugelkorrektur auch bei Pyramidenzellen anzuwenden.

Da bei den zählenden Auswertungen die uneinheitlichen Strukturformen und die verschiedenen Korrekturwege zu gewissen Unsicherheiten führen, war es nötig, einen von der Strukturform unabhängigen Weg zu finden. Tatsächliche Anzahlen lassen sich auch durch Zählungen am gleichen Objekt bei unterschiedlichen Schnittdicken graphisch ermitteln. Das zeigt die Abb. 5, bei der die Abszisse eine umgekehrte geometrische Teilung enthält, die beim Punkt 0 einer unendlichen Schnittdicke entspricht. In der Praxis sind nur Schnittdicken von 5 bis 40 μ verwendbar, letztere ist, wie oben erwähnt, die für Zählungen höchst mögliche Schnittdicke. Zwischen 40 μ Dicke und dem unendlichen Dickenwert besteht noch eine relativ große Differenz. So kann der Schnittpunkt der graphischen Linie mit dem Null- bzw. Unendlichwert nicht ganz genau festgelegt werden. Die Schlußkrümmung zwischen 40 μ und dem Schnittpunkt mit der Ordinate läßt noch einen gewissen Spielraum offen. Dieser ist überblickbar und überschreitet kaum eine Breite von 5%.

Eine letzte Möglichkeit, von einer Struktur den Wert N_V zu erhalten, besteht bei Strukturen, die einigermaßen einfache geometrische Formen besitzen. Hier müssen viele Einzelstrukturmessungen, klassenweise Zählungen und Volumenanteilbestimmungen ausgeführt werden. Aus der Kombination dieser drei Werte kann die Strukturanzahl optimal festgelegt werden. Der Weg ist sehr mühsam und nur im Rahmen eines Methodenvergleiches rentabel.

Alle bislang aufgezählten Zählverfahren erfassen das gesamte Perikaryon der Pyramidenzellen; es müssen und können dabei die Größenklassen einzeln registriert werden. Zwei weitere Wege sind möglich. In ihnen werden nur kleinere Einheiten innerhalb des Perikaryons wie Zellkerne und die Nucleolen ausgewertet. Prinzipiell führt dieses Verfahren zu einer Verminderung des Primärfehlers, da kleinere Strukturen gezählt werden. Der Weg ist bei jeder beliebigen Strukturform anwendbar, sofern der kleine Teilkörper singulär in ihr vorhanden ist. In der Biologie sind also einkernige Zellen für diese Zählmethode geeignet. Mehrkernige Objekte lassen

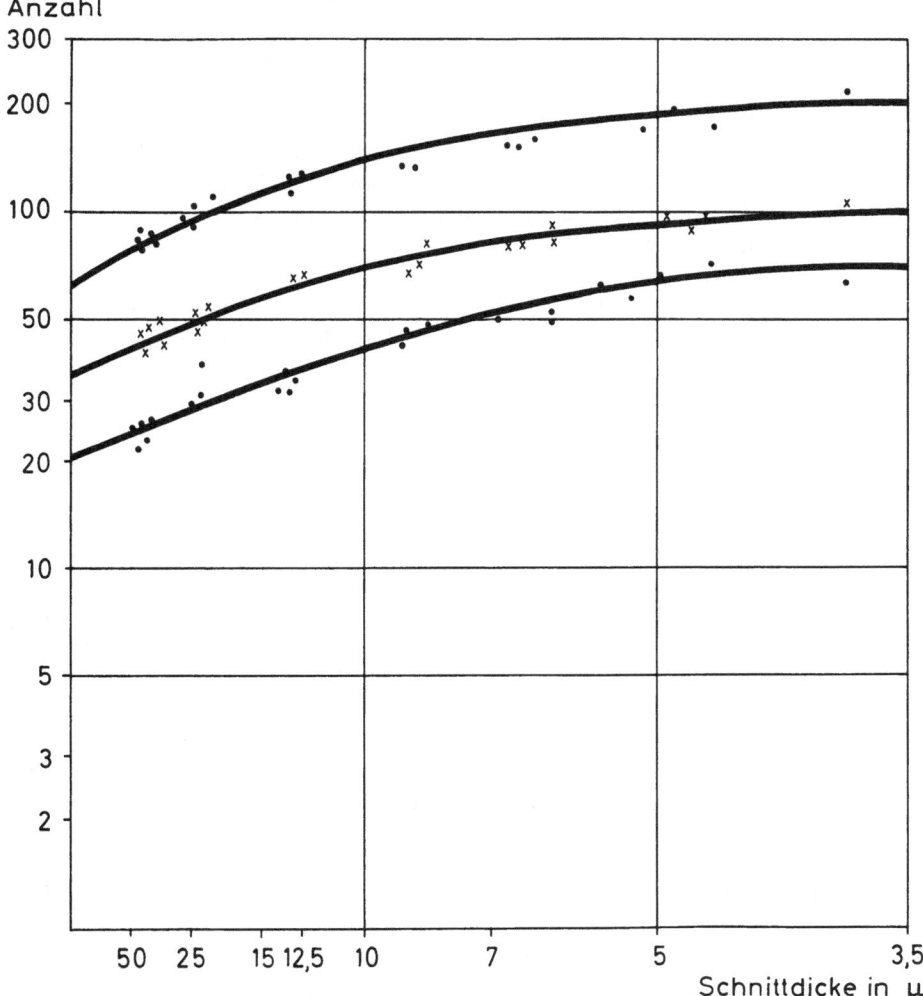

Abb. 5. Die Ermittlung der tatsächlichen Zellzahl N_V durch Zählungen an verschieden dicken Schnitten. Die Ordinate enthält in logarithmischer Teilung die gezählte Zellzahl n_V. Die Abszisse in reziproker geometrischer Teilung die Schnittdicke, so daß die unendliche Schnittdicke gleich 0 ist. Am Schnittpunkt der Zähllinie mit der Nullinie liegt der tatsächliche Wert N_V

sich so nicht zählen. Die Pyramidenzellen der Hirnrinde sind einkernig und für diesen Weg geeignet.

Das Verfahren, die Zählung auf den Kern oder den Nucleolus zu beschränken, wäre ideal, wenn Zellkerngrößenklasse und Perikaryongrößenklasse bei Pyramidenzellen übereinstimmen würden; leider ist das nicht der Fall. Eine Auswertung, bei der zwei Klassenkategorien (Perikaryon und Kern) gleichzeitig erfaßt werden müssen, ist schwierig und bringt die Gefahr größerer subjektiver Fehler. Daher habe ich in meinem Musterbeispiel nur zwischen großen und kleinen Kernen sowie Nucleolen unterschieden und auf eine genauere Klassifikation verzichtet.

Bevor ich dieses Beispiel näher beleuchte, muß noch ein weiteres Problem besprochen werden, das bereits in diesem Abschnitt anklang.

d) Über die Möglichkeit nichtkugelige Strukturen beim Zählen mit einer Kugelkorrektur auszuwerten und das Ellipsoidproblem

Es konnte gezeigt werden, daß es nur für Kugelzählungen einfache Korrekturformeln zur Beseitigung des Fehlers gibt, der durch das Größen-Schnittdicken-Verhältnis entsteht. Bei den Pyramidenzellen wurden eine Anzahl von Verfahren geschildert, die andere Wege zur Korrektur eröffnen; alle sind mit Ausnahme der Kegelgraphik langwierig in der Auswertung. Die Anwendung der Kegelgraphik ist auf eine Zellform beschränkt, die wir nur im Nervensystem finden. Auch sie ist bedingt durch eine Kugelkorrektur ersetzbar. Die Bedingung wird von einem achsenorientierten Schnitt gut erfüllt.

Da es eine einfache Korrektur nur für die Kugel gibt, lag es nahe, kugelähnliche Formen daraufhin zu untersuchen, ob auch für sie die Kugelkorrektur anwendbar sei. Für jede Gestalt gelten wahrscheinlich andere Bedingungen und Grenzziehungen. Im folgenden wird daher nur die — in der Biologie bei Kernen so häufige — Ellipsoidform besprochen. Die mitgeteilten Überlegungen zu einer Grenzziehung sind vorläufiger Natur.

Leider sind die Ellipsoide in der Schnittprojektion mathematisch schwer zu erfassen. Mit einer optimalen Erfassung des Ellipsoidvolumens haben sich schon zahlreiche Autoren beschäftigt. Es seien hier erwähnt: Jacobi (1925), Voss (1951), Mörike (1953), Puff (1953), Kracht und Späthe (1955), Fischer und Inke (1956), Hennig (1957), Hofmann (1960), Hennig und Elias (1963), Palkovits (1963), Bach (1964 u. 1965), Hiller (1965).

Bei fast allen aufgezählten Verfahren wurde aus verständlichen methodischen Gründen eine Grenzziehung unterlassen. Daher ist es nicht möglich zu sagen, bis zu welchem Achsenschenkelverhältnis eine Kugelform oder -korrektur anwendbar ist und wo Grenzen gezogen werden müssen. Im folgenden versuche ich nun, eine solche Grenzziehung mit einfachen mathematischen und graphischen Überlegungen durchzuführen. Diese Grenzziehung wird mit verbesserten mathematischen Methoden möglicherweise verschoben werden.

Der einzuschlagende Weg, der nur über die Volumina erreichbar ist, wird kurz skizziert. Die Abb. 6 zeigt den ersten Schritt. Es wird aus den drei senkrecht aufeinanderstehenden Ellipsoidachsen das arithmetische Mittel gebildet und die Abweichung des Ellipsoidvolumens vom Volumen einer Kugel mit dem Radius aus dem arithmetischen Achsmittel errechnet. Für platte und langgestreckte Ellipsoide ergeben sich bei gleichen Achsverhältnissen ähnliche, aber nicht genau gleiche Relationen. Erst bei einem Achsverhältnis größer als 1,8:1 weichen Kugel und Ausgangsellipsoid stärker voneinander ab. Diese Überlegung ist theoretisch zwar richtig, aber in der Praxis leider nicht verwendbar.

Im Falle von Ellipsoiden mit orientierten Rotationsachsen können diese schnittparallel gelegt werden, sodann darf bei länglichen Ellipsoiden mit der kleinen Achse

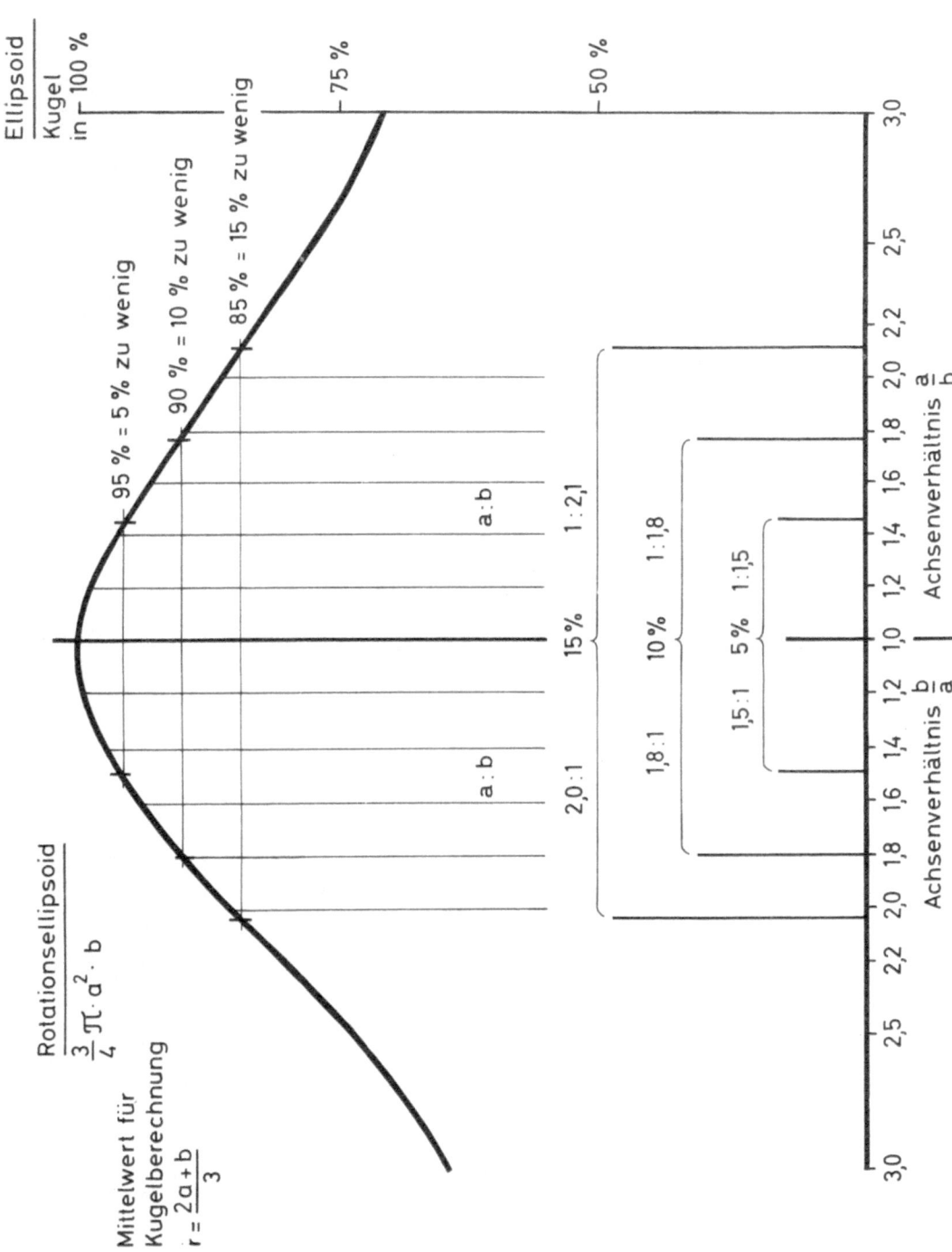

Abb. 6. Unterschied des Volumens eines Rotationsellipsoides und einer Kugel, die aus dem arithmetischen Mittel der drei Achsgrößen des Ellipsoids gewonnen wird

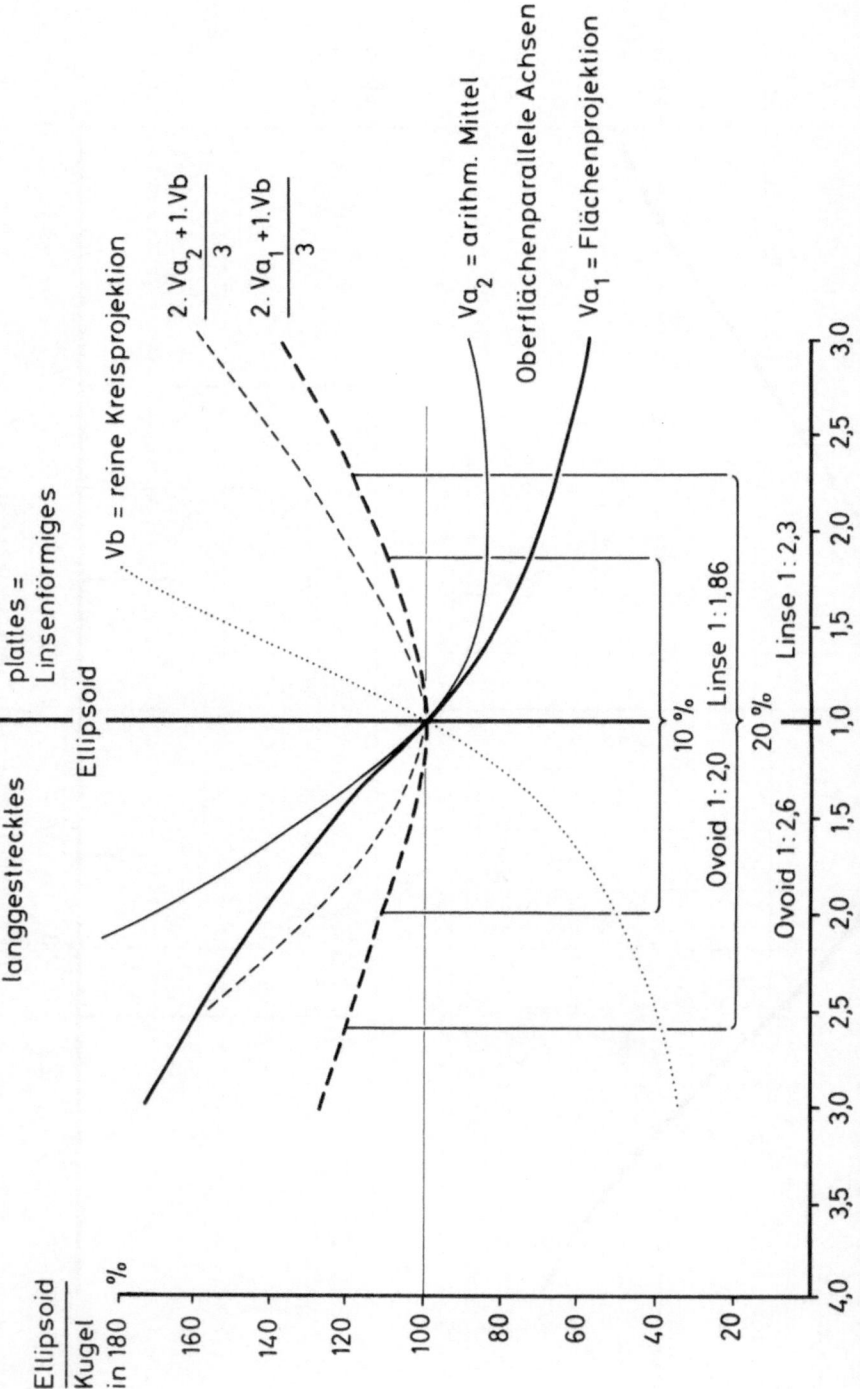

Abb. 7. Graphischer Lösungsversuch für die Frage, wie verhält sich das Volumen eines Ellipsoides in einem Schnitt zum Volumen einer Kugel, die aus der Oberflächenprojektion gewonnen wird. $Vb = \dfrac{\text{Ellipsoidvolumen}}{\text{Kugelvolumen}}$ aus der Kreisprojektion bei senkrecht zum Schnitt stehender Rotationsachse. Bei Va liegt die Rotationsachse parallel zur Schnittoberfläche. Für Va 1 wurde eine Kugel gewählt, deren größter Schnittkreis gleiche Fläche hat wie die Projektion des Ellipsoides auf die Oberfläche. Die Kugel für Va 2 hat einen Radius, der aus dem arithmetischen Mittel der Achsenprojektionen gewonnen wurde. Die gestrichelten Kurven schätzen die Abweichung des mittleren Kugelvolumens vom Ellipsoidvolumen bei beliebiger Lage der Ellipsoidachse. Dazu ist die angegebene Verteilung gewählt

eine Kugelkorrektur durchgeführt werden. Der eintretende Fehler ist tolerierbar. Bei platten Ellipsoiden ist eine solche Korrektur je nach Abplattung mit größeren Fehlern belastet.

Meistens liegen die Achsen ungeordnet, und wir müssen die Grenzziehung für die ungeordnete Verteilung versuchen. Es lassen sich nur die Grenzstellungen, bei denen die Rotationsachse parallel bzw. senkrecht zur Schnittfläche steht, genau und einfach erfassen. Steht die Rotationsachse senkrecht zur Schnittebene, so sieht man einen Kreis, und wir können die aus diesem Kreis errechenbare Kugel mit dem tatsächlichen Ellipsoidvolumen vergleichen. Die punktierte Linie in Abb. 7 zeigt diese Berechnung.

Schwieriger wird die Berechnung bei Ellipsoiden, deren Drehachsen schnittflächenparallel liegen. Wir können einmal vom arithmetischen Mittel der sichtbaren Achslängen ausgehen; das Ergebnis ist in der dünnen ausgezogenen Linie zu sehen, zweitens errechnen wir das Kugelvolumen aus einem Kreis, der gleich der Flächenprojektion des Ellipsoids ist. Dieser Vorschlag stammt von HENNIG (1957). Er ist ohne schwierige Messungen bestimmbar; man legt nur verschieden große Kreisschablonen über die sichtbare Ellipse und nimmt den passenden Kreisdurchmesser. Bei diesem sollen die überstehenden Menisken und die nicht ausgefüllten Bereiche etwa gleich groß sein. Die Schätzung ist einfach und sicher. Für diesen Fall gibt die dicke ausgezogene Linie die Relation Ellipsoid zu Kugel.

Dicke und punktierte Linien sind gegenläufig. Da alle schrägstehenden Achsen zwischen diesen beiden Extremen liegen müssen, können wir sagen, daß der Durchschnittswert zwischen beiden Linien liegen muß und damit kleiner ist als beide Extreme. Aus einfachen Überlegungen heraus kann gesagt werden, daß die schnittparallelen Achsen häufiger sind als die senkrechten; die gesuchte Durchschnittslinie muß daher näher der dicken Linie liegen. Da diese flacher ist, kommen wir voraussichtlich noch näher an eine Volumengleichheit Ellipsoid zur Kugel aus projizierter Fläche.

Die Berechnung des Kurvenverlaufes zwischen den beiden Grenzlinien ist sehr kompliziert und mir selbst nicht möglich; diese Frage muß von den Fachmathematikern gelöst werden. Um einen Richtwert zu erhalten habe ich angenommen, daß der tatsächliche Mittelwert aller Lagen etwa das in der Abb. 7 gezeigte Verhältnis hat. Bei dieser Annahme überschreitet die Abweichung die 10%-Grenze bei längsgerichteten Ellipsoiden erst über einem Achsenverhältnis von 2:1 und bei platten über 1,86:1. Falls wir eine 10%ige Abweichung tolerieren können, ist es erlaubt, bei beliebig liegenden Ellipsoiden bis zu dem Achsverhältnis von 2:1 das Volumen mit einer Kugelform zu berechnen. Die Kugel muß aus der Flächenprojektion nach HENNIG (1957) bestimmt werden.

Mit einem weiteren wiederum nur bedingt erlaubten Rückschluß kann man sagen, daß längliche Ellipsoide bei Zählungen bis zu einem Achsverhältnis von 2:1 bei der Korrektur wie Kugeln behandelt werden können.

Am Beispiel der Ellipsoide wurde die Möglichkeit diskutiert, inwieweit Zählungen nichtkugeliger Gestalten unter Anwendung der Kugelkorrekturen erlaubt sind. Die Grenzziehung des Achsverhältnisses ist vorläufig. Wir wissen nichts über die Grenzen bei dreiachsigen Ellipsoiden, bei kubischen und anderen polyedrischen Formen. Weitere Untersuchungen sind daher nötig.

4. Kritische Betrachtung über die verschiedenen Auswertungswege an einer Musterzählung

Im zweiten und dritten Abschnitt wurde eine Anzahl von Korrekturverfahren für Zählungen geschildert und die Frage des optimalen Weges zur Verbesserung der gezählten Anzahl in tatsächliche Zahlen zurückgestellt. Eine solche Prüfung ist nur bei einer Musterauswertung an einem einheitlichen Organ mit differenzierter Bauweise möglich. Ich wählte dazu die Stirnhirnrinde des Menschen.

Hier sind folgende Strukturphänomene, die auf die Zählung Einfluß haben, vorhanden:

1. Die Pyramidenzellen haben kegelförmige Gestalt und besitzen unterschiedliche Größen.

2. Die Kegelachsen sind senkrecht zur Gehirnoberfläche gerichtet, daher lassen sich bei Zählungen Schnittfläche und Kegelachsen parallel legen. Im Musterbeispiel ist diese Voraussetzung erfüllt.

3. Die Pyramidenzellen sind schichtförmig angeordnet. Die Schichten enthalten unterschiedliche Zellklassen und Zelldichten.

4. Es lassen sich Kerne und Nucleolen zählen, da diese nur einmal in den Zellen vorhanden sind.

5. Die Kerne der Pyramidenzellen sind kugel- oder ellipsoidförmig. Letztere weichen wenig von der Kugelform ab und sind sicherlich wie Kugeln zu korrigieren.

Die Tabelle 3 zeigt das Ergebnis dieses Vergleiches von Zählungen bei der Schnittdicke von 20 μ. Eine Ausnahme von dieser Schnittdicke bildet die Auswertung Haug (1962). Es wurde auf die schichtweisen Angaben verzichtet, da diese wegen ihres Umfanges in einer besonderen Arbeit mitgeteilt werden und sie für unsere Fragestellung nicht nötig sind. Es sei hier bei den Klassen $a - g$ nur auf die größenabhängige unterschiedliche Korrekturhöhe hingewiesen.

Tabelle 3. *Vergleich verschiedener Korrekturverfahren bei Pyramidenzellen der Hirnrinde. Menschliche Hirnrinde vom Frontalpol mit Einteilung der Pyramidenzellen in die Zellklassen a — g. Anzahl pro (0,1 mm) 3*

	a	b	c	d	e	f	g	Gesamtwerte
Zellgröße in μ $\left(\dfrac{\text{Zellänge}}{\text{Zellbreite}}\right)$	10,4 / 6,5	14,7 / 8,5	21,3 / 11,8	25,1 / 13,8	33,7 / 15,0	38,0 / 17,8	51,6 / 20,4	
Gezählte Zellzahl	5,8	17,7	12,3	7,9	4,8	1,5	0,65	50,7
Korrektur mit Formel Abercrombie und Hennig	4,6	12,8	8,0	4,8	2,9	0,8	0,34	34,2
Mit Formel Floderus k bei $a/=1$, alle anderen $k=2,5\,\mu$	5,0	15,3	9,4	5,6	3,2	0,95	0,38	39,8
Graphik Haug (1953)	5,0	14,9	9,7	6,0	3,6	1,1	0,44	40,7
Verschiedene Schnittdicken Haug (1962)	4,5	14,0	8,9	5,5	3,3	0,96	0,40	37,6
Neueste Korrektur	4,9	14,4	9,3	5,7	3,4	1,0	0,40	39,1
Mittelwert aller aufgeführten Korrekturen	4,8	14,3	9,1	5,5	3,3	0,97	0,39	38,2
Mittelwert der Korrekturen unter Ausschluß von Abercrombie	4,9	14,5	9,3	5,7	3,4	1,0	0,41	39,2

Während in Tabelle 3 die Auswertung am Perikaryon und ihre Korrektur enthalten ist, werden in der Tabelle 4 oben die unterschiedlichen Zählergebnisse beim Perikaryon, Kern und Nucleolus angegeben. Die mitgeteilten Gesamtwerte sind aus der Summe der Klassenwerte errechnet. Wir sehen, daß die Zählergebnisse erhebliche Unterschiede aufweisen. Es folgt in Tabelle 4 die Kernkorrektur, eine Korrektur der Nucleolenwerte unterbleibt, da die Nucleolen sehr unterschiedliche Größe besitzen.

Bei den Kernkorrekturen ergeben sich kleinere Werte von N_V als bei den Perikarya. Das war nach Tabelle 2 zu erwarten, da hier bei der Zählung nur zwischen großen und kleinen Kernen unterschieden und nicht nach Klassen ausgewertet wurde.

Tabelle 4. *Vergleich verschiedener Korrekturverfahren bei den Pyramidenzellen. Material wie bei Tabelle 3. Einteilung in zwei Kerngrößenklassen*

Gezählte Werte	Zellklassen		Gesamtwerte
	$a+b+c+d$	$e+f+g$	
Kerne	39,9	6,1	46,0
Nucleolus	35,3	5,6	41,0
Perikaryon	43,7	7,0	50,7
Kerndurchmesser	8,5	11,3	
Korrigierte Werte			
Kerne nach HAUG (1962)	31,8	4,6	36,4
Kerne nach ABERCROMBIE	28,4	4,0	32,4
Kerne nach FLODERUS ($k=2$)	32,9	4,5	37,4
Vergleich mit Mittelwert einschließlich ABERCROMBIE	33,7	4,7	38,4
Vergleich mit Mittelwert ausschließlich ABERCROMBIE	34,4	4,8	39,2

Tabelle 5. *Vergleich sämtlicher Korrekturverfahren bei den Zahlen für alle Nervenzellen pro (0,1 mm)³ der menschlichen Stirnhirnrinde und prozentuelle Abweichung von der tatsächlichen Anzahl, ermittelt aus vier Korrekturmöglichkeiten*

	Anzahl pro $(0,1 \text{ mm})^3$	Prozent der tatsächlichen Anzahl	Prozent-Abweichung von tatsächlicher Anzahl
A. Gezählte Anzahl			
Perikaryon	50,7	129	$+29$
Kerne	46,0	118	$+18$
Nucleolus	41,0	105	$+5$
B. Korrigierte Anzahl			
B_1 Ausgang Perikaryon			
1. Nach ABERCROMBIE	34,2	85	-15
2. Nach FLODERUS	39,8	102	$+2$
3. Nach HAUG (1953)	40,7	104	$+4$
4. Nach HAUG (1962)	37,6	96	-4
5. Nach HAUG (1965)	39,1	100	± 0
Mittelwert aus 1 mit 5	38,2	97,5	$-2,5$
Mittelwert aus 2 mit 5	39,2	100	± 0
B_2 Ausgang Kerne			
1. Nach ABERCROMBIE	32,4	83	-17
2. Nach FLODERUS	37,4	95	-5
3. Nach HAUG (1962)	36,4	93	-7

Um alle Korrekturmöglichkeiten kritisch bewerten zu können, ist ein Vergleich der Ergebnisse nötig. Dieser ist in Tabelle 5 enthalten. Als richtige tatsächliche Anzahl wurde der Mittelwert aus den Korrekturen der Perikaryonauswertung der lfd. Nr. 2 bis 5 genommen und gleich 100% gesetzt. Bezogen auf diesen Wert N_V zählen wir im Schnitt aber 129% Perikarya, 118% Zellkerne und 105% Nucleolen. Die Formeln von Abercrombie (4) und die ursprünglichen von Hennig (5) führen beim Perikaryon und den Kernen zu größeren Überkorrekturen von —15 bzw. —17%. Alle anderen Korrekturwerte liegen zwischen —4 und +4%.

Wir müssen zuerst feststellen, daß wir bei Zählungen und einer optimalen Korrektur noch mit einer Abweichung von der richtigen Anzahl in Höhe bis zu 5% zu rechnen haben. Der Wert wird bei einheitlichen Größen und günstigem Größen-Schnittdickenverhältnis geringer sein. Die Musteruntersuchung hat bewußt an einem höchst kompliziert gebauten Objekt mit vielen Größenklassen stattgefunden, um eine Grenzziehung zu finden.

Wenn wir diese 5%-Grenze tolerieren, ergeben Auszählungen von Nucleolen an dicken Schnitten ohne Korrektur hinreichend genaue Ergebnisse. Bei diesem Verfahren muß aber auf klassenweise Auswertung verzichtet werden. Wertet man Nucleolen aus, so sollte man dieses angeben und das Fehlen einer Korrektur vermerken.

Innerhalb der Toleranzgrenze von 5% liegt auch die geringe Überkorrektur bei den Perikarya nach Formel (3) und (6). Die Auswertungen nach Haug (1962, 1965), welche ebenfalls innerhalb der Toleranzgrenze liegen, sind für größere und vergleichende Fragen nicht verwertbar, da sie einen zu großen Zeitaufwand bedeuten.

Gute Korrekturen ermöglichen eine Behandlung des Kegels mit einer Kugelformel (3) oder (6), falls wir als Kugeldurchmesser die Kegelbasis nehmen (Tabelle 5, B_1). Da es sich um sehr verschiedene Strukturen handelt, soll das ein Hinweis auf die Behandlung weiterer Strukturformen sein. Auch die Kegelgraphik ist verwendbar, aber im Gegensatz zur Kugelkorrektur auf Kegel beschränkt.

5. Empfehlungen für Strukturzählungen im histologischen Schnitt

Zum Abschluß werden für die Praxis zehn Arbeitshinweise zusammengestellt.

1. Es soll, wenn möglich, an dicken Schnitten gezählt werden.

2. Es ist erlaubt, die Nucleolen in Zellen, die nur einen Nucleolus besitzen, als repräsentativ für die ganze Zelle zu zählen. Der objektive Fehler ist bei dicken Schnitten so gering, daß er vernachlässigt werden kann.

3. In einkernigen Zellen lassen sich auch die Kerne zählen. Für die Kerne ist wegen der Größe eine Korrektur nötig.

4. Bei Kugelstrukturen ist die Formel von Floderus (3) und die von mir abgewandelte Hennigsche (6) zur Verbesserung gut geeignet. Die Festlegung des Faktors k ist nicht einfach. Hinweise dazu sind im Abschnitt 2 enthalten.

5. Bei Klassenbildungen, die sich stärker in der Größe unterscheiden, ist eine klassenweise Zählung und Korrektur nötig.

6. Klassenweise Zählungen setzen dicke Schnitte voraus, da es an dünnen leicht zu Fehlzuteilungen kommt.

7. Objekte, die rotationsähnliche Körper mit gemeinsamer Achsorientierung enthalten, sollen so geschnitten werden, daß die Achsen parallel zur Schnittfläche liegen.

8. Nicht kugelförmige Strukturen sollen darauf untersucht werden, ob sie nicht wie Kugeln zu behandeln sind. Diese Untersuchung kann zwei Wege gehen.

a) Es kann eine theoretisch-mathematische Grenzziehung erfolgen. Sie setzt klare geometrische Strukturformen und mathematische Kenntnisse voraus.

b) Man versuche experimentell zu prüfen, ob eine Kugelkorrektur erlaubt ist. Dazu zähle man in verschieden dicken Schnitten und bestimme über eine graphische Auswertung mit reziproker geometrischer Teilung die tatsächliche Anzahl. Diesen Wert vergleiche man mit einer entsprechenden Kugelkorrektur. Divergieren die gefundenen korrigierten Zahlen nicht mehr als 5%, so kann bei dem Zählvorhaben in Zukunft die Kugelkorrektur verwendet werden.

9. Falls bei 8b eine 5% überschreitende Abweichung von der Kugelkorrektur zu finden ist, soll man versuchen, aus der geometrischen Graphik eine Korrektur-graphik zu entwickeln, diese kann innerhalb gleichartiger Strukturen bei der Zählung verwendet werden.

10. Besondere Überlegungen sind notwendig, wenn die Strukturorientierung Phä-mene zeigt, die einen erheblichen Einfluß auf das Ergebnis beim Zählen erwarten lassen. In diesem Fall wird empfohlen, einen Fachmann für quantitative Unter-suchungen zu Rate zu ziehen.

Literatur

ABERCROMBIE, M.: Estimation of nuclear population from microtomic sections. Anat. Rec. **94**, 239—247 (1941).

AGDUHR, E.: Beitrag zur Technik für die Bestimmung der Anzahl Nervenzellen je Volumen-einheit Gewebe. Anat. Anz. **91**, 70—81 (1941).

— A contribution to the technique of determining the number of nerve cells per volume unit of the tissue. Anat. Rec. **80**, 191—202 (1941).

BACH, G.: Über die Bestimmung der Anzahl dreiachsiger Ellipsoide aus der Anzahl ihrer Schnittellipsen in zufälligen Schnittebenen. Z. angew. Math. u. Phys. **15**, 205—209 (1964).

— Zufallschnitte durch ein Haufwerk von Rotationsellipsoiden mit konstantem Achsen-verhältnis. Z. angew. Math. u. Phys. **16**, 224—232 (1965).

FISCHER, J., u. G. INKE: Nomogramme zur Berechnung des Kernvolumens. Acta morph. Acad. Sci. hung. **7**, 141—165 (1956).

FLODERUS, S.: Untersuchungen über den Bau der menschlichen Hypophyse mit besonderer Berücksichtigung der quantitativen mikromorphologischen Verhältnisse. Acta path. microbiol. scand., Suppl. **53** (1944).

HAUG, H.: Der Grauzellkoeffizient des Stirnhirnes der Mammalia in einer phylogenetischen Betrachtung. Acta anat. (Basel) **19**, 60—100, 153—190, 239—270 (1953).

— Bedeutung und Grenzen der quantitativen Meßmethoden. Med. Grundlagenforsch. **4**, 302—344 (1962).

— Probleme bei der exakten Zellzählung im histologischen Schnitt. Z. wiss. Mikr. **65**, 192—193 (1963a).

— Strukturzählungen am histologischen Schnitt. Einfluß von Größe und Form auf die Zählergebnisse. Proceedings 1. Intern. Kongr. f. Stereologie, Wien 1963b, Nr 17.

HENNIG, A.: Das Problem der Kernmessung. Eine Zusammenfassung und Erweiterung der mikroskopischen Meßtechnik. Mikroskopie **12**, 174—202 (1957).

—, and H. ELIAS: Contributions to the geometry of sectioning. VI. Theoretical and experi-mental investigations on sections of rotatory ellipsoids. Z. wiss. Mikr. **65**, 133—145 (1963).

Hiller, G.: Theoretische und methodische Grundlagen der Kernmessung. Z. mikr.-anat. Forsch. **72**, 317—343 (1965).

Hofmann, K. H.: Erwartungstreue Schätzwerte bei der Volumenbestimmung nichtkugeliger Zellkerne. Biometr. Z. **2**, 257—268 (1960).

Jacobj, W.: Über das rhythmische Wachstum der Zellen durch Verdoppelung ihres Volumens. Arch. Entwickl.-Mech. Org. **106**, 124—192 (1925).

Kracht, J., u. M. Spaethe: Die Karyometrie der Nebennierenrinde und ihre Fehlerquellen. Z. wiss. Mikr. **62**, 227—233 (1955).

Mörike, K. D.: Mathematische Erörterungen zur Meßtechnik von nichtrunden Zellkernen. Anat. Anz. **100**, 87—99 (1953).

Palkovits, M.: Die Karyometrie in der Biologie und die exakt nicht meßbare dritte Dimension im mikroskopischen Bild. Proceedings 1. Internat. Kongr. f. Stereologie, Wien 1963, Nr 20.

Puff, A.: Methode zur planimetrischen Kernvolumenbestimmung an uneinheitlichem Kernmaterial. Z. wiss. Mikr. **61**, 210—212 (1953).

Voss, H.: Die Volumenbestimmung kugelförmiger Kerne mit der indirekten oder Planimetermethode. Anat. Anz. **98**, 41—46 (1951).

Zur Methodik der Zellzählung an subcorticalen Strukturen des menschlichen Gehirns*

Werner M. Treff

Zusammenfassung

Die Probleme und die Methoden der Zellzählung im mikroskopischen Schnitt-präparat werden am Beispiel der Zellpopulation in subcorticalen Kernen des mensch-lichen Gehirns, besonders am Nucleus caudatus und am Pallidum, besprochen.

Summary

Problems and methods of cell counting in histological sections are discussed on the practical example of the cell populations in subcortical nuclei of the human brain, particularly on the nucleus caudatus and on the pallidum.

Nachdem Bach und Haug so ausführlich auf die Probleme und Methoden der Zählung von Strukturelementen im Schnittpräparat eingegangen sind und die Schwierigkeiten und Fehlermöglichkeiten so eindrucksvoll dargestellt haben, sollen diese Ausführungen durch eigene Untersuchungen aus der praktischen Anwendung bestätigt und auch ergänzt werden. Dabei sollen vor allem zwei Gesichtspunkte herausgestellt werden: es wurden vorhergehend die theoretischen Grundlagen (Bach, 1963, 1964) dargestellt und die verschiedenen Korrekturverfahren der Strukturzählungen (Haug) miteinander verglichen. Hier sollen diese Befunde er-weitert werden durch Untersuchungen, bei denen neben Zellzählungen auch die Volumenzelldichte (Haug, 1955, 1962; Treff, 1962) und die Größen der einzelnen Strukturelemente durch Messung (Treff, 1963) und Berechnung festgestellt wurden. Weiterhin beziehen sich diese Untersuchungen nicht auf den Cortex des mensch-lichen Gehirns, sondern sie wurden an subcorticalen Grisea durchgeführt.

Um die tatsächliche Zellzahl zu erhalten, haben wir zunächst die Zellzahlen der verschiedenen Zellarten des Striatums bei unterschiedlicher Schnittdicke ermittelt, wie dies die Abb. 1 zeigt. Dabei haben wir drei verschieden große Zellkategorien unterschieden, und sie jeweils getrennt ausgewertet. Es handelt sich dabei 1. um die großen Nervenzellen des Striatums, 2. um die kleinen Nervenzellen dieses Griseum und 3. um die Gliazellen. Im doppelt-logarithmischen System (Abb. 2) sind auf der Abszisse die Schnittdicke, auf der Ordinate die gezählte Zelldichte bezogen auf 0,001 mm³ aufgetragen. Mit zunehmender Schnittdicke verringert sich die numerische Dichte der einzelnen Zellkategorien. Je nach Größe der Zellen bleiben die Zellzahlen von einer bestimmten Schnittdicke an konstant. Bei Konstanz der Zelldichte pro Volumeneinheit ist die tatsächliche Zelldichte gefunden. Dabei

---

* Aus dem Institut für Hirnforschung der Universität Tübingen (Korbinian-Brodmann-Haus), Direktor: Prof. Dr. J. Peiffer.

wird deutlich, daß die Relation, die zwischen Zellgröße und Schnittdicke besteht, ausschlaggebend ist für die Größe des Zählfehlers. Dieses Verfahren ist außerordentlich langwierig und zeitraubend. Es soll daher durch Korrekturverfahren ersetzt werden. Wie bereits erwähnt, ist für die tatsächliche Zellzahl die Kenntnis der Zellgröße notwendig (TREFF, 1963). Bei Messungen von Zellparametern konnten wir feststellen, wie dies Abb. 3 verdeutlicht, daß auch diese Meßwerte von der Schnittdicke abhängig sind (Tabelle 1). Wir haben hier wieder die drei oben genannten Zellkategorien vor uns. Auf der Ordinate sind die durchschnittlichen Größen der Zell-

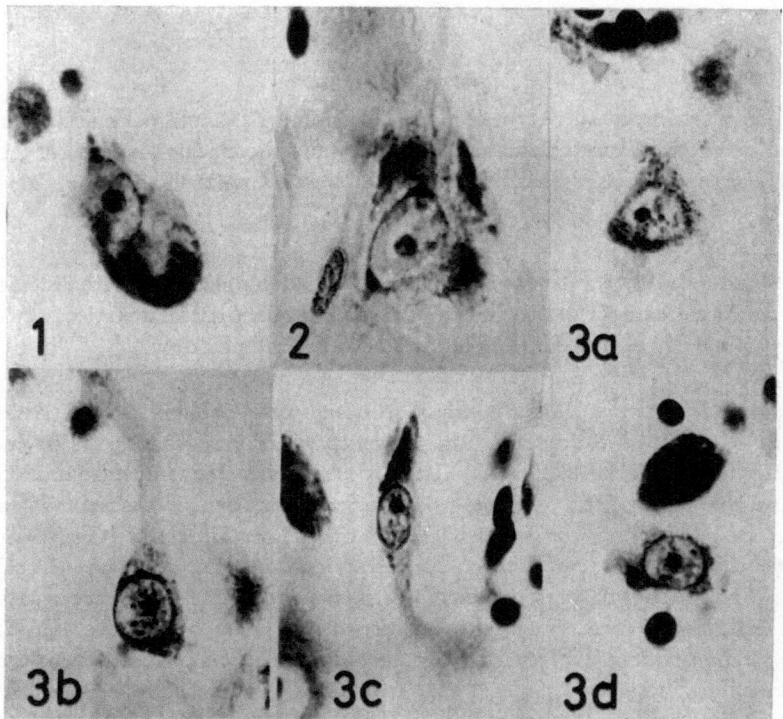

Abb. 1. Die Nervenzellarten des Corpus striatum (1 und 2 große Nz, 3a—d kleine Nz)

parameter aufgetragen, wie sie sich an den Perikarya im Nisslbild darstellen. Auf der Abszisse ist die jeweilige Schnittdicke angegeben. Ist die Zellgröße im Verhältnis zur Schnittdicke groß, dann wird zwangsläufig durch die Vielzahl der kleinen Zellanschnitte der ermittelte Durchschnittswert in bezug auf die tatsächliche Größe relativ niedrig bleiben. Bei einer Schnittdicke zwischen 20 und 30 μ stellt sich zwischen großen und kleinen Anschnitten etwa ein Gleichgewicht ein, so daß die Durchschnittswerte der gemessenen Zellparameter auch bei steigender Schnittdicke konstant bleiben, obwohl sie noch unter dem der tatsächlichen Zelldurchmesser liegen.

Bilden wir nun aus den bei einer bestimmten Schnittdicke gemessenen Längen- und Breitendurchmessern den mittleren Zelldurchmesser $\frac{l+b}{2}$ und setzen diesen für den Radius in die von HAUG bereits erwähnten Korrekturformeln für die Zellzählung ein, dann bekommen wir folgendes graphisch dargestelltes Ergebnis: die

Abb. 4 zeigt die Abhängigkeit der Zellzahlreduktion[1] von dem Quotienten aus mittlerem Zelldurchmesser und Schnittdicke. Erstere ist auf der Abszisse im logarithmischen System aufgetragen. An der ausgezogenen Kurve liegen die Werte der oben erwähnten experimentell gefundenen Zellzahlreduktion (Abb. 2) aller der im Striatum unterschiedenen Zellkategorien. Dicht darunter ist die Zellzahlkorrektur mit der Hennigschen Formel (HENNIG, 1963), worin der Radius der Kugeln durch den bei gegebener Schnittdicke ermittelten mittleren Zelldurchmesser ersetzt wurde. Sie gibt eine um wenig Prozente zu starke Reduktion an. Dies hatte auch HAUG (1962) bei seinen Untersuchungen gefunden. Er führte daher als Verbesserung das kleinste sichtbare Teilchen noch in die Korrekturformel ein. Das kleinste sichtbare Teilchen ist jedoch für die Differenzierung in einzelne Nervenzellarten praktisch kaum verwendbar, da seine Zuordnung sehr problematisch ist.

Die unterste Kurve wurde auf Grund der von ABERCROMBIE angegebenen Zellzahlkorrektur gefunden. Auch hier liegt der Wert, wie HAUG es bei seinen Berechnungen fand, um etwa 15% zu tief. Das heißt, die Zellzahlreduktion ist zu groß. Diese Befunde wurden nicht an Rindenstrukturen, sondern an subcorticalen Grisea des menschlichen Gehirns erhoben. Hier im Striatum liegen die Zellen mehr oder weniger ungerichtet im Raum, dies im Gegensatz zum Cortex. Untersuchungen über die Größe der Zellparameter an frontal, horizontal und sagittal geführten Schnittserien ergaben bei entsprechen-

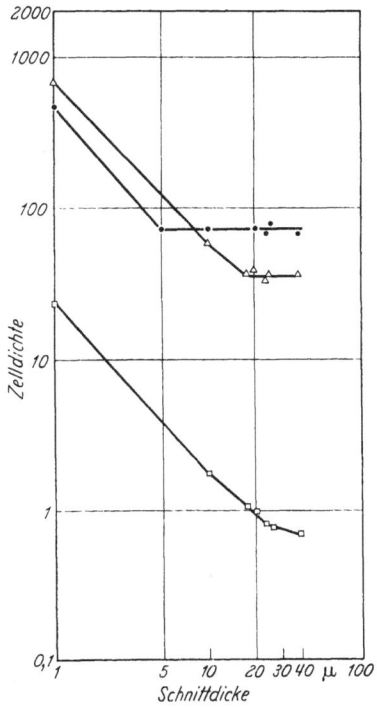

Abb. 2. Abhängigkeit der gezählten Zelldichte von der Schnittdicke im Caudatum mediale. Kurven von oben nach unten: Gliazellen, kleine Nervenzellen, große Nervenzellen (aus TREFF, 1964)

der Schnittdicke die gleichen Mittelwerte. Auch in bezug auf die Zellzählungen ließen sich keine statistisch gesicherten Unterschiede nachweisen. Setzt man in die

Tabelle 1. *Die mittleren Zellgrößen aus dem Nucleus Caudatus mit Konfidenzbereich (bei 99%iger statistischer Sicherheit aus jeweils 200 Meßwerten)*

Schnittdicke	Gliazellen		Kleine Nz		Große Nz	
	Länge	Breite	Länge	Breite	Länge	Breite
μ	μ	μ	μ	μ	μ	μ
6	4,6 ± 0,14	4,3 ± 0,12	9,2 ± 0,6	6,6 ± 0,4	17,4 ± 1,9	14,4 ± 1,2
10	4,8 ± 0,11	4,4 ± 0,10	13,6 ± 0,7	10,1 ± 0,5	24,2 ± 1,6	17,3 ± 1,1
20	4,8 ± 0,11	4,4 ± 0,10	14,3 ± 0,7	10,4 ± 0,5	28,3 ± 2,0	19,8 ± 0,9
26	—	—	15,0 ± 0,7	10,7 ± 0,5	28,4 ± 1,8	20,2 ± 0,7
39	—	—	15,1 ± 0,7	10,7 ± 0,5	29,0 ± 1,7	20,6 ± 0,7

[1] Unter der Zellzahlreduktion wird die Prozentzahl verstanden, die angibt, um wieviel Prozent die gezählte Zelldichte einer bestimmten Schnittdicke reduziert werden muß, um die tatsächliche Zellzahl zu erhalten (TREFF, 1962).

für die Zählung von kugelförmigen Strukturen im Schnitt angegebenen Korrektur-
formeln von Hennig und Abercrombie statt des Radius, den bei bestimmter
Schnittdicke ermittelten mittleren Durchmesser der Perikarya der verschiedenen
Zellarten ein, so erhalten wir die gleichen Ergebnisse wie Haug für Kugeln. Nach

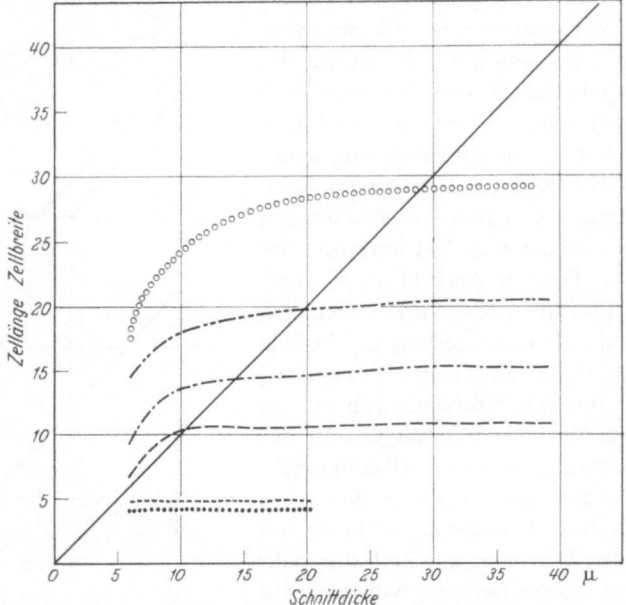

Abb. 3. Abhängigkeit der Meßwerte der Parameter von der Schnittdicke bei den Perikarya der großen und kleinen
Nervenzellen sowie der Gliazellen im Caudatum mediale (aus Treff, 1963)

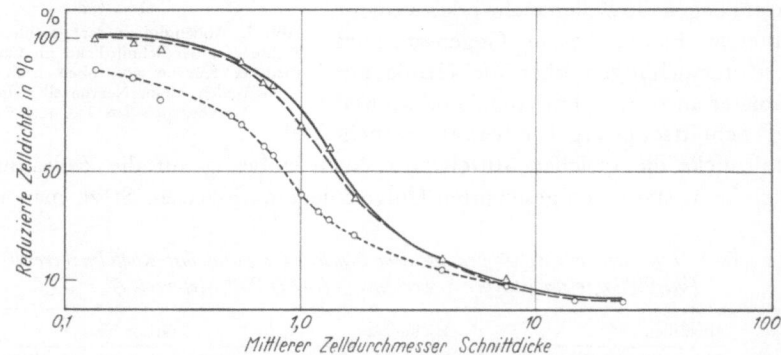

Abb. 4. Abhängigkeit der Zellzahlreduktion vom Quotienten mittlerer Zelldurchmesser durch Schnittdicke.
(Kurven von oben nach unten: experimentelle Zellzahlreduktion, Reduktion nach der Korrekturformel von
Hennig, Reduktion nach Abercrombie. Weiteres s. Text)

Abercrombie ist also Zellzahlreduktion um 15% zu groß und nach Hennig um
ca. 2%. Dies gilt für alle Zellklassen. Ein Einfluß der Zellform läßt sich hier bei
richtungsloser Anordnung der Zellen innerhalb des Gewebes nicht erkennen.

Es besteht aber noch eine weitere Möglichkeit, um sich von der Gültigkeit dieser
Korrekturen bei Zellzählungen zu überzeugen. Wir haben dies mittels der Bestimmung der Volumenzelldichte im menschlichen Pallidum nachgeprüft (Abb. 5). Die

Volumenzelldichte wurde mit der Treffer-Methode (HAUG, 1955) durchgeführt. Sie beruht auf dem von GLAGOLEFF (1933) eingeführten und später von CHALKLEY (1943), HAUG (1955), HENNIG (1956) u.a. angewandten Prinzip, auf Grund von Punktzählungen die prozentualen Volumanteile bestimmter Strukturelemente ermitteln zu können. v. ECONOMO und KOSKINAS führten 1925 für das Zentralnervensystem den Grauzellkoeffizienten ein. Man versteht darunter den Quotienten: Volumen eines Gewebes durch das in ihm enthaltene Zellvolumen. Man kann diesen nun variieren und ihn auch auf einzelne differente Zellarten innerhalb des nervösen

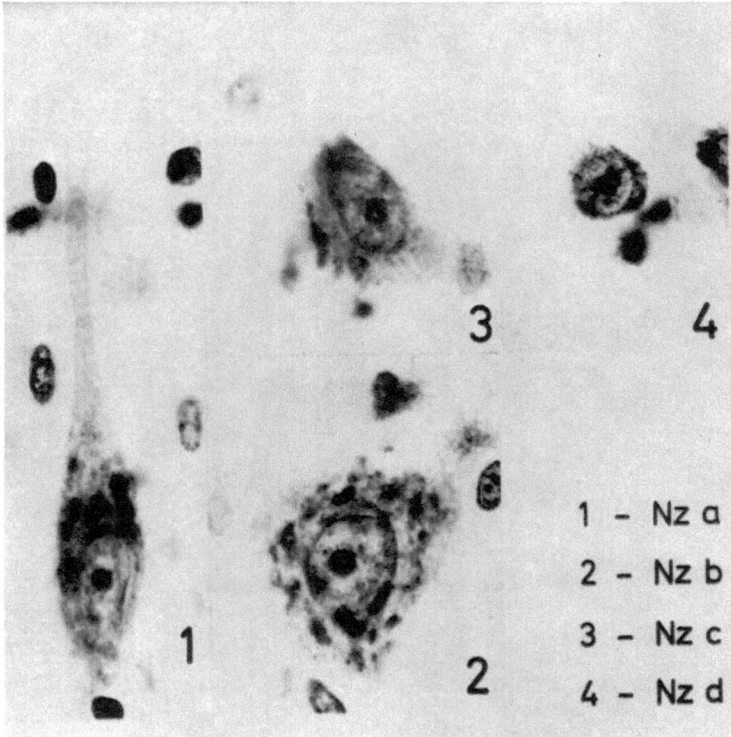

Abb. 5. Die Nervenzellarten im menschlichen Pallidum

Gewebes beziehen. — Bei der Treffer-Methode ist der Grauzellkoeffizient die Zahl der möglichen Treffer durch die Anzahl der tatsächlichen Treffer. Auf Einzelheiten der Methode soll hier nicht eingegangen werden.

Dieser Quotient ist eine unbenannte Zahl. Erweitert man in ihm nun den Zähler durch Einführung eines bestimmten Gewebevolumens wie im folgenden Beispiel um 1 mm³, das sind 1 Milliarde μ^3, dann ist es möglich, das im Nenner stehende Zellvolumen folgerichtigerweise in gleicher metrischer Maßeinheit anzugeben. Bei gleichzeitig bekannter Zellzahl kann man somit das Einzelzellvolumen der differenten Zellarten errechnen.

Ein weiterer Anhalt für die Volumina der Perikarya der einzelnen Nervenzelltypen ergibt sich aus der Messung ihrer Durchmesser. Daß bei diesem Verfahren keine physikalisch genaue Volumenbestimmung erfolgen kann, liegt in seiner methodischen Begrenzung. Uns kommt es hier auch nur auf den Vergleich der

Größenordnungen an. Verhältnismäßig einfach ist das Volumen der Perikarya der Gliazellen zu berechnen und abzuschätzen. Es wurde als Rotationsellipsoid bestimmt, die der Nervenzellen wurden durch zum Teil den Zellformen analoge geometrische Körper ausgerechnet. Die Spindelzelle wurde als Doppelkegel, die polygonalen und auch kegelförmigen bis pyramidenförmigen Zelltypen wurden als Zylinder berechnet. Die Berechtigung, diese Zellformen als Zylinder zu berechnen ist aus der Abb. 6 leicht zu ersehen. Hier ist eine kegelförmige Nervenzelle abgebildet. Das Rechteck bzw. Dreieck stellt den Querschnitt eines Zylinders bzw. eines Kegels

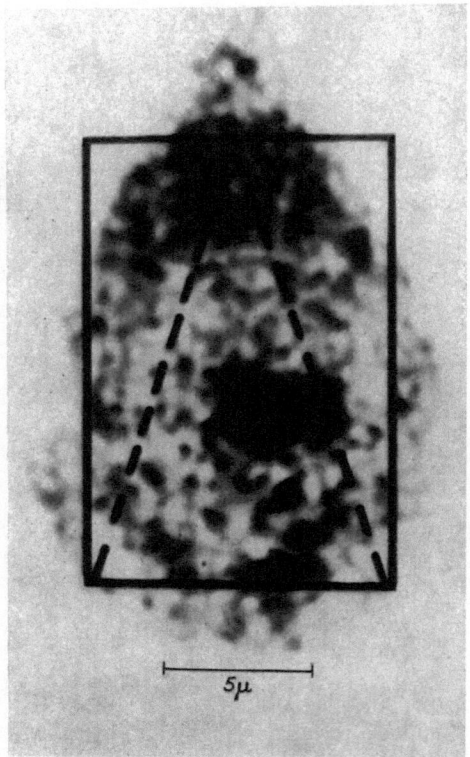

Abb. 6. Kleine Nervenzelle aus dem Striatum (Näheres s. Text)

maßstabgetreu mit den ermittelten Durchschnittswerten der Zelldurchmesser bei einer Schnittdicke von 20 µ dar. Es ist deutlich erkennbar, daß das Kegelvolumen aus den gewonnenen Durchschnittswerten auch nicht annähernd mit den tatsächlichen Zellvolumen übereinstimmen kann. Beim Zylinderquerschnitt dagegen gleichen sich die jeweils einander überschneidenden Flächen aus. Auch als Rotationsellipsoide berechnet ergeben sich Werte von gleicher Größenordnung.

Auf der Tabelle 2 können wir die Einzelzellvolumina der verschiedenen Pallidumzellarten, wie sie auf Grund zweier vollkommen verschiedener Methoden ermittelt wurden, miteinander vergleichen. Größenordnungsmäßig zeigen sie eine recht weitgehende Übereinstimmung.

Nach diesem methodischen Umweg, der zur Bestimmung und zum Vergleich der Einzelzellvolumina führte, soll wieder zum Problem der Zellzählung Stellung

Tabelle 2. *Volumina der Perikarya in μ³ der Pallidumzellen. Vergleich der Volumina der Perikarya der Nervenzellen des Pallidum*

	I.	II.
Nz a	7 500	6 500
Nz b	25 000	25 000
Nz c	15 600	18 000
Nz d	1 700	1 600

I. Durch die Treffer-Methode ermittelt; II. durch Messung der Zelldurchmesser berechnet.

Tabelle 3. *Numerische Zelldichte im Pallidum laterale in 1 mm³. Vergleich der Zellzahlen und Zelldichten im Pallidum laterale, die durch unterschiedliche Methoden ermittelt wurden*

	I.	II.
Nz a	490 $\pm$ 25	535
Nz b	280 $\pm$ 17	286
Nz c	270 $\pm$ 17	240
Nz d	50 $\pm$ 11	40
Alle Nz	1 090 $\pm$ 45	1 101
Gliazellen	110 000 $\pm$ 3 000	114 000

I. Gezählt und korrigiert; II. berechnet aus der Volumenzelldichte und dem berechneten Einzelzellvolumen.

genommen werden. Die Tabelle 3 zeigt nun in der ersten Zeile die durchschnittlichen Zellzahlen der verschiedenen Nervenzellarten im Pallidum laterale, sowie dessen Nerven- und Gliazelldichte, wie sie auf Grund der korrigierten Zellzählung ermittelt wurde. Dahinter steht jeweils der zur statistischen Sicherung notwendige Konfidenzbereich dieser Durchschnittswerte. In der zweiten Reihe sind die entsprechenden Werte aufgeführt, die aus der mit der Treffer-Methode bestimmten Volumenzelldichte berechnet wurden. Werden die Volumenzelldichten der verschiedenen Nervenzellarten durch die Einzelvolumina dividiert, dann erhalten wir die Zellzahlen der differenten Zellkategorien. Ihre Summe ergibt die Zelldichte. Wie der Vergleich der Zahlen zeigt, stimmen sie innerhalb der statistischen Konfidenzbereiche miteinander überein. Ich möchte hier nochmals betonen, daß dieses Ergebnis mit zwei vollkommen verschiedenen, voneinander völlig unabhängigen Methoden gewonnen wurde.

Fassen wir die Befunde dieser Untersuchungen zusammen, dann kommen wir nachfolgend zu dem Ergebnis, daß bei Zellzählungen, zumindest in subcorticalen Grisea, in denen die Zellen zumeist ungerichtet im Raum liegen, die Zellzahlkorrekturen, die mit der aus den vorliegenden Untersuchungen gewonnenen Kurve (Abb. 4) für die Zellzahlreduktion und mit der Hennigschen Formel durchgeführt wurden, gut übereinstimmen. Sie erreichen eine recht große Genauigkeit. Die Rückführung auf Kugeln geschieht durch die Einführung des mittleren Zelldurchmessers. Dieser wird bei gleicher Schnittdicke ermittelt, bei der auch die Zellzählung durchgeführt wird. Der Quotient mittlerer Zelldurchmesser durch Schnittdicke soll möglichst kleiner als 1 sein. Dies bedeutet, daß die Schnittdicke nach Möglichkeit nicht unter 20 μ sein soll. Bei dichteren Schnitten sind durch die geringere optische Durchlässigkeit der Präparate und die Möglichkeit größerer Zählfehler durch die zu große Zelldichte methodische Grenzen gesetzt. Das von BACH (in diesem Band) erwähnte Überlappungsproblem spielt im histologischen Schnitt keine Rolle. Die Korrektur der Zellzählung hängt im wesentlichen von der Relation der Schnittdicke zur Zellgröße ab. Eine Korrektur kann vermieden werden, wenn man, wie es HAUG erwähnte, nur *die* Zellen der größeren Nz-Arten in 20 μ dicken Schnitten auswertet, bei denen der Nucleolus sichtbar ist. Dies hat außerdem den Vorteil einer besseren qualitativen Zelldifferenzierung in einzelne Nervenzellarten, als dies bei kernlosen Zellanschnitten im Nisslbild der Fall sein kann. Da die Variabilität biologischen Untersuchungsgutes im allgemeinen nicht unerheblich ist, und außerdem sich durch die technische Vorbereitung der Schnitte weitere Schwankungen ergeben, ist es notwendig, Zellzählungen und Volumenbestimmungen den Regeln statistischer Auswertung zu unterwerfen, um zu gesicherten Ergebnissen zu gelangen.

Literatur

ABERCROMBIE, M.: Estimation of nuclear population from microtomic sections. Anat. Rec. **94**, 239—247 (1946).

BACH, G.: Über die Bestimmung von charakteristischen Größen einer Kugelverteilung aus der Verteilung der Schnittkreise. Proc. I. Int. Kongr. f. Stereologie Wien **12**, 1—4 (1963).

— Bestimmung der Häufigkeitsverteilung der Radien kugelförmiger Partikel aus den Häufigkeiten ihrer Schnittkreise in zufälligen Schnitten der Dicke δ. Z. wiss. Mikr. **66**, 193—200 (1964).

CHALKLEY, H. W.: Methods for the quantitative morphologic analysis of tissues. J. nat. Cancer Inst. **4**, 47 (1943).

ECONOMO, L. v., u. G. N. KOSKINAS: Die Cytoarchitektonik der Hirnrinde des erwachsenen Menschen. Wien u. Berlin: Springer 1925.

GLAGOLEFF, A. A.: On the geometrical methods of quantitative mineralogic analysis of rocks. Trans. Inst. Econ. Mineral. (Moskau) **59** (1933). Zit. nach HAUG (1955).

HAUG, H.: Die Treffermethode, ein Verfahren zur quantitativen Analyse im histologischen Schnitt. Z. Anat. Entwickl.-Gesch. **118**, 302—312 (1955).

— Bedeutung und Grenzen der quantitativen Meßmethoden in der Histologie. Med. Grundlagenforsch. **4**, 302—342 (1962).

HENNIG, A.: Grundprobleme der Stereologie und Wege ihrer Lösung. Proc. I. Int. Kongr. f. Stereologie Wien **6**, 1—23 (1963).

TREFF, W. M.: Größenbestimmung der Nervenzellen und Gliazellen im Caudatum mediale bei unterschiedlicher Schnittdicke im histologischen Präparat. J. Hirnforsch. **6**, 123—132 (1963).

— Numerische und Volumenzelldichte im Caudatum mediale: mit besonderer Berücksichtigung des quantitativen Auswertungsfehlers bei Zellzählungen. Progr. Brain Res. **6**, 139—146 (1964).

Chapter 4

Measuring structures in space with random probes (planes, lines, points)

Messen von räumlichen Strukturen mittels zufälliger Sonden (Ebenen, Linien, Punkten)

Introduction to stereologic principles*

Ewald R. Weibel and Hans Elias

1. General considerations

In the preceding chapters methods for determining size distributions and number of structures have been presented. The random probe used for these stereologic measurements was the plane obtained by random sectioning of tissue blocks. The size distribution of structures was derived from the size distribution of their profiles on sections; the number of structures in the unit volume was calculated from the number of their profiles on the unit area of sections. In this chapter, we shall deal with stereologic methods for measuring average dimensions of aggregates of structures, again by using random probes. These will, however, not be restricted to planes, but will also include lines and points.

As has already been stated in chapter 1, some parameters can be estimated by a variety of probes. For example, it shall be shown that volumes can be measured planimetrically on random planar probes or by linear integration along random lines or by counting the fraction of a net of test points that lies within the structure. Although all these methods are in a general sense equivalent, each has distinct advantages which will have to be discussed. The following editorial paragraph is intended to be a review of the available methods written for the practitioner. Derivation of these methods from first principles will be omitted.

2. The Delesse principle as basis for stereology

In 1847 the French geologist Delesse developed the fundamental relation of stereology, now generally named the Delesse principle, which states that the volume fraction V_{Vi} of a component i in the tissue can be estimated by measuring the area fraction A_{Ai} of a random section occupied by transsections of i (Fig. 1):

$$V_{Vi} = A_{Ai}. \tag{1}$$

To prove this fundamental relationship consider a cube of tissue of unit volume V_T to contain the structures i which may have any shape. In studying liver, the structures i may be hepatic cells or mitochondria. These structures make up a volume V_i. Now cut up the tissue cube into N thin slices of identical thickness T which will be numbered by index j. Viewing each slice of area A_T from one side we can measure an area A_i to be occupied by profiles of our structures and we find that each slice contains

$$V_{ij} = A_{ij} T \tag{2}$$

* This editorial introduction should serve as a guide to the more specialized papers in this chapter. It has been assembled on the basis of the papers of this section. Particular help received from Dr. A. Hennig is gratefully acknowledged.

of component i, if T is very thin and is allowed to shrink towards 0. It is obvious that the total component volume is then

$$V_i = \sum_{j=1}^{N} A_{ij} \cdot T \tag{3}$$

and that the total tissue volume is

$$V_T = N \cdot A_T \cdot T.$$

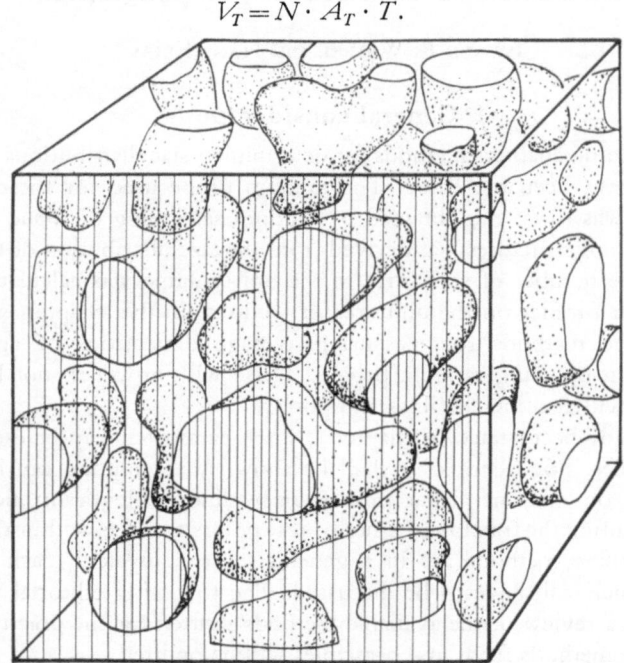

Fig. 1. Planimetric representation of volumetric composition of tissue on cut surface (Delesse principle). (From Weibel et al., 1966)

The volume fraction of component i in the total tissue volume then amounts to

$$V_{Vi} = \frac{V_i}{V_T} = \frac{T \cdot \sum_{j=1}^{N} A_{ij}}{T \cdot N \cdot A_T}$$

$$= \frac{1}{N} \cdot \sum_{j=1}^{N} \frac{A_{ij}}{A_T} = \overline{A_{Ai}}. \tag{4}$$

This simple and straightforward derivation of the Delesse principle reveals that the average fractional area $\overline{A_{Ai}}$ of a random section of negligible thickness occupied by component i estimates the volume fraction occupied by this component in the tissue.

This result was obtained by forming the mean of A_{Ai} found on all the individual slices of the tissue cube. By investigating only a limited number of these slices in practice we will therefore only determine *estimates* of V_{Vi}. This will pertain to all measurements described in this chapter. Stereologic measurements are statistical processes in which only a sample of tissue is studied: In fact, this sample is usually extremely small, but nonetheless, reliable information can be derived from it. In this section stereologic *principles* are stated, and these are exact relationships between parameters. It must however always be borne in mind that their practical application yields estimates whose quality must be tested by methods of statistics.

3. Methods for estimating volumetric composition of tissues

The Delesse principle demonstrates that volumetric composition of tissue is equivalently represented in the planimetric density of profiles on random sections:

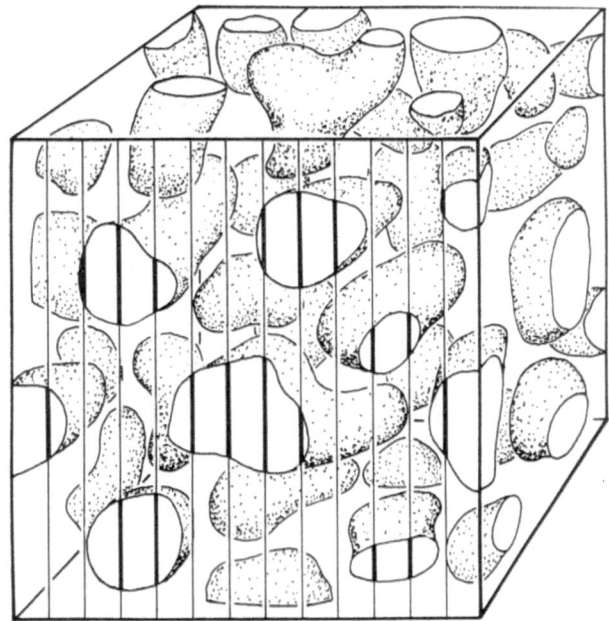

Fig. 2. Representation of tissue composition on linear probes. (From WEIBEL et al., 1966)

For over a century this method has enabled geologists to estimate the composition of rocks by performing cumbersome planimetry by cutting out and weighing tracings on heavy paper.

In 1898 ROSIWAL, again a geologist, found that A_{Ai} could be estimated by linear integration (Fig. 2), determining the fractional length L_{Li} of a test line passing through profiles of component i. As a consequence of the Delesse principle this method also allows an estimate of the volumetric composition V_{Vi}:

$$V_{Vi} = A_{Ai} = L_{Li}. \tag{5}$$

This procedure is still in use (LOUD, 1962; LOUD et al., 1965; WEIBEL, 1963 a.o.); its application in light microscopy is greatly helped by special instruments such as integrating stages (SCHEUMANN, 1931 a.o.) and an integrating eyepiece manufactured by Leitz (SCHUCHARDT, 1954). Use of this method is also made in some automatic scanning devices, discussed later in this volume by FISCHMEISTER (p. 221).

In final reduction of the Delesse principle, GLAGOLEFF found in 1933 that planimetry could be done by superimposing a regular point lattice on the section and counting the points which lie on transsections of the structures (Fig. 3). Chalkley (1943) and Attardi (1953) proposed similar procedures for application in histology. The fraction P_{Pi} of points lying on transsections of i would thus be an estimate of V_{Vi}:

$$V_{Vi} = P_{Pi}. \tag{6}$$

For a plausible explanation of this principle imagine the cube containing the structures i to be subdivided into P_T small cubes of equal volume. The total volume of the structures V_i can be estimated by counting the number of unit cubes entirely

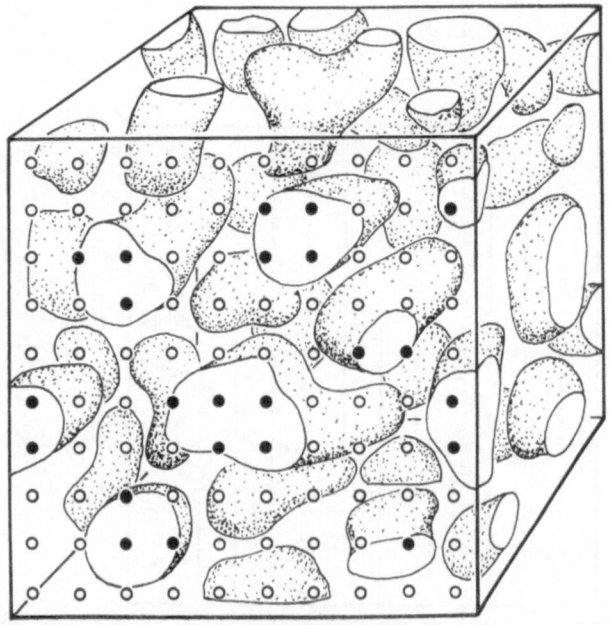

Fig. 3. Fraction of test points lying on profiles estimates volume composition. (From Weibel et al., 1966)

enclosed in the structures and adding to these all those marginal cubes of which more than one half is enclosed in the structures, while those are disregarded which lie outside the structures with the larger fraction of their volume. If the unit cubes are small enough with respect to the size of individual structures, then the centers of gravity of all the positively counted cubes will lie within the structures. It is therefore sufficient to consider merely the P_T center points of the unit cubes and to count the number P_i of those lying inside structures in order to estimate V_{Vi} as

$$V_{Vi} = \frac{P_i}{P_T} = P_{Pi}. \tag{7}$$

With this approach the arbitrary procedure of rounding up marginal cubes is avoided.

It is evident from this explanation of the principle, that each test point is assigned a "volume value" which is V_T/P_T. With this volume value absolute volumes can be calculated; however, in this case the use of a regular test point lattice is essential. Hennig will show on p. 103 that the use of regular lattices of test points is to be preferred over true random lattices in any case.

For practical application the test points can simply be placed over random sections of the tissue.

The point counting procedure is the most efficient of the three methods available for volumetry, since the necessary measurement is reduced to simple counting. Rather complicated analyses can thus be easily carried out. HENNIG (1959) has also shown that point counting volumetry is to be preferred to lineal integration for statistical reasons. Practical examples of point counting volumetry are repeatedly given in this volume.

4. Methods for estimation of surface areas

Consider structures with a well-defined surface embedded in the tissue. In the unit volume these structures will occupy a certain relative volume or volume den-

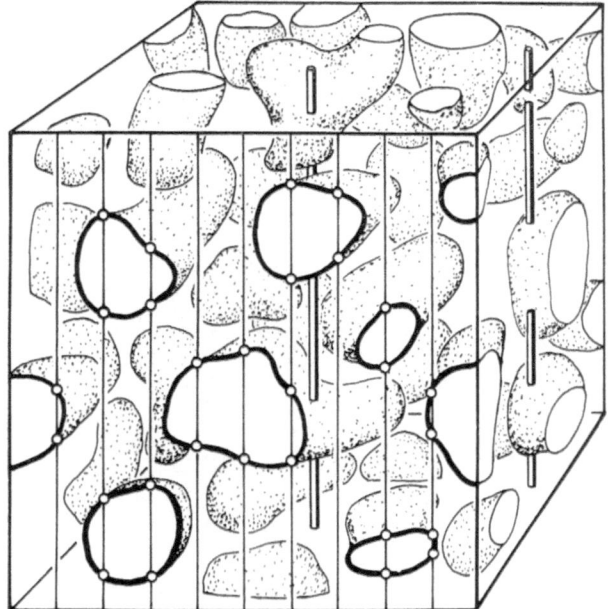

Fig. 4. Estimation of surface area of structures from number of intersections with linear probes. (From WEIBEL et al., 1966)

sity V_{Vi}, as discussed above. Their total surface S_i included in the unit test volume V_T can similarly be defined as their *surface density* S_{Vi}.

$$S_{Vi} = \frac{S_i}{V_T}. \tag{8}$$

The surface of these structures will appear on sections as contours of the profiles (Fig. 4), the length of these contours in the unit test area of section being proportional to the surface density S_{Vi}. If a test line of fixed length L_T is randomly placed in the tissue it will pierce through the surface of these structures whereby the number of intersections N_i between test line and surface will be proportional to S_{Vi} and to L_T. Within a few years, various investigators (TOMKEIEFF, 1945; SMITH and GUT-

MAN, 1953; DUFFIN et al., 1953; HORIKAWA, 1953; HENNIG, 1956 and SALTIKOV, 1958) have independently derived the following relation:

$$S_{Vi} = \frac{2 \cdot N_i}{L_T} = 2 \cdot N_{Li}. \tag{9}$$

If the "surface" is considered to be a "sheet with two surfaces", the coefficient 2 has to be replaced by 4, or the intersections with the "surface structure" have to be counted double.

Since the surface density S_{Vi} is represented on sections by a proportional "contour density" the test line can be placed at random on random sections of the tissue and N_{Li} can be obtained by simple counts of intersections between probe and surface contours.

5. Methods for estimating surface-to-volume ratios

The surface-to-volume ratio of structures proves to be a very useful measure. On the one hand, it is related to geometric features of the structures, and on the

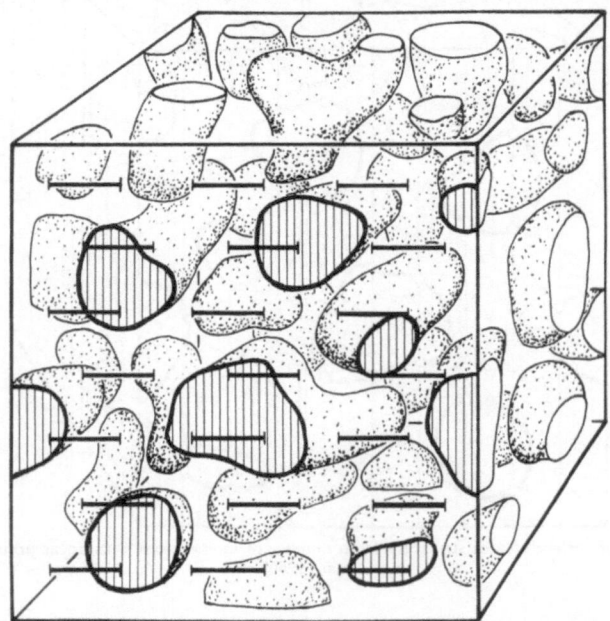

Fig. 5. Estimation of surface-to-volume ratio. (From WEIBEL et al., 1966)

other it can often serve as a direct measure of some physiologic properties of these structures since it gives the size of their contact area with the surroundings per mass of structure.

CHALKLEY et al. (1949) and CORNFIELD and CHALKLEY (1951) have derived a method for direct evaluation of the surface-to-volume ratio of structures: it is essentially a straightforward combination of point-counting volumetry with surface estimation by line intersection. The test system consists of short lines of equal length Z which again are randomly placed on random sections (Fig. 5). The two end-points of these test lines are used as markers for volumetry: end-points lying on sections of structures are counted as "hits" and recorded as P_i. Simultaneously, that is without displacement of the test system, the number of intersections N_{Zi} of test lines and surface contour of the structures is recorded. The average surface-to-volume ratio s_i/v_i of individual structures i follows from:

$$\frac{s_i}{v_i} = \frac{4 \cdot N_{Zi}}{Z \cdot P_i}.$$ (10)

This relation can be directly derived from equations (7) and (9), if we take $L_T = \frac{1}{2} \cdot P_T \cdot Z$ as the total length of the test line, a condition which is fulfilled since there are two end-points to each short test line in the system of Fig. 5.

6. Methods for estimating average thicknesses of tissue sheets

The arithmetic mean thickness $\bar{\tau}$ of a tissue sheet or cell layer can be defined as the mass of tissue per unit surface area. This being a volume-to-surface ratio, $\bar{\tau}$ can be estimated by applying a slight modification of the above principle of CHALKLEY et al. (1949), precisely defining $\bar{\tau}$ as the average tissue volume per *half* the surface area of the sheet (WEIBEL and KNIGHT, 1964). Again, placing a test system of short lines of length Z on random sections of the sheet i we record, as above, the number of end-points P_i lying on sheet tissue and the number of surface intersections N_{Zi} of the test lines with *both* sheet surfaces and obtain

$$\bar{\tau} = \frac{Z \cdot P_i}{2 \cdot N_{Zi}}.$$ (11)

For considerations on transport across tissue layers the harmonic mean thickness τ_h is a more appropriate measure of the effective average thickness (WEIBEL and KNIGHT, 1964). It is defined as the average of the reciprocals of all local thicknesses. Randomly placing very long lines on sections of the sheet we can record the intercept lengths l, that is the length of test line lying between the two surface intersections, and form the harmonic mean intercept length l_h by averaging the reciprocal values of l. From this we obtain

$$\tau_h = \tfrac{2}{3} l_h.$$ (12)

7. Method for estimating the length of curved lines

On p. 14 of this volume the extension of the Buffon needle problem has led to a principle for estimating the length L of curved lines on a plane by confronting the lines with a grid of parallel lines of equal spacing D. Counting the number of intersections N of the curve with the line grid we had found

$$L = \frac{\pi}{2} \cdot D \cdot N.$$ (13)

Parenthetically it may be pointed out that this principle bears a direct relationship to the method for estimating surface areas with random linear probes: surfaces appear as contours on sections, the contour density L_A on the test area being proportional to the surface density S_V. Placing the line grid of spacing D on a test area A_T, the total length of test lines is $L_T = A_T/D$. We then find

$$L_A = \frac{\pi}{2} \cdot \frac{N}{L_T}$$ (14)

which has formal similarity to equation (9).

To estimate the length L of curves twisted in space the test system must consist of planes, as was pointed out on p. 14. Smith and Guttman (1953) and Hennig (1963) have developed a principle by which L can be estimated from the number N of intersections of the curve with a set of parallel equidistant planes of spacing D:

$$L = 2 \cdot D \cdot N. \tag{15}$$

Expressing L again as the line density L_V per unit volume and counting N_A on single random test planes of area A_T we obtain

$$L_V = 2 \cdot N_A. \tag{16}$$

It can immediately be seen that the length of tissue filaments or tubules can be estimated by this method on histological sections. Hennig (1963) has also shown that this principle is uninfluenced by section thickness.

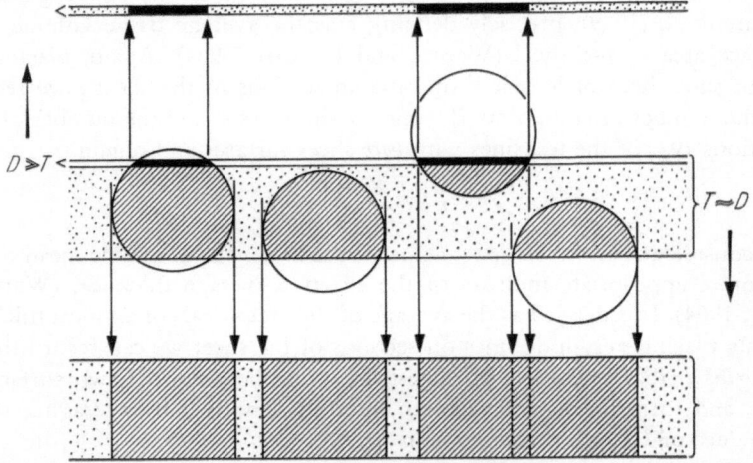

Fig. 6. Overestimation of opaque structures in analysis of thick slices due to projection of slice content (Holmes effect) as compared to analysis of very thin section

8. Systematic errors due to section thickness (Holmes effect)

The stereologic principles presented so far are applied to practical problems by using random planar sections as primary probes on which lines and points can be superimposed by appropriate procedures discussed later in this volume by Fisch-meister. For these stereologic principles to hold without restriction the primary probe must be a true plane of no thickness, a situation often met by metallurgists who investigate polished cut-surfaces of metal alloys by incident light.

Histological sections for light and electron microscopy, however, are actually *tissue slices* of finite thickness which are investigated by transmitted light. The image is formed by projection of all structures within the section onto the focal plane of the optical system, and it has already been discussed on p. 58 ff. that the number of particulate structures observed in the image is not only proportional to the number of structures in the unit volume of tissue but also to the section thickness T.

A similar situation obtains in volumetric work by either method. Profiles of structures appear on the section image as areas which are measured by either planimetry, linear integration or differential point counting. If these areas are projections of profiles making up a section of finite thickness, a certain overlap of profiles will be unavoidable (Fig. 6). If structures of different opacity overlap the opaque structures will cover up the lighter ones, so that the projection area of opaque profiles will occupy a larger fraction of the field of observation than would correspond to their volumetric contribution to tissue composition. This effect was first recognized by HOLMES (1927) and is therefore generally known as *Holmes effect*. The apparent area fraction of opaque structures is then

$$A'_{A0} = V_{V0} \cdot K_0(D,T), \tag{17}$$

where the coefficient $K_0(D,T) > 1$ is a function of the characteristic diameter D of the opaque structures and of the section thickness T. For opaque structures which can be approximately represented by spheres of diameter D it is found (HOLMES, 1926; HENNIG, 1957 a.o.) that

$$A'_{A0} = V_{V0} \cdot \left(1 + \frac{3T}{2D}\right). \tag{18}$$

It is seen that $K_0(D,T)$ approaches 1 and becomes negligible when $T \ll D$. If $T = D/10$ the coefficient $K_0 = 1.15$; i.e. the volumetric fraction of opaque structures will be overestimated by 15%. This error falls to 5% if $T = D/30$. It is a matter of judgement at what point the systematic overestimation due to Holmes effect will be disregarded.

If, in practice, the Holmes effect is judged to be appreciable the data obtained, e.g. by point counting, must be corrected; the volumetric fraction of tissue occupied by an opaque structure is then

$$V_{V0} = \frac{1}{K_0} \cdot P_{P0}. \tag{19}$$

If the opaque structures are somewhat granular, the correction coefficient for spheres can be used in first approximation. The volume of the translucent phase t of the tissue must, of course, also be corrected to

$$V_{Vt} = 1 - \frac{1}{K_0} \cdot P_{P0} \tag{20}$$

to make

$$V_{V0} + V_{Vt} = 1.$$

References

ATTARDI, G.: Über neue, rasch auszuführende Verfahren für Zellmessungen. Acta anat. (Basel) **18**, 177 (1953).

CHALKLEY, H. W.: Methods for the quantitative morphologic analysis of tissues. J. nat. Cancer Inst. **4**, 47 (1943).

— J. CORNFIELD, and H. PARK: A method for estimating volume-surface ratios. Science **110**, 295 (1949).

CORNFIELD, J., and H. W. CHALKLEY: A problem in geometric probability. J. Wash. Acad. Sci. **41**, 226 (1951).

DELESSE, M. A.: Procédé mécanique pour déterminer la composition des roches. C. R. Acad. Sci. (Paris) **25**, 544 (1847).

DUFFIN, R. J., R. A. MEUSSNER, and F. N. RHINES: Statistics of particle measurement and particle growth. Carnegie Inst. Technol., Rept. No 32, CIT-AF 8 A-1 R 32 (1953).

Glagoleff, A. A.: On the geometrical methods of quantitative mineralogic analysis of rocks. Trans. Inst. Econ. Mineral. (U.S.S.R.) **59** (1933).

Hennig, A.: Bestimmung der Oberfläche beliebig geformter Körper mit besonderer Anwendung auf Körperhaufen im mikroskopischen Bereich. Mikroskopie **11**, 1 (1956).

— Diskussion der Fehler bei der Volumenbestimmung mikroskopisch kleiner Körper oder Hohlräume aus den Schnittprojektionen. Z. wiss. Mikr. **63**, 67 (1957).

— A critical survey of volume and surface measurements in microscopy. Zeiss-Werkz. 30 (1959).

— Länge eines dreidimensionalen Linienzuges. Proc. I. Int. Congr. Stereology 44/1—8. Wien: Med. Akad. 1963.

Holmes, A. H.: Petrographic methods and calculation. London: Murby & Co. 1927.

Horikawa, E.: On a new method of representation of a mixture of several austenite grain sizes [in Japanese]. Tetsu to Hagane **40**, No 10, 991 (1953).

Loud, A. V.: A method for the quantitative estimation of cytoplasmic structures. J. Cell Biol. **15**, 481 (1962).

— W. C. Barany, and B. A. Pack: Quantitative evaluation of cytoplasmic structures in electron micrographs. Lab. Invest. **14**, 996 (1965).

Rosiwal, A.: Über geometrische Gesteinsanalysen. Ein einfacher Weg zur ziffermäßigen Feststellung des Quantitätsverhältnisses der Mineralbestandteile gemengter Gesteine. Verh. K. K. Geol. Reichsamt, Wien 1898, S. 143.

Saltykov, S. A.: Stereometric metallography, 2nd ed., p. 446. Metallurgizdat, Moscow 1958.

Scheumann, K. H.: Zwei Hilfsapparaturen für das petrographische Mikroskop. II. Integrationstisch für das Shandsche Analysenverfahren. Miner. Mitt., N. F. **41**, 180—187 (1931).

Schuchardt, E.: Die Gewebsanalyse mit dem Integrationsokular. Z. wiss. Mikr. **62**, 9 (1954).

Smith, C. S., and L. Guttman: Measurement of internal boundaries in three-dimensional structures by random sectioning. Trans. Amer. Inst. Mining, Met. Petrol. Engrs **197**, 81 (1953).

Tomkeieff, S. I.: Linear intercepts, areas and volumes. Nature (Lond.) **155**, 24 (1945).

Weibel, E. R.: Morphometry of the human lung. Berlin-Göttingen-Heidelberg: Springer 1963.

— G. S. Kistler, and W. R. Scherle: Practical stereologic methods for morphometric cytology. J. Cell Biol. **30**, 23 (1966).

—, and B. W. Knight: A morphometric study on the thickness of the pulmonary air-blood barrier. J. Cell Biol. **21**, 367 (1964).

Fehlerbetrachtungen zur Volumenbestimmung aus der Integration ebener Schnitte

AUGUST HENNIG *

Zusammenfassung

Volummessungen in Gemengen müssen auf Flächenmessungen (f_2) in Schnittebenen (f_1) zurückgeführt werden. Weitere Dimensionsverringerungen (Linienmessung, Punktzählung) sind lediglich eine Frage der Zweckmäßigkeit.

Die Prüfung rationellen Arbeitens beginnt mit dem Punktzählverfahren, dem letztmöglichen Schritt in einer logischen Entwicklung.

Die Fehlerkurven der drei regulären Punktverteilungen werden, mit dem Kreis als Standardfläche, zeichnerisch-rechnerisch dargestellt. Ihre Unterschiede sind örtlich beträchtlich, werden jedoch, auf wirkliche Verhältnisse übertragen, wegen ihrer raschen Aufeinanderfolge nahezu eingeebnet. Wesentlich höher, dabei von einfachster Art, sind die Voraussagen der allgemeinen Fehlertheorie von GAUSS, die wahlloses Testen und zahllose Gruppen von Einzelbefunden voraussetzt. Für eine begrenzte Menge von Gruppen wird eine Spezialtheorie für willkürliches Testen elementar, wenn auch nicht streng abgeleitet. Sie harmoniert im Aussehen des Fehlerverlaufes mit dem der geordneten Netze, in der durchschnittlichen Höhe der Fehlererwartung mit der allgemeinen Theorie, in beiden Merkmalen mit den Kontrollversuchen.

Das Zusammenspiel der Teilfehler f_1 und f_2 wird für beide Möglichkeiten des Punktzählens graphisch verdeutlicht.

Die für den Kreis angestellten Fehlerbetrachtungen werden durch die Untersuchung des Falles Dreieck—Dreiecknetz in ihrer Allgemeingültigkeit bestätigt.

Abschließend wird das Linienintegrieren mit dem geordneten Punkttesten verglichen.

Summary

Measurement of volumes in aggregates of structures must be reduced to measurement of areas (statistical error f_2) on section planes (f_1). Further reduction of dimensions (line measurement, point counting) may be introduced for reasons of convenience and practicality.

The efficiency of these measuring procedures is first tested with point counting, the last step in a logical development. Using the circle as standard test area error curves are developed for the three types of regular point lattices used for testing. They show considerable regional differences which become less important, however, when applied to practical conditions. The errors predicted by the general theory

* Anatomisches Institut der Universität München. Herrn Professor W. BARGMANN zum 60. Geburtstag in Dankbarkeit gewidmet.

of errors of GAUSS, based on irregular or random testing with large numbers of single points, are considerably larger than those predicted for testing with regular lattices. For a restricted group of cases of random testing a special error theory is developed with elementary means. Its trend agrees with the course of error of regular lattice testing and its average magnitude with the error prediction of the general theory; in both aspects it agrees well with model experiments.

The interrelationship between the partial errors f_1 and f_2 is graphically demonstrated for both ways of point testing.

The general validity of the error considerations performed for circles is confirmed by investigation of the case of testing triangles with a triangular lattice. Finally the procedure of lineal integration is compared with point counting.

1. Einleitung

Die Stereologie ist die Lehre von der Deutung räumlicher Gebilde aus ihren Erscheinungsformen in niedrigeren Dimensionen. Sie wird damit zur Hilfswissen-

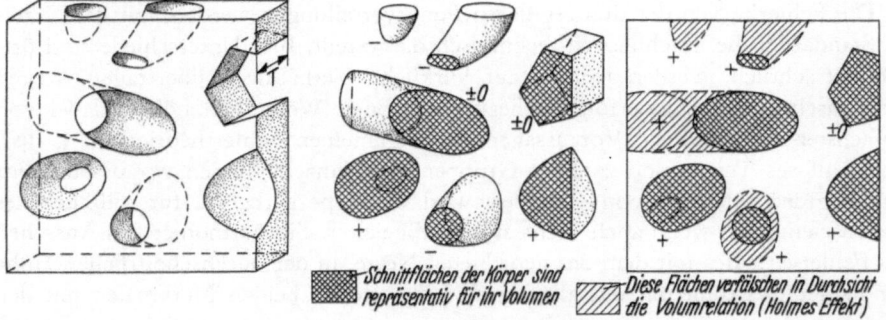

Abb. 1. Prinzip von DELESSE für die Auswertung von Anschliffen. Links und Mitte: Perspektivische Ansicht der Probe und ihrer Einschlüsse, deren Volumanteil gesucht ist. Die +- und −- Fehlinformationen für den benachbarten Raum beliebiger Tiefe T heben sich im Durchschnitt aus vielen Beobachtungen auf. Rechts: Projektionen opaker Körper in dicken Schnitten (Dicke T) täuschen höhere Volumanteile vor (Holmes-Effekt)

schaft für quantitativ arbeitende Mikroskopiker aller Disziplinen. Unsere Betrachtungen greifen aus der Fülle der Probleme nur die Volummessungen heraus. Der Rauminhalt von Körpern offenbart sich in der Bildebene des Mikroskops durch den Inhalt der Schnittflächen, in der ersten Dimension in der Durchdringungslänge von Geraden, die den Körper oder die stellvertretenden Schnittflächen durchsetzen, dimensionslos endlich in der Menge der Punkte bekannter mittlerer Dichte pro Volum-, Flächen- oder Längeneinheit, die das Körperinnere oder die Schnittflächen erfüllen oder auf den Durchstoßlängen Platz finden.

Die erste quantitative Formulierung dieser einfachen Zusammenhänge stammt von GAUSS (1834), der die Theorie der Punktnetze (also den Übergang von der zweiten zur nullten Dimension) begründete. Eingang in die Praxis fand erst das von dem Petrographen DELESSE (1848) aufgestellte Prinzip, in dessen Formulierung leider der Anschluß an die weitere Dimensionsverringerung von GAUSS versäumt wurde.

Dieses Prinzip sagt aus, daß man auf eine (meist undurchführbare) volumetrische Analyse verzichten kann, weil die Bestimmung der Flächenanteile in einem Anschliff grundsätzlich zum gleichen Ergebnis führt (Abb. 1 links und Mitte). Demgegenüber ist der Histologe benachteiligt, der mehr oder weniger dicke Schnitte im durchfallenden Licht beurteilt. Hier werden opake Körper in durchscheinender Einbettung systematisch überbewertet (Abb. 1 rechts) mit Ausnahme eines senkrecht zur Achse geschnittenen Zylinders oder Prismas. Im folgenden kann auf diesen nach HOLMES (1927) benannten Effekt und seine Korrekturen für opake und für durchsichtige Körper (HENNIG, 1956) nicht weiter eingegangen werden.

2. Allgemeine Fehlerbetrachtungen

Was geht bei der Messung von Volumanteilen vor sich? Zunächst wird eine Anzahl von Schnitten ausgewählt (statistische Erhebung erster Art, Fehler f_1), sodann die Schnittbilder einer exakten ($f_2 = 0$) oder einer zweiten statistischen Auswertung mit Hilfe eines Näherungsverfahrens ($f_2 \neq 0$) unterzogen. Über die Größe von f_1 können keine allgemeine Angaben gemacht werden. Sie hängt von der Anzahl der Teilflächen in der Testfläche, von dem Grad der Durchmischung und von den prozentualen Anteilen ab.

Obwohl Raum- im Gegensatz zu Flächenmessungen richtungsunabhängig sind, wird man doch ungefähr senkrecht zu einer auffallenden Anordnung, etwa einer Schichtung von Gesteinen oder faseriger Gewebestruktur, schneiden, um f_1 nicht unnötig zu vergrößern. Es bedarf wohl auch keines Hinweises darauf, daß die Schnitte möglichst gleichmäßig über den Körper zu verteilen sind.

Der zweite Faktor f_2 kann im Gegensatz zu f_1 wegen der Zugänglichkeit des Schnittbildes quantitativ geprüft und gesteuert werden. Weil im Endergebnis nur der Gesamtfehler $f_0 = \sqrt{f_1^2 + f_2^2}$ wichtig ist, soll das Wechselspiel der beiden Hauptfehlerquellen eingangs besprochen werden.

Fall a. Der Ausgangswert sei genau definiert; $f_1 = 0$. Dann wird $f_0 \equiv f_2$. Die Genauigkeit des Ergebnisses ist identisch mit der Sorgfalt irgendeiner Einzelmessung. Statistische Erhebungen sind hier fehl am Platz. Man denke an die Naturkonstanten der Physik, an die unveränderliche Zusammensetzung einer chemischen Verbindung, an das Messen einer wohldefinierten Fläche. In der Biologie fällt es schwer, ein Beispiel dieser Art zu finden. Nicht nur werden bei Vergleichsmessungen von Individuum zu Individuum die Ergebnisse um mehrere Prozente schwanken, auch an ein und demselben Organ werden örtlich und zeitlich bedingte Unterschiede, etwa im Feinbau der Lunge, zu beobachten sein. Die hochentwickelte Meßtechnik der exakten Naturwissenschaften wurde in der Biologie mindestens in der Stellenzahl der Befunde nachgeahmt, als man dort quantitativ zu forschen begann. Man wollte den grundsätzlichen Unterschied zwischen unveränderlichen Naturkonstanten und den mit erheblichem Spielraum gestalteten organischen Gebilden nicht wahrnehmen.

Fall b $f_2 > f_1$, etwa $f_2 = 2f_1$. Mit fünf groben und entsprechend raschen Einzeltesten wird die Zuverlässigkeit *eines* fehlerlos ausgewerteten Einzelbefundes erreicht (in beiden Fällen wird $f_0 = f_1$).

Fall c $f_2 \approx f_1$. Schon mit zwei Versuchen wird im Durchschnitt die Genauigkeit einer einzelnen exakten Analyse gewonnen; $f_0 \approx f_1 \approx f_2$. Gleiche Größenordnung von f_1 und f_2 verspricht im allgemeinen rationellstes Arbeiten.

Fall d $f_2 < f_1$. Selbst wenn das Testfeld mit steigendem Zeitaufwand bis zur Fehlerlosigkeit zergliedert wird, kann keine höhere Genauigkeit als mit der flüchtigen Auswertung einer doppelt so großen Fläche nach Fall c erzwungen werden.

3. Anwendung auf die Flächenanalyse

Unmittelbare Flächenmessungen nach DELESSE, sei es durch Ausschneiden und Wägen, sei es durch Planimetrieren, tilgen zwar den statistischen Fehler f_2 (bis auf unvermeidliche Meßungenauigkeiten), vereiteln aber wegen des hohen Zeitaufwandes die Bewältigung einer großen Serie, die allein f_1 ($\equiv f_0$) verkleinern könnte (Fall d).

Der Forderung nach einem sinnvolleren Arbeitsverfahren kommt ROSIWAL (1898) mit dem Ersetzen von Flächenmessungen durch Sehnenintegration auf halbem Wege entgegen. Untersuchungen dazu sollen später folgen. Wirklich konsequent ist erst das von GLAGOLEFF (1933) in die Praxis eingeführte Testen mit Punkten.

4. Das Punktzählverfahren

a) Allgemeines über das Prinzip

Punkte in regelmäßiger Reihung repräsentieren Strecken gleich ihrem Abstand a_0 oder bei regelmäßiger Verteilung in der Ebene (in sog. Netzen) eine bestimmte

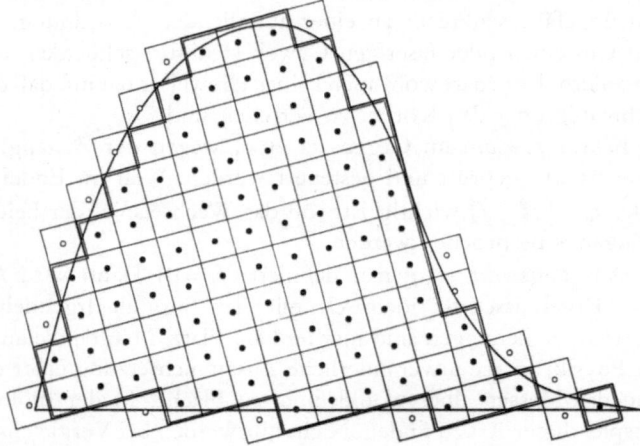

Abb. 2. Näherungsweise Integration einer Fläche mit Hilfe eines Quadratnetzes. Werden Grenzfälle durch die Lage des Mittelpunktes entschieden, dann führt das Quadrat- zum Punktzählen

Fläche A_0, den Netzwert. Unbewußt wird das Prinzip geordneten Punkttestens schon immer verwendet, wo es nur auf geringe Genauigkeit im Einzelfall ankommt: Etwa, wenn man sich bei Längenmessungen mit der Angabe ganzer Zentimeter begnügt und den Rest aufrundet oder vernachlässigt. Ersetzt man die Zentimeterteilung durch Punkte im Abstand $a_0 = 1$ cm und überläßt die Lage des Maßstabes auf der zu messenden Strecke dem Zufall, dann liefert die Anzahl der „Treffer" eine von Willkür freie ganzzahlige Aussage über die Länge und im Verlauf einer längeren Meßreihe einen sogar auf Bruchteile eines Zentimeters zuverlässigen Mittelwert variabler Einzelstrecken. Die mm-Angaben für einen Zufallsbefund sind hingegen wertlos.

Flächen pflegt man behelfsmäßig mit einem darüber gedeckten Quadratnetz auszuzählen. Die Entscheidung, ob ein vom Rand geschnittenes Quadrat noch berücksichtigt werden soll, kann in objektiver Weise nach der Lage der Mittelpunkte entschieden werden (Abb. 2). Was aber sind die Mittelpunkte im Verband anderes als ein Punktnetz mit Netzwert $A_0 = $ Quadratfläche?

Das Punktzählen, auch Treffermethode genannt, ist keineswegs an gleichmäßige Reihung oder Streuung gebunden, es ist ein grundsätzlich dimensionsloses und freizügiges Meßverfahren. Man könnte etwa eine Anzahl von Gesteinsproben mit einer Nadel willkürlich an der Oberfläche sondieren; diese Punkte würden, alle Stücke wieder in den ursprünglichen Verband versetzt, regellos im Raum verstreut liegen. Der Normalfall von Anschliffen und Schnitten setzt aber ebene Netze für die Auswertung voraus. Willkürliche und regelmäßige Anordnung der Testpunkte sind, mehr oder weniger von äußeren Umständen abhängig, nebeneinander im Gebrauch. Nur Absolutmessungen setzen die Kenntnis eines Netzwertes A_0 voraus.

GLAGOLEFF benützt das Fadenkreuz des Okulars und die Verstellmöglichkeiten des Kreuztisches. Damit verwirklicht er ein Netz aus unabhängigen Meßlinien, in der Wirkung einem leidlich regelmäßigen Rechtecknetz vergleichbar. CHAYES (1954) strebt willkürliche Verteilung der Teste an; als Fortschritt ist der Einsatz von vier Punkten pro Einstellung anzuerkennen.

ATTARDI (1953) fordert, nach den Studien von GAUSS, ausdrücklich reguläre Netze und schlägt die Dreieckanordnung vor. Seine Gedankengänge sind, trotz manchen Fehlschlüssen, richtungweisend für die Fehlerdiskussion bei der Treffermethode. HAUG (1955) verwendet ein quadratisches Netz mit 121 Meßpunkten im Bildfeld des Okulars. Das Integrationsokular I von Zeiß (HENNIG, 1958b) begnügt sich der Überschaubarkeit halber wieder mit 25 Punkten. Sie sind in Dreieckanordnung in einen Kreis versetzt, dessen Fläche dem Gesamtnetzwert 25 A_0 entspricht. Bei 25 Punkten im Verband geht auch bei zahlreichen unabhängigen Einsätzen das Kriterium geregelter Anordnung nicht verloren.

Damit sind zwei Fragen zur Technik des Punktzählens angeschnitten: Hat eine der möglichen regulären Verteilungen besondere Vorteile und ist eine geordnete Testung einer ungeregelten vorzuziehen? Der Vergleich darf sich auf eine Einzelfläche beschränken; seine Ergebnisse werden im Abschnitt d) auf ein Gemenge verschieden großer Flächen übertragen. Als Testfläche diene der Kreis als die wichtigste und leichtest zugängliche Form. Abschließend sollen die Ergebnisse mit Hilfe einer anderen Form auf ihre Allgemeingültigkeit geprüft werden.

Wird die Testkreisfläche mit A, der Netzwert mit A_0 bezeichnet, dann wird sich im Mittel aus vielen Versuchen eine mittlere Trefferzahl $P_m = A/A_0$ ergeben. Das gilt natürlich für alle regulären oder auch willkürlichen Punktverteilungen, falls letzteren in einem geschlossenen Bereich ein mittlerer Netzwert A_{0m} zugesprochen werden kann. Nur um die Genauigkeit, ausgedrückt durch den mittleren Fehler, geht es bei diesen Überlegungen.

b) Fehlererwartung bei Testen mit geordnetem Punktnetz

In Abb. 3 ist ein regelmäßiges Dreiecknetz wiedergegeben, mit dem ein Kreis vom Inhalt A vermessen werden soll. Für grundlegende Untersuchungen wird man sich nicht mit einem Experiment und seiner (dem praktischen Bedürfnis angepaßten) beschränkten Genauigkeit begnügen. Die statistischen Fehler würden einen sicheren quantitativen Vergleich der Arbeitsweise verschiedenen Netzformen unmöglich machen. Die aus zwei Dreiecken bestehende Raute versinnbildlicht den Netzwert A_0. Eine einzige Raute, ja schon der zwölfte Teil davon, kann wegen der periodischen Punktverteilung für die Untersuchung des ganzen Netzes stehen. Sucht man auf ihr die geometrischen Örter der Mittelpunkte aller Kreise A mit jeweils konstanter Treffermenge P, dann erhält man die von Kreisbögen begrenzten Teilflächen mit den Trefferzahlen 1, 2 und 3 bei einer mittleren Erwartung von $P_m = 2$ Treffern. Die zusammengehörenden Flächenanteile liefern nach dem Planimetrieren die prozentuale Verteilung der Trefferzahlen ohne statistische Fehler; aus ihnen werden P_m kontrolliert und der mittlere Fehler f der Einzelmessung errechnet. Die Ergebnisse sind in Tabelle 1 links niedergelegt.

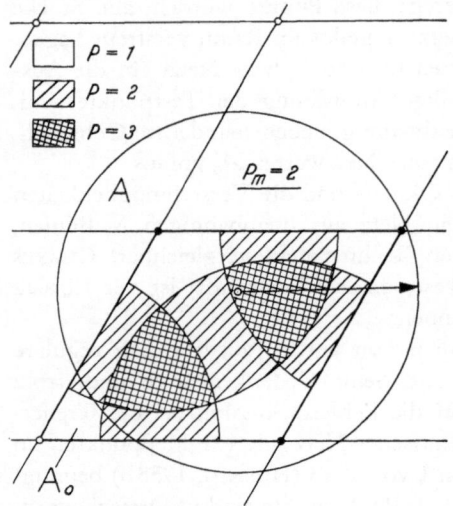

Zwischenbetrachtung über Fehlerdefinitionen. f ist der arithmetische Mittelwert aller Absolutbeträge der Beobachtungsfehler. Gebräuchlicher ist der wahrscheinliche Fehler r, der für eine stetige Verteilung wohldefiniert ist: Er halbiert die Befunde mit größerer und mit kleinerer Absolutabweichung vom Mittelwert. Die Lote in den Abszissenpunkten $\pm r$ halbieren also die Hälften der von der Fehlerkurve begrenzten Fläche noch einmal (Nebenfig. 4). Bei der im Beispiel vorliegenden, überaus groben Verteilung mit nur drei Größenklassen kann von einer Vierteilung der Versuche keine Rede sein; als beste Möglichkeit bleibt die Bildung von f, das einheitlich für alle Betrachtungen verwendet werden soll. Bei einer Normalverteilung wird es durch die Abszisse des Schwerpunktes S einer Flächenhälfte dargestellt (Abb. 4). f muß also größer als r sein; der Faktor beträgt $f/r = 1{,}183$ (Bronstein, S. 511).

Abb. 3. Testen einer Kreisfläche A mit einem regulären Punktnetz (Netzwerk A_0=Rautenfläche). Im Beispiel ist $P_m = A/A_0 = 2$. Solange der Kreismittelpunkt in die doppelt geschraffte Fläche fällt, werden $P = 3$ Treffer beobachtet. Numerische Auswertung in Tabelle 1

Die Standardabweichung σ ist als mittlere quadratische Abweichung definiert; damit übertrifft sie ihrerseits wieder die Größe von f: $\sigma/f = \sqrt{\dfrac{\pi}{2}} = 1{,}253$. Für die Abszisse σ hat die Fehlerkurve einen Wendepunkt. Alle drei Definitionen sind wegen ihrer Proportionalität frei vertauschbar. Für eine Forderung nach 95%iger Signifikanz sind z.B. die Intervalle $\pm 2\sigma$ oder $\pm 3r$ ausreichend (Abb. 4). Um zu prüfen, wieweit ein so wenig gegliederter Befund nach den einfachen Gesetzen der allgemeinen Theorie behandelt werden darf, braucht man nur durch Kombinieren von zwei oder drei unabhängigen Einzeltesten die Streuung zu verbreitern. Sind im Beispiel von Abb. 3 und Tabelle 1 die Wahrscheinlichkeiten für einen, zwei oder drei Treffern mit w_1, w_2 und w_3 bezeichnet, dann ergeben sich für zwei gekoppelte Testungen rechnerisch (entsprechend unendlich vielen Versuchen ohne statistische Fehler) die Werte w^* wie folgt:

$$w_2^* = (w_1)^2; \; w_3^* = 2 \cdot w_1 \cdot w_2; \; w_4^* = 2 \cdot w_1 \cdot w_3 + (w_2)^2; \; w_5^* = 2 \cdot w_2 \cdot w_3 \text{ und } w_6^* = (w_3)^2.$$

Entsprechend werden die Kombinationen aus drei Testen errechnet.

In der Tabelle 1 sind die Trefferverteilungen und die Fehler f für einen, zwei und drei Versuche mit je $P_m = 2$ zusammengestellt. Die allgemeine Regel, daß der mittlere Fehler mit der Quadratwurzel aus der Menge der Versuche abnimmt, gilt im Beispiel schon beim Übergang von vier auf sechs Zahlen bis auf 1,5% relative Abweichung genau.

Die Tabellenwerte können in Form einer Summenprozentfolge in das Wahrscheinlichkeitsnetz eingetragen werden (Abb. 5). Der einfache Versuch steuert nur zwei im Endlichen gelegene Punkte bei, die in jedem Fall durch eine Gerade verbunden werden können: keine Möglichkeit einer Versuchskontrolle. Schon die rechnerische Vereinigung von zwei unabhängigen Testungen erbringt vier Punkte für die Summenlinie. Noch aussagekräftiger ist die Koppelung dreier identischer Teste mit sechs Punkten. Schon diese bescheidene Ausweitung des Bereiches der

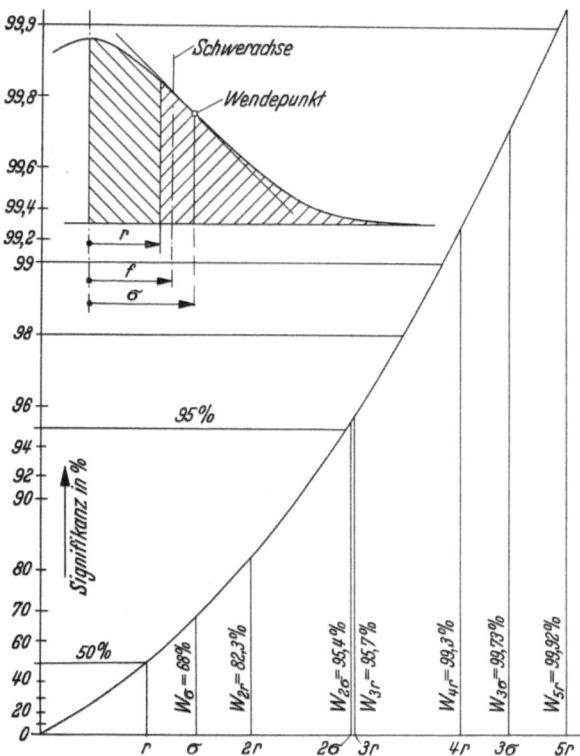

Abb. 4. Höhe der Signifikanz abhängig von den Vielfachen des wahrscheinlichen Fehlers r und der Standard-abweichung (mittleren quadratischen Abweichung) σ. In der Nebenfigur sind die geometrischen Beziehungen zwischen der Fehlerkurve und den drei Definitionen r, f und σ des mittleren Fehlers dargestellt

Tabelle 1

P	1 Versuch, $P_m = 2$		2 Versuche, $P_m = 4$		3 Versuche, $P_m = 6$	
	Anteil-%	f_{rel}-%	Anteil-%	f'_{rel}-%	Anteil-%	f''_{rel}-%
1	27,3		—	19,85	—	16,45
2	45,4	27,3	7,45	Vorhersage	—	
3	27,3		24,8	$f' = \dfrac{f}{\sqrt{\frac{4}{2}}}$	2,0	Die theoreti-
4			35,5		10,2	sche Vorher-
5	Bestimmung von f am		24,8	$= 19,3\%$	23,0	sage aus f':
6	Beispiel des einfachen		7,45	$\Delta_{rel} = 2,8\%$	29,6	$f'' = \dfrac{f'}{\sqrt{\frac{6}{4}}}$
7	Versuches:				23,0	
8	$f_{abs} = (2-1) \cdot 0{,}273 + (2-2) \cdot 0{,}454 +$				10,2	$= 16{,}20\%$
9	$+ (3-2) \cdot 0{,}273 = 0{,}546$. Übertragen in Abb. 6 als				2,0	$\Delta_{rel} = 1{,}5\%$

Punkt $D \cdot f_{rel} = \dfrac{0{,}546}{P_m} = 0{,}273$. Die Anteile

P_1, P_2, P_3 liefern die Punkte B und C, Abb. 6

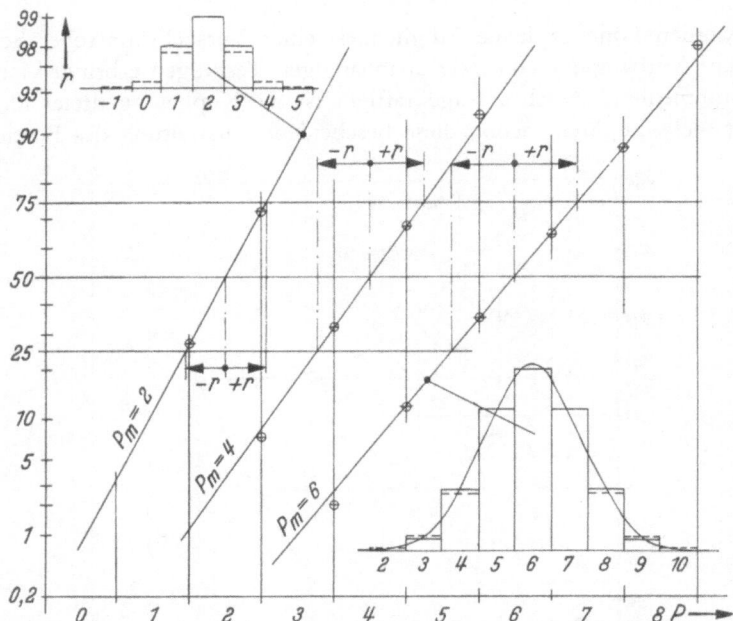

Abb. 5. Links: Summenprozente der Versuchswerte des Einzelversuches der Abb. 3 im Wahrscheinlichkeitsnetz. Mitte und rechts: Ergebnis der rechnerischen Kombination von zwei und von drei Versuchen. Die inneren Glieder der Punktfolgen liegen sehr genau auf einer Geraden. Die mittleren Fehler $\pm r$ ergeben sich aus dem Auswandern der Geraden zwischen den Ordinaten 25 und 75%. (In der 2. Auflage des Zeiß-Prospektes zum Integrationsokular I wird für diese Prüfung irrtümlich eine doppelt logarithmische Teilung vorgeschlagen.) Links oben: Tatsächliche Verteilung der Trefferzahlen ausgezogen, ideale Verteilung aus der Summengeraden gestrichelt. Die Übereinstimmung ist so gut, wie bei nur drei Gruppen überhaupt möglich. Rechts unten: Wirkliche und ideale Streuung stimmen schon beim Zusammenlegen von drei Versuchen sehr gut überein, wenn statistische Fehler ausgeschaltet werden

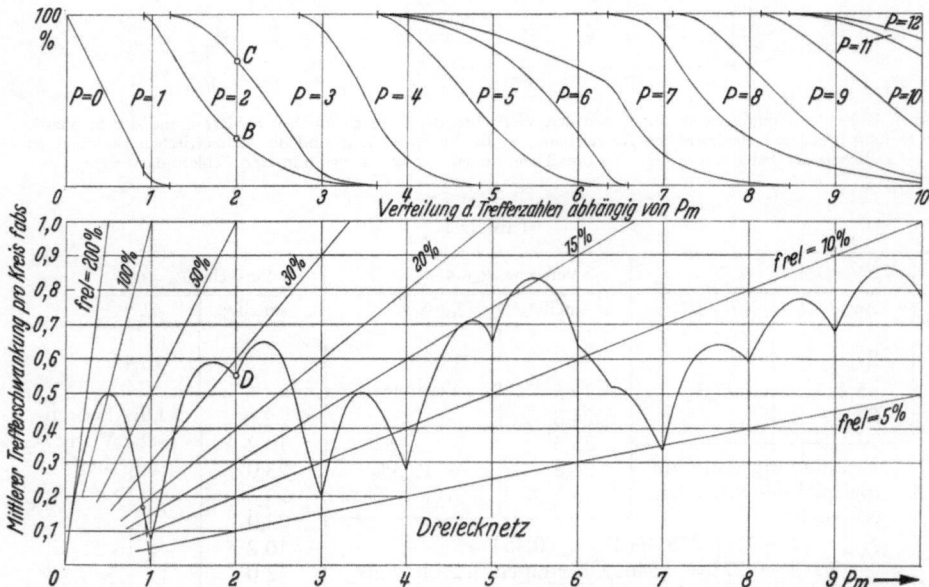

Abb. 6. Ergebnis des Testens einer Kreisfläche A mit einem regulären Dreiecknetz für mittlere Trefferzahlen $0 < P_m < 10$. Oben: Anteil der ganzen Trefferzahlen P abhängig von P_m. Unten: Errechnete Fehlerkurve f abhängig von P_m. Normale Koordinaten: f_{abs}, d.h. mittlere Trefferstreuung pro Kreis; strahlenförmige Koordinaten für f_{rel}. Punkte B, C und D sind aus Tabelle 1 entnommen

Trefferzahlen genügt, um das Kriterium einer Normalverteilung hinreichend zu erfüllen. Alle Punkte der Reihe bis auf die beiden Extremwerte liegen innerhalb der Zeichengenauigkeit auf einer Geraden. Kein wirklicher Versuch wird je eine so ideale Verteilung liefern. Die diskutierten Abweichungen unserer Untersuchungen von einer Normalverteilung liegen demnach weit innerhalb der Streuungen wirklicher Versuche. Damit ist die Anpassungsfähigkeit des genialen Ansatzes von GAUSS an die Fehlerbetrachtung eines Sonderproblems mit grober Stufung eindrucksvoll bewiesen.

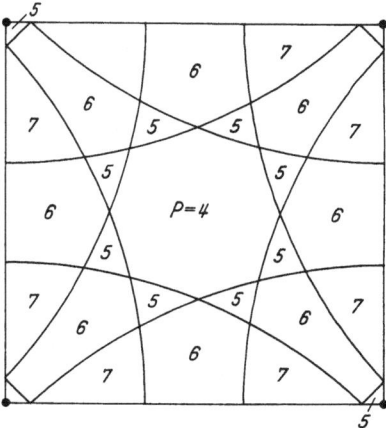

In Abb. 6 sind die Fehler der Verbindung Kreisfläche—Dreiecknetz über den Bereich $0 < P_m < 10$ graphisch dargestellt. Oben sind die Summenprozente der Treffermengen in Abhängigkeit von P_m aufgetragen und aus einer beschränkten Anzahl von Einzelbestimmungen die Kurvenzüge gewonnen. So wird eine lückenlose Interpolation der Trefferverteilung hergestellt, die für das sichere Zeichnen der unsteten Fehlerkurve in dichter Folge gebraucht wird.

Abb. 7. Testen einer Kreisfläche A mit einem Quadratnetz von $A_0 = A/6$; $P_m = 6$ und $f_{abs} = 0,743$ (Punkt B der Abb. 8)

Die Hauptfigur zeigt als Ordinaten die absoluten Fehler f_{abs}, also die mittlere Schwankung der Trefferzahl pro Kreisfläche. Damit wird erreicht, daß die Ordinaten mit wachsendem P_m nicht bis zur Unscheinbarkeit absinken, was Vergleiche unsicher machen würde. Für $P_m < 1$ würde im Gegenteil f_{rel} rasch aus dem Be-

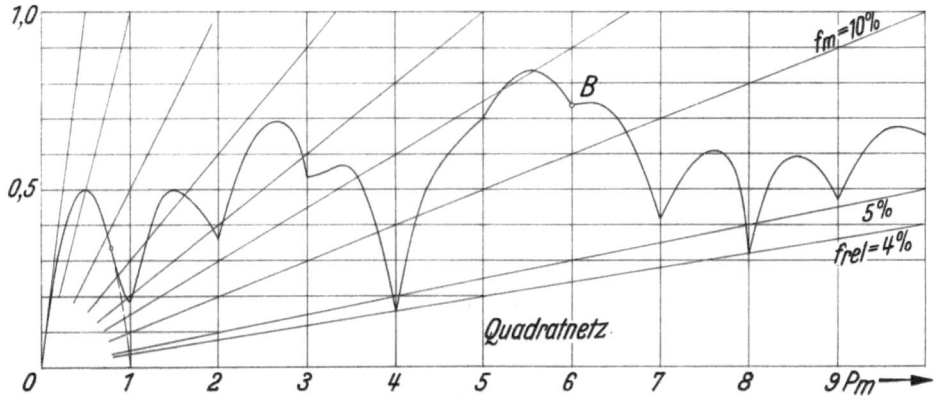

Abb. 8. Fehlererwartung des Quadratnetzes im Bereich $0 < P_m < 10$

reich der Darstellung entschwinden. f_{abs} kann, solange nur $P = 0$ und $P = 1$ möglich sind, unabhängig von der Netzform als Parabel mit dem Scheitel für $P_m = \frac{1}{2}$ und der Höhe $f_{abs} = \frac{1}{2} = 50\%$ berechnet werden. Von ihr zweigt die Fehlerkurve des Dreiecknetzes an der Stelle $a_0 = d$ ab, wenn $P_m = 0,907$ ist. Wächst P_m weiter, dann können erstmals zwei Treffer vorkommen und der Fehler wird die Parabelordinaten übertreffen.

Die gleichen Konstruktionen werden nun für das quadratische Netz, Abb. 7 und 8, sowie für die letztmögliche der regulären Verteilungen, die hexagonale (Abb. 9 und 10) durchgeführt. Zum besseren Vergleich sind in Abb. 11 die drei Fehlerkurven übereinandergezeichnet. Sie lösen einander immer wieder im Vorrang der Genauigkeit ab, je weiter P_m wächst. Für hohe Trefferzahlen mit ihrer großen

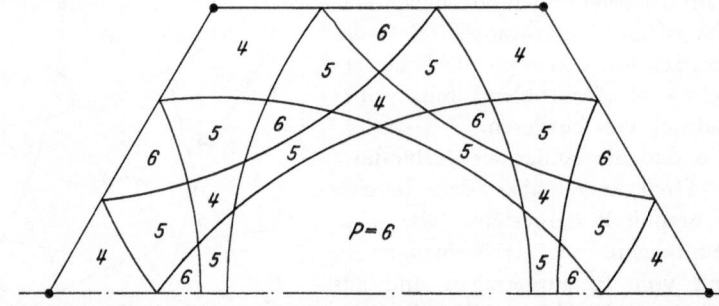

Abb. 9. Testen mit einem hexagonalen Netz mit A_0=halber Sechseckfläche. Im Beispiel ist P_m=5,24 und f_{abs}= 0,705 (Punkt C der Abb. 10)

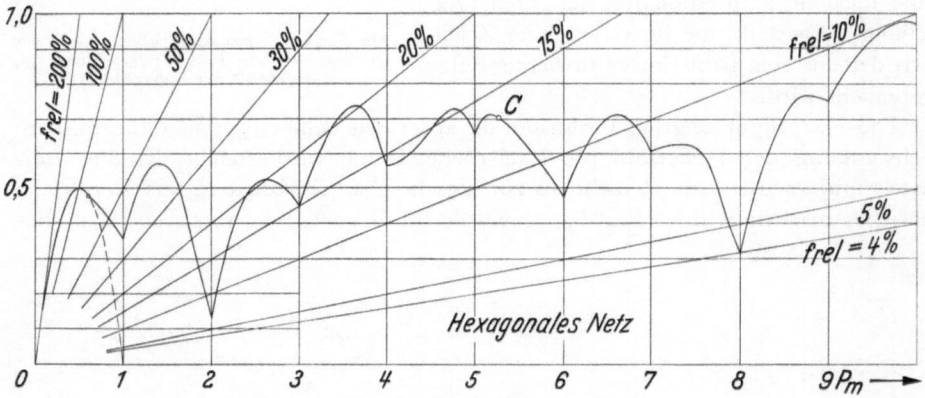

Abb. 10. Fehlererwartung des hexagonalen Netzes

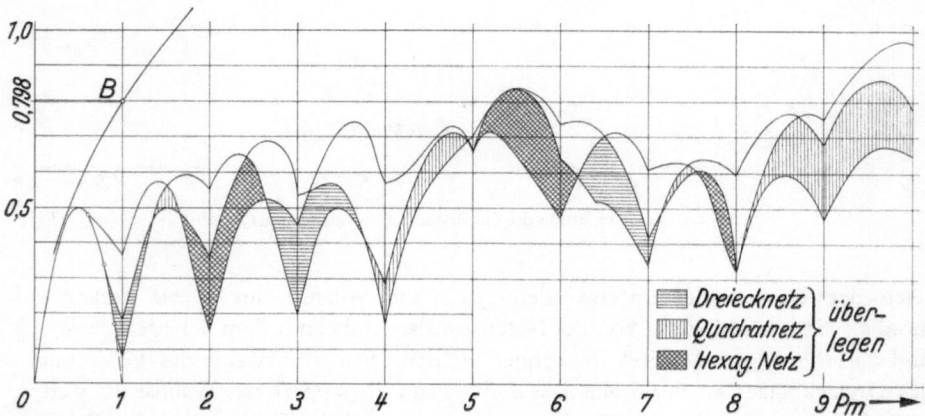

Abb. 11. Die Fehlerkurven der drei regulären Netze sind übereinander gezeichnet und mit der Fehlerparabel der Gauß-Theorie für Zufallstesten verglichen

relativen Genauigkeit werden diese Unterschiede bedeutungslos. Dort wird man aus praktischen Gründen dem Quadratnetz den Vorzug geben (Abb. 2).

Insgesamt stimmen die drei Kurvenverläufe in der unsteten Aufeinanderfolge von Bogen anstelle der gewohnten Fehlerparabel überein. Die unsteten Minima für ganzzahlige Werte P_m lassen sich aus der geringen Klassenzahl der Treffer erklären. An diesen Stellen fällt eine der wenigen, normalerweise überdurchschnittlich besetzten Gruppen für die Fehlerbildung aus. Die allgemeine Theorie setzt fließende Übergänge, unendliche Mengen von Klassen voraus.

Nach dem Ausstrahlen von der gemeinsamen Eingangsparabel setzt sich die Charakteristik des Dreiecknetzes für $P_m = 1$ weit vor die Fehler der beiden anderen Netze. Diese Aussage bedarf allerdings einer Einschränkung: Die wirklichen Versuche, die in Abb. 20 nachgeahmt werden sollen, finden niemals an gleich großen Kreisen statt, denn selbst gleich große Kugeln liefern stark schwankende Schnittgrößen. Ändert sich außerdem die Kugelgröße und kombiniert man die Werte f_2 mit den Feldschwankungen f_1, dann werden solche lokalen Unterschiede nahezu eingeebnet.

c) Fehlererwartung bei willkürlicher Testpunktverteilung

α) Theorie

Während die regulären Netze nur empirisch untersucht werden konnten, ermöglicht das allgemeine Fehlergesetz eine theoretische Voraussage über die Fehler f_2 bei zufälliger Streuung der Testpunkte. Die gesuchte Kurve ist als Parabel durch einen ihrer Punkte bestimmt. Das Gauß-Gesetz läßt für eine beliebig gestaltete, auch zusammengesetzte Fläche A im unbegrenzten Testfeld A^* bei mittlerer Trefferzahl P_m auf A die mittlere Schwankung von P durch eine Grenzbetrachtung finden. Die Summe der Testpunkte sei N.

In der Formel $r_{rel} = 67{,}45 \sqrt{\dfrac{100 - k}{N \cdot k}}$ wird $k = A/A^* = 0$ und $N = \infty$. Das Produkt $N \cdot k$ aber ist (weil k als Prozentzahl einzusetzen ist) gleich $100 \cdot P_m$. Daher wird $r_{rel} = \dfrac{67{,}45}{\sqrt{P_m}}$ %.

Mit $P_m = 1$ wird $r_{abs} = r_{rel} = 67{,}45$ %. Auf den stets zu r proportionalen Wert f umgeschrieben, erhalten wir $f = 1{,}183 \cdot 67{,}45 \approx 80$ %.

Durch den so festgelegten Punkt B in Abb. 11 wird die Parabel mit dem Scheitel im Ursprung gelegt. Von dem schon diskutierten gebrochenen Fehlerverlauf der regulären Netze abgesehen, erweisen sich auch die numerischen Unterschiede als sehr erheblich. Die Vertrauenswürdigkeit der experimentell gewonnenen Netztheorie soll durch eine Überprüfung unseres Vorgehens unter den Voraussetzungen der allgemeinen Theorie erhärtet werden.

Dazu gehört ungeordnetes Testen und die Ausweitung auf große Trefferzahlen. Während die vorangegangenen Untersuchungen der regulären Netze für wachsende P_m so umfangreich werden, daß sie bald abgebrochen werden müssen, soll versucht werden, für das unstarre Punktsammeln den Übergang zu unbegrenzter Testzahl zu finden. Nur so könnte der Anschluß an die allgemeine Fehlertheorie gefunden werden.

Die Gedankengänge von Gauss sind dem Nichtmathematiker unzugänglich. Wir werden, ausgehend von niederen Trefferzahlen P, deduktiv vorgehen und eine

Tabelle 2

$\frac{A*}{A}=v$	Kombinations-möglichkeiten	Anzahl	v^v	v^v mal							$f\%$
				w_0	w_1	w_2	w_3	w_4	w_5	w_6	
1	1	1	1	0	1	—	—	—	—	—	0
2	20	1	4	1	0	1	—	—	—	—	50
	11	1		0	2	0					
		$2=2^1$		1	2	$=w_1/2$					
3	300	1	27	2	0	0	1	—	—	—	59
	210	6		6	6	6	0				
	111	2		0	6	0	0				
		$9=3^2$		8	12	6	1				
						$=w_1/2$					
4	4000	1	256	3	0	0	0	1	—	—	63,2
	3100	12		24	12	0	12	0			
	2200	9		18	0	18	0	0			
	2110	36		36	72	36	0	0			
	1111	6		0	24	0	0	0			
		$64=4^3$		18	108	54	12	1			
						$=w_1/2$					
5	50000	1	3125	4	0	0	0	0	1	—	65,5
	41000	20		60	20	0	0	20	0		
	32000	40		120	0	40	40	0	0		
	31100	120		240	240	0	120	0	0		
	22100	180		360	180	360	0	0	0		
	21110	240		240	720	240	0	0	0		
	11111	24		0	120	0	0	0	0		
		$625=5^4$		1024	1280	640	160	20	1		
						$=w_1/2$					
6	600000	1	46656	5	0	0	0	0	0	1	66,9
	510000	30		120	30	0	0	0	30		
	420000	75		300	0	75	0	75			
	411000	300		900	600	0	0	300			
	330000	50		200	0	0	100				
	321000	1200		3600	1200	1200	1200				
	311100	1200		2400	3600	0	1200				
	222000	300		900	0	900	0				
	221100	2700		5400	5400	5400	0				
	211110	1800		1800	7200	1800	0				
	111111	120		0	720	0	0				
		$7776=6^5$		15625	18750	9375	2500	375	30	1	
						$=w_1/2$					

in ihrem Bereich gültige spezielle Theorie aufstellen. Diese hat auch den Vorteil, daß sie dem Naturwissenschafter die Herkunft der von ihm verwendeten Formeln verständlich macht.

Unter der Voraussetzung von $P_m=1$ sei der Anfang mit dem Verhältnis Punkt-feld $A*$: Testfläche $A=v=1$ gemacht. Wenn Testfläche und Netzfeld identisch sind ($v=1$), gibt es eine einzige Stellung mit Testwert $P=\text{const}=1$ und dem Fehler $f=0$.

Mit $v = 2$ kann eine der Flächen A beide Teste sammeln ($P = 2$); die andere wird dann leer ausgehen ($P = 0$). Mit der gleichen Wahrscheinlichkeit werden sich die Teste auf beide Teilflächen A (die zusammen das Feld erfüllen) verteilen und wir erhalten zweimal $P = 1$. Im Mittel aus vier Versuchen wird also einmal kein Treffer, zweimal ein Treffer und einmal werden zwei Treffer vorliegen. Zwei Versuche fallen fehlerlos aus, die beiden anderen weisen $\pm 100\%$ Abweichung vom Mittelwert 1 auf; die Resultierende $f = 50\%$.

Die Ergebnisse der rasch großen Umfang annehmenden, aber mit diesem Beispiel verständlich gemachten Untersuchung sind in Tabelle 2 vereinigt[1]. Die Fehlerspalte zeigt, daß mit wachsendem Spielraum für die Streuung der Testpunkte die Zuteilung für eine feste Fläche A (bei gleicher Treffermenge P_m) erwartungsgemäß immer stärkeren Schwankungen unterliegt. Welchem Grenzwert strebt der Fehler beim Übergang zu einem unbegrenzten Feld ($v = \infty$), dem Fall des histologischen Schnittes, zu? Läßt sich eine Gesetzmäßigkeit für das Vorkommen der Trefferzahlen, die bei unbegrenztem Feld für jeden Wert P von 0 bis ∞ reichen können, schon mit sechs Schritten finden? Für die Wahrscheinlichkeit von null und einem Treffer auf A (w_0 und w_1) ergeben sich mit wachsender Größe v folgende Reihen aus Tabelle 2:

v	1	2	3	4	5	6	v
$v^v \cdot w_0$	$0 = 0^1$	$1 = 1^2$	$8 = 2^3$	$81 = 3^4$	$1024 = 4^5$	$15\,625 = 5^6$	$(v-1)^v$
$v^v \cdot w_1$	$1 = 0^0 \cdot 1$	$2 = 1^1 \cdot 2$	$12 = 2^2 \cdot 3$	$108 = 3^3 \cdot 4$	$1280 = 4^4 \cdot 5$	$18\,750 = 5^5 \cdot 6$	$(v-1)^{v-1} \cdot v$

Schreiben wir die aus zwingenden Analogieschlüssen gewonnenen allgemeinen Ausdrücke für w_0 und w_1 in reziproker Form, so wird

$$\frac{1}{w_0} = \frac{v^v}{(v-1)^v} = \left(\frac{v}{v-1}\right)^v. \quad v = v_0 + 1 \text{ gesetzt:}$$

$$\lim\left(\frac{1}{w_0}\right)_{v \to \infty} = \lim\left(\frac{v_0+1}{v_0}\right)^{v_0+1}_{v_0 \to \infty} = \lim\left(1 + \frac{1}{v_0}\right)\left(1 + \frac{1}{v_0}\right)^{v_0} = e = 2{,}71828\cdots$$

$$\frac{1}{w_1} = \frac{v^v}{v(v-1)^{v-1}} = \left(\frac{v}{v-1}\right)^{v-1}. \quad \text{Mit der gleichen Substitution wird}$$

$$\lim\left(\frac{1}{w_1}\right)_{v \to \infty} = \lim\left(\frac{v_0+1}{v_0}\right)^{v_0} = \lim\left(1 + \frac{1}{v_0}\right)^{v_0} = e; \quad w_0 = w_1 = 1/e \text{ für } v = \infty$$

w_2 ist in Tabelle 2 stets halb so groß wie w_1, daher $w_2 = 1/2e$.

Für w_3 findet man die Verhältniszahlen $\quad \dfrac{w_3}{w_2} = \dfrac{1}{6}, \quad \dfrac{12}{54}, \quad \dfrac{160}{640}, \quad \dfrac{2500}{9375}.$

Nach Kürzung und passender Wiedererweiterung lautet die Folge

$$\frac{w_3}{w_2} = \frac{1}{6} \overset{1}{\frown} \frac{2}{9} \overset{1}{\frown} \frac{3}{12} \overset{1}{\frown} \frac{4}{15}.$$

Die Zähler schreiten also jeweils um den Summanden 1, die Nenner um 3 fort. Daher wird $\lim\left(\dfrac{w_3}{w_2}\right)_{v \to \infty} = \dfrac{1}{3}.$

---

[1] Die Menge v^v der Variationen kann um den Faktor v verringert werden, wenn die als erste getroffene Fläche die Ordnungsnummer 1 erhält.

Entsprechend gilt für $\frac{w_4}{w_3}$ die Reihe $\quad \frac{1}{12}$, $\frac{20}{160}$, $\frac{375}{2500}$ ...

oder $\quad \frac{w_4}{w_3} = \frac{1}{12} \overset{1}{\underset{4}{\frown}} \frac{2}{16} \overset{1}{\underset{4}{\frown}} \frac{3}{20}$ und $\lim \left(\frac{w_4}{w_3} \right) = \frac{1}{4}$

und für $\frac{w_5}{w_4}$ die Folge $\frac{1}{20}$, $\frac{30}{375}$ oder $\frac{1}{20} \overset{1}{\underset{5}{\frown}} \frac{2}{25}$ mit $\lim \left(\frac{w_5}{w_4} \right) = \frac{1}{5}$.

Wenn auch die Beweiskraft wegen der mit $v = 6$ abgebrochenen Tabelle mit wachsendem v abnehmen muß, ist doch die unbeirrbare Konsequenz der Schlußfolgerungen für $v = \infty$

$$\frac{w_0}{w_1} = 1, \quad \frac{w_1}{w_2} = 2, \quad \frac{w_2}{w_3} = 3, \quad \frac{w_3}{w_4} = 4, \quad \frac{w_4}{w_5} = 5$$

überzeugend. Weiter kann zur Kontrolle die Summe der Wahrscheinlichkeiten gleich 1 gesetzt werden:

$$\sum w = 1 = \frac{1}{e} + \frac{1}{e} + \frac{1}{2e} + \frac{1}{2 \cdot 3e} + \frac{1}{2 \cdot 3 \cdot 4e} + \frac{1}{2 \cdot 3 \cdot 4 \cdot 5e} + \cdots$$

Das ist, mit e multipliziert, nichts anderes als die Reihe für e:

$$e = 1 + \frac{1}{1} + \frac{1}{2!} + \frac{1}{3!} + \frac{1}{4!} + \cdots .$$

Damit ist ein Übergang von der einen zur anderen Definition von e geschaffen. Aber nicht nur die Summe der Fälle, sondern auch die Summe der Trefferzahlen, mit w multipliziert, muß 1 ergeben.

Wegen $\Sigma w = 1$ wird auch $\Sigma P = P_m$.

$$P_m = 0 \cdot w_0 + 1 \cdot w_1 + 2 \cdot w_2 + 3 \cdot w_3 + \cdots = 0 + \frac{1}{e} + \frac{1}{e} + \frac{1}{2!e} + \frac{1}{3!e} + \cdots = 1.$$

Nun kann der noch ausstehende Grenzwert für den mittleren Fehler f gebildet werden. Er ist wegen $\Sigma w = 1$ zugleich die Summe aller Fehler:

$\Sigma f = 1 \cdot w_0 + 0 \cdot w_1 + 1 \cdot w_2 + 2 \cdot w_3 + 3 \cdot w_4 + 4 \cdot w_5 + \cdots$ $\qquad$ Wir fügen hinzu

$\qquad\qquad\qquad w_2 \ + \ w_3 \ + \ w_4 \ + \ w_5 + \cdots = 1 - w_0 - w_1 = 1 - 2/e$

$\Sigma f + 1 - 2/e = w_0 + 2 w_2 + 3 w_3 + 4 w_4 + 5 w_5 + \cdots$

$\qquad\qquad\quad = w_0 + w_1 + w_2 + w_3 + \cdots = 1.$

Wir erhalten $f = 2/e = 73{,}6\%$. Die allgemeine Theorie sagt dagegen aus: $r = 67{,}45\%$ oder $f = 1{,}183 \cdot 67{,}45 = 79{,}8\%$.

Dieses um 8% niedrigere Ergebnis unserer Ableitung erinnert daran, daß auch beim regulären Testen wegen der niedrigen verwendeten Zahlen die Fehlerfunktion in ganzzahligen Abszissen unstet auf Minima abfällt. Im weiteren Verlauf wird sich herausstellen, daß die den Besonderheiten des Problems angepaßte Theorie mit einer praktischen Nachprüfung im Einklang steht und die Abweichungen von der Gauß-Theorie nur örtlicher Natur sind. Eine bemerkenswerte Leistung der speziellen Theorie sind Aussagen über die Trefferverteilung, die für Versuchskontrollen wichtig und in ihrer lapidaren Formulierung auch theoretisch interessant sind.

In Abb. 12 sind für $P_m = 1$ die Verteilungen der Trefferzahlen P und der Fehler f_{abs} für fortschreitende Werte v aufgetragen. Zwischen dem noch errechneten $v = 6$ und dem abgeleiteten $v = \infty$ kann gut interpoliert werden. Schon für $v = 10$ ist der Unterschied gegenüber dem Grenzfall $v = \infty$ auf 5% zurückgegangen. Damit ist die Frage beantwortet, die für das geregelte Netz nicht existiert: Wie groß muß ein willkürlich mit Testen besetztes Feld A^* sein, damit die Testung einer gegebenen Fläche A die Merkmale einer rein zufälligen Erhebung wahrt? Bei 5% Toleranz darf das Verhältnis $A^* : A$ nicht kleiner als 10 werden.

Das Nomogramm 2 zum Zeiß-Integrationsokular I (Abb. 13) gibt die gleiche Auskunft über die Fehlerschrumpfung beim Einengen des nicht geordneten Testfeldes. Hier ersetzt der Flächenanteil k der Testfläche A im Beobachtungsfeld A^*

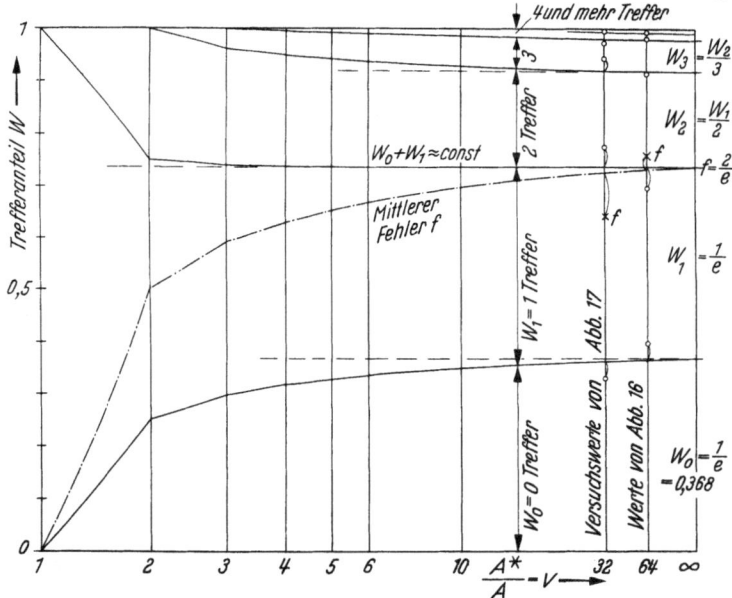

Abb. 12. Testen eines Kreises A mit begrenztem Zufallsnetz der Größe $A^* = v \cdot A$ und der Punktmenge v (Treffererwartung des Kreises $P_m = 1$). Dargestellt sind die aus Wahrscheinlichkeitsbetrachtungen gewonnenen Verteilungen der Trefferzahlen und des Fehlers f für $1 < v < \infty$

die Verhältniszahl v der Abb. 12; $v = 100/k\%$. (Wegen der Willkür der Punktverteilung ist es belanglos, ob der Flächenanteil A über das ganze Testfeld A^* verstreut ist wie im normalen mikroskopischen Bild, oder wie für unsere Betrachtung in einem Kreis vereinigt ist.) Man sieht, wie mit wachsendem k (Einengung des Testfeldes) die Fehlererwartung r sinkt. Dabei wird ein viel größerer Bereich als in Abb. 12 numerisch erfaßt (nur nicht der Fall $v = 1$ oder $k = 100\%$).

Die Untersuchungen werden mit Trefferzahlen $P_m = x > 1$ fortgesetzt. Schon mit $x = 2$ und $x = 3$ wächst die Menge der Kombinationen rasch. Dank den für $x = 1$ gewonnenen Zusammenhängen genügt es, die Reihen schon bei kleinen Werten v abzubrechen, um völlig äquivalente Gesetzmäßigkeiten aufzudecken. Es ergeben sich folgende Zusammenhänge für die Wahrscheinlichkeiten von 0, 1, 2, ... Treffern, wenn der Grenzwert $e^x = \left(1 + \dfrac{1}{n}\right)^{n\,x}_{n \to \infty}$ eingeführt wird:

$$e^x \cdot w_0 = 1; \quad w_1 = \frac{x}{1} \cdot w_0; \quad w_2 = \frac{x}{2} \cdot w_1; \quad w_3 = \frac{x}{3} \cdot w_2 \cdots$$

oder

$$e^x \cdot w_0 = 1; \quad e^x \cdot w_1 = \frac{x}{1}; \quad e^x \cdot w_2 = \frac{x^2}{2!}; \quad e^x \cdot w_3 = \frac{x^3}{3!}; \quad e^x \cdot w_4 = \frac{x^4}{4!} \cdots$$

Kontrolle von Σw:

$$e^x \cdot \Sigma w = \frac{x^0}{0!} + \frac{x^1}{1!} + \frac{x^2}{2!} + \frac{x^3}{3!} + \cdots = e^x; \quad \Sigma w = 1.$$

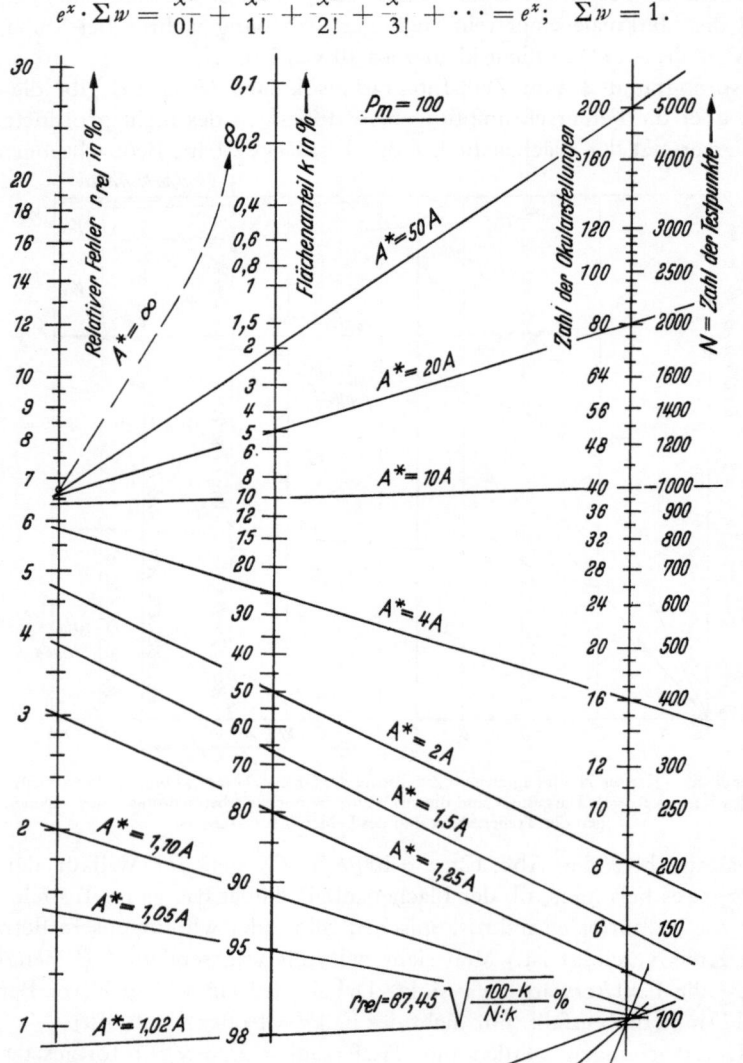

Abb. 13. Nomogramm 2 zum Integrationsokular I: Mittlerer Fehler r in Abhängigkeit von Flächenanteil k und Testzahl N, wobei $k = 1/v$. Hier wird es mit $P_m = 100$ zur graphischen Lösung der Fehlerbetrachtung von Abb. 12 benützt

Kontrolle von P_m:

$$P_m = \frac{1}{e^x}\left(0 \cdot x^0 + 1 \cdot x + 2 \cdot \frac{x^2}{2!} + 3 \cdot \frac{x^3}{3!} + \cdots\right) = \frac{x}{e^x}\left(1 + \frac{x}{1} + \frac{x^2}{2!} + \cdots\right) = x.$$

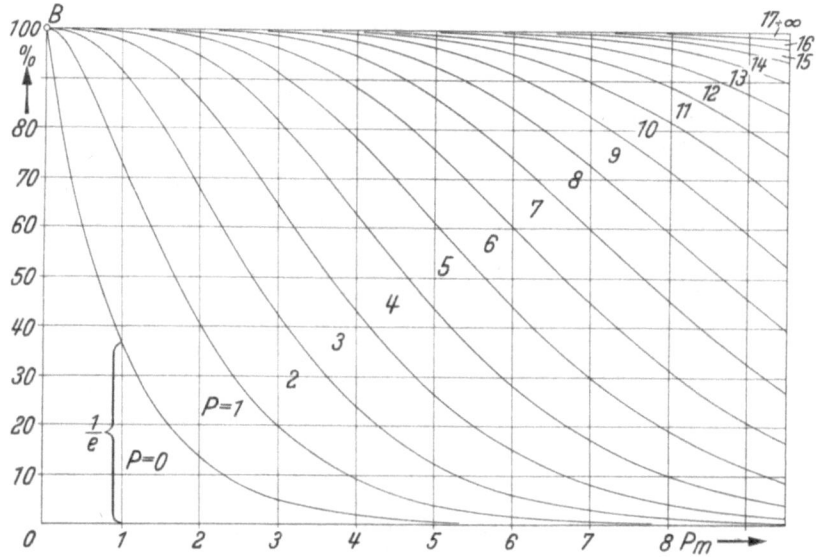

Abb. 14. Die Zufallstestung für $P_m=1$ im unendlichen Feld (Abb. 12, Ordinaten zu $v=\infty$) wird auf beliebige Werte $0<P_m<9$ ausgeweitet. Man erhält Bereiche für das wahrscheinliche Vorkommen der Trefferzahlen $P=0$ bis 16 auf den Ordinaten zu P_m

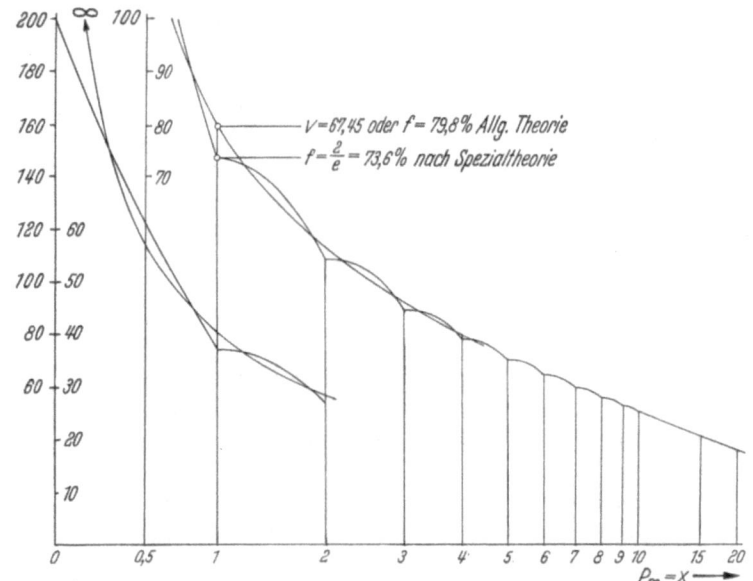

Abb. 15. Der Fehlerverlauf aus der zufälligen Verteilung nach Abb. 14 wird mit der Fehlerparabel der allgemeinen Theorie verglichen. Die Unterschiede sind rein örtlicher Natur bis auf den Grenzbereich $P_m \rightarrow 0$

Weil die Reihenentwicklung von e^x für alle gebrochenen Zahlen gültig bleibt, sind die Kontrollbedingungen für Σw und P_m stets erfüllt und die Allgemeingültigkeit der einfachen Beziehung $w_n = x \cdot w_{n-1}/n$ auch für nicht ganzzahlige x glaubhaft[1].

---

[1] Die strengen Beweise zu diesen Problemen stellte Herr Dr. G. BACH, Braunschweig, zur Verfügung, dem ich für liebenswürdige Beratung herzlich danken möchte.

8*

In Abb. 14 sind die Wahrscheinlichkeiten für die Trefferzahlen 0, 1, 2, ... für alle Größen $< 0 < P_m$ 9 als Ordinaten der Teilflächen $P = 0, 1, 2, ...$ aufgetragen. Die Abszissenachse ist Asymptote für alle Kurven, während alle Kurven bis zu unendlich hohen Werten in den Punkt B mit horizontaler Tangente einmünden. Einzig die Trennlinie der Befunde $P = 0$ und $P = 1$ läuft mit endlicher Neigung ein.

Bei der Fehlerbestimmung ergeben sich für ganzzahlige Werte x Ausdrücke, die sich einheitlich im Grenzfalle $v = \infty$ darstellen lassen als $f = 2 \cdot \dfrac{x^x}{x! \, e^x}$. Diese Funktion gäbe, auf gebrochene Werte ausgedehnt, einen kontinuierlichen Verlauf. Die Unstetigkeit beim regulären Testen mit kleinen Gruppen kann aber beim Übergang zum frei gewählten Vorgehen nicht verschwinden. Mathematisch gesehen, bedarf jedes Intervall eines eigenen Ansatzes. Das wird erreicht, wenn man die nächstkleinere ganze Zahl mit X bezeichnet, die für ganzzahlige x mit x identisch wird. In der Summenreihe für die Einzelfehler heben sich die Glieder mit alternierendem Vorzeichen wechselseitig fort bis auf zwei im Übergang von $(x - X)$ zu $(X + 1 - x)$ und es verbleibt die Beziehung $f_{rel} = 2 \cdot \dfrac{x^X}{X! \, e^x}$. Mit dieser Formulierung beherrscht man den ganzen Verlauf der Fehlerkurve mit jeweils verschiedenen Ansätzen für die Intervalle zwischen ganzzahligen Abszissen. Insbesondere erhält man für $X = 0$ den Verlauf im Bereich $0 < x < 1$ durch die einfache Abhängigkeit $f_{rel} = 2/e^x$. Beim Übergang $x \to 0$ wird der Maximalwert $f_{rel} = 2 = 200\%$ wie für die Grenzbetrachtung bei regulären Netzen erreicht. Die allgemeine Fehlertheorie liefert hier unendlich große Werte. Wir werden auf diesen Widerspruch noch zurückkommen.

In Abb. 15 sind die Kurven f_{rel} für die allgemeine und die soeben abgeleitete Theorie in zwei Maßstäben wiedergegeben. Der bogenförmige Verlauf der einen wird von dem glatten Zug der anderen so durchsetzt, daß beide Flächen offensichtlich gleichgroß sind: Die Abweichungen beider Aussagen sind nur örtlicher Natur, wenn von $P_m \to 0$ abgesehen wird. Schon für $x = 4$ sind keine ins Gewicht fallenden Unterschiede mehr vorhanden und man kann sich für höhere Werte x auf die einfache Beziehung $f \sim 1/\sqrt{x}$ beschränken.

β) Versuche mit wahllosen Testungen.

Mit diesen theoretischen Unterlagen, die den regulären Netzen nicht mitgegeben werden konnten, soll nun eine praktische Erprobung erfolgen. In den Abb. 16 und 17 wird in Nachahmung einer gewollt wahllosen Erhebung ein kreisförmiges Testfeld A^* mit 64 bzw. 32 Punkten besetzt. Das geschieht mit Hilfe von zwei langen Gitterstreifen, deren Linien mehrfach im Intervall des Kreisdurchmessers von 0 bis 9 durchnumeriert sind. Sie werden über der Kreisfläche gekreuzt und die Verschiebemöglichkeiten willkürlich ausgenützt. Aus einer zufälligen Ziffernfolge werden zwei Ziffern herausgegriffen und der Schnittpunkt der so festgelegten Gitterlinien als Zufallstreffer markiert. Regentropfen, die einzeln fallen, liefern eine Verteilung dieser Art, während der Charakter einer subjektiv angestrebten Willkür zweifelhaft bleibt.

Das Testen einer Fläche A mit diesem Feld A^* stößt zunächst auf Schwierigkeiten. Wollte man einen Kreis verwenden, dann stünde zwar einer praktischen Erprobung nichts im Wege. Vergleiche mit den regulären Punktnetzen müssen aber auf die gleiche Basis wie dort gestellt werden, d.h. man wäre gezwungen, in Nachahmung einer idealen Erhebung geometrische Örter gleicher Trefferzahlen genau zu messen. Bei den regulären Netzen genügte das Planimetrieren der wenigen Teilflächen in einem der gleichartigen Elemente des Netzes. Jetzt aber müßte die gesamte Figur mit ihrem unübersichtlichen Mosaik von Flächenelementen aller

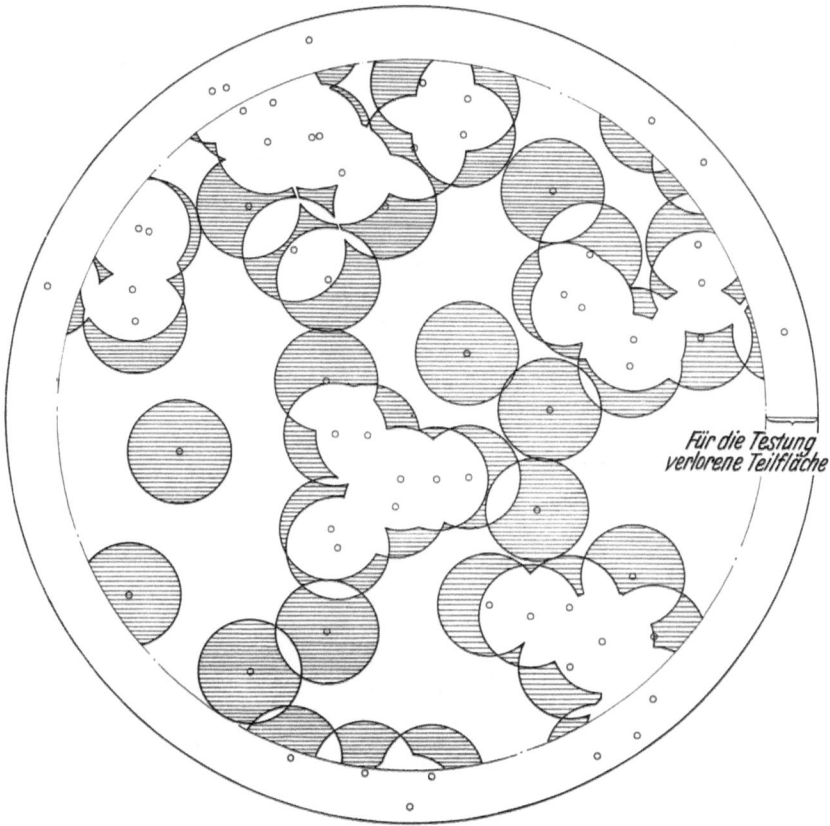

Abb. 16. Eine Kreisfläche A^* mit 64 willkürlich verteilten Punkten wird nach dem Vorbild von Abb. 3 zum Testen eines Kreises mit $A = A^* : 64$ ($P_m = 1$) benützt. Aus der unüberschbaren Fülle der Felder mit $P = 0$ bis $P = 8$ sind die Gebiete mit $P = 1$ durch Schraffen hervorgehoben. Man beachte den Verlust der Randzone (die Testkreise dürfen den Rand des Feldes nicht überschreiten)

Größen vermessen werden. In Abb. 16 ist der Versuch unternommen, aus der unüberschaubaren Fülle der Flächen, die für $P_m = 1$ entstehen, die Gebiete mit $P = 1$ isoliert darzustellen. Auch mit dieser Erleichterung wäre das Planimetrieren noch eine langwierige und durch Irrtümer beim Durchlaufen des Fahrwegs gefährdete Arbeit. Außerdem gingen, weil das Punktfeld die Testfläche vollständig bedecken muß, für $A^* : A = 10$ schon 37% des Feldes für die Auswertung verloren.

Gibt man jedoch der Testfläche, was bei zufälliger Punktverteilung sicher nicht im Einzelfall, aber grundsätzlich bedeutungslos sein muß, die Form eines Kreissektors, dann ersetzt man Flächen- durch einfache Winkelmessungen und büßt auf einem kreisförmigen Feld keinen Meßbereich ein. Das Testfeld bleibt frei von Linien und kann beliebig oft unter veränderten Annahmen verwendet werden.

Für Abb. 17 wurde der Deutlichkeit halber kein zu schmaler Sektor ($P_m = 2$) gewählt. Am Kreisrand werden alle Übergänge von einer Trefferzahl zur nächsthöheren oder -niederen während eines vollen Umlaufes um 360° markiert. In Abb. 18 sind die Bogen gleicher Treffermengen addiert und die Anteile der verschiedenen Trefferzahlen (0 bis 7) als Winkelsummen dargestellt. In die Abb. 12 wurden die

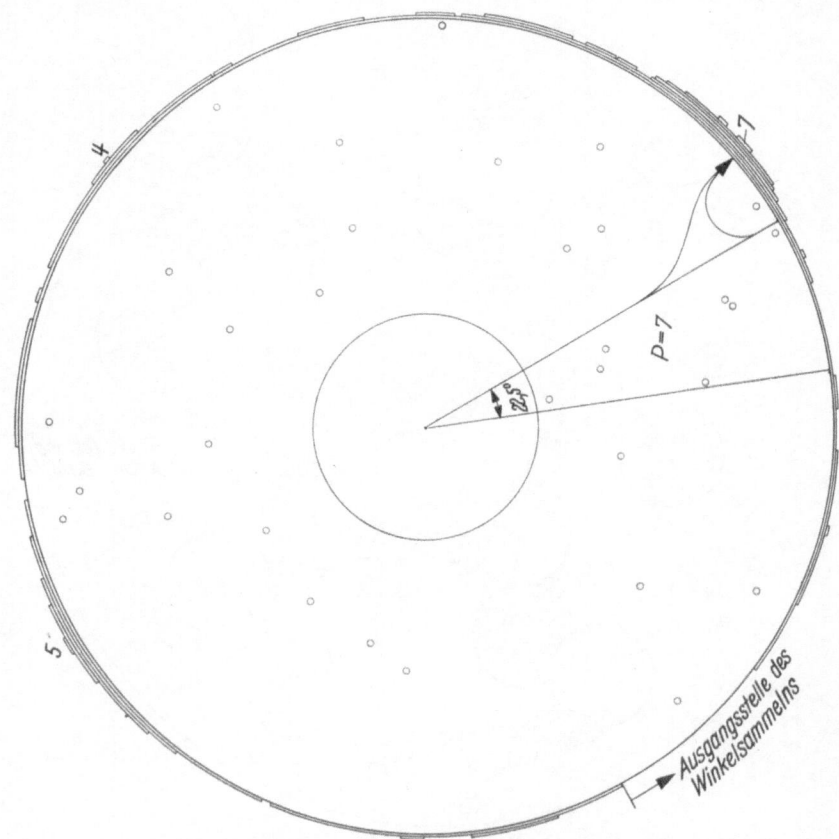

Abb. 17. Kreisfläche A^* mit 32 voneinander unabhängigen Punkten
Ein Kreissektor mit Öffnungswinkel $22\tfrac{1}{2}° = A^* : 16$, also mit $P_m = 2$ erzielt bei einem Umlauf Trefferzahlen von $P = 0$ bis $P = 7$. Um die Ablesegenauigkeit zu erhöhen, wird der innere Bereich von Treffern freigehalten (kein Verlust an Testfläche, nur Umwandlung des Testfeldes in eine Kreisringfläche).

Ergebnisse des Versuches mit $P_m = 1 \left(\text{Sektorwinkel} \dfrac{360°}{64} \text{ bzw. } \dfrac{360°}{32} \right)$ für beide Felder aufgenommen. Kreise markieren die Ordinaten der Trefferzahlen, Kreuze die aus ihnen errechneten Fehler. Beim 32punktigen Feld bleibt f hinter der Voraussage zurück. Die Anordnung entspricht also, wenn f als Kriterium gelten darf, mehr einer geordneten Punktverteilung. Die Abweichungen können nicht der Auswertung zugeschrieben werden, nachdem das beschriebene Verfahren ohne statistische Fehler f_2 und gleichwertig einer unendlich ausgedehnten Versuchsserie ist. Auch die Zeichenfehler (zu f_2 gehörig) bleiben dank dem großen Maßstab der Konstruktion und dem Freihalten des inneren Bereiches von Testpunkten in engen Grenzen. Als Anhalt diene die Summierung der 128 bzw. 64 Winkel jedes Einzelversuches, die stets um weniger als 1° vom Vollkreis abweicht (Fehler der Einzelmessung unter 0,1°). In Wahrheit muß es also an der Charakteristik der durch f_1 gekennzeichneten willkürlichen Punktverteilung liegen, die von der geringen Menge von 32 und 64 Punkten ebensowenig „exakt" verwirklicht werden kann wie eine schlüssige Aussage mit nur 32 Testen.

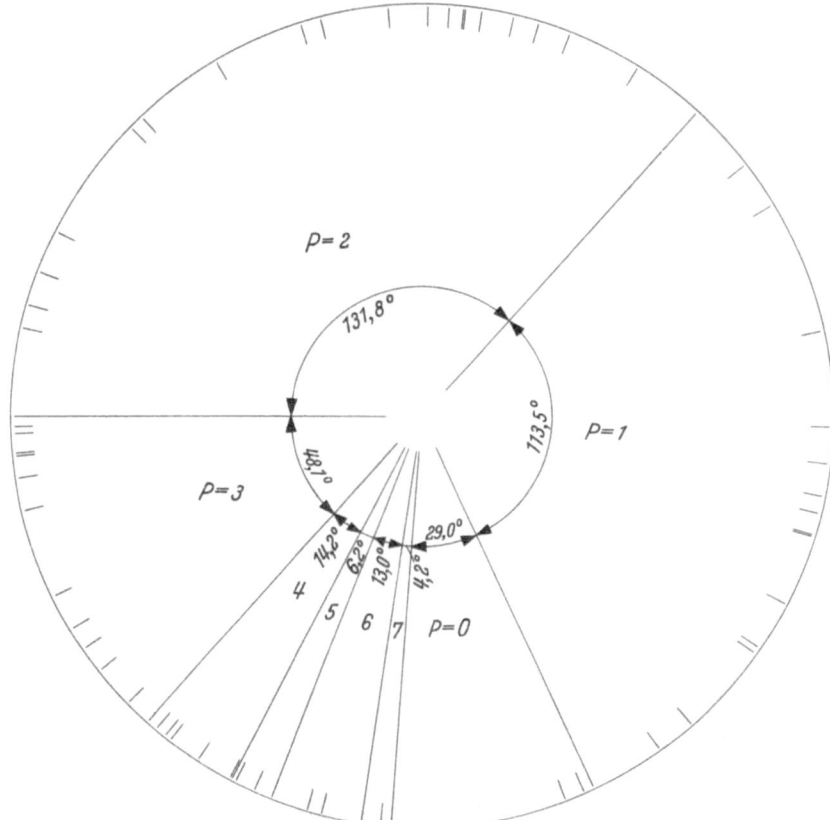

Abb. 18. Winkelsummieren aus den Anteilen des Sektortestens von Abb. 17

Gewiß würden konzentrische Ringe eine ganz andere Verteilung der Trefferzahlen und, bei einer zufällig möglichen ringförmigen Unstetigkeit, einen höheren Fehler nach sich ziehen. Das 64punktige Feld erweist sich mit seinem etwas zu hohen Fehler als überdurchschnittlich inhomogen. Ein kritischer Vergleich durch den Augenschein erweist sich als unmöglich. Mit dieser glücklichen Streuung kann die Verträglichkeit von Theorie und Praxis des Zufalltestens schon mit zwei Versuchen als erwiesen gelten.

Durch Verändern des Sektorwinkels werden die Versuche auf beliebige Werte von P ausgedehnt. Auch wenn die Größe $P_m = 4$ nicht überschritten wird, wächst beim 32punktigen Feld der Sektor auf $\frac{1}{8}$ des Netzfeldes. Hier mag man nach Abb. 12 die Einengung der Fehlererwartung auf 6,5% abschätzen.

Die Ergebnisse beider Versuche werden in Abb. 19 versinnbildlicht. Der für $P_m = 1$ gefundene Unterschied gegenüber der Theorie bleibt qualitativ über den ganzen Bereich $0 < P_m < 4$ erhalten.

Die diskutierten Unterschiede werden bedeutungslos, wenn man der Zufallstestung insgesamt die Charakteristik etwa des Quadratnetzes gegenüberstellt. Ungeordnetes Testen ist, sei es nach der Theorie, sei es nach den Kontrollversuchen, rund zwei- bis viermal ungenauer, ohne den geringsten Vorteil aufzuweisen. Erst wenn P_m unter den Betrag $\frac{1}{2}$ sinkt, büßen die regulären Netze im Gewirr kleiner Flächen die Vorteile der gegenseitigen Bindung ihrer Punkte ein.

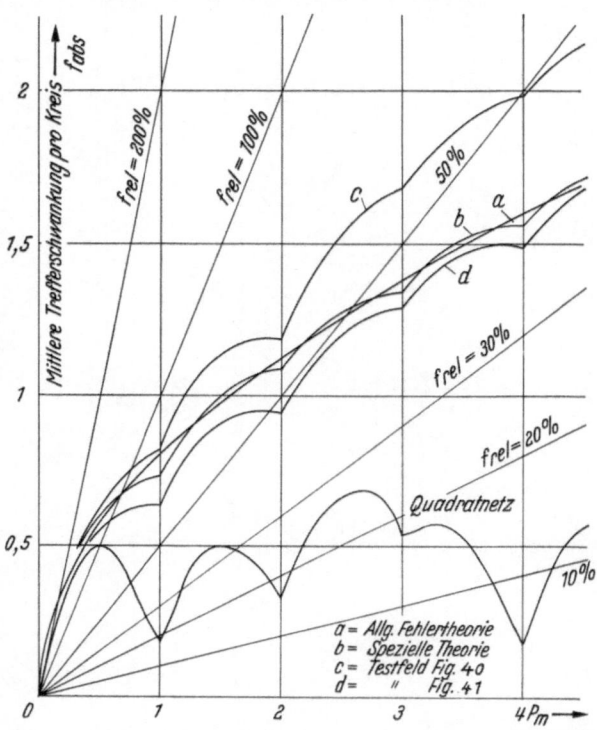

Abb. 19. Zufallstesten mit $0 < P_m < 4$ in Theorie (Kurven a, b) und praktischem Versuch (c, d) verglichen mit geordnetem Testen im Quadratnetz. Statt Fig. 40 und Fig. 41 ist zu lesen Abb. 16 und Abb. 17

d) Günstigste Vergrößerung beim Punkttesten

Das wichtigste Zugeständnis an das Aussehen eines Schnittes in der Praxis ist die Berücksichtigung der Größenschwankung der Schnittflächen; ihre Formschwankungen sollen später zur Diskussion stehen. Man kommt den wirklichen Verhältnissen schon dann näher, wenn man gleich große Kugeln annimmt und die mittlere Verteilung der Schnittgrößen in Rechnung stellt. Die Untersuchung könnte, weil sie graphischer Natur ist, ohne Schwierigkeit für jede gewünschte Kugelverteilung angestellt werden, doch wurde bewußt diese allgemein nicht zu berücksichtigende Möglichkeit außer acht gelassen.

Zunächst gilt es, eine Fehlerkurve f_1 für die wechselnde Zusammensetzung des Testfeldes abhängig von P_m, also von der Vergrößerung, zu finden. Normale Streuung der Flächenanteile vorausgesetzt, wird f_1 auf einem viermal größeren Feld auf die Hälfte sinken; anders betrachtet, bei viermal höherem Wert P_m aufs Doppelte steigen. In unserer Darstellung wird also die gesuchte Kurve eine Parabel sein, von der wir nur noch einen Punkt brauchen, um sie zeichnen zu können. Wir wählen die Abszisse $P_m = 1$, die sich vereinbarungsgemäß auf den Großkreis der Kugel bezieht. Auf die Gesamtheit aller Z Kugelschnitte treffen demnach $\frac{2}{3} \cdot Z$ Treffer. Die Testzahl N und der Flächenanteil k verändern die Untersuchung (wenn k nicht zu groß wird) nur mit einem Proportionalitätsfaktor, ihre willkürliche Annahme ändert daher nichts an der Allgemeingültigkeit der gesuchten Zusammenhänge. Der Flächenanteil sei $k = 20\%$, die Testzahl $N = 25$ (Integrationsokular I). Im Durchschnitt einer Beobachtung werden dann fünf Treffer erzielt werden. Die Schwankung f_1 des Bildfeldes setzt sich aus der wechselnden Menge der Testkreise (mit f_1') und ihrer variablen Größe (f_1'') zusammen.

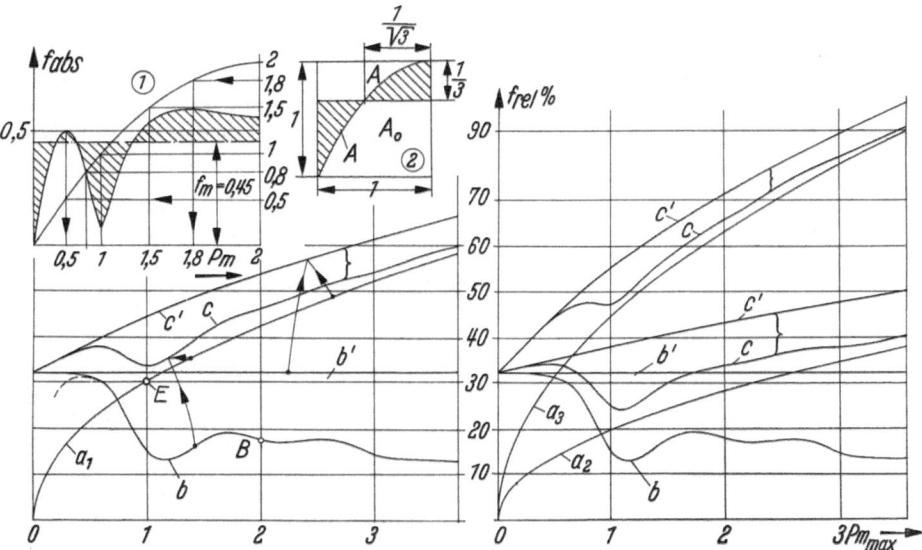

Abb. 20. Bestimmung des Gesamtfehlers f_0 in Abhängigkeit von der Vergrößerung. Parabel a_1: Normale Schwankung eines mittleren Flächenanteils k, abhängig von der Vergrößerung $\sqrt{P_m}$. Die Parabeln a_2 und a_3 symbolisieren ein sehr gleichmäßiges und ein besonders unruhiges Schnittbild. Kurven b: Fehlerverlauf beim Testen von Schnittkreisen gleichgroßer Kugeln mit dem Dreiecknetz. Geraden b': Konstanter mittlerer Testfehler beim Zufallstesten. Kurven c und c': Gesamtfehler f_0 für geordnetes und willkürliches Testen der drei unterschiedlichen Schnittbilder

Fünf Treffer erfordern im Mittel $5 : \frac{2}{3} = 7,5$ Kugelschnitte. Vom Rand geschnittene Kreise werden mitgezählt, wenn die Mittelpunkte innerhalb der Feldbegrenzung liegen. Aus Abb. 15 kann die Streuung von 7,5 Punkten zu $f_1' = 28,5\%$ abgelesen werden. In Wirklichkeit muß sie kleiner sein, weil keine Überschneidungen vorkommen dürfen, die Punkte also in ihrer Exkursionsmöglichkeit eingeengt sind.

Zu f_1'': Die Schnittkreisverteilung ist durch eine Parabel charakterisiert, deren mittlere Ordinate $= \frac{2}{3}$ der Höhe ist. Von den beiden gleich großen Fehlerflächen A läßt sich der Parabelabschnitt $A = A_0/3\sqrt{3}$ setzen (Nebenfigur 2 in Abb. 20).

$$f_1'' = \frac{2A}{A_0} = \frac{2}{9} \sqrt{3} = 38,5\% \text{ für } einen \text{ Kreis. } f_{1\,rel}'' = \frac{38,5}{\sqrt{7,5}} = 14,1\% \text{ für die Kreise des}$$
Bildfeldes.

Wenn verschieden große Kreise vorliegen, wird dieser Anteil größer ausfallen. Bei der Koppelung mit f_1' findet daher ein teilweiser Ausgleich statt.

Daraus $f_1 = \sqrt{28,5^2 + 14,1^2} = 31,8\%$.

Wir wählen statt dessen in Abb. 20 links den runden Wert 30% (Punkt E).

Die Fehlerkurve $f_{2\,rel}$ muß aus der Kurve f_{abs} des Dreiecknetzes aus Abb. 6, die für *einen* Kreis gilt, auf die Schnittkreise einer Kugel umgezeichnet werden. In der Nebenfigur 2 zu Abb. 20 stellt die Grundlinie den Kugelradius dar, die Ordinaten der Parabel entsprechen den Flächen der Kugelschnitte an diesem Ort. Für den Großkreis sei $P_m = 2$, was verabredungsgemäß mit dem $P_m = 2$ von Abb. 6 identisch sein soll. Bei gleichbleibenden k und N sinkt daher die Menge der Kugelschnitte auf 3,75.

In die Nebenfig. 1 wird der Verlauf von f_{abs} im Bereich $P_m \leq 2$ mit Hilfe der Parabel in einer die Häufigkeit berücksichtigenden Verzerrung übertragen. Die mittlere Höhe der Fehlerfläche, f_m, ist 0,45 für eine Kreisfläche. Für das Gesamtfeld mit 3,75 Kreisen beträgt die mittlere Schwankung einer Ablesung $0,45 \cdot \sqrt{3,75} = \pm 0,87$ Treffer. Für den Durchschnittswert von fünf Treffern errechnet sich der relative Fehler zu $f_{2\,rel} = 0,87/5 = 17,4\%$ (Punkt B der Kurve b).

Der für die Fehlerdiskussion bei geringer relativer Vergrößerung wichtige Beginn der Kurve b ($P \to 0$) macht zunächst Schwierigkeiten. Dort bringt der Ansatz verschwindende Größen von $f_{2\,rel}$ (gestrichelter Verlauf), was natürlich nicht richtig sein kann. Wir erinnern uns, daß die spezielle Theorie hier für den Einzelkreis einen endlichen Wert f_{max} brachte, im Gegensatz zur allgemeinen Theorie (Abb. 15). Daher verschwindet der Gesamtfehler für unendlich viele Kreise.

Der von der Einzelfläche ausgehende Ansatz wird deshalb ungültig, weil trotz Übergang zu unendlicher Testzahl die für das Ergebnis wichtigen Ereignisse nur in kleiner Menge auftreten — das Gesetz der großen Zahlen gilt also nicht für dieses extreme Mischungsverhältnis — Hier darf die allgemeine Fehlertheorie einspringen, weil die Ordnung eines Netzes so großer Weite illusorisch wird. Sie sagt für 25 (2500) Teste mit $k = 20\%$ den Fehler $r = 27$ (2,7)% voraus. (Die Klammerwerte gelten für die Auskunft des Nomogramms). $f = 1,183 \cdot 27 = 32\%$. Tatsächlich nähert sich die spezielle Fehlerkurve b bei $P_m \approx \frac{1}{2}$ dieser Ordinate so dicht, daß die Angleichung für $P = 0$ glatt vonstatten geht. Diese Ordinate gilt bei konstantem Wert k im Falle regellosen Testens für alle Größen P_m.

Die Fehlerkurve b' stellt sich als Parallele zur Abszissenachse dar. Die gesuchten Gesamtfehlerkurven c (Fehler f_0) können aus $c^2 = a^2 + b^2$ leicht gezeichnet werden. Bei normaler Feldschwankung (Bild links) weist das reguläre Testen in der Nähe von $P_m = 1$ ein absolutes Minimum auf, das erst bei sehr schwacher Vergrößerung unterboten wird. Der Vergleich mit dem glatten Verlauf des wahllosen Testens ergibt für dieses einen Mehraufwand von 70% für gleiche Genauigkeit. Bei stärkerer Vergrößerung steigt die Fehlererwartung des regelmäßigen Testens trotz bleibendem Vorsprung stark an.

Welche Empfehlungen gelten für ein sehr gleichförmiges Schnittbild? In der Fehlerparabel a_2 (Abb. 20 rechts) ist die Feldschwankung um $\frac{1}{3}$ gegenüber dem Normalfall a_1 gesenkt. Dieses ruhige Feld hebt die Vorteile des regulären Testens besonders hervor, wenn im Bereich $P_m = 1$ gearbeitet werden kann. Hier schadet weitere Vergrößerung auf $P_m = 2$ nicht mehr als Verkleinerung auf $P_m = \frac{1}{2}$. Beide Male muß die Menge der Teste verdoppelt werden.

Ist dagegen das Feld auffallend heterogen (Parabel a_3), dann ebnet sich das Minimum des regulären Testens bei $P_m \approx 1$ ein und die günstigste Arbeitsweise ist bei schwacher Vergrößerung zu erwarten.

e) Punkttesten an nicht kreisförmigen Flächen

Nur für geordnete Punktnetze kann die Fehlererwartung von der Form der Test-flächen abhängen. Bisher bezogen sich alle Untersuchungen auf den Kreis, daher

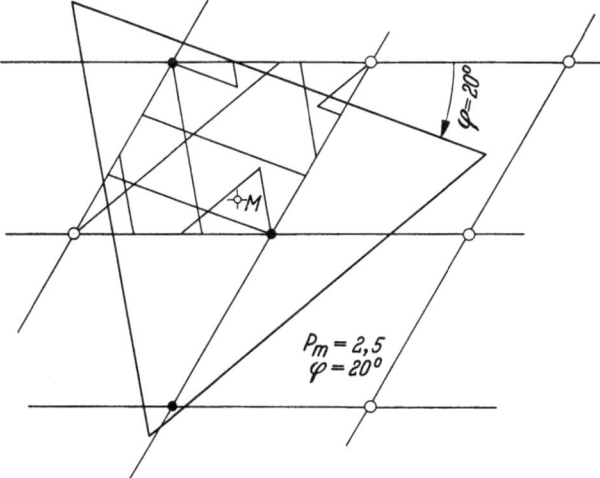

Abb. 21. Testen eines regulären Dreiecks mit regelmäßigem Dreiecknetz bei konstanter Winkelstellung $\varphi=20°$

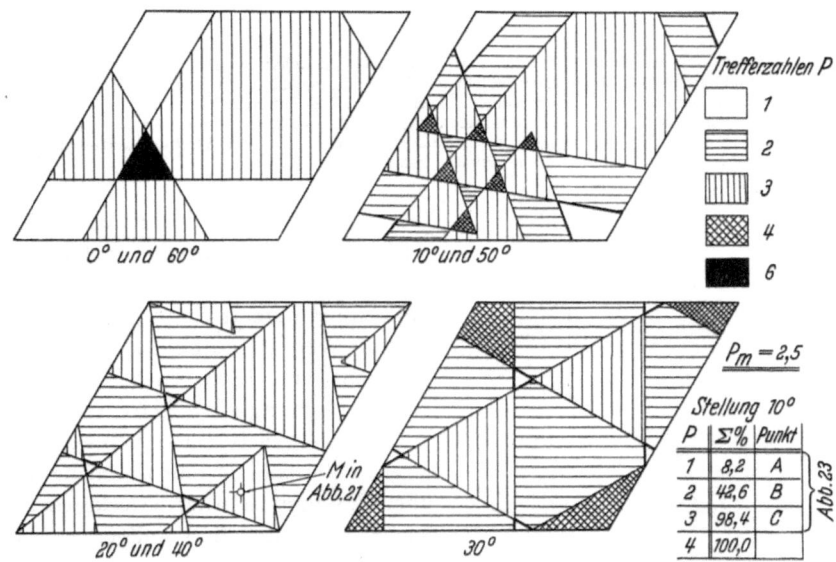

Abb. 22. Abhängigkeit der Testverteilung von der Winkelstellung φ

muß die Unbedenklichkeit der Schlußfolgerungen durch Kontrolle an einem mög-lichst extremen Fall geprüft werden. Das soll mit der Kombination reguläres Drei-eck—Dreiecknetz geschehen.

In den Abb. 21—24 ist der Fall $P_m = 2,5$ zugrunde gelegt. Die Trefferverteilung hängt jetzt nicht nur von den gegenseitigen Verschiebungen, sondern auch von der Winkelstellung φ ab. Für Intervalle von 10° werden Trefferverteilung, mittlerer

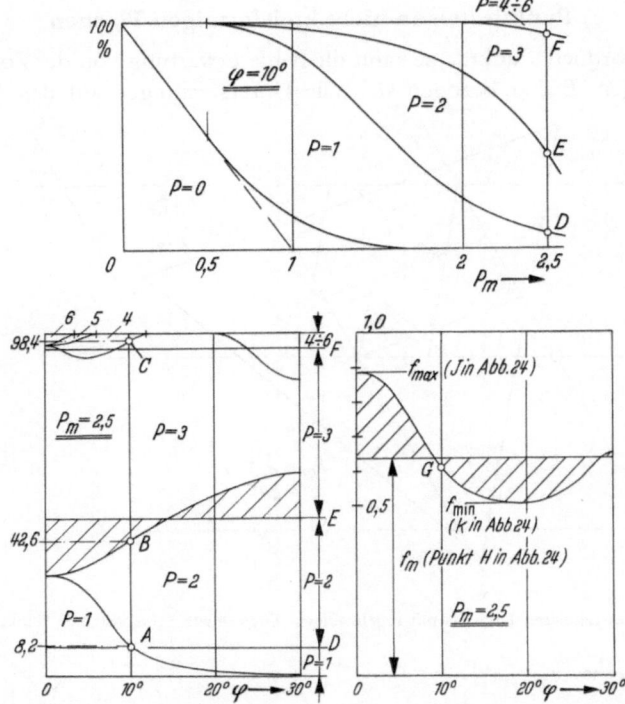

Abb. 23. Mittelwertbildung aus einer 30°-Drehung des Netzes. Unten links: Summenprozente der Treffer für $P_m = 2,5$ abhängig von Stellung φ. Die mittleren Höhen der Flächen für $P = 1, 2, 3 \ldots$ werden mit Hilfe der Punkte D, E, F in die obere Figur über $P_m = 2,5$ übertragen. Unten rechts: Testfehler der Verteilung links als Punkt G eingetragen. Für Zwischenwerte dienen die interpolierenden Kurven der oberen Figur. Der mittlere Fehler f_m wird als Punkt H in die Abb. 24 übertragen, ebenso die Extremwerte, die ohne Drehung auftreten können, als Punkte J und K

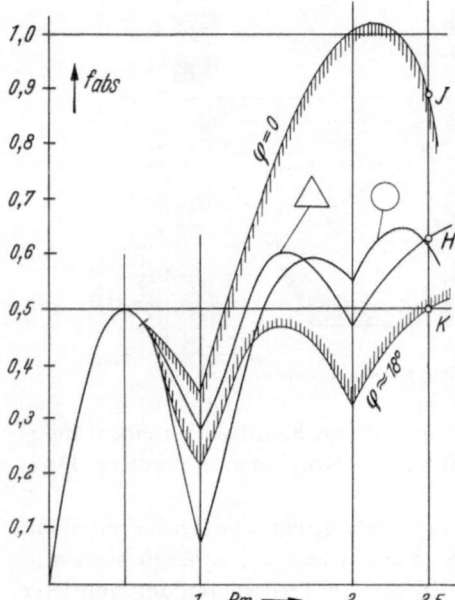

und Gesamtfehler wieder auf zeichnerischer Grundlage bestimmt. Die Winkelstellung der Abb. 21 wird in Abb. 22 links unten numerisch ausgewertet. Der weitere Weg ist durch das Muster des Versuchs am Kreis vorgezeichnet, in das die Drehung zusätzlich eingebaut ist.

Der Vergleich mit der Testung des Kreises in Abb. 24 fällt durchaus nicht überall zuungunsten der dreieckigen Testfläche aus, so daß die Verallgemeinerung der dort gewonnenen Erkenntnis gerechtfertigt ist. Die zusätzlichen Fehlermöglichkeiten bei Vernachlässigung einer gebotenen Drehung sind durch das geschraffte Gebiet der Abb. 24 gekennzeichnet.

Abb. 24. Fehlerverlauf beim Testen Dreieck—Dreiecknetz inmitten des geschrafften Bereichs, der bei starrer Schiebung überstrichen wird. Zum Vergleich: Fehlerverlauf beim Testen einer Kreisfläche

5. Flächenmessung durch Linienintegration

a) Prinzip

Das Liniensummieren nach Rosiwal ist, wie in der Einleitung erwähnt, eine Zwischenstufe zwischen unmittelbarer Flächenmessung und dem Punkttesten. Es entspricht, um eine Dimension verringert, der Volumbestimmung von Körpern aus dem Flächeninhalt periodischer Schnitte (Hennig, 1960). Die Arbeitserleichterung — auf gleiche Gesamtfehler f_0 bezogen — des Linienintegrierens gegenüber zweidimensionalem Flächenmessen schließt bei zweckmäßiger Gitterweite Zeitersparnis und die Möglichkeit ein, unmittelbar unter dem Mikroskop zu messen.

Beide Möglichkeiten zeichnen auch das Punkttesten bei geringstem technischem Aufwand aus. Werden Bequemlichkeit und Zeitersparnis des Punktzählens nicht mit geringerer Zuverlässigkeit erkauft?

b) Vergleich mit Punktzählen

Um klare Aussagen zu gewinnen, soll stets Sehnenzahl gleich Treffermenge vorausgesetzt werden, obwohl damit der Zeitbedarf des Linienintegrierens je nach

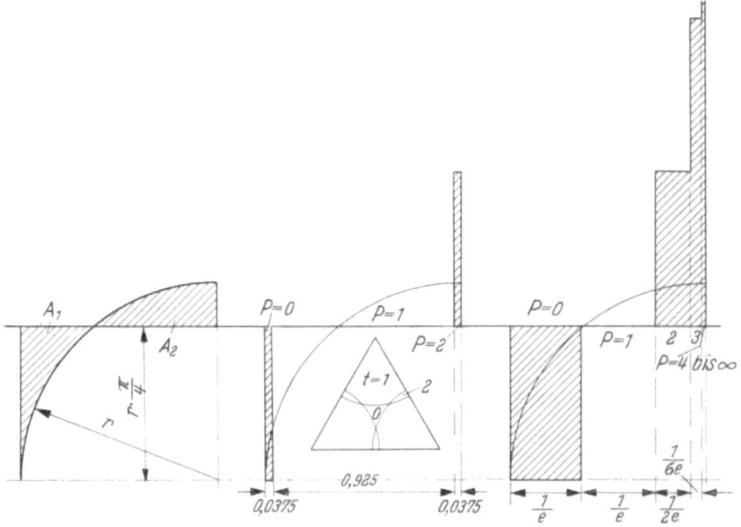

Abb. 25. Links: Sehnenintegrieren eines Testkreises mit Liniengitter der Weite $a_0=d$ (ein Schnitt pro Stellung). Der mittlere Fehler errechnet sich zu $f=23\%$. Mitte: Bereiche der Trefferzahlen $P=0$, 1 und 2 für $P_m=1$ beim Testen mit Dreiecknetz. Rechts: Fehlerflächen des zufälligen Punkttestens ($P_m=1$). Die Fehlerflächen verhalten sich für die drei Fälle wie 3,2:1:9,8

den zur Verfügung stehenden Geräten und dem Grad ihrer Beherrschung fünf- bis zehnfach höher ausfallen wird.

Parallele Meßlinien und konstanter Abstand (Gitterweite) a_0 sind wohl allgemein üblich. Als Standardform diene wieder der Kreis mit Durchmesser d und Fläche A. Mit der Annahme $a_0 = d$ wird jeder Kreis gerade einmal geschnitten. Die mittlere Schnittlänge ist $s_m = d \cdot \dfrac{\pi}{4}$. In Abb. 25 ist links ein Viertelkreis abgebildet. Die Parallele zur Abszissenachse im Abstand $\dfrac{d}{2} \cdot \dfrac{\pi}{4}$ stellt den Mittelwert s_m aller Messungen an Halbsehnen dar. Die beiden gleich großen Flächen A_1 und A_2 durch die

Viertelkreisfläche dividiert, liefern den mittleren Fehler beim Sehnenmessen $f_{rel} =$ 23% mit $a_0 = d$ (Punkt B in Abb. 27). Der Fehler wird also dreimal so groß wie der analoge Wert $f = 7,5\%$ beim Punktzählen im Dreiecknetz mit $P_m = 1$ (gleichviele Sehnen wie Treffer). Dieses unerwartete Ergebnis macht man sich am besten

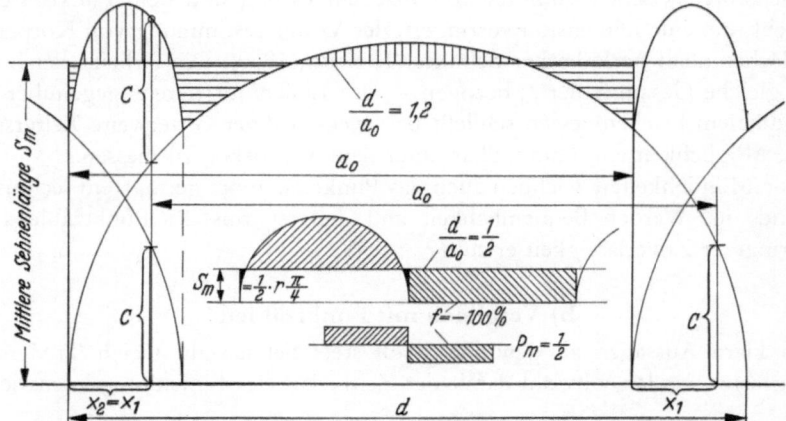

Abb. 26. Fehlerflächen des Sehnenintegrierens für den Fall $d/a_0 = 1,2$ (örtliches Minimum, Punkt C der Abb. 27). Nebenfigur: Vergleich der Fehlerflächen von Linienintegrieren ($d/a_0 = 0,5$) und Punktzählen mit $P_m = 0,5$

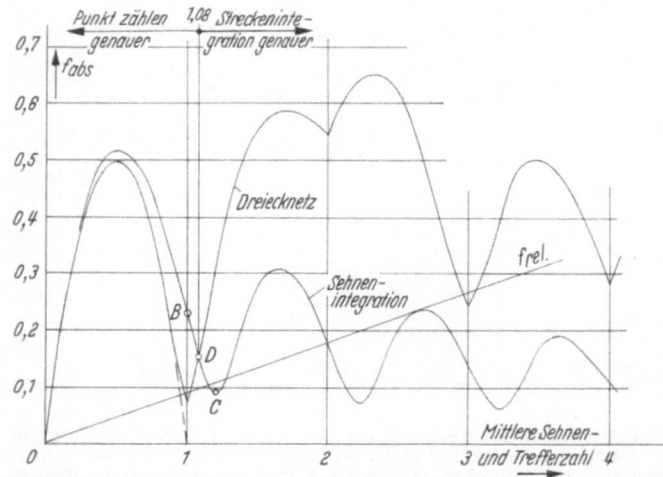

Abb. 27. Mittlere Fehlererwartung des Streckenmessens abhängig von der Sehnenzahl pro Kreis im Vergleich mit der Leistung des Dreiecknetzes (Sehnenzahl = Trefferzahl). Für $P_m < 1,08$ bleibt das Punktzählen trotz geringstem Zeitbedarf stets genauer als das Linienintegrieren. Nach Abb. 20 ist das aber unter allen Umständen der rationellste Bereich in der Praxis

an einem bildlichen Vergleich klar. In Abb. 25 werden zwar alle Kreise einheitlich einmal geschnitten und es entsteht niemals ein so hoher Fehler von $\pm 100\%$ wie beim Punktzählen für Trefferzahlen 0 und 2, dafür treten aber diese Abweichungen vom richtigen Wert 1 nur selten auf, während jede Sehnenmessung vom Mittelwert abweicht. Daß das Punktzählen für alle Werte $P_m < 1$ überlegen bleibt, wird in der Nebenfigur von Abb. 26 demonstriert. Wenn auf zwei Kreise eine Sehne oder ein Treffer entfällt, ist die negative Fehlersumme bis auf die beiden schwarzen Zwickel der rechteckigen Fehlerfläche beim Punktzählen gleich (beide Rechtecke haben gleiche relative Länge $= \frac{1}{2}$ der Periodenlänge und gleiche Ordinate 100%). Die doppelt so große Gesamtfehlerfläche muß daher beim Linienintegrieren um vier solcher Zwickel größer sein als für das Punktzählen. Die Hauptfigur 26 veranschaulicht das Verfahren der Fehlerermittlung für $d : a_0 = 1{,}2$. Weil $d > a_0$, wird jeder Kreis durchschnittlich 1,2mal geschnitten, d.h. $w_1 = 80\%$ und $w_2 = 20\%$. Alle anderen Schnittzahlen sind bei regelmäßiger Schnittführung unmöglich. Der Summenverlauf für die Gesamt-Sehnenlänge ist daher längs 80% der Gitterperiode identisch mit dem Kreisbogen selbst, über die restlichen 20% aus zwei Sehnenlängen zusammengesetzt (parabelähnliche Kurven). Im Beispiel erreicht der Fehlerverlauf ein Minimum, aber ohne die ausgeprägte Spitze des Punktzählens (Punkt C in Abb. 27). Dort ist der Fehlervergleich beider Verfahren über einen größeren Bereich möglich. Die Überlegenheit des Punktzählens endet danach bei $P_m = 1{,}08$ (Punkt D). Die den Zeitaufwand ignorierende, rein formale Überlegenheit des Rosiwal-Verfahrens tritt erst in Bereichen in Erscheinung, die nach der Aussage der Abb. 20 in der Praxis zu meiden sind.

6. Fehlerbestimmung in der Praxis

Die Einzelfehler f_1 und f_2 interessieren den Praktiker nicht; sie mußten nur gegeneinander ausgespielt werden, um Richtlinien für sein Arbeiten zu gewinnen. Bei Verwendung geordneter Netze und günstiger Vergrößerung darf für gegebenen Zeitaufwand mit dem kleinstmöglichen Endfehler f_0 gerechnet werden. Notwendige Verringerung auf $1/n$ kann nach der universal gültigen Aussage des Fehlergesetzes nur noch durch n^2-fachen Zeitaufwand erreicht werden.

Alle unsere Überlegungen konnten sich nur mit der Auswertung gegebener Schnitte und ihren Fehlern f_2 befassen. Der statistische Fehler f_1 ist dem mathematischen Zugriff entzogen; die allgemeine Fehlertheorie setzt konstanten Flächenanteil k voraus. In der Abb. 20 entspricht die linke Parabel für f_1 einer geschätzten Idealverteilung, die beiden rechten Parabeln stellen willkürliche Abweichungen nach oben und nach unten dar. Die theoretischen Voraussagen, etwa mit Hilfe von Nomogrammen, können solche Besonderheiten nicht berücksichtigen und wollen auch nur als Behelfe betrachtet werden. Gewißheit über einwandfreie statistische Erhebungen kann überhaupt nur das Wahrscheinlichkeitsnetz (Abb. 5, mit geradlinigem Verlauf der Summenlinie) und vertrauenswürdige Fehlerangaben f_0 nur die Steigung dieser Summenlinie erbringen.

7. Schlußfolgerungen

Das früher geübte unmittelbare Flächenmessen bei Volumbestimmungen ist wegen der Unvergleichbarkeit der Teilfehler f_1 und f_2 völlig zu verwerfen.

Aber auch das Sehnenintegrieren ist mit der Forderung nach rationellem Arbeiten nicht zu vereinbaren. Selbst wenn sich Sehnen so schnell messen wie Punkttreffer zählen ließen, wäre das Rosiwal-Verfahren im ganzen versuchstechnischen Bereich dem geordneten Punkttesten unterlegen. Verglichen mit der Überlegenheit, die das Punkttesten auszeichnet, ist die Frage der zweckmäßigen Punktverteilung zweitrangig. Besonderes Augenmerk ist dem Maß der Vergrößerung zu widmen.

Die theoretische Fehlererwartung kann am wirkungsvollsten gesenkt werden, wenn bei einer Normalverteilung reguläre Netze (bevorzugt das Dreiecknetz) auf drei Querschnitten im Mittel zwei Treffer erzielen. Keinesfalls darf die Vergrößerung zu weit getrieben werden (nicht mehr als zwei Treffer auf die großen Flächen, höchstens in einem Extremfall mehr).

Schwächere Vergrößerungen sind unbedenklicher, wenn auch die Vorteile geordneten Testens bei drei Flächen je Treffer praktisch verschwunden sind. Schwache (relative) Vergrößerung kann durch die Kleinheit der Objekte erzwungen sein. Bei offensichtlich über einen Zufallsbefund hinausgehender „Entmischung" der Teilflächen kann schwache Vergrößerung sogar vorteilhaft sein. Dem Einfühlungsvermögen des Experimentators muß vorbehalten bleiben, von Fall zu Fall über das Maß des Vergrößerns zu entscheiden. Bei unnötig schwacher Vergrößerung leidet die Versuchsgenauigkeit (sie wurde nicht besprochen, gehört aber zu f_2) unter der zu kleinen Abbildung der Testflächen: die subjektive Entscheidung über Treffer—Nichttreffer in Randnähe häuft sich umgekehrt proportional zum Vergrößerungsmaßstab.

Obwohl die Vorzüge des regulären Testens nicht immer gewahrt bleiben, sei hier grundsätzlich seiner Anwendung das Wort geredet. Der Zeitaufwand ist eher geringer, weil ein geschlossenes Netz das Zählen der Teste erspart. Niemals können sich Nachteile ergeben.

Beim Zufalltesten drohen unkontrollierbare, zum Teil subjektive Verfälschungen des Gesetzes der Regellosigkeit, namentlich bei geringer Testzahl (vgl. Abb. 16 und 17 und die Ergebnisse in Abb. 19).

Ohne Befragen des Wahrscheinlichkeitsnetzes und Angabe des wahrscheinlichen Fehlers r (ersatzweise der Standardabweichung $\sigma = 1,483\ r$) ist ein Versuchsergebnis unvollständig.

Literatur

Attardi, G. A.: Über neue, rasch auszuführende Verfahren für Zellgrößenmessungen. Acta anat. (Basel) **18**, 177—194 (1953).

Bronstein, I. N., u. K. A. Semendjajew: Taschenbuch der Mathematik, 5. Aufl. Zürich u. Frankfurt a.M.: Harri Deutsch 1965.

Chalkley, H. W.: Methods for the quantitative morphologic analysis of tissue. J. nat. Cancer Inst. **4**, 47 (1943).

Chayes, F.: The theory of thin-section analysis. J. Geol. **62**, 92—101 (1954).

— Petrographic modal analysis. New York: John Wiley & Sons 1956.

Delesse, M. A.: Procédé mécanique pour déterminer la composition des roches. Ann. mines **13**, 379—388 (1848).

Gauss, C. F.: De naxu intermultitudinem classium. Werke II, 269—276. Göttingen 1834.

Glagoleff, A. A.: On the geometrical methods of quantitative mineralogy. Mineral. J. **135**, 399 (1934).

Haug, H.: Die Treffermethode, ein Verfahren zur quantitativen Analyse im histologischen Schnitt. Z. Anat. Entwickl.-Gesch. **118**, 302—312 (1955).

Hennig, A.: Diskussion der Fehler bei der Volumbestimmung mikroskopisch kleiner Körper oder Hohlräume aus den Schnittprojektionen. Z. wiss. Mikr. **63**, 67—71 (1956).

— Das Problem der Kernmessung. Mikroskopie **12**, 174—202 (1957).

— Kritische Betrachtungen zur Volum- und Oberflächenbestimmung in der Mikroskopie. Zeiß-Werk-Z. **30**, 78—86 (1958a).

— Zeiß-Integrationsokulare. Firmenprospekt, 1. Aufl. (1958b).

— Fehler der Volumbestimmung aus dem Flächeninhalt periodischer Schnitte. Z. mikr.-anat. Forsch. **66**, 513—530 (1960).

HENNIG, A.: Grundprobleme der Stereologie und Wege zu ihrer Lösung. Berichte des I. Int. Kongr. für Stereologie, Beitrag 6, 1—23. Wien 1963.

—, and J. MEYER-ARENDT: Microscopic volume determination and probability. Lab. Invest. **12**, 460—464 (1963).

HOLMES, A. H.: Petrographic methods and calculations. London: Murby 1927.

ROSIWAL, A.: Über geometrische Gesteinsanalysen. Verh. K. K. Reichsamt Wien 6, 143—175 (1898).

SALTYKOV, S. A.: Stereometric metallography, 2nd ed. Metallurgizdat, p. 446. Moskau 1958.

SCHUCHARDT, E.: Das Integrationsverfahren in der mikroskopischen Technik. In: Handbuch der Mikroskopie in der Technik, Bd. I/1. Frankfurt a.M.: Umschau-Verlag 1956.

SITTE, H.: Volumen- und Flächenbestimmung nach Schnitt- und Abdruckbildern. Seminar 2470 der Technischen Akademie, Esslingen 1964.

SMITH, C. S.: Microstructure. Trans. Amer. Soc. Metals **45**, 558 (1953).

TOMKEIEFF, S. J.: Linear intersepts, areas and volumes. Nature (Lond.) **1945**, 24.

Stereology of the human renal glomerulus*

H. ELIAS** and A. HENNIG***

Summary

By means of stereological, i.e. statistico-geometrical methods the glomeruli of 8 human kidneys have been examined.

The glomerulus is a branched sheet, the *lamina vasculosa glomeruli* which consists of a specialized endothelium, the glomerular *endenchyma*. Within the endenchyma, cylindrical blood channels of shifting position course. The lamina vasculosa glomeruli as a whole is covered by the glomerular basement membrane. Podocytes, i.e. visceral epithelial cells, sit upon the basement membrane.

The average diameters of the glomeruli are 78 μ in the 6 months infant, 136 μ in the 7 year old boy and 168 μ in the 47 year old man.

The mean glomerular volumes are 0.00025 mm³ in the 6 months infant, 0.00132 mm³ in the 7 year old boy and 0.0025 mm³ in the 47 year old man. One kidney of the 6 months infant is estimated to contain 1,690,000 glomeruli, of the 7 year old boy 1,555,000 glomeruli and that of the 47 year old man seems to contain 1,309,000 glomeruli.

The total volumes of all glomeruli together in one kidney are: For the 6 months old baby 0.42 cm³, for the 7 year old boy 1.5 cm³ and for the 47 year old man 3.3 cm³.

The total length of all glomerular blood channels together in one kidney of the 7 year old boy measures approximately 10.3 km. The total glomerular filtration area in the same child measures about 0.235 m².

Zusammenfassung

Mittels stereologischer, d.h. statistisch-geometrischer Methoden sind die Glomerula von acht menschlichen Nieren untersucht worden.

Das Glomerulum stellt sich als verzweigtes Blatt, die *Lamina vasculosa glomeruli*, dar, welches sich aus einer besonderen Art Endothel, dem *Endenchym*, aufbaut. Innerhalb des Endenchyms verlaufen cylindrische Blutkanäle. Die ganze Lamina vasculosa glomeruli ist von der Basalmembran überzogen, welcher die Podocyten aufsitzen. Die Blutkanäle verändern ihre Lage, meist durch transversal oszillierende Verschiebung.

Der Durchmesser der Glomerula beträgt im Mittel 78 μ beim 6 Monate alten Säugling, 136 μ bei einem siebenjährigen Knaben und 168 μ bei einem 47jährigen Mann. In den gleichen Fällen mißt das mittlere Glomerulumvolumen 0,00025 mm³,

---

* Supported by U.S. Army Contract DA-49-193-MD-2270 and by PHS Grant HE 4216.

** Department of Anatomy, Chicago Medical School.

*** Anatomisches Institut der Universität München.

0,00132 mm³ bzw. 0,0025 mm³, während die Anzahl der Glomerula in einer Niere auf 1 690 000, 1 555 000 und 1 309 000 geschätzt wurde. Das totale Glomerularvolumen in einer Niere betrug in den drei Fällen 0,42, 1,5 und 3,3 cm³.

In einer Niere des siebenjährigen Knaben wurde die Gesamtlänge aller glomerulären Blutkanäle auf 10,3 km geschätzt, mit einer Filtrationsoberfläche von 0,235 m².

Introduction

The kidney, has, in essence, a single function: elimination of superfluous substances from the body. Its structure appears, at first sight, rather simple and has been well known since 1842 (BOWMAN). In spite of the single functional assignment and in spite of its clear-cut microanatomy, no organ is less understood from a physiological point of view than the kidney. For while it is easy for physiologists to determine rather exactly *what* a kidney can do, the question of *how* the kidney is able to perform its function is as obscure today as it was a century ago.

A significant contribution toward an understanding of kidney function can be made by a quantitative approach to the histology of the organ, an approach which has begun to yield important insight into the function of the lung (WEIBEL, 1963).

Renal function begins with glomerular filtration. Therefore, if one studies renal morphometry it may be well to begin with the glomerulus.

An attempt will be made to answer one basic question: *How large is the total filtration area through which the primary filtrate passes* in a complete, single kidney.

To arrive at a result, the following basic data must be known:
1. What is the structure of the renal glomerulus?
2. How large are human glomeruli?
3. How many glomeruli are present in one human kidney?
4. How great is the total length of all glomerular blood channels?
5. How great is the total, free surface area of glomerular basement membranes?

These five questions will be taken up one after the other; for it will be seen that the answer to question *n*, usually depends upon knowledge of the answers to questions 1 through $(n-1)$.

Material and methods

The material for this study consisted primarily of 4 autopsy specimens from healthy individuals which had died through accidental or violent causes, obtained from the Cook County Coroner's laboratory. The following cases were obtained in this fashion: A 6 month old female baby who died by sudden suffocation. A 19 month old boy who died from lead poisoning after eating paint from the wall. A 7 year old boy who drowned while swimming in Lake Michigan and a 47 year old man who was stabbed.

Specimens were fixed from $1^{1}/_{2}$ hour to 8 hours after death.

Additional cases used were the following: A 3 months old female baby, serial sections of whose kidney had been in the collection of the department for many years, two autopsy specimens of patients who died from carcinoma: one 39 year old woman and one 50 year old man. In these two patients, metastases were lodged in the kidneys; but the blocks used in this study were unaffected.

9*

Finally, there was a case of a male patient 51 years of age who died of a bleeding duodenal ulcer. The latter specimen was used for the study of glomerular *structure* and not for the quantitative part of this report. It was useful for structural investigation, because loss of blood caused a certain reduction in the caliber of glomerular blood channels whereby the basic structure became more distinct. Table 1 summarizes the casuistic material.

All specimens, except for case 8, were fixed by immersion in neutral formol. Among these specimens, cases 2, 4 and 5 were used for the most critical quantitative examination.

Table 1. *Casuistic material*

Case No.	Age u. sex	Cause of death	Fixed within hours	Body height cm	Body weight kg	Fresh	Fixed
						Volume of kidney	
						cm³	cm²
1	3 mo. F	unknown	unknown	?	?	?	?
2	6 mo. F	suffocation	1¹/₂	59	6.5	15.5	16.5
3	19 mo. M	lead poisoning	1¹/₂	84	11	40	43
4	7 yr. M	drowing	8	126	22	55	62
5	47 yr. M	stabbed	6	172	90	120	133
6	39 yr. F	carcinoma	4	?	?	?	?
7	50 yr. M	carcinoma	5	?	?	?	?
8	51 yr. M	bleeding duodenal ulcer	4	?	?	?	?

A critical evaluation of this material includes the recognition that all material derived from autopsies; and some post mortem alterations are unavoidable. Only if working with animals is it possible to obtain entirely life-like material. And there is but one method of which we know in which post mortem alterations of blood volume, urinary volume and cellular volume can be avoided, and that is sudden freezing of the entire kidney during life. This is a method which we usually practice in our studies on rodent kidneys: We anesthesize the animal with phenobarbital, open the abdomen, evert the kidneys and immerse the entire animal into liquid nitrogen. Fixation is accomplished in super-cooled Carnoy's mixture.

Obviously, in working with human autopsy material we must accept post mortem artifacts, and then consider our results with a grain of salt. However, man is the species which interests human investigators most. Since autopsy material is our only source, we know that our results lack absolute precision, but they give us an approximate idea about our own kidney, not perfect, but as near to the truth as we can obtain it.

Volume determination

Since the number of glomeruli in an entire kidney is one of the data which we wish to obtain, we must know at first the total volume of the kidney. Since shrinkage was expected in formol, the volume of the entire kidney, stripped of connective tissue and fat was measured before fixation, by immersing it into water in a graduate cylinder.

Subsequently, the kidney, with a few incisions, was immersed into formol. Forty-eight hours later, the volume was measured again. To our surprise we found

that none of the kidneys had shrunken, but their volumes had increased by 5—10%
(see Table 1). This unexpected phenomenon is explained by the known hyper-
tonicity of renal tissue.

A cube of fixed kidney 1 cm³ was then cut out, dehydrated, cleared and embedded
in paraffin. The volume was again determined; and it was found that it had shrunken
by 10—15% in volume. In essence, then, volume gained during fixation, was lost
again during dehydration and embedding. Thus we end up with a volume that is
not essentially different from the fresh volume. It is the fresh volume of the kidney,
therefore, to which our calculations will refer.

Again we should keep in mind from the outset, that when we observe renal
corpuscles in histological slides, we do not know whether the glomeruli have
undergone the same volume changes as the entire kidney, or whether they shrink
and swell in a different manner from other components of the organ. The entire
study, therefore, begins with a certain amount of inaccuracy which is, however,
not greater than the errors of microscopic measurements imposed on the observer
by irregularities of shape.

Even though we know that our results cannot be entirely precise, it is clear
that the errors remain within the boundaries of individual variations and physiological changes; and they will therefore give valuable information.

Sampling

If the glomeruli were evenly or randomly distributed over the entire kidney,
any portion of the organ would be representative of the whole. However, this is
not the case. Medulla and medullary rays do not contain any glomeruli; and even
in the cortex, there are a-glomerular zones. We have therefore employed a method
of sampling analogous to that used by WEIBEL (loc. cit.), but simpler, in order to
create a random distribution in the observational material.

After thorough fixation, the kidneys were cut into slices 4—7 mm thick by means
of a ham slicing machine. These slices were subsequently cut into strips, as wide
as the slices were thick. These quadrilateral prisms were then cut with a scalpel into
cubes (4 mm)³ to (7 mm)³.

We must again state at this point that the requirement of sampling made it
necessary to immerse entire kidneys into the fixative with only a few big incisions.
The pieces, therefore, were large and the inner parts often poorly fixed. For glomerular counts and glomerular diameters excellent fixation is not absolutely necessary.
However, for the finer measurements, such as length of glomerular blood channels,
filtration surface, intraglomerular volume fractions, it is necessary to select well
fixed sections from the total material.

Each kidney was, thus, divided into 300—1500 cubes which were all placed
into a rectangular dish. A technician from another laboratory unfamiliar with
kidney structure was instructed to stir the mass of cubes with eyes closed and then
to select the one cube found in the lower left hand corner and at the bottom of the
dish; and to place it into a jar of 70% alcohol. This operation was repeated in each
case 25 to 30 times. The drawn blocks were embedded in paraffin; and of each a
few sections were obtained 2 μ thick, 10 μ thick and 100 μ thick. The sections
2 μ and 10 μ thick were used for glomerular measurements. The 10 μ thick sections

for counts and the 100 μ sections for measurements of entire glomeruli. How these sections were used for each problem, will be stated at the appropriate places.

Most of the thin sections were stained with hematoxylin and PAS, the 100 μ sections with borax carmine. The specimen used to study structure (case 8) was fixed and stained according to the method of BORST (boiling in formol and staining with Delafield's hematoxylin).

Structure of the glomerulus

The renal glomerulus is conventionally thought of as a mass of capillaries which arise from the arteriola afferens and converge into the arteriola efferens (Fig. 1). This idea is based on a misinterpreted drawing by VIMTRUP (1928). VIMTRUP's observations were based on stereoscopic examination of injected blood channels.

Fig. 1. Schematical representation of the classical concept of glomerular structure as a bundle of individual capillarie

He described the course of their lumina only, not considering endothelial and epithelial tissue surrounding these lumina. He designed a stereographic illustration of these channels; and he did not make any statement on the histological structure of the glomerulus. His beautiful picture was, however, misinterpreted by later authors as portraying capillaries in the customary sense of that word. If the glomerular blood channels were truly capillaries, they should be individually wrapped by cylindrical sleeves of basement membrane (insert of Fig. 1). On the basis of very thin sections such as shown in Figs. 2 and 3 BORST (1931) contested the idea of capillaries in the strict sense of the word, but proposed the idea that many blood channels are surrounded by a common basement membrane with endothelium like cells intervening. Also electron micrograms such as Fig. 4 show a common basement membrane surrounding several blood channels.

ZIMMERMANN (1933) interpreted pictures such as our Figs. 2, 3, 5 and 6 as indicating that the glomerular capillaries are suspended in a branching, flat, mesentery like sheet which he called mesangium.

Stereological methods have enabled us (ELIAS, 1957) to decide whether the concept of capillaries or one of the other two (BORST's or ZIMMERMANN's) concepts is correct. The decision between the existence or non-existence of a mesangium can, as Bohle and Herfarth (1958) have pointed out, not be made by stereological means. By the transillumination of living kidneys, Elias, Hossmann, Barth and Solmor (1960) could demonstrate that in at least large portions of the frog glomerulus no mesangium exists, because the blood channels shift rapidly within the "lamina

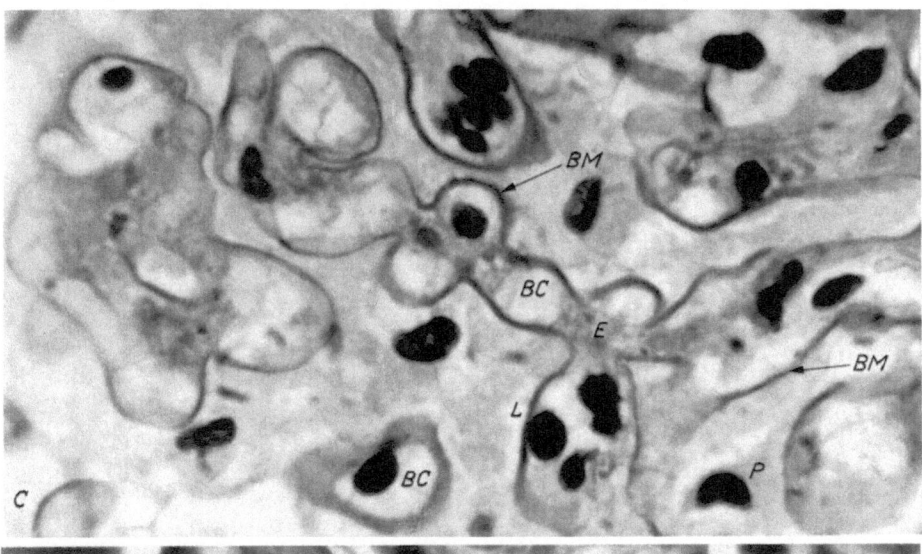

Fig. 2

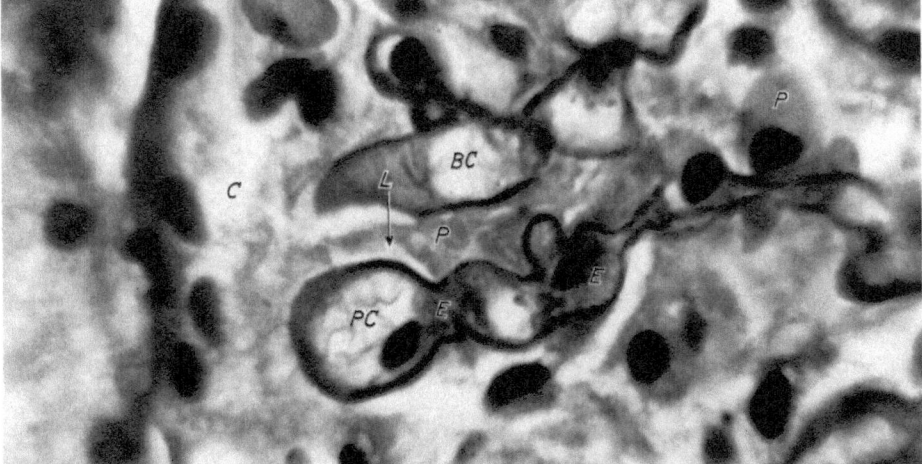

Fig. 3

Figs. 2 and 3. Thin sections (2 μ) of human glomeruli from a patient with bleeding duodenal ulcer, fixed in boiling formol and stained with Delafield's hematoxylin (Borst's method). *BC* blood channel; *BM* basement membrane; *C* capsular space; *E* endenchyma; *L* subpodocytic lacuna; *P* podocyte

vasculosa glomeruli" in directions transverse to their axes, that at other times, a blood channel exists only temporarily and that new blood channels appear piercing previously solid "endenchyma", as the specialized endothelium of the glomerulus has been called (Elias, 1957). Transverse shifting of blood channels would not be possible, if a permanent mesangium intervened between two successive loci for a blood channel. The question of the existence or non existence of a mesangium is, for the present study, irrelevant, for Bohle and Herfarth found that a mesangium does in fact exist near the vascular pole in man (which we had not observed) and is usually absent in the peripheral portions of the glomerulus. Moreover, personal unpublished observations have demonstrated that in certain animals a very well

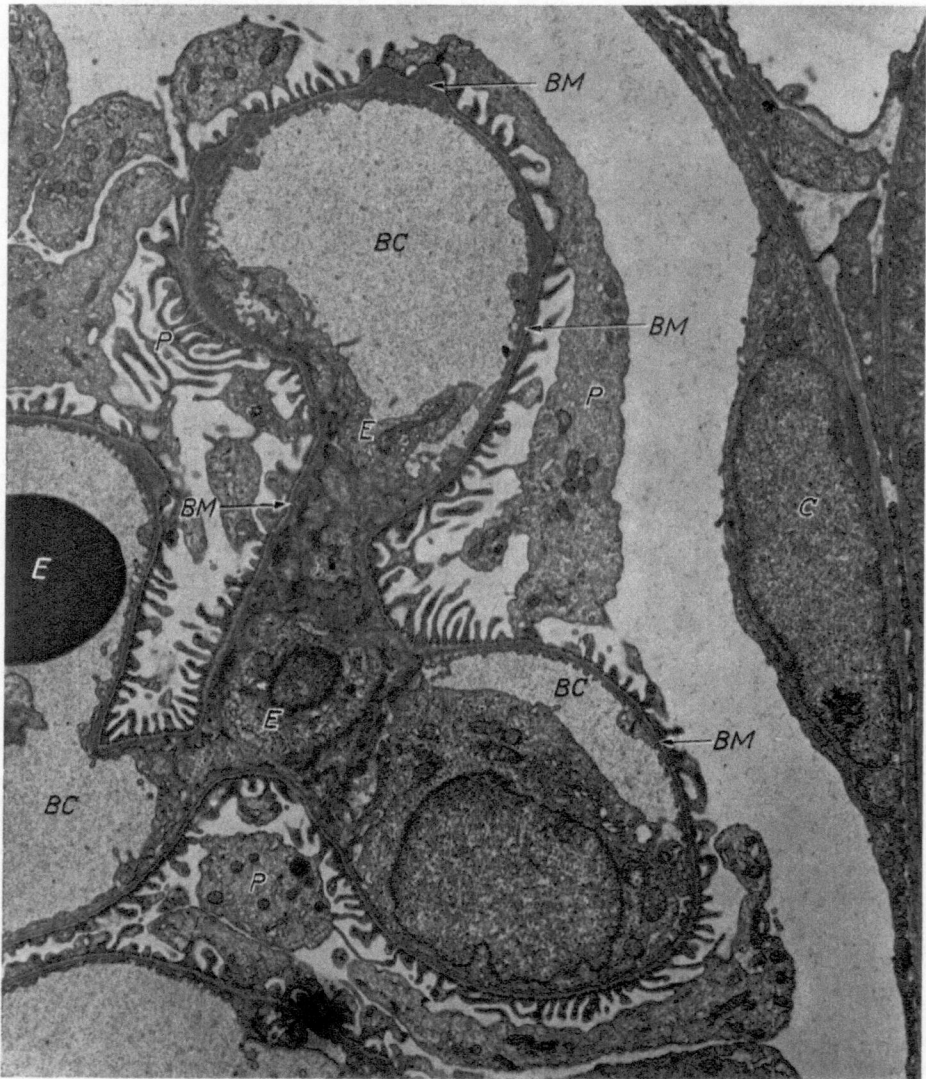

Fig. 4. Portion of mouse glomerulus and glomerular capsule. Blood channel (*BC*) is lined by endenchyma (*E*) which is apposed to basement membrane (*BM*). Podocytes (*P*) and capsular epithelium (*C*) line lumen. Electron microgram by Dr. Steven L. Wissig, University of California Medical Center, San Francisco

developed mesangium does exist, such as in the muskrat *Ondatra zibethicus*, the soft shelled turtle *Amyda ferox* and the tortoise *Gopherus berlandieri*, while in the alligator *Alligator mississipiensis* and in the frog *Rana pipiens* a mesangium could not be demonstrated. In the mouse a mesangium seems to exist, while in the rabbit we were not able to detect it.

The stereological determination of glomerular structure is based on the fact that the form of a section depends on the shape of the object that has been cut and on the angle and level of sectioning. The shape of a section is quantitatively described as its *axial ratio Q* i.e. the quotient of $\frac{\text{length}}{\text{width}}$.

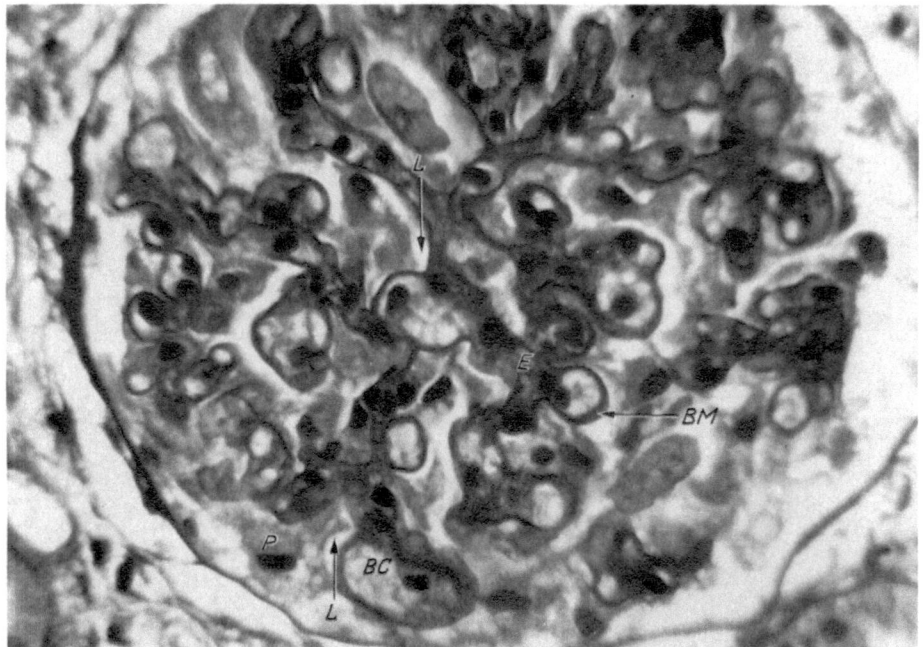

Fig. 5. Thin section of glomerulus at lower power. Preparation and labels same as Figs. 2 and 3

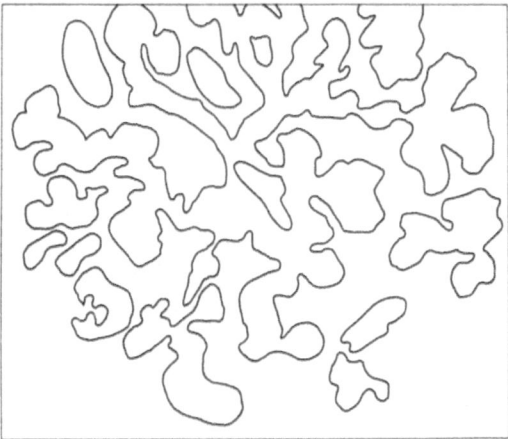

Fig. 6. Tracing of basement membrane in Fig. 5

Every section through a sphere is a circle, i.e. a figure just as long as it is wide. Its axial ratio equals $d/d = 1$ (where d is the diameter of the circle). When cutting a circular cylinder, every section is an ellipse the axial ratio of which equals the cosecant of the angle which the axis of the cylinder forms with the cutting plane

(Fig. 36). Elias, Sokol and Lazarowitz (1954) and Hennig (1957) have shown that there is a characteristic distribution of axial ratios among the sectional ellipses if circular cylinders are randomly cut. 75% of them are "short", i.e. their axial ratios are between 1 and 2; 25% are more oblong. It can also be shown that 50% of sections will be shorter than $\lceil 2$ and 50% will be more oblong. Inspecting the sections of blood channels in Figs. 2, 3, 5 and 28, right one sees that most of them are "short" and few are "oblong". Measurements and counts of 300 glomerular

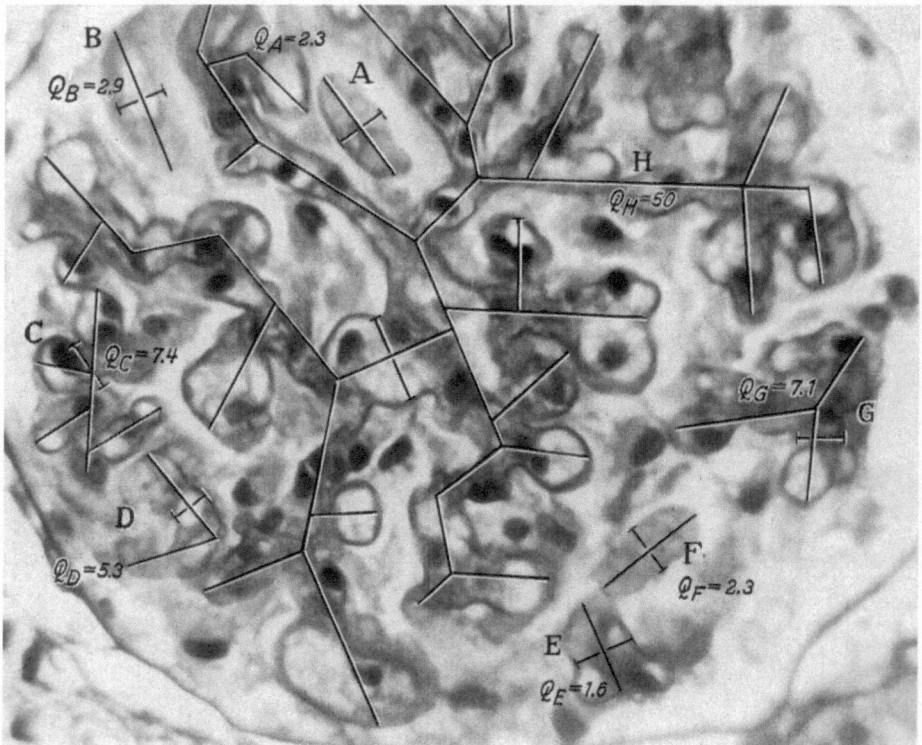

Fig. 7. A light print of Fig. 5, showing how axial ratios of sections through parts of a glomerulus are determined

blood channels were made. The distribution of their axial ratios approximated that which would theoretically be expected of sections through circular cylinders (Table 2). The total absence of sections with $Q > 8$ is due to the curvature of the glomerular blood channels. The theoretical percentages in the first column

Table 2. *Axial ratios of glomerular components*

Axial ratios	Theoretical: Circular cylinders %	Observed: Glomerular blood channels %	Theoretical: Thin disks %	Observed: Lamina vasculosa glomeruli %	Theoretical: Sheets of infinite extension %
1—2	75	89.0	3.2	0.0	0.0
2—4	18.3	7.0	10.2	6.0	0.0
4—8	5.1	4.0	20.5	11.0	0.0
>8	1.6	0.0	66.1	83.0	100.0

of Table 2 are based on the assumption that all cylinders are straight. We conclude that glomerular blood channels are cylindrical and curved.

Turning to the areas surrounded by the basement membrane, we measure their total length. We consider the total length of each stripe and divide it through its estimated, average width. Since the larger areas of this kind are branched, the lengths of all branches of one figure are added (Fig. 7); and this sum is divided by the estimated, average width. In Figs. 5 and 7, for example, we see one figure which measures in total length 650 μ; and its estimated average width is 13 μ; its axial ratio $Q = 50$. Another figure (A) has an axial ratio of $Q = 2.3$; figure (C) has a $Q = 7.4$. 102 such figures were measured. The distribution of their axial ratios is shown in the fourth column of Table 2. In a previous publication (ELIAS, LAZARO-

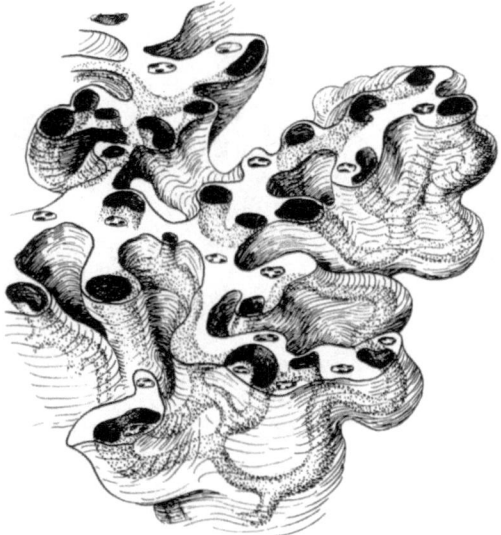

Fig. 8. Reconstruction from 35 serial sections, 2 μ thick, of a human glomerulus (case 8) showing the *lamina vasculosa glomeruli* (from ELIAS, 1957)

WITZ and SOKOL, 1955) distributions of axial ratios of random sections through disks and through sheets of infinite extension have been estimated. These estimated theoretical distributions are shown in the third and fifth column of Table 2. Obviously the object delimited by the basement membrane is intermediate between a flat disk and a sheet of infinite extension. The conclusion was reached that it might be a branched sheet of finite extension. Reconstructions from serial sections, 2 μ thick confirmed this stereologically obtained interpretation (Fig. 8).

Combining the information gained by stereology, reconstruction, corrosion preparations and transillumination a stereogram of the human, renal glomerulus (Fig. 9) can be designed. The glomerulus is in essence a flat, branched sheet called *lamina vasculosa glomeruli*, filled with a continuous mass of specialized endothelium, called *endenchyma* which is tunneled by transitory, cylindrical, anastomosing *blood channels* (not capillaries). The widest among these blood channels are found near the periphery of the leaves of the lamina vasculosa, as BOHLE and HERFARTH (1958) have shown. These larger channels are relatively permanent in their location and direction of blood flow. They have been seen to remain at the same location for up to two hours (longest time of observation) while the smaller blood channels may shift in a fraction of a second.

The existence of a mesangium near the vascular pole and even to a greater depth does not affect this basic structure of the glomerulus.

Before concluding this chapter, we may mention that in the above discussion, the visceral epithelium of the glomerular capsule which is composed of the large

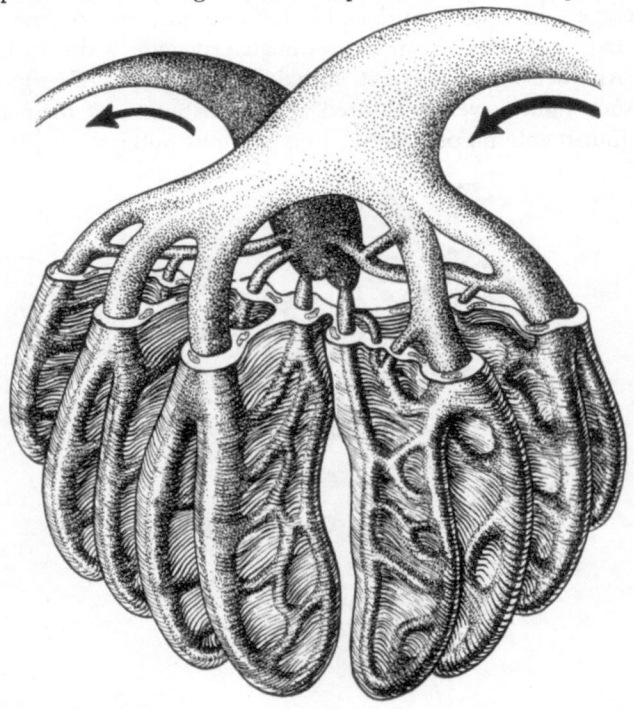

Fig. 9. Schematical stereogram of human glomerulus showing that it is a branched sheet in which cylindrical blood channels course (from Elias, 1957)

podocytes (epicytes or pericytes) has not been included. But they will be considered below. These interesting cells sit upon the basement membrane. In fact, if we use the term "glomerulus" in this report, we consider that

$$glomerulus = lamina \ vasculosa \ glomeruli + podocytes.$$

The sizes of glomeruli

Frequently the term glomerulus is used synonymously with renal (Malpighian) corpuscle. This paper deals with the glomerulus only. The glomerular (Bowman's) capsule is not included. But the visceral epithelium of the capsule, composed of "podocytes" is included.

Various methods have been used by previous authors to determine glomerular size.

Maceration has often been employed to isolate individual nephra and to measure their dimensions. The best known work in this field is that by Oliver, MacDowell, Muriel, and Tracy (1951), and by Sperber (1944). The most recent is a paper by

FETTERMANN, SHUPLOCK, PHILIPP and GREGG (1965). These authors measured the diameters of Bowman's capsules taken at the parietal side but not that of the glomeruli. Even considering the fact that the capsule is larger than the glomerulus, because it surrounds it, the figures given by these authors are astonishingly high when compared with our measurements. We repeated, therefore, their procedure, macerating formol fixed blocks of kidney in hydrochloric acid and found a considerable swelling. Maceration is certainly of great value for purposes of comparison and to study entire nephra, but it will not yield sufficiently precise results on glomerular dimensions.

We shall now pass to our own stereological methods. Glomeruli are irregularly spheroid in shape. Slightly oblate ellipsoids in which the axis passes through the vascular pole seem to predominate. Spheres and slightly prolate ellipsoids are rare. We did, however, not attempt to determine the range of shapes, but we treated them as if they were spheres. It will be seen that this slight simplification leads to usable results.

Requirements of section cutting

The first requirement is excellent sectioning and perfect straightening out of the slices on the slide. This requirement is facilitated by the fact that serial sections are not required in mathematical stereology which is based on random sampling. The sections, therefore, as they come from the microtome are transferred to a water bath. And from each block the best is selected. Those which are not straightened out completely are discarded. After the best section is mounted on a slide its shape and dimensions are compared with those of the exposed surface of the block. During this phase compression, if it has occurred, can be detected. If compression is found, the knife is freshly sharpened; and this is repeated until perfect sections are obtained.

The sections were stained with Harrison's hematoxylin and P.A.S. especially to demonstrate basement membranes and the brush border of proximal convoluted tubules.

Strange as it seems, the determination of size range of spheres from their sections is one of the most difficult problems of stereology. All known methods are approximations and based on the artifical assumption of a discontinuous, discrete size distribution, except for the analytical method of LENZ (1954, 1956) which is so difficult to use that it has never been possible to apply it to a concrete, practical problem. LENZ's theory is based on the assumption that it is possible, after a series of measurements is made, to find an algebraic function $f(x)$, giving the frequency f of the variable diameters x of sectional circles so that $f(x)$ is congruent with a curve plotted from measurements. From $f(x)$, by LENZ's method, a highly trained mathematician can arrive at a function $F(X)$ which indicates the frequencies F of diameter X of spheres.

BACH has developed methods to achieve the same end which do not require the finding of a function of that kind and he also considers section thickness (this volume p. 23).

For the sake of simplicity and ease of understanding, we have applied in this paper, two very elementary methods for the determination of the size ranges of glomeruli.

Estimation of section diameters

Previous investigators (e.g. Zolnai and Palkovits, 1965) estimated the approximate diameter of glomeruli by measuring the longest and the shortest diameter of the elliptical sections and calculating their arithmetic mean. Our simplified method, which originated in a slightly less efficient fashion a few years ago (Elias, Hennig and Elias, 1961) have now been improved as follows:

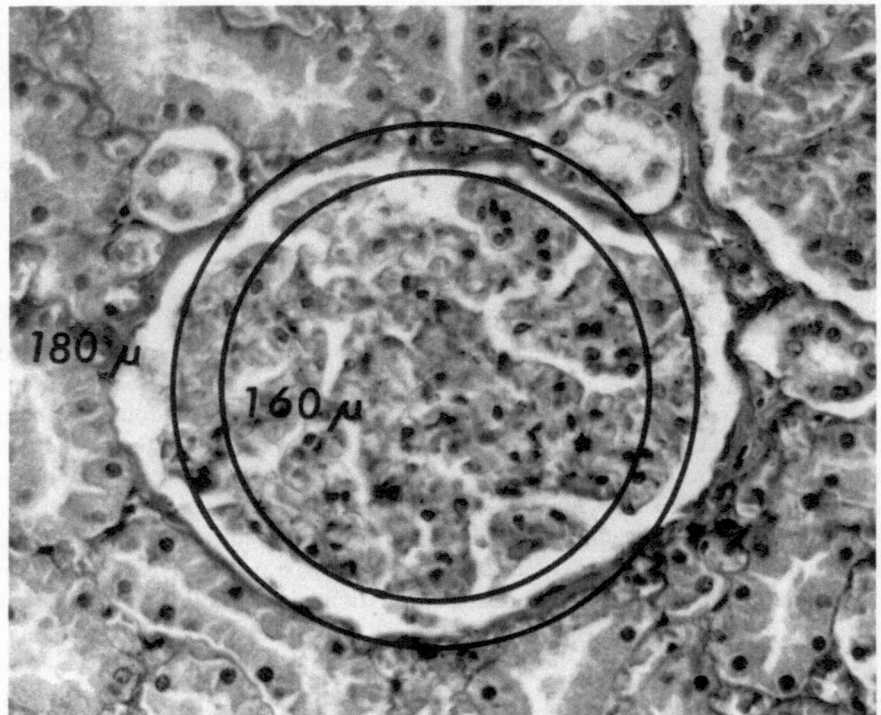

Fig. 10. Estimating the size of a glomerular section by fitting it between two circles of given diameters representing lower and upper class limits

Class limits are selected. These are based on the diameters of the largest glomerular section found in the sample. For adult kidneys which are up to 220 μ in diameter, the intervals between class limits were set at 20 μ. For glomeruli of infants which measure maximally 100 μ in diameter, the intervals between class boundaries were set at 10 μ.

Pairs of concentric circles were drawn. Their diameters corresponding to the lower and upper class boundaries. By superimposing the image of a section through a glomerulus upon these pairs of circles, each glomerular section can easily be put into a class. In case of doubt, the glomerulus was counted half in the next higher, and half into the next lower class.

Fig. 10 shows an example for the application of the pattern.

Each glomerular section is put, as a line, into the appropriate column of a record card, as shown in Fig. 11. And as the work proceeds, there emerges, gradually, a histogram like pattern giving the observer some preliminary, visual conception about the progress of the work.

We consider the number of sections sufficient when the trend of the developing pre-histogram does not appreciably change with increasing numbers of measurements. While we began with samples of well over 1000 measurements, we came, by experience, to the conclusion, that 300 size estimates are sufficient for our purposes. More numerous measurements do not decisively increase the accuracy. Fig. 11 shows the progress of such classification in a specific case. The same card was photocopied during several phases of the work. The reader will notice a gradual smoothening out of the "curve".

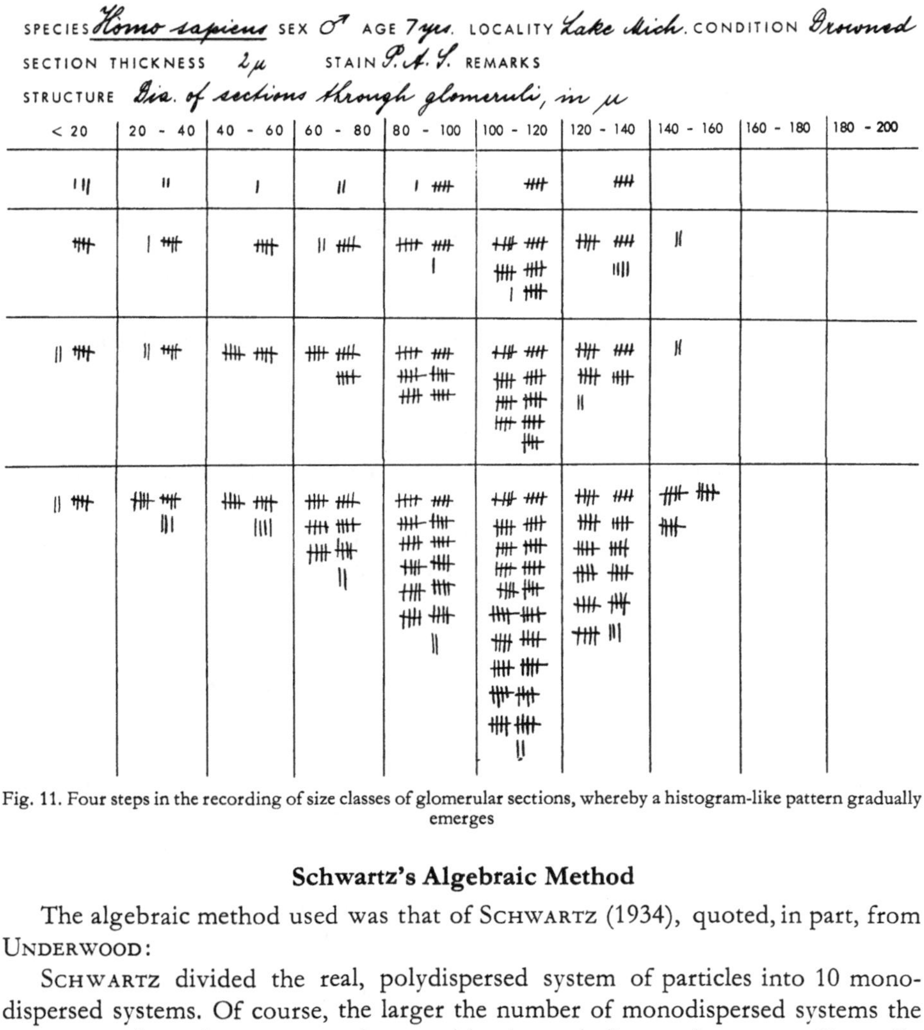

SPECIES *Homo sapiens* SEX ♂ AGE *7 yrs.* LOCALITY *Lake Mich.* CONDITION *Drowned*

SECTION THICKNESS *2 μ*   STAIN *P.A.S.* REMARKS

STRUCTURE *Dia. of sections through glomeruli, in μ*

< 20	20 – 40	40 – 60	60 – 80	80 – 100	100 – 120	120 – 140	140 – 160	160 – 180	180 – 200
‖‖	‖	‖	‖	‖ ‖‖	‖‖	‖‖			
‖‖	‖ ‖‖	‖‖	‖ ‖‖	‖‖ ‖‖ ‖	‖‖ ‖‖ ‖‖ ‖‖ ‖ ‖‖	‖‖ ‖‖ ‖‖‖	‖		
‖ ‖‖	‖ ‖‖	‖‖ ‖‖	‖‖ ‖‖ ‖‖	‖‖ ‖‖ ‖‖‖ ‖‖‖ ‖‖ ‖‖	‖‖ ‖‖ ‖‖ ‖‖ ‖‖ ‖‖ ‖‖ ‖‖ ‖‖	‖‖ ‖‖ ‖‖ ‖‖ ‖	‖		
‖ ‖‖	‖‖ ‖‖ ‖‖	‖‖ ‖‖ ‖‖‖	‖‖ ‖‖ ‖‖ ‖‖ ‖‖ ‖‖ ‖‖ ‖‖ ‖‖ ‖‖ ‖	‖‖ ‖‖ ‖‖ ‖‖ ‖‖ ‖‖ ‖‖ ‖‖ ‖‖ ‖‖ ‖‖ ‖‖ ‖	‖‖ ‖‖ ‖‖ ‖‖ ‖‖ ‖‖ ‖‖ ‖‖ ‖‖ ‖‖ ‖‖ ‖‖ ‖‖ ‖‖ ‖	‖‖ ‖‖ ‖‖ ‖‖ ‖‖ ‖‖ ‖‖ ‖‖ ‖‖ ‖‖ ‖‖ ‖‖ ‖‖ ‖	‖‖ ‖‖ ‖‖		

Fig. 11. Four steps in the recording of size classes of glomerular sections, whereby a histogram-like pattern gradually emerges

Schwartz's Algebraic Method

The algebraic method used was that of SCHWARTZ (1934), quoted, in part, from UNDERWOOD:

SCHWARTZ divided the real, polydispersed system of particles into 10 monodispersed systems. Of course, the larger the number of monodispersed systems the more complete the correspondence with the polydispersed system. Generally speaking, however, complete correspondence requires an infinitely large number of monodispersed systems. For practical purposes, subdividing the polydispersed system into 10 to 15 monodispersed systems is adequate. In the case of the glomeruli, due to the irregularity of their shapes, a division into more than ten size groups is impossible.

Consider that a polydispersed system of spheres does not vary continuously, but that the spheres exist in 10 discrete size intervals. Let the number of spheres per unit volume be

$$N_1, N_2, N_3, ..., N_{10},$$

having radii, in terms of the largest radius r, of

$$0.1\ r, 0.2\ r, 0.3\ r, ..., r,$$

respectively. The latter terms may be expressed more simply as

$$r_1, r_2, r_3, ..., r_{10}.$$

The number of sections observed in each size group

$$n_1, n_2, n_3, ..., n_{10}$$

will have radii lying between

$$0 \text{ and } r_1, r_1 \text{ and } r_2, r_2 \text{ and } r_3, ..., r_9 \text{ and } r_{10}.$$

Note that the spheres are hypothetically assumed to have fixed diameters, but the section radii vary between limits.

Obviously, all sections of the largest group (between r_9 and r_{10}) belong only to spheres with the maximum radius, r_{10}; i.e. the spheres of the tenth group. For spheres of radius r_{10} to form sections with radii ranging between r_9 and r_{10}, the distance between the centers of the spheres and a random secant plane must range between zero and $r_{10}\sqrt{1-0.9^2}$ on both sides of the plane; i.e., within a volume equal to $2r_{10}\sqrt{1-0.9^2}$.

Since n_{10}, the total number of sections in the tenth group, is known, we can readily determine the number of spheres of maximum size per unit volume, N_{10}.

$$N_{10} = \frac{n_{10}}{\sqrt{1-0.9^2}}\ \frac{1}{2r_{10}} = \frac{2.29\,n_{10}}{2r_{10}}.$$

Note that $(2.29\,n_{10})$ is equal to the number of spheres whose centers lie within a distance r_{10} of the plane of observation.

Having determined the number of spheres of maximum size, we then proceed to calculate the number of spheres of the next smaller size, N_9. Again we need to know the number of sections in the ninth group that originate only from spheres in the ninth group. We must subtract, from the total number of sections of the ninth group, those sections that belong to spheres of the tenth group.

The probability that a sphere of radius r_{10} will be intersected by a plane so as to yield a section with radius falling between 0.8 and 0.9 of r_{10} is equal to

$$p = \frac{h}{r_{10}} = \frac{r_{10}\sqrt{1-0.8^2} - \sqrt{1-0.9^2}}{r_{10}} = 0.164.$$

Hence the number of sections with radii between r_8 and r_9 due to spheres of radius r_{10} is 0.164 $(2.29\,n_{10})$, and the number of these sections per unit area due only to spheres of radius r_9 is equal to

$$\frac{\sqrt{0.9^2 - 0.8^2}}{0.9} = 0.458.$$

Then, as before, we divide the number of sections due to the same size sphere by their probability and obtain

$$N_9 = \frac{n_9 - 0.164\,(2.29\,n_{10})}{0.458} \cdot \frac{1}{2r_9} = \frac{2.43\,n_9 - 0.91\,n_{10}}{2r_{10}}.$$

By extending this method, step by step, until all the sections are exhausted, expressions are developed for N_8, N_7, N_6, etc. Moreover, the coefficients can be calculated and tabulated for future use. SCHWARTZ prepared such a table of coefficients, based on 10 subdivisions, and with all radii in the denominators expressed in terms of $2r_{10}$ (since $r_9 = 0.9\,r_{10}$, $r_8 = 0.8\,r_{10}$, etc.). His coefficients are given, with some modifications, in Table 3.

In general, the equation for SCHWARTZ's method may be set up as

$$N_i = \frac{A_i\,n_i - A_{(i+1)}\,n_{(i+1)} - A_{(i+2)}\,n_{(i+2)} - \ldots - A_{10}\,n_{10}}{2r_{10}},$$

where the A_i are the coefficients in Table 3 and the n_i are the measured number of sections of size i per unit area. If N_7 is desired, for example, one obtains the following

$$N_7 = \frac{2.79\,n_7 - 1.02\,n_8 - 0.32\,n_9 - 0.16\,n_{10}}{2r_{10}}.$$

As mentioned previously, N_i can be calculated directly for any desired value of i.

Instead of radii used by SCHWARTZ we have used diameters because they can be measured more easily. The diameters have, of course, the same frequencies as do radii. Mr. SYLVANUS A. TYLER and Mr. MERLIN H. DIPERT of the Argonne National Laboratory programmed their G. E. Computer Model 225 with the Schwartzian formula and coefficients and processed our observational data for us.

Hennig's graphical method
(specifically developed for the present study)

A much more precise and at the same time easily comprehensible procedure has been developed specifically to deal with the data of the present study. This method is entirely graphic. One of its advantages is that it permits re-classification of the coarse, observational measurements into a greater number of groups whereby the results are more precise than those obtainable with the Schwartz method.

The graphic method (developed by HENNIG) to be described below is capable of eliminating errors based on the nature of the material.

Let us take a special case, the case of a six month old female baby, which is arithmetically easy because the largest glomerular section observed was in the category of 90—100 μ. This means that her largest glomerulus measured about 100 μ in diameter. In Fig. 12 the observed values are indicated by blocks outlined in heavy lines. A smoothed out curve has been drawn over the observed sectional frequencies. By means of this curve, a subdivision of the original 10 classes into 20 classes has become possible. We also group the spheres, whose frequencies are not yet known, into classes having the same boundaries as the sectional circles assuming that the spheres in each class are all of equal size, namely of that of the upper boundary of the class. In making this artifical assumption, we still remain well below the inaccuracy of possible size estimation. As in the method of SCHWARTZ, we notice that *all* the sectional circles from the class of largest circles have been contributed by the sections through the largest spheres.

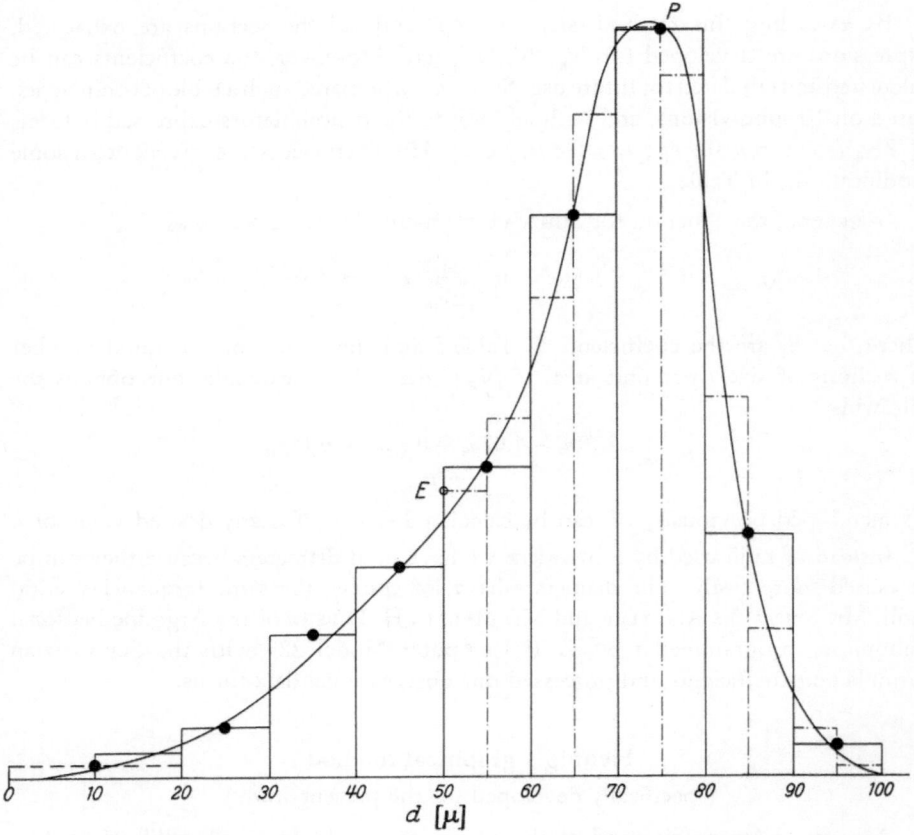

Fig. 12. Histogram of observed section sizes (heavy outlines) with superimposed, smoothened out curve, from which 20 size classes (dotted lines) were graphically derived

Let us now assume that we deal only with these largest spheres the diameters of which measure between 95 and 100 μ. But we assume that they are all 100 μ in diameter.

Fig. 13 shows how many sectional circles of each size class are contributed by these large spheres.

The ordinate $x \cdot a$ of the last rectangle in Fig. 14 equals the contribution of largest circles from the largest spheres. All we have to do now is to draw rectangles of altitudes $x \cdot a$, $x \cdot a'$, $x \cdot a''$ etc. in the same proportions as in Fig. 13 into the successively smaller size classes of circles (black areas in Fig. 14). Then we do the same thing with a quadrant of a circle, 95 μ in diameter (to the right of Fig. 13).

The corrected frequency percentage for circles 90—95 μ in diameter is the altitude of the column seen just below the last black dot in Fig. 12. It contains the contribution $x \cdot a'$ from the largest sphere class. And this is the black little rectangle at the bottom of the penultimate column in Fig. 14. But spheres 95 μ in diameter (always assuming that each class is wholly made up of spheres having the upper class limit as their common diameter) contribute $y \cdot b$ circles to this size group. This contribution is left white in Fig. 14. Now, using a method analogous to Fig. 13, we find the contributions to the classes of smaller circles from spheres of $D = 95$ μ. The altitudes of these circles are stacked upon the contributions to the same classes from the largest spheres. They are white in Fig. 14.

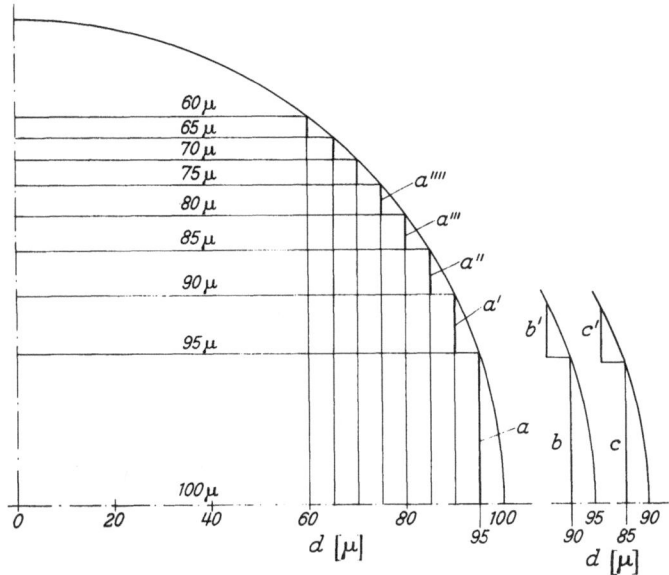

Fig. 13. The largest sphere has a diameter equal to that of the largest observed section. This figure illustrates the proportional contribution of all size classes of sectional circles from the spheres of largest size. Evidently, the largest sections are most numerous, smaller sections become increasingly rare

We proceed further to the smaller and smaller dimensions. And every time we stack the new contributions upon the old. And we notice that, for a while, the smaller the spheres are, the more significant do their contributions to smaller circles become. This is due to the fact that we are approaching the maximum of glomerular size frequency.

Let us now designate the contribution of spheres of diameter D_n to any particular group of cicles d_m as $C_{n(m)}$. We shade in Fig. 14 the contributions $C_n(m; m-5; m-10; \ldots, 5)$ for each m with the same kind of shading. Then all the equally shaded areas together are the total contribution of spheres of size class D_n. The contribution of the largest size class of spheres is proportional to the quotient x of the contributing column $x \cdot a$ in Fig. 14 divided by a of Fig. 13. For the smaller spheres, analoguous procedures will lead to their relative contribution, $y, z \ldots$

It will be seen that in the particular example chosen (of the 6 month old baby), there is a point in the curve of Fig. 12, namely the point P, to the left of which the contributions of smaller and smaller spheres decreases, until a point E is reached where the entire column has been filled with contributions of spheres of larger size. From here on to the left, no spheres exist any longer. Thus, in the particular

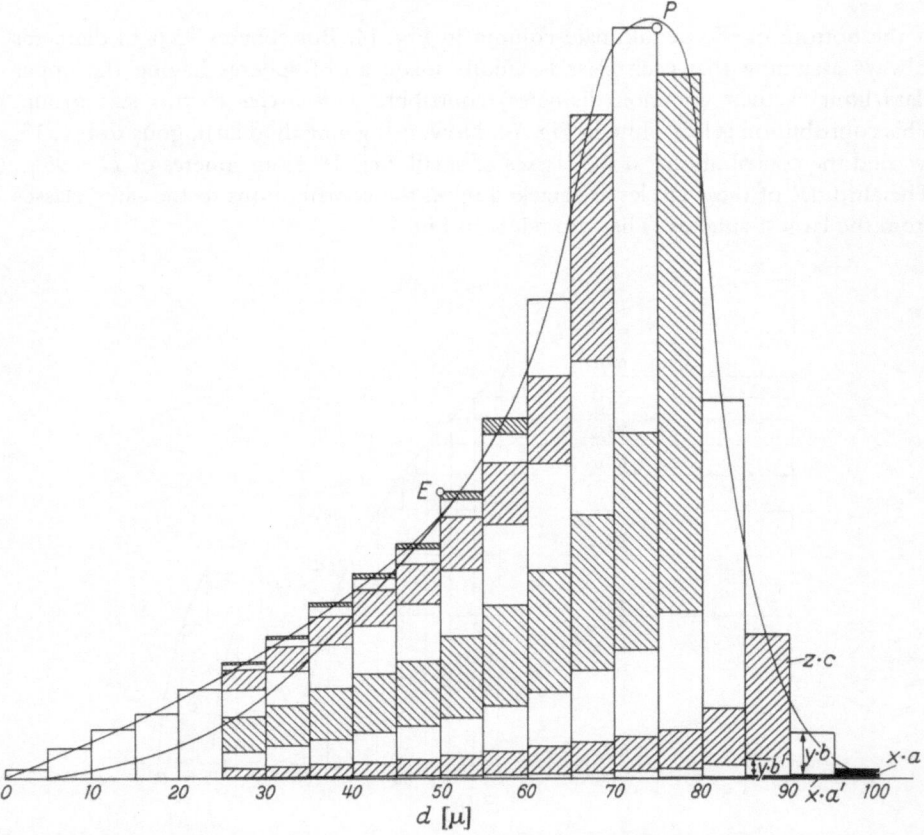

Fig. 14. Construction of size distribution of spheres from the observed size frequencies of sectional circles as shown in Fig. 12, using the contribution frequencies as derived in Fig. 13

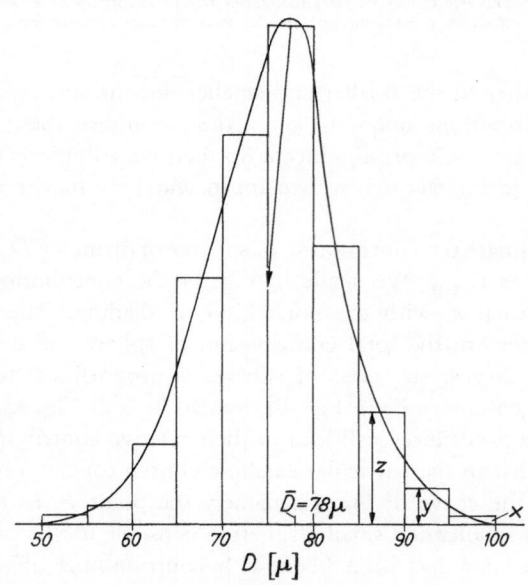

Fig. 15. Distribution of glomerular sizes in a 6 month old infant

example, the smallest sphere measures between 50 to 55 μ in diameter. We obtain the histogram and curve shown in Fig. 15.

The absence of spheres below a certain size is not a geometrical necessity; but it is one of the facts which we have found out for glomeruli of this particular individual by the measurement of sections. It is quite possible, especially when considering non-living spheres, such as fat droplets (see WASSERMANN, P. ELIAS and TYLER), or mercury droplets that there is no lower limit to the size of the spheres. In glomeruli, however, we are dealing with complex, living structures whose size is governed by genetics and age and it must fit into the physiological limits of possible functional usefulness. For glomeruli, then, there are upper and lower size limits and there is a size maximum which most probably coincides with the optimum of physiological performance for any particular individual, at a particular age under specific physiological or environmental circumstances.

Sources of errors

The major source of error in finding frequency distributions of sections through spheres is the impossibility to record the small size groups correctly, if at all. BACH (1965) has proposed to compensate for this difficulty by extrapolation of the distri-

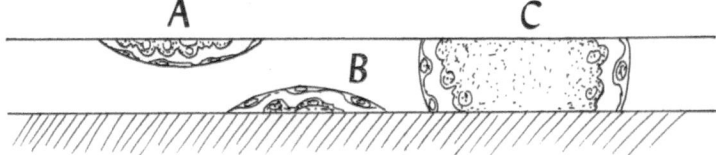

Fig. 16. Diagram to explain why small sections are often not visible, also to show which sections to use for direct measurements

butions to the left. There are various reasons for this difficulty with which every investigator who ever tackled this problem, be he a metallurgist, a mineralogist or histologist, has been confronted. One reason is that many of the small, polar segments fall out of the slice. Fig. 16 represents a perpendicular section through a histological "section" of kidney cortex illustrating, however, only the renal corpuscles. Portion A of a glomerulus originally held in place by the paraffin in the glomerular capsule, has nothing to hold it in place after deparaffinization, while the portions B and C will stick to the slide. Another factor of the deficiency in the smaller size classes is the impossibility of identifying by morphological criteria, a very small piece of a glomerulus. Fig. 17 shows a polar section of a glomerulus just large and thick enough to be identified. The same piece if cut 2 μ nearer the pole would show only podocytes which could not be distinguished in the light microscope from desquamated tubular epithelial cells.

The third difficulty of placing a small piece which is present, visible and identifiable into the proper size group is the irregularity of the shape of the glomerulus. Fig. 18 illustrates this point. If a glomerulus were an exact sphere all sections equidistant from its center, no matter on which side of the sphere they might be located, would be of equal size. But a real glomerulus has a very bumpy surface; and so it may happen that one section near the pole is very small, if the glomerulus has a pronounced, small protuberance on that size, such as piece *A*; and another section cut near a flattened end (such as piece B in Fig. 18) is much larger than geometric rules would have it.

For fat cells, there is still a fourth reason for the invisibility of polar calottes. But this difficulty is discussed in the paper by Wassermann and co-workers in this volume.

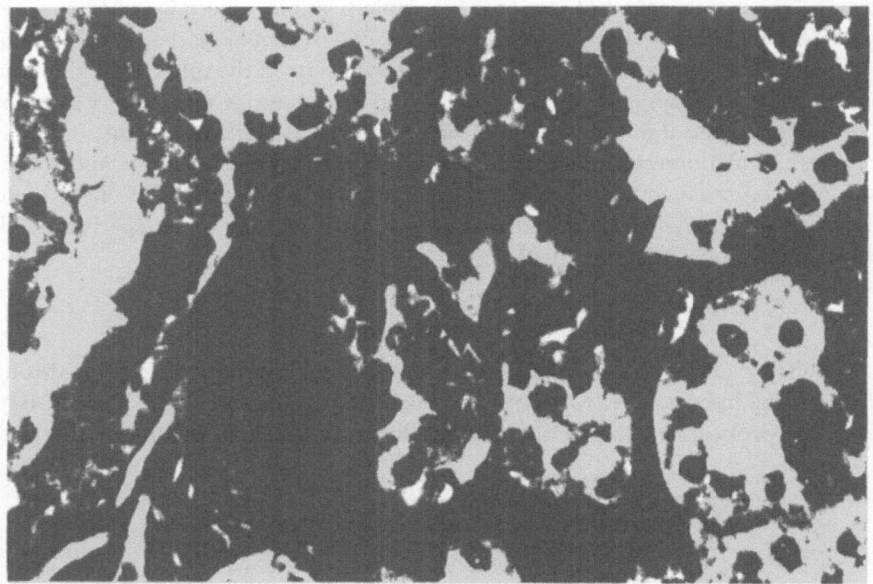

Fig. 17. Section of a glomerulus near a "pole". It is just recognizable. A section, a few microns more distant from the center of the glomerulus would no longer be identifiable

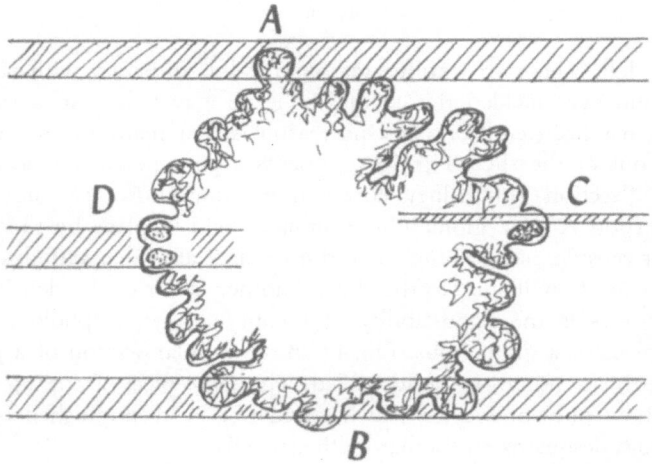

Fig. 18. Some sources for the difficulty in correct estimation of the sizes of glomerular sections

Through all these sources of error irregularities occur near the left end of the histograms for frequencies of sectional diameters. As a consequence, the histograms for spheres obtained from the numerical data, when processed by any algebraic or analytical method, be it the method of Schwartz, Bach or Saltikoff show great irregularities on the side of the small spheres. These irregularities are so great as to result in negative frequencies. For practical purposes, we discard every value positive or negative to the left of that negative value of highest abscissa. We assume that the smallest glomerulus belongs to one category larger than that of the last negative ordinate.

Our new, graphical method eliminates all these difficulties. It assumes that each glomerulus be mentally smoothened out to a sphere of equal volume. It assumes that among glomerular sizes there exists a continuous frequency distribution; and it replaces those small sections which have been missed, by those few which would be expected if we dealt with mathematical spheres. Surely, while the upper size limit for sectional circles equals the equatorial plane of the largest sphere, so is the diameter of sectional circles at the lower limit equal to zero, i.e. where a plane of thickness zero is tangential to the sphere. Being a limit, the frequency of "circles" of diameter zero is likewise zero; and the distribution curve must pass through the origin.

To check on the accuracy of the stereological methods, direct measurements were made of the diameters of whole glomeruli in the three best preserved cases: The 6 month old baby, the 7 year old boy and the 47 year old man. This was accomplished by cutting 100 μ sections from the same blocks previously used. These sections, because of their thickness, were only lightly stained with alum carmine. Only those glomeruli were measured whose equatorial planes were located within the slice. If the image of a glomerulus became larger and then smaller again when focusing up and down (Fig. 16, C), its equator was located in the slice, and it was measured. If by focusing in any one direction (up *or* down) the image keeps growing until the glomerulus disappears from focus, its equator lies outside the slice; and it is not measured.

The data from these measurements are recorded in Table 4, column 4.

One would expect greater accuracy of results (i.e. closer approximation to the size distribution of directly measured glomeruli) from the thinner sections (2 μ). To our surprise, the curves (both by the Schwartz and the Hennig method) derived from 2 μ sections are shifted about 10 μ to the left, while those obtained from 10 μ sections are practically identical with the direct measurements. This is a very astonishing observation; for we consider sections of thickness zero the ideal for stereology, which means that the thinner the section is the more accurate should be the result. It is up to us, now, to find an explanation for this unexpected phenomenon.

The cause of it is, we believe, the fact that the layer of podocytes is included in the measurement. These are very large cells whose cytoplasm takes only a pale stain with P.A.S. With the Borst method (Figs. 2, 3 and 5) the bodies of the podocytes are seen with greater ease. But boiled tissue has not been used for size measurements. A thin section will not have as great a chance to pass through the nucleus as a thicker section so that in a thin section the true periphery of a glomerulus is often not seen. Fig. 18, C and D illustrates this phenomenon.

Table 4 shows the results which we have obtained. But only one complete case will be presented in the form of an illustration (Fig. 19).

Let us now observe, by using the above information how glomeruli grow with advancing age. We present this information using only the three best preserved cases. The age changes are best illustrated in the curves obtained by Hennig's method. Fig. 20 shows it.

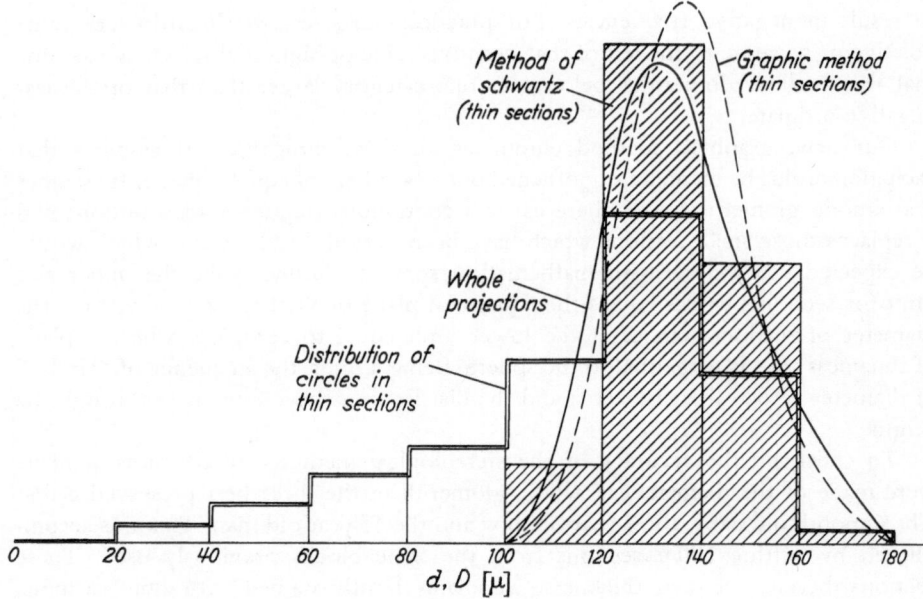

Fig. 19. Glomerular sizes of a 7 year old boy. Observed sizes of glomerular sections 10 μ thick (double outline); histogram of size distribution of whole glomeruli as calculated by Schwart's formula (single outline, shaded); found graphically (5 movthened ont broken line). Size distribution of glomeruli as determined by direct measurements (5 movthened ont heavy line)

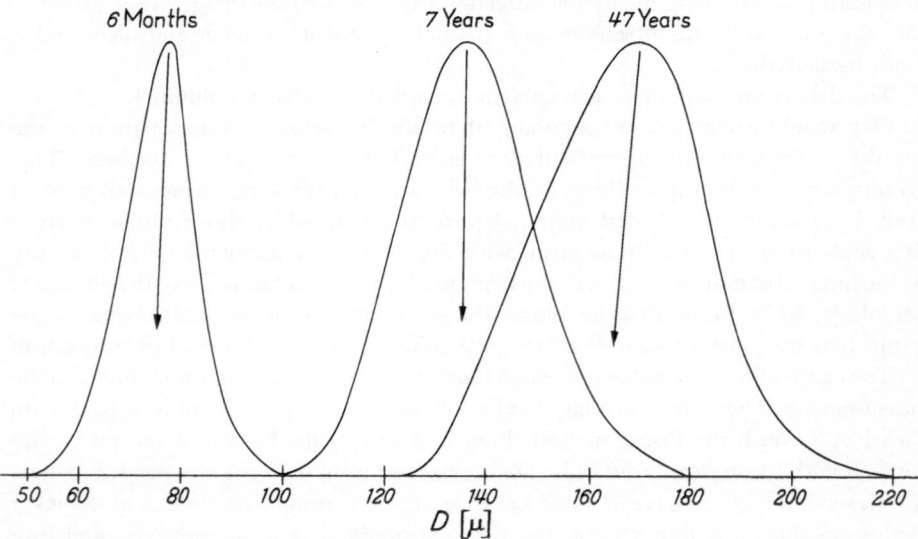

Fig. 20. Size distribution curves of whole glomeruli obtained by the graphical method at three different ages: 6 month old baby; 7 year old boy; 47 year old man

One notices in the curves of Fig. 20 that in an infant the relatively smaller glomeruli are relatively numerous. This fact can be expressed by an arrow connecting the apex of the distribution curve with the center of gravity of the area under the curve. In the 6 month old baby it points to the left. During later childhood the shape of the curve changes so that the arrow points more to the right (middle of

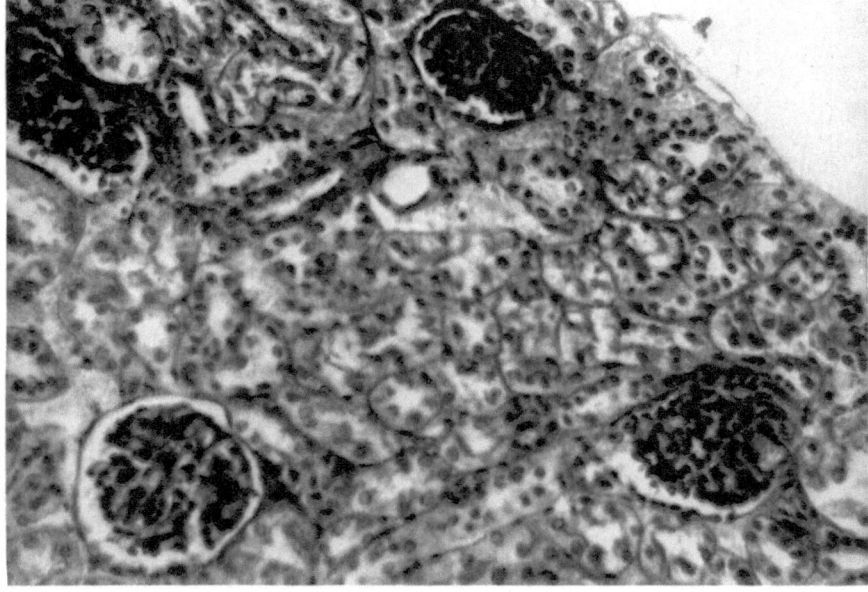

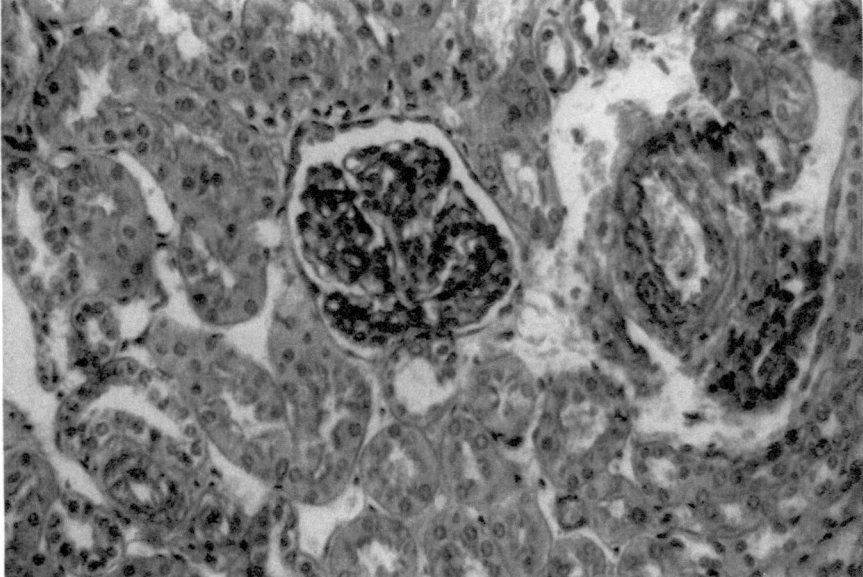

Fig. 21. Outer cortex of kidney of 6 month old infant
Fig. 22. Juxtamedullary cortex of 6 month old infant

Fig. 20). The reason for the relative preponderance of small glomeruli in infants is the fact, that in the outer cortical areas, there are many embryonic glomeruil (Fig. 21), some seem to be just forming from remaining nests of metanephric blastema, while glomeruli nearer the medulla (Fig. 22) are more mature.

It is interesting to compare the size distribution of human glomeruli at various ages with those in some animals. Fig. 23 shows rabbit, deermouse and adult man

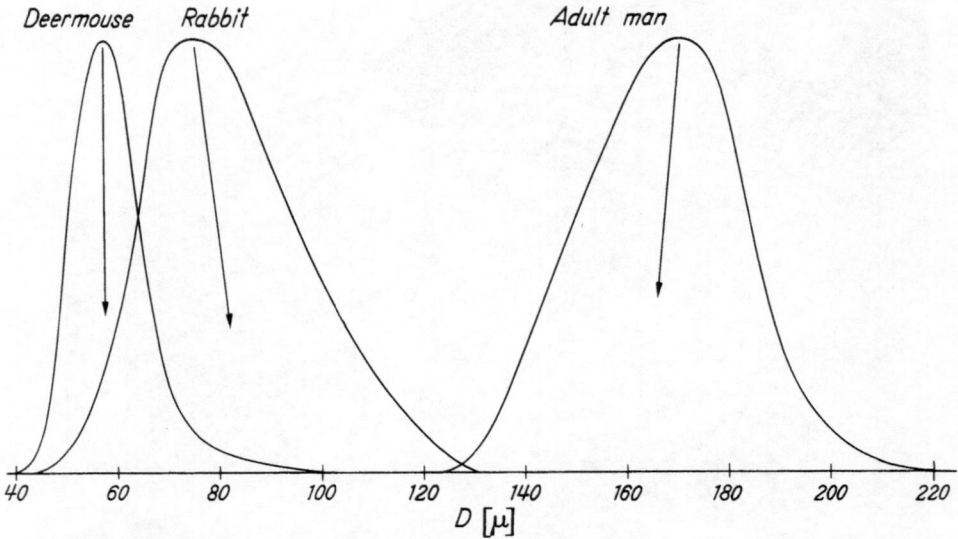

Fig. 23. Size distribution of glomeruli in the rabbit, the deermouse and in a human case

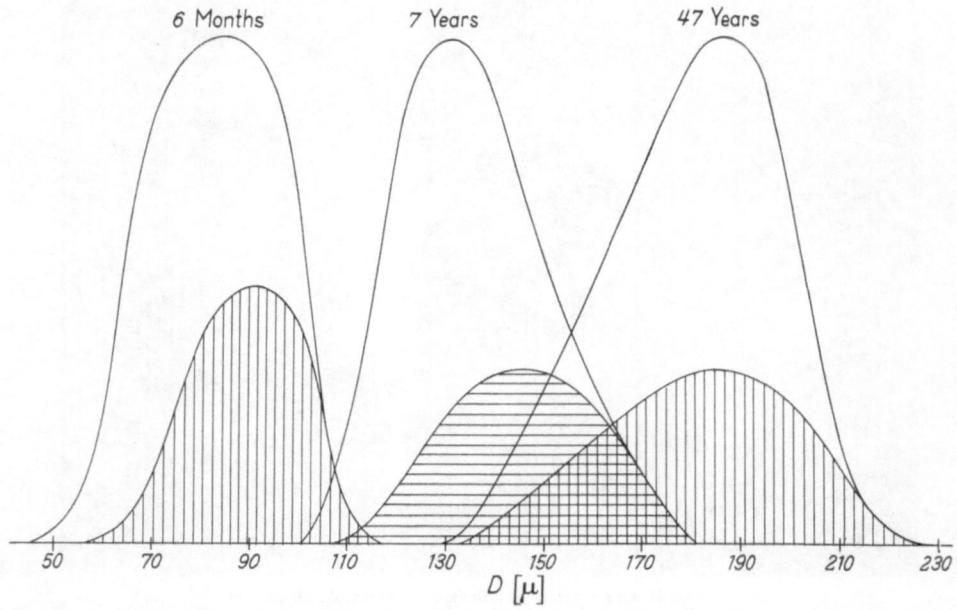

Fig. 24. Glomerular sizes in three human kidneys as determined by direct measurements. The lightly shaded areas represent the contributions from juxtamedullary glomeruli

compared. In the rabbit, the slant of the arrow to the right is greatest. This is due to the presence of a number of giant glomeruli in the interlobar septa. Also in man at all ages, the juxtamedullary glomeruli contribute to the number of the larger glomeruli, the largest size group consists entirely of juxtamedullary glomeruli (Fig. 24).

From the calculated size distribution, the mean diameter can be calculated or found graphically. These mean diameters are entered into Table 4. Also the mean volumes of the glomeruli can be calculated (see Table 4).

In the 3 months infant, the mean glomerular diameter was approximately 67 µ; for the 6 months baby 78 µ; for the 19 months child 110 µ; for the 7 year old boy 136 µ; for the 47 year old man 168 µ. Thus one sees that the glomeruli grow in size from infancy to adulthood. The volumes increase, of course, with the cubes of the diameters. Thus the average glomerulus of the 47 year old man is 15 times more voluminous than that of the 3 month baby. These relationships are expressed in Fig. 25.

A recent paper by ZOLNAI and PALKOVITS (1965) is very interesting for comparison with our results. These authors measured glomerular sections only, without

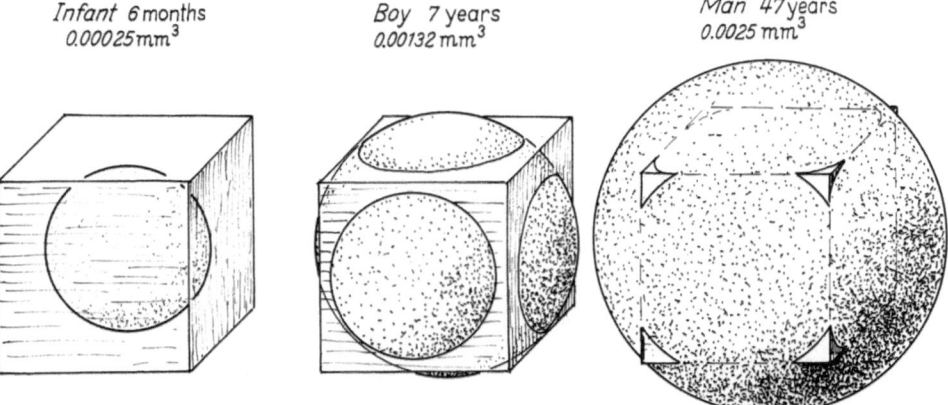

Fig. 25. Mean volumes of glomeruli at three ages, referred to a cube $100 \times 100 \times 100\ \mu = 0.001\ mm^3$

attempting to derive the true sizes of whole glomeruli from their observations. Although their work does not give information about true glomerular sizes, it is nevertheless of great value because it shows the phenomenon of growth from birth to 13 weeks of age in rats and from birth to 80 years of age in man. Their observations show that the maximum glomerular size is attained during the forth decennium, whereupon the glomeruli become smaller again. This report by ZOLNAI and PALKOVITZ makes us believe that our case of a 47 year old man may perhaps not represent the peak of glomerular growth, but that the glomeruli of this man might have been a trifle larger 10 years earlier.

The number of glomeruli

VIMTRUP (1928) has given an historical account on efforts to determine the total number of glomeruli in one human kidney. He also describes the methods used by him and his predecessors to determine that number. His own method was, probably, the best formerly used. It consists of maceration and homogenization of the entire kidney, measuring the total volume of the homogenate, diluting it with a given volume of liquid and, after thorough mixing, counting glomeruli in a small, exact volume in a hemocytometer. His results are very close to ours. If it were only a matter of establishing the *number* of glomeruli, his method could be considered sufficient. But in this study, finding the number of glomeruli is only one step in a comprehensive morphometric endeavor.

We have used, for this study a formula which has been found, independently, by several metallurgists and mineralogists, and which has recently been re-developed by Elias, Hennig and P. Elias (1961).

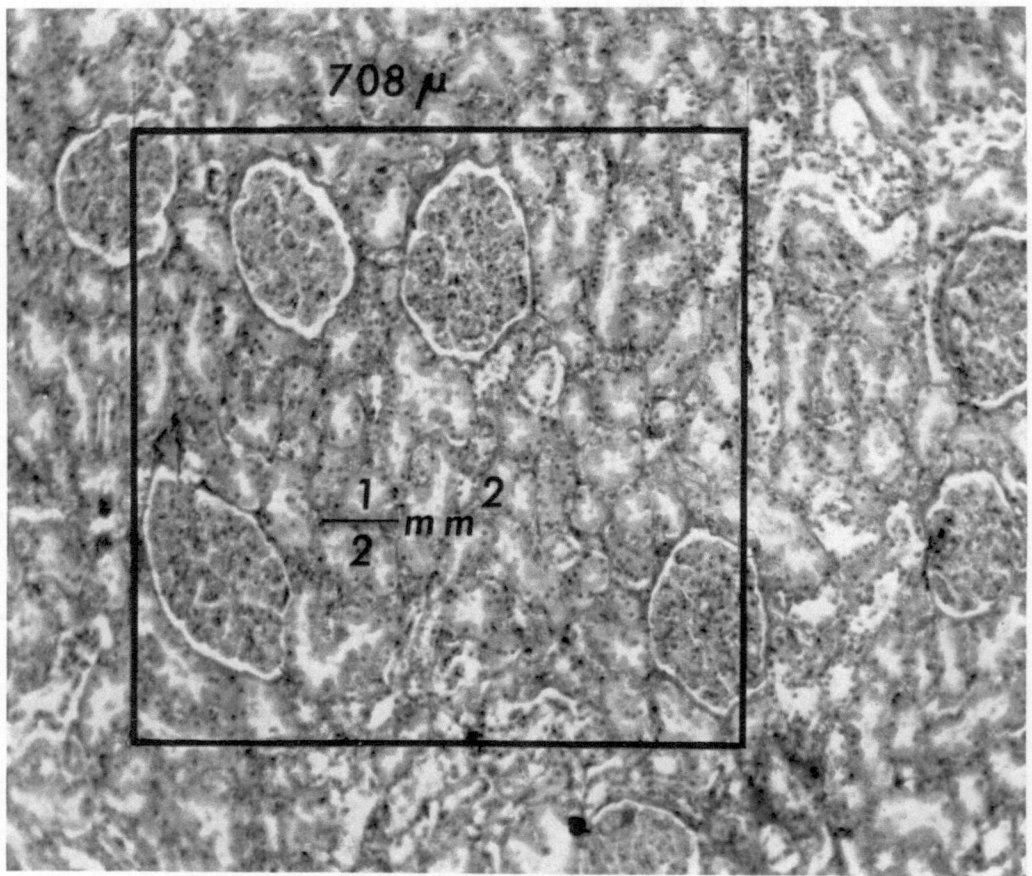

Fig. 26. Counting glomerular sections

It is based on a count of glomerular sections within a known area of sections. The formula is the following (see also Fig. 34):

$$N_V = \frac{n_A}{A(\overline{D} + T)}.$$

N_V means actual number of features present in the unit volume of space. n_A is the number of their sections counted within a known area A. $\overline{D}$ is the mean diameter of the particles and T the thickness of the section. We have chosen 10 μ sections rather than 2 μ sections, because 10 μ sections can be produced with constant thickness much more easily than 2 μ sections.

Sampling. To obtain a count independent of region, we used every one of the 10 μ sections from the block selected by the lottery method. The sections were approximately of square shapes. A square of a convenient size ($^1/_2$ mm² for eyepiece counts — Fig. 26) was placed accurately in each of the four corners of the slice. Influence by the will in selecting the area was impossible by this method. After the corner squares of each "section" had been counted, four more areas from each slide were randomly found by placing the slide under the microscope while it was out of focus. After the spot had thus been fixed randomly, the microscope was focussed and the count made. Fig. 26 shows an internal area found in this manner. Glomeruli cut by the outline of the square above and to the left are counted, those which are intersected by the right and lower boundaries are not counted.

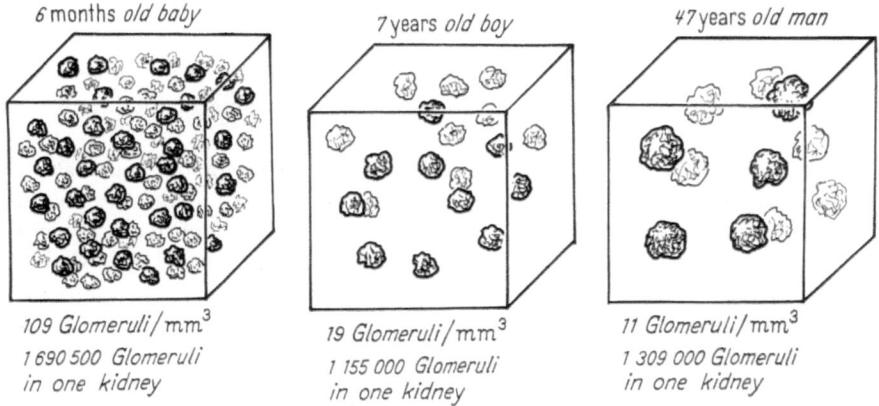

6 months *old baby*   7 years *old boy*   47 years *old man*

109 Glomeruli/ mm³   *19 Glomeruli/* mm³   *11 Glomeruli/* mm³
1 690 500 Glomeruli   *1 155 000 Glomeruli*   *1 309 000 Glomeruli*
in one kidney   *in one kidney*   *in one kidney*

Fig. 27. Glomerular size and density at three ages referred to one cubic millimeter of total kidney. Note that for the cortex only, the densities would be greater

By this method, the total number of glomeruli counted furnishes the *n* in the formula, the number of times when counts were made multiplied by the area of the square furnishes the total area *A*. Whenever the square fell on medulla or on a-glomerular cortex, the number 0 was recorded. $\overline{D}$ in our formula is the mean diameter previously determined. All dimensions are expressed in millimeters.

The formula yields the number of glomeruli per cubic millimeter of the *entire* kidney, since our random method of sampling did not allow any preferred treatment for cortex.

N_V is a measure for the density of glomeruli. For the 6 months baby we obtained 109 glomeruli per cubic millimeter of kidney. In the 19 months infant, $N_V = 26.9$; in the 7 year old boy $N_V = 20$/mm³ and in the 47 year old man $N_V = 11$/mm³ of kidney. This decrease in density is due partly to the growth of the glomeruli and partly to the growth of the tubules (Fig. 27).

One need only multiply N_V by the previously measured volume of the kidney, expressed in cubic millimeters, to find the total number of glomeruli in the entire kidney.

One kidney of the 6 month old baby contains, according to our count 1,690,500 glomeruli; that of the 19 month old baby 1,076,00 glomeruli. The kidney of the 7 year old boy contains 1,155,000 glomeruli, and that of the 47 year old man 1,309,000 glomeruli.

These figures come remarkably close to those of Vimtrup. He lists the following numbers of glomeruli per kidney:

child A	887,399
child B	955,251
adult A	833,992
adult B	867,177
adult C	1,233,360

The slightly lower number given by Vimtrup in the first four cases he lists may be due to the invisibility of some glomeruli, e.g. due to decomposition in the acid.

Unfortunately, he gives no ages.

One of the most interesting findings of the present comparison is the fact that the adult number of glomeruli appears to exist in early infancy. In fact, in the infant it seems slightly to exceed the number in the adult. Whether this slight excess is due to degeneration of a few glomeruli or whether it is a matter of chance due to individual variations cannot be said at this time because our sample of four cases does not suffice.

The apparently slightly greater number of glomeruli in infants could also be due to observational difficulties. The smallest glomeruli in both infants are not only small, but also much denser than in the adult. The layer of podocytes is especially dense as seen in Fig. 21. This density of the outer layer may result in better visibility and hence in higher counts. In fact, it is this possibility which to us seems most plausible. Thus, in essence, we can state that in early infancy all the glomeruli are present. No additional ones will be formed after 6 months of age to adulthood. This observation is, at first sight, astonishing if we think of the small size of a baby's kidney. However, if we consider the comparative density and size of the glomeruli (Fig. 27) at various ages, it is obvious that as the person grows, the kidneys grow. The kidney grows by increase of glomerular size (Fig. 20) and by the growth in thickness and length of the tubules which separate them.

Total glomerular volume

We have, previously, determined the mean volume of the glomeruli for each case, and then their total number. The product of the mean volumes times the total number yields the total volume of all the glomeruli together.

It was found to be

0.42 cm³ for the 6 month old baby;

0.76 cm³ for the 19 month old baby (though it should be considered that this child died of lead poisoning which could have changed glomerular volume);

1.5 cm³ for the 7 year old boy and

3.3 cm³ for the 47 year old man.

Roughly, the total glomerular volumes are related to one another like the mean glomerular volumes, because the total glomerular number does not change with age.

Total length of the blood channels

The total length of the glomerular blood channels has been determined, for the 7 year old boy by means of an old stereological method, rediscovered by Hennig (1963). It is the simple formula

$$L_V = 2 \cdot P_A$$

which means the total length L of linear structures within the unit of volume V equals twice the number P of points of intersection counted within a measured area A (Fig. 33).

How this formula is applied in practice is illustrated in Fig. 28, left. A square of specified area is superimposed upon the image of the glomeruli observed with the oil immersion. This must be done on very thin sections (1—2 μ thick) which are very well stained. And we found that for this high magnification the combination of camera lucida with WEIBEL's light box worked best.

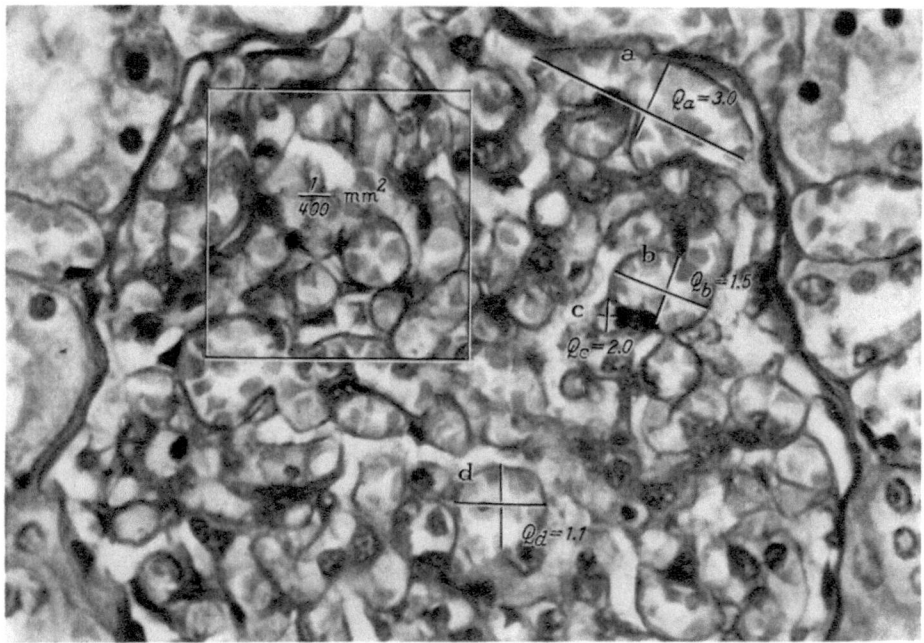

Fig. 28. Thin section of glomerulus. Square superimposed for measurement of length of blood channels

The standard field of count measured $\frac{1}{400}$ mm². In a total of 0.105 mm², 362 intersections with glomerular blood channels were counted. The formula shows that the total length of all the glomerular blood channels in the 7 year old boy was 10.34 km. This length seems enormous. But again, it is in excellent agreement with VIMTRUP's estimates. He estimated the total length of glomerular "capillary loops" to be about 25 km in an adult. Since in the adult in our sample, the mean glomerular volume was 2.6 times and the total glomerular volume 3 times that of the 7 year old boy, we would expect to find by our methods if applied to an adult, almost exactly the same length as Vimtrup estimated in an adult person.

Total filtration surface

The total surface of a dispersed feature (interphase) can be found by throwing a line segment randomly over the section (Fig. 38). Then the formula

$$S_V = 2 P_L$$

gives the area S of the interphase per unit volume V. The points of intersection P of the test-line of length L with the traces of the surface to be determined are counted. This process is repeated frequently. Fig. 29 illustrates the special procedure used for this study. Viewing glomeruli with the oil immersion, a pattern of crossing parallel lines mounted on a Weibel light box was superimposed on the images of the glomeruli by means of the camera lucida. The length of each line segment which fell on the glomerulus was measured with a ruler that had been calibrated by means of the stage micrometer for the top plane of the light box. The number

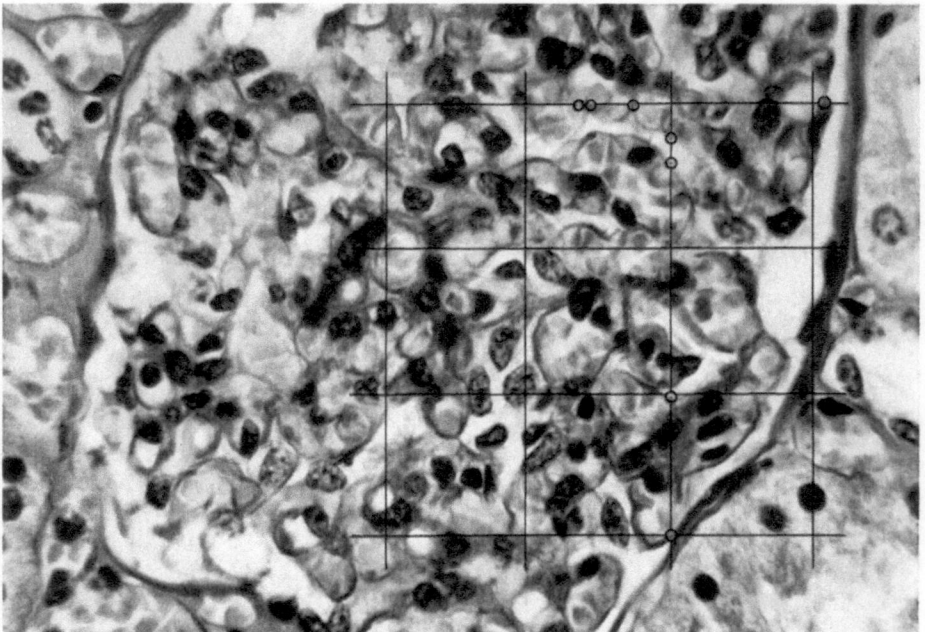

Fig. 29. Thin section of glomerulus with line pattern for determining filtration surface

of points where a line crossed the basement membrane adjacent to a blood channel was recorded as the numerator of a fraction. And the length of the line segment that covered the glomerulus was noted down as the denominator.

The following rules were strictly observed: The periphery of the glomerulus is the capsular surface of the podocyte layer. Since filtration takes place from blood channel to subpodocytic lacunae (see ELIAS, ALLARA, P. ELIAS and MURTHY, 1965), only such points are counted where a blood channel comes close to the capsular space or to a podocyte.

For any position of the line pattern, readings were taken along each horizontal line of the pattern, then for each vertical line. Then the pattern was rotated by 45°, and again, readings were taken.

Points where a blood-channel borders on endenchyma were not counted, because at such locations, filtration does not take place.

1390 points P of intersection were counted over a total length of $L = 17,750$ μ. Inserted into the above formula, it was found that per each cubic millimeter of glomerulus of the 7 year old boy the filtration area measured 156.5 mm².

Multiplied by the previously calculated total glomerular volume, the total glomerular filtration area of this boy's kidney was found to measure 0.235 m², or about the area of a large chair seat.

It appears astonishing that a length of 10 km of blood channels is needed to produce so small a filtration area. This is just one of the methods used by nature to accommodate a needed surface into a small space. In short:

To accommodate less than $^1/_4$ m² of filtration area into 1.5 cm³ of space, nature employs 10 km of thin tubing.

Again, VIMTRUP's estimate of 0.78 m² of filtration area for an adult kidney coincides very well with our findings, remembering again that the total glomerular volume of an adult is about 3 times that of the 7 year old child.

The present report is a tribute to the ingenuity of VIMTRUP, who, by mere guesses arrived at estimates very close to those obtainable by mathematical methods.

Volume fractions within the renal corpuscle

It can be assumed that functional changes can manifest themselves by changing volumes of the components of the renal corpuscle as a whole. The components recognizable with the light microscope in thin (1—2 μ) sections are: capsular space, podocytes, blood channels and endenchyma. Subpodocytic lacunae are usually too small to be optically visible.

Thus volume ratios of these four components could be determined by the point count method, using the same pattern of crossing lines which we had used for intersections (Figs. 29 and 34). Points falling on capsular space, points falling on podocytes, points falling on blood channels and points falling on endenchyma were counted. Fortunately, in thin sections, it is usually easy to distinguish the podocytes by their large and light staining nuclei from endenchymal cells whose nuclei are smaller and darker staining. But often it is not possible to identify a feature hit by a crossing point in the line pattern. Consequently, only clearly identifiable features are counted. Doubtful spots are ignored. In a total count of 404 points on glomeruli of the 7 year old boy

> 20.3% of points fell on capsular space,
> 20.5% of points fell on podocytes,
> 40.8% of points fell on blood channels and
> 18.4% of points fell on endenchyma.

These percentages should, according to the rules of GLAGOLEFF (1934) and CHALKLEY (1954), reproduce faithfully the volume fractions in space of these components. We say "should" instead of do, simply because such counts to be accurate ought to be made on electron-micrograms in which every detail is clearly recognizable. Such counts would include the subpodocytic lacunae as well as the volume of the basement membrane. Clearly, human autopsy material is not fit for such studies. We have begun studies of this kind on glomeruli of wild mice and rabbits living in various climatic environments and on experimental animals.

The thickness of the basement membrane

WEIBEL (1964) has pointed out the importance of the thickness of diffusion layers in the lung. Of equal importance, from a physiological point of view, is the

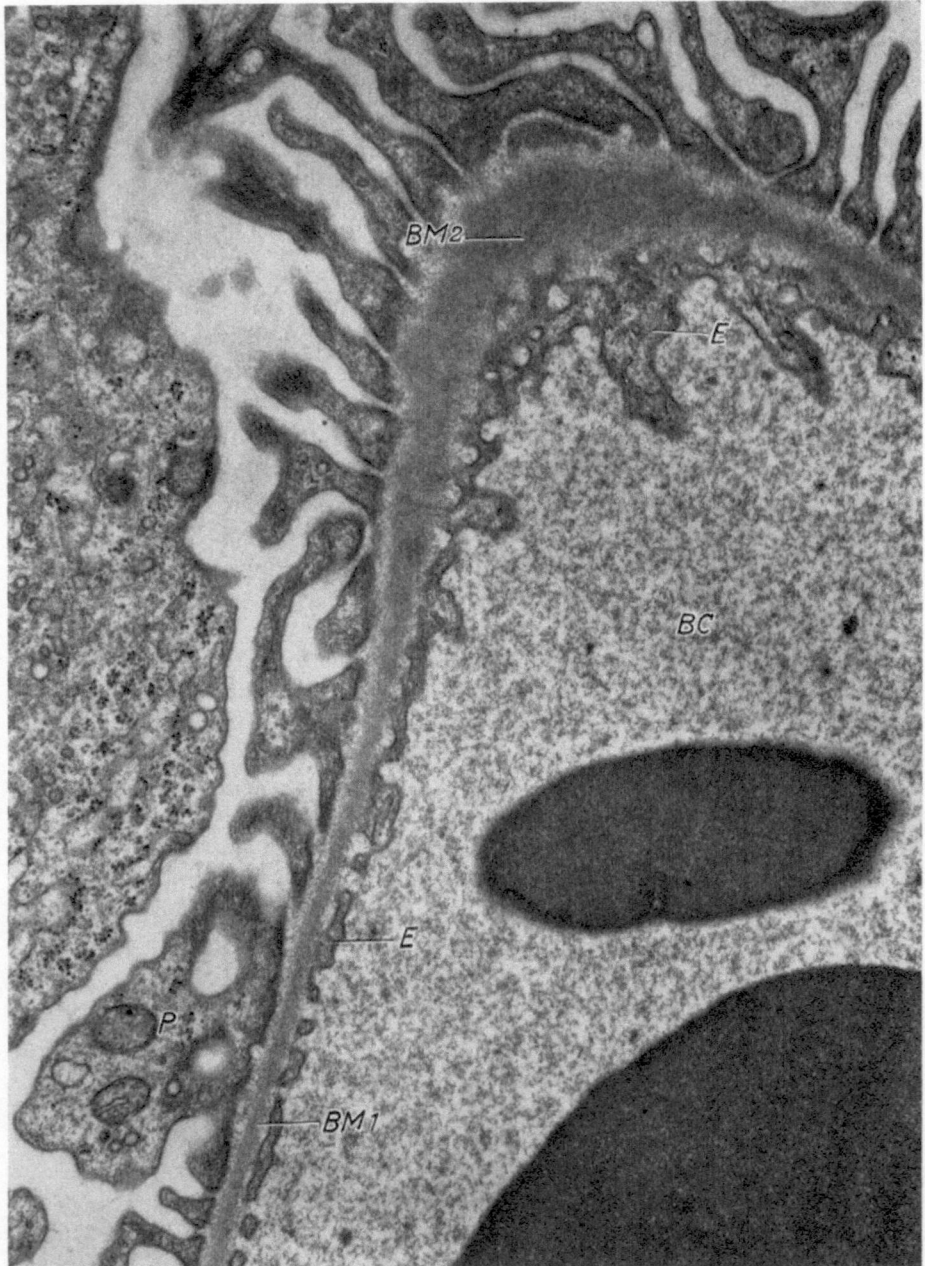

Fig. 30. Glomerular basement membrane. This electron microgram by Dr. STEVEN L. WISSIG of the Anatomy Department, University of California at San Francisco, shows the dependence of the width of the trace of the basement membrane on its angle of inclination toward the cutting plane: transverse section (*BM 1*) and oblique section (*BM 2*). Endenchyma (*E*) lines blood channel (*BC*). *P* Podocyte

thickness of the main filtration layer in the glomerulus, the basement membrane. BORST recognized this fact with the light microscope. It must be assumed that this soft layer of mucopolysaccharides adapts itself rapidly to the very fast changes in

DIMENSIONAL REDUCTION

A section through an n-dimensional object is, in general, an (n – 1)-dimensional figure.

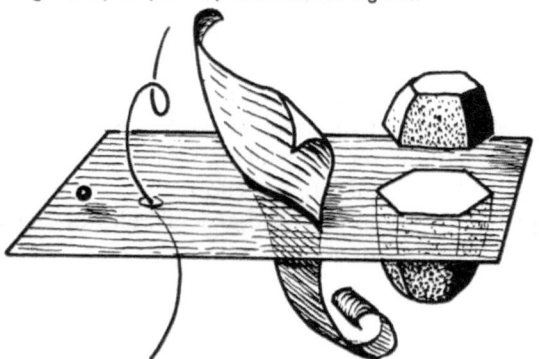

An n-dimensional figure in a section indicates the presence in space of an (n + 1)-dimensional object.

Fig. 31. Dimensional reduction

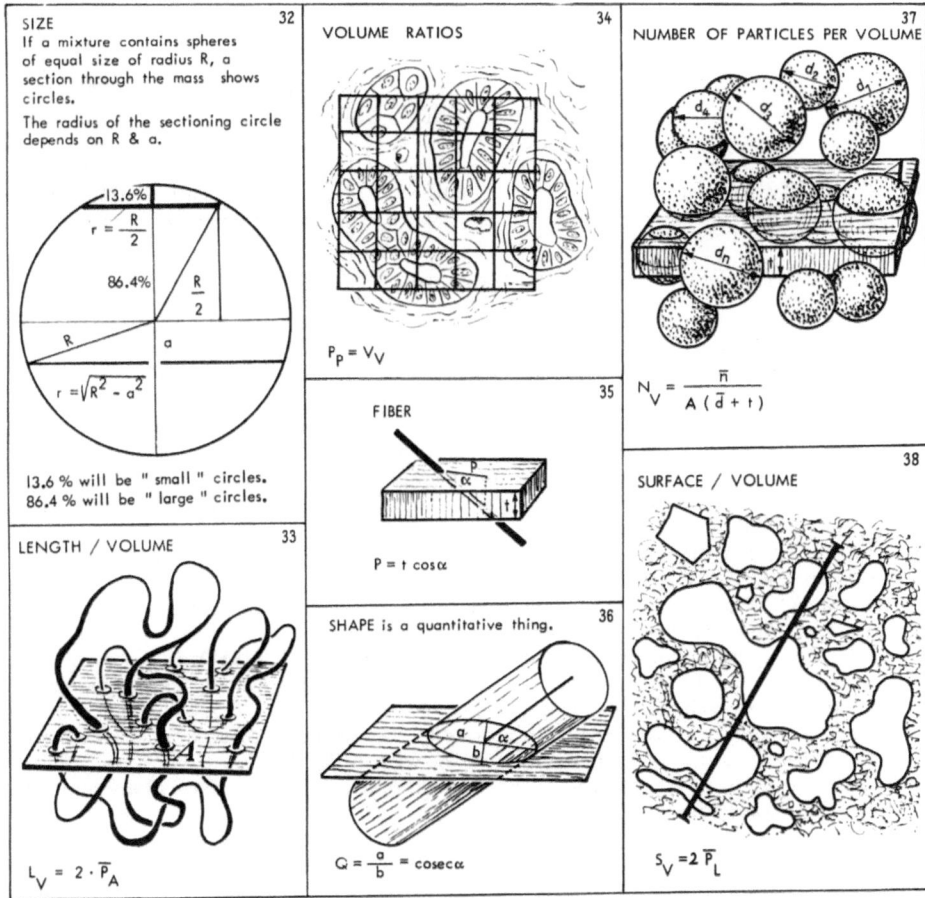

SIZE 32
If a mixture contains spheres of equal size of radius R, a section through the mass shows circles.

The radius of the sectioning circle depends on R & a.

13.6 %
$r = \dfrac{R}{2}$
86.4%
$\dfrac{R}{2}$
R
a
$r = \sqrt{R^2 - a^2}$

13.6 % will be " small " circles.
86.4 % will be " large " circles.

LENGTH / VOLUME 33

$L_V = 2 \cdot \bar{P}_A$

VOLUME RATIOS 34

$P_P = V_V$

FIBER 35

$P = t \cos\alpha$

SHAPE is a quantitative thing. 36

$Q = \dfrac{a}{b} = \operatorname{cosec}\alpha$

NUMBER OF PARTICLES PER VOLUME 37

$N_V = \dfrac{\bar{n}}{A(\bar{d} + t)}$

SURFACE / VOLUME 38

$S_V = 2\, \bar{P}_L$

Figs. 32—38. Basic principles of quantitative stereology

position and caliber of the blood channels under it. But no accurate measurements are available at this time.

The width of the sectional stripes which the basement membrane yields is subject to the angle of cutting and to the thickness of the section. The latter is often unknown in electron microscopy. Neglecting section thickness, the width of the stripe equals $t \cdot \operatorname{cosec} x$, where t is the true thickness of the basement membrane. Fig. 30 shows the dependence of the width of the trace of the basement membrane on the angle of cutting. Also this part of the investigation cannot be carried out on human autopsy material. It will represent a future effort.

Figs. 31—38 provide a synopsis of the general rules of stereology used in this study.

Table 3. Schwartz's *table of coefficients based on ten class intervals*

Coefficient of $2r_{10}$	n_1	n_2	n_3	n_4	n_5	n_6	n_7	n_8	n_9	n_{10}
N_{10}										+2.29
N_9									+2.43	0.91
N_8								+2.58	0.96	0.31
N_7							+2.79	1.02	0.32	0.16
N_6						+3.02	1.11	0.34	0.17	0.08
N_5					+3.33	1.17	0.37	0.18	0.09	0.05
N_4				+3.78	1.21	0.40	0.17	0.09	0.06	0.04
N_3			+4.47	1.39	0.47	0.15	0.09	0.05	0.03	0.04
N_2		+5.77	1.53	0.41	0.17	0.08	0.05	0.03	0.01	0.01
N_1	+10.0	1.54	0.35	0.13	0.05	0.05	0.02	0.01	—0.01	0.00

References

Bach, G.: Über die Bestimmung von charakteristischen Größen einer Kugelverteilung aus der Verteilung der Schnittkreise. Z. wiss. Mikr. **65**, 285—291 (1963).
— Über die Bestimmung von charakteristischen Größen einer Kugelverteilung aus der unvollständigen Verteilung der Schnittkreise. Metrika **9**, 228—233 (1965).
Bohle, A., and C. Herfarth: Zur Frage eines intercapillaren Bindegewebes im Glomerulum der Niere des Menschen. Virchows Arch. path. Anat. **331**, 573—590 (1958).
Bowman, W.: On the structure and use of the Malpighian bodies of the kidney, with observations on circulation through that gland. Phil. Trans. B **132**, 57—80 (1842). [Reprinted in Med. Classics **5**, 258—291 (1940).]
Chalkley, H. W.: A method for the quantitative morphologic analysis of tissues. J. nat. Cancer Inst. **4**, 47—53 (1943).
Delesse, M. A.: Procédé mécanique pour determiner la composition des roches. C. R. Acad. Sci. (Paris) **25**, 544—545 (1857).
Elias, H.: De structura glomeruli renalis. Anat. Anz. **104**, 26—36 (1957).
— E. Allara, P. M Elias, and A. S. Krishna Murthy: The podocytes, re-examined. Z. mikr.-anat. Forsch. **72**, 344—365 (1965).
— A. Hennig, and P. M. Elias: Contributions to the geometry of sectioning. V: Some methods for the study of kidney structure. Z. wiss. Mikr. **65**, 70—82 (1961).
— A. Hossmann, I. R. Barth, and A. Solmor: Blood flow in the renal glomerulus. J. Urol. (Baltimore) **83**, 790—798 (1960).
— A. Lazarowitz, and A. Sokol: Contributions to the geometry of sectioning. IV. bands, discs, plates, and shells. Z. wiss. Mikr. **62**, 417—426 (1955).
— A. Sokol, and A. Lazarowitz: Contributions to the geometry of sectioning. II. Circular cylinders. Z. wiss. Mikr. **62**, 20—31 (1954).

Table 4. *Size measurements and evaluation of diameters of human glomeruli.*

Diameters of sections of glomeruli in μ

Middle values of classes in μ	10	30	50	70	90	110	130	150	170	190	210
3 months baby, 6 μ		1	16	23	40	19	1				
6 months baby, 2 μ		1	8	23	56	12					
6 months baby, 10 μ		—	3	14	34	40	9				
7 year boy, 2 μ		2	4	5	11	21	33	19	5		
7 year boy, 10 μ		—	2	4	8	11	20	36	18	1	
47 year man, 2 μ	1	2	4	4	10	13	26	30	9	1	
47 year man, 10 μ	2	1	3	2	6	9	13	21	28	13	2
2 cancer cases combined, 2 μ	1	2	4	5	7	11	28	33	8	1	
Rabbit, 10 μ		1	1	16	41	30	10	1			
Deermouse, 2 μ		1	24	68	6	1					

Diameters of whole glomeruli found with Schwartz method

	30	50	70	90	110	130	150	170	190	210
3 months baby		13	14	48	24	1				
6 months baby, 2 μ			1	77	22					
6 months baby, 10 μ				34	54	12				
7 year boy, 2 μ					12	51	30	7		
7 year boy, 10 μ					9	57	32	2		
47 year man, 2 μ		(1)	—		29	54	16			
47 year man, 10 μ						3	18	42	22	2
2 cancer cases combined, 2 μ				2	3	8	31	39	10	1
Rabbit		48	38	13	1					

Diameters of whole glomeruli found with Hennig method

	50	70	90	110	130	150	170	190	210
6 months baby, 10 μ			2	72	26				
7 year boy, 10 μ				10	49	36	5		
47 year man, 10 μ					4	17	48	28	3
Rabbit	5	43	38	13	1				
Deermouse	57	39	4						

Diameters of whole glomeruli directly measured

	50	70	90	110	130	150	170	190	210	230
6 months baby, 10 μ	2	44	48	6						
7 year boy, 10 μ				14	50	26	10			
47 year man, 10 μ					1	16	30	41	11	1

	Mean diameter D (Schwartz) μ	Mean volume V (Schwartz) mm³	Mean diameter D (Hennig) μ	Mean volume V (Hennig) mm³	Mean diameter D (direct measurement) μ
3 months baby, 6 μ	67	0.158	69	0.17	
6 months baby, 2 μ	75	0,22	78	0.25	
6 months baby, 10 μ	85.6	0,33	114.5	0.78	63
7 year boy, 2 η	107.4	0.65			
7 year boy, 10 μ	135.4	1.30	136.3	1.34	132
47 year man, 2 μ	166.7	2.42			
47 year man, 10 μ	—		168.5	2.50	180
2 cancer cases combined, 2 μ	(135)				
Rabbit, 10 d	83	0.30	80	0.27	
Deermouse, 2 μ			60	0.113	

Fetterman, G. H., N. Shuplock, F. J. Philipp, and H. S. Gregg: The growth and maturation of human glomeruli and proximal concolutions from term to adulthood. Pediatrics 35, 601—619 (1965).

Glagoleff, A. A.: On the geometrical methods of quantitative mineralogic analysis of rocks. Trans. Inst. Econ. Min. Moskow 59 (1933).

Haug, H.: Quantitative Untersuchungen an der Sehrinde. Stuttgart: Georg Thieme 1958.

— Strukturzählungen am histologischen Schnitt. Proc. 1st Internat. Congr. Stereol., Vienna 17/1—17/6 (1963).

Hennig, A. Zur Geometrie von Schnitten. Z. wiss. Mikr. 63, 362—365 (1957).

— Length of a three-dimensional linear tract. Proc. 1st Internat. Congr. Stereol., Vienna 44/1—44/8 (1963).

Lenz, F.: Die Bestimmung der Größenverteilung von in einem Festkörper eingebetteten kugelförmigen Teilchen mit Hilfe der durch einen ebenen Schnitt erhaltenen Schnitt-Kreise. Optik 11, 524—527 (1954).

— Zur Größenverteilung von Kugelschnitten. Z. wiss. Mikr. 63, 50—56 (1956).

Oliver, J., M. MacDowell, and A. Tracy: The pathogenesis of acute renal failure. J. clin. Invest. 30, 1307—1351 (1951).

Schwartz, H. A.: The metallographic determination of the size distribution of temper carbon nodules. Metals and Alloys 5, 139—140 (1934).

Sperber, I.: Studies on the mammalian kidney. Zool. Bidr. Uppsala 22, 249—431 (1944).

Underwood, E. E.: Particle size distribution. In: Quantitative metallography (F. N. Rhines and R. T. de Hoff, ed.). New York: McGraw-Hill Book Co. (in press).

Weibel, E. R.: Morphometry of the human lung. Berlin: Springer 1963.

Zolnai, B., and M. Palkovits: Glomerulometrische Untersuchungen der Niere während des Lebens. Verh. Anat. Ges. 60. Verslg Wien, Erg.-H. Bd. 115 des Anat. Anz. 389—400 (1965).

Morphometrische Untersuchungen an Zellen* **

Hellmuth Sitte

Zusammenfassung

Es wird auf die vielseitige Verwendbarkeit des Punktzählverfahrens in der quantitativen Morphologie hingewiesen. Bei den zu untersuchenden Objekten werden verschiedene Klassen unterschieden, wie gleichmäßige und ausgerichtete, begrenzte und unbegrenzte Objekte. Es werden Methoden für die morphometrische Untersuchung dieser Objektklassen angegeben. An einigen Beispielen wird die Anwendung der Punktzählverfahren in der Cytomorphometrie erläutert.

Summary

Point-counting procedures are applicable to a wide spectrum of quantitative morphological problems. The objects to be investigated are divided into different classes, such as homogeneous versus oriented objects, or organs of finite versus infinite extent. Methods are indicated for the morphometric study of each of these classes. On a few examples the application of point-counting procedures to cytomorphometry is illustrated.

Fortschritte in der Gerätetechnik (Elektronenmikroskopie, Ultramikrotomie) und Mikromethodik (Fixation, Einbetten und Schneiden) führten zu detaillierten Kenntnissen über die submikroskopische Struktur der normalen und pathologisch veränderten Zellen. Binnen eines Jahrzehntes wurden diese Befunde erhoben und durch die Identität der Resultate bei unterschiedlicher Methodik (Gefrierätztechnik — Chemische Fixation mit OsO_4 und Aldehyd) abgesichert. Der dargestellte Aufbau der Lebewesen ist monoton; ebenso monoton sind die Reaktionen auf experimentelle Eingriffe wie pathologische Veränderungen (MILLER, 1959). Alle Zellen setzen sich aus wenigen essentiellen Strukturelementen zusammen, u.a. aus der Zellmembran, dem endoplasmatischen Reticulum, dem Golgi-Komplex, Mitochondrien, partikulären und fädigen Nucleinsäuren. Experimentell induzierte oder pathologische Veränderungen lassen sich oftmals qualitativ beim Betrachten der Elektronenbilder kaum erfassen, da hierbei die Volumina bzw. Oberflächen nur geringfügig verändert sind. Die Aussagemöglichkeiten einer qualitativ-deskriptiven Morphologie sind daher beschränkt. Demgegenüber können cytochemische wie morphometrische Analysen wichtige neue Befunde liefern und die Cytomorphologie mit der Biochemie und Physiologie der Zelle verbinden.

Der Umfang der cytochemischen Forschung hat in den vergangenen Jahren rapid zugenommen. Neue Verfahren werden heute bereits auf breiter Basis eingesetzt. Im morphometrischen Sektor sind ebenfalls einfache Methoden und solide Grundlagen vorhanden[1].

* Elektronenmikroskopische Abteilung der Medizinischen Fakultät, Universität des Saarlandes, Homburg/Saar.

** Diese Arbeit wurde ausgeführt mit Unterstützung der deutschen Forschungsgemeinschaft.

[1] Man vgl. etwa die Tagungsbände (BAHR u. ZEITLER, 1965a; HAUG u. ELIAS, 1963) oder die zusammenfassenden Darstellungen (SITTE, 1964; WEIBEL, 1963a, b).

Man könnte mit relativ geringem Aufwand wertvolle Ergebnisse erzielen. Trotzdem ist der Umfang cytomorphometrischer Arbeiten vergleichsweise gering. Eine Ursache hierfür ist zweifellos die Unsicherheit von mathematisch weniger Geübten beim Anwenden von Formeln, deren Herkunft unklar ist; unterschiedliche Nomenklatur und Rechnungsgänge tragen hierzu bei. Es scheint daher wichtiger, die Grundlagen klar darzustellen und einige Anwendungsmöglichkeiten anzudeuten, als ein konkretes Zahlenmaterial vorzulegen.

Im Schnittpräparat kann man Längen (Durchmesser, Membranabstände), Flächen und Volumina morphometrisch erfassen. Das Vermessen von Membranabständen ist so einfach, daß es nicht näher zu behandeln ist; vgl. etwa Millington (1964), Sjöstrand (1963) oder Yamamoto (1964). Das Bestimmen von Korngrößenverteilungen nach Schnittpräparaten erfordert demgegenüber selbst in einfach gelagerten Fällen einen beträchtlichen mathematischen Aufwand; vgl. etwa Bach (1966), Lenz (1954, 1956) oder Stoeber (1965). Es wird im folgenden ebenfalls nicht näher behandelt. Das Referat beschränkt sich auf die modernen Punktzählverfahren zur Flächen- und Volumanalyse.

I. Geschichte der Punktzählverfahren

Buffon formulierte in der Mitte des 18. Jh. folgendes abstrakte Problem: Eine Nadel der Länge L wird willkürlich auf eine ebene Fläche geworfen, die mit parallelen

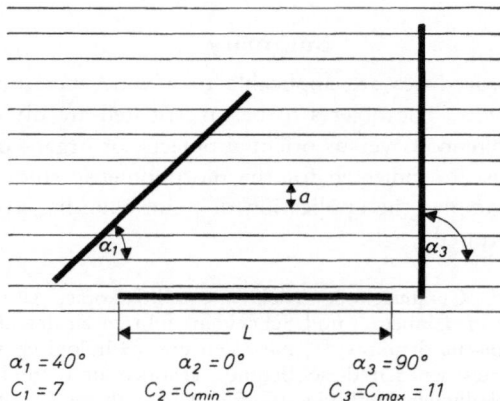

$$\alpha_1 = 40° \qquad \alpha_2 = 0° \qquad \alpha_3 = 90°$$
$$C_1 = 7 \qquad C_2 = C_{min} = 0 \qquad C_3 = C_{max} = 11$$

Abb. 1. Buffonsches Nadelproblem: Eine Nadel der Länge L bildet mit einem Gitter Schnittpunkte C. C ist von α, dem Linienabstand a und L abhängig. Buffon regte das Berechnen des Mittelwertes $\bar{C}$ an, der sich bei hinreichend vielen willkürlichen Nadelwürfen auf ein Gitter ergibt. Für $\bar{C}$ gilt $C_{min} < \bar{C} < C_{max}$. Vgl. Text I.

Geraden (Gitter) bedeckt ist. Die Geraden weisen jeweils einen Abstand a voneinander auf (Abb. 1). Wählt man $L \gg a$, so bildet die Nadel bei entsprechender Lage eine Zahl von C Schnittpunkten[1] mit den Linien des Gitters — im Maximalfall $C_{max} = L/a$, wenn sie die Linien unter einem rechten Winkel α schneidet bzw. im Minimalfall $C_{min} = 0$, wenn sie parallel zu den Geraden liegt. Wird die Nadel oftmals auf dieses Gitter geworfen, so nähert sich bei steigender Zahl n der Würfe der Mittelwert aus allen Schnittpunktszahlen C dem Betrag $\bar{C}$, dessen mathematische Ableitung Buffon anregte. $\bar{C}$ hängt offensichtlich von a und L ab:

$$\bar{C} = f(L/a) \tag{1}$$

---

[1] Die verwendeten Symbole entsprechen dem Vorschlag von Underwood (1964) und sind von den englischen Bezeichnungen abgeleitet, z.B.: A = area (plane Fläche), C = cut (Schnittpunkt); P = point (Treffer); S = surface (beliebig geformte Fläche); T = thickness (Schnittdicke) usf.

Über 100 Jahre blieb BUFFONS Problem ungelöst. Erst 1898 gab CROFTON eine Lösung bekannt. Formt man Gl. (1) zu

$$L = f_L \cdot a \cdot \overline{C} \qquad (2)$$

um, so erkennt man ihren Wert für eine *Längenbestimmung durch ein Abzählen der Schnittpunkte*, die eine Linie mit den Geraden eines Gitters nach Abb. 1 bildet. Die Zellmembranen erscheinen im Schnittbild ebenfalls als dunkle Linien, deren Länge

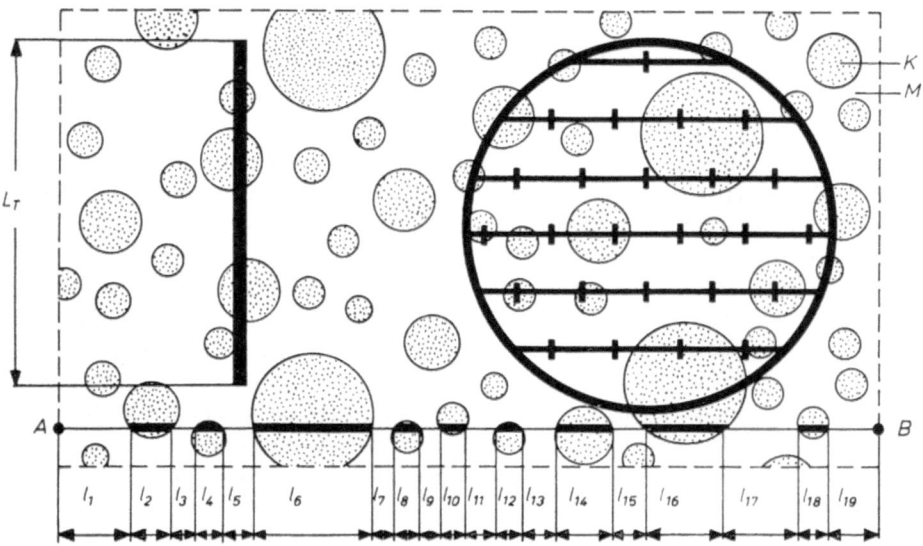

Abb. 2. Ausmessen eines Anschliffes oder Dünnschnittes (unbegrenztes Objekt). Das Objekt enthält Kugeln K verschiedener Durchmesser, die in einer Matrix M eingebettet sind. Das Raumverhältnis $V_k': V_m'$ kann nach ROSIWAL (1898; vgl. Fußnote 1, S.170) durch Ausmessen der Längenanteile $L_k: L_m$ (1:0,9) an einer Strecke $\overline{AB}$ ermittelt werden ($L_k = l_2 + l_4 + l_6 + l_8 + l_{10} + l_{12} + l_{14} + l_{16} + l_{18}$). Einfacher ist die Trefferanalyse mit einem 25-Punktsystem nach HENNIG (1957c, 1958). Das Verhältnis der Punkte $P_k: P_m$ (9,5:15,5), die auf die Komponenten K und M treffen, entspricht $V_k': V_m'$. Die Größe der Grenzflächen zwischen beiden Komponenten K und M wird aus der Zahl C der Schnittpunkte berechnet, welche eine Meßstrecke der Länge L_T mit den Begrenzungslinien bildet (z.B. $C=7$ entsprechend sechs Schnittpunkten und einem Berührungspunkt in diesem Modell). In der Praxis werden die Messungen so oft wiederholt, bis ein statistisch gesichertes Ergebnis vorliegt. Vgl. Text I., III.2, IV., VII

L im ebenen Bild mit der Membranfläche S im räumlichen Objekt im Zusammenhang steht. Man kann daher auf der gleichen Basis auch *Flächen mit Hilfe der Schnittpunkte* zwischen Gitterlinien und Grenzflächen im Schnittpräparat bestimmen. Diese Möglichkeit haben unabhängig voneinander TOMKEIEFF (1945) und HENNIG (1956a) genützt; HENNIG hat dabei als erster die Punktzählung[1] eingeführt, die klaren mathematischen Beweise vorgelegt und wertvolle Hinweise für die Praxis gegeben (HENNIG, 1956b, 1957a, b, c, 1958, 1963, 1966).

Die *Punktzählverfahren zum Bestimmen von Volumanteilen* verdankt der Cytologe ausschließlich Geologen und Mineralogen. Nach DELESSE (1847, 1848) entsprechen

---

[1] Neben den Punktzählverfahren im engeren Sinn gibt es Methoden, welche eine Längenmessung zwischen den Schnittpunkten zum Bestimmen von Oberfläche heranziehen; vgl. etwa CAMPBELL u. TOMKEIEFF (1952); CROFTON (1898); HENNIG (1956a); TOMKEIEFF (1945). Da jedoch eine Längenmessung stets umständlicher als eine Punktzählung ist, wird im folgenden ausschließlich das Punktzählverfahren behandelt.

die Flächen (A_1, A_2, A_3) der verschiedenen Anteile eines Minerales im Anschliff den Volumina (V_1, V_2, V_3) im räumlichen Objekt:

$$A_1 : A_2 : A_3 = V_1 : V_2 : V_3 \qquad (3)$$

Die Flächenanteile (A_1, A_2, A_3) ermittelt man am einfachsten mit der *Treffermethode*, welche von Glagoleff (1933) eingeführt und von Chalkley (1943), Haug (1955, 1962) sowie Hennig (1957c, 1958; vgl. auch Zeiss) weiter ausgebaut wurde[1]; vgl. Abb. 2. Die Zahl der „Treffer" (P_1, P_2, P_3) verhalten sich wie die Flächen (A_1, A_2, A_3)

$$P_1 : P_2 : P_3 = A_1 : A_2 : A_3 = V_1 : V_2 : I_3 \qquad (4)$$

II. Definition der Objektklassen

Punktzählverfahren lassen sich nur dann richtig anwenden, wenn man die Meßmethode der Eigenart des Objektes anpaßt. Hierbei ist die Anordnung der Strukturen im Objekt ebenso zu berücksichtigen, wie das Verhältnis „Objektdurchmesser:Bilddurchmesser". Die Strukturen sind in den meisten Objekten wahllos verteilt: Derartige Objekte sollen im folgenden als *„gleichmäßige Objekte"* bezeichnet werden. Sie entsprechen dem Modell in Abb. 3a, welches aus Kugeln aufgebaut ist und daher Grenzflächen in *allen* räumlichen Lagen enthält. Seltener trifft man auf Objekte, deren Strukturen parallel ausgerichtet sind: Nerven, Muskeln, Sehnen, Eileiter usf. Sie entsprechen den nach der Achse $\overline{A\,A'}$ ausgerichteten Röhren im Modell Abb. 3b: In diesem Fall sprechen wir von einem *„ausgerichteten Objekt"*. Ausgerichtete Objekte sollen dadurch charakterisiert sein, daß *alle* interessierenden Grenzflächen parallel zu einer Achse ausgerichtet sind. Die Grenzflächen „gleichmäßiger" wie „ausgerichteter" Objekte können mit unterschiedlichen Formeln nach der Nadelmethode bestimmt werden.

Neben den in Abb. 3 dargestellten Objekttypen gibt es weitere: Ausgerichtete Rotationsellipsoide entsprechen der Definition für das gleichmäßige Objekt — es kommen alle Grenzflächenlagen im Raum vor. Bestimmte räumliche Orientierungen treten jedoch häufiger auf als andere: Es gibt eine *Vorzugsrichtung*. Eine Vorzugsrichtung kann man experimentell erzeugen. Flexible Kugeln in einem flexiblen Block verformen sich unter Zug und Druck. Ebenso kann ein ausgerichtetes Objekt nach Abb. 3b eine zusätzliche Vorzugsrichtung aufweisen — z.B. senkrecht zur Achse $\overline{A\,A'}$: Wenn die Röhren flach gequetscht werden, besitzen sie einen elliptischen Querschnitt. Trotzdem handelt es sich weiterhin um ein ausgerichtetes Objekt — nach wie vor sind alle Grenzflächen parallel zur Achse orientiert. Damit ergeben sich bereits vier verschiedene Objekttypen, welche man bei der Flächenanalyse unterschiedlich behandeln muß; vgl. Abb. 4.

Die oben aufgezeigten Unterschiede berühren lediglich die Flächenanalyse (Nadelmethode). Demgegenüber bestimmen Objektgröße und -aufbau im Verein mit dem Abbildungsmaßstab und Bildfelddurchmesser die Wahl der Maß- und Berechnungsmethode sowohl beim Ausmessen von Flächen wie beim Bestimmen

---

[1] Die *„Linienintegration"* (Rosiwal, 1898; vgl. auch Fischmeister, 1966 sowie Schuchardt, 1957) ist im allgemeinen aufwendiger als das Punktzählverfahren (Treffermethode). Sie entspricht demnach nicht dem neuesten Stand der Methodik, wird aber dessen ungeachtet immer wieder angewendet und empfohlen; vgl. etwa Chayes (1960); Clawson et al. (1958); Hudson et al. 1961; Lazarow u. Carpenter (1962); Loud (1962).

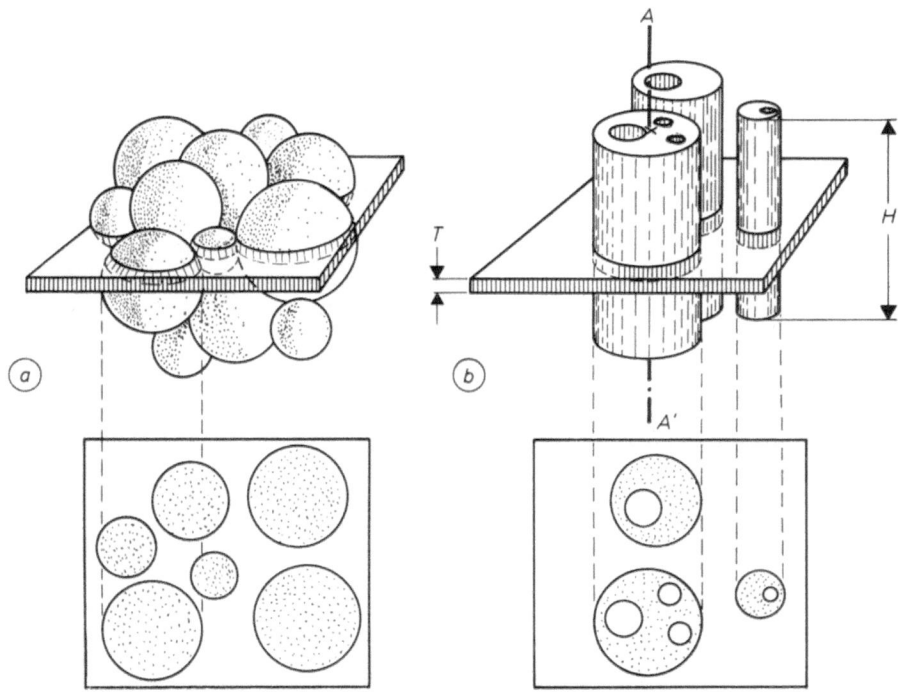

Abb. 3a u. b. Gleichmäßiges (a) und ausgerichtetes Objekt (b) nach den Definitionen in Abschnitt II in räumlicher Darstellung (oben) sowie im Schnittbild (unten). Vgl. Text

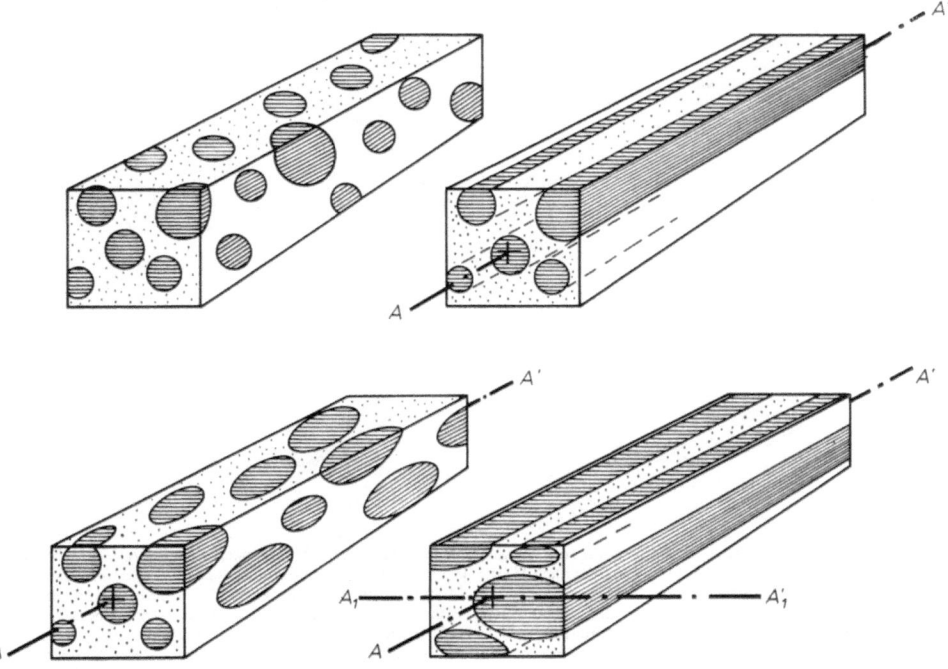

Abb. 4. Gleichmäßige (linke Bildhälfte) und ausgerichtete Objekte (rechte Bildhälfte; Achse $\overline{AA'}$) ohne Vorzugsrichtung (oben) sowie mit Vorzugsrichtung (unten; Achsen $\overline{AA'}$ bzw. $\overline{A_1 A_1'}$). Vgl. Definitionen der Objektklassen im Text II

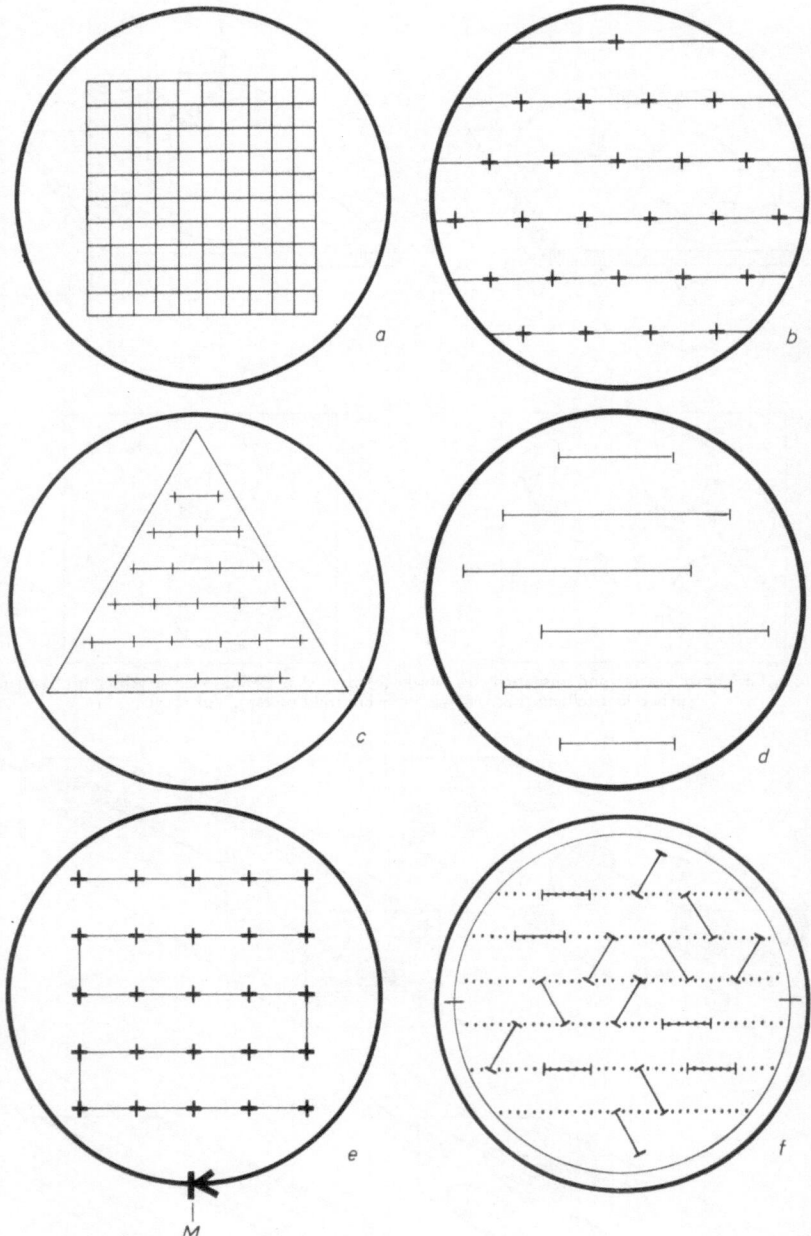

Abb. 5a—f. Okulareinsätze bzw. Systeme zum Ausmessen unbegrenzter Objekte nach der Treffer- und Nadel-methode. a Meßokular für die Trefferanalyse nach Haug (1955) mit 121 Meßpunkten. b Zeiß-Integrations-Okular I nach Hennig (1957c, 1958) für die Trefferanalyse mit 25 Meßpunkten. c Meßsystem mit 25 Meßpunkten für die Trefferanalyse sowie einer Meßstrecke der Länge $L_T=3s$ aus den drei Seiten s eines gleichseitigen Dreieckes für die Nadelanalyse; vgl. Abb. 10. d Zeiß-Integrations-Okular II nach Hennig (1956a, 1957c, 1958; vgl. auch Zeiß) mit sechs parallelen Meßlinien der Gesamtlänge L_T für die Nadelanalyse. e Meßsystem mit 25 Meßpunkten für die Trefferanalyse und einen Meßkreis der Länge L_T für die Nadelanalyse. Startpunkt und Richtung der Messung werden durch eine Markierung M angezeigt. f Meßsystem nach Weibel (1963a, b) für direkte Analyse von Schnitten im Elektronenmikroskop mit 15 Linien einer Gesamtlänge L_T für Nadelanalyse; 30 Endpunkte der Linien dienen der Trefferanalyse. Vgl. Text III.2, IV., VI

von Volumanteilen. Es ist daher notwendig, nochmals zwei weitere Begriffe einzuführen — „begrenztes" und „unbegrenztes" Objekt. Die Zahl der Objektklassen erhöht sich damit auf acht (Zusammenstellung in Tabelle 3). Abb. 2 zeigt ein „*unbegrenztes Objekt*". Die homogene Fläche dieses Modellobjektes ist wesentlich größer als das eingezeichnete kreisrunde Meßfeld. Hier kann man begrenzte Punkt- und Liniensysteme zum Ausmessen nach der Treffer- bzw. Nadelmethode verwenden; vgl. Abb. 5. Diese verlieren ihren Sinn, wenn ein Objekt das Meßfeld nicht überragt bzw. nicht gleichmäßig ausfüllt: Ein derart „*begrenztes Objekt*" zeigt

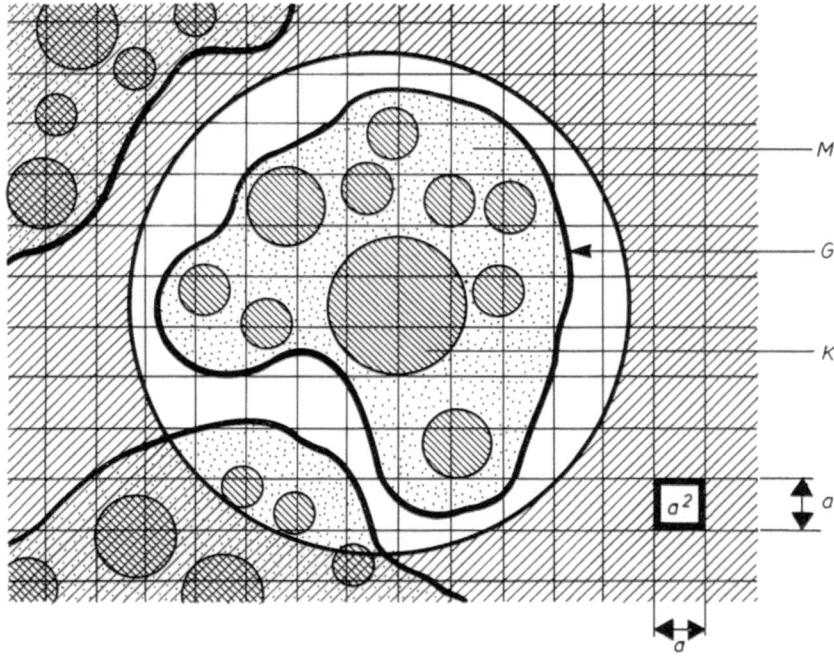

Abb. 6. Ausmessen eines begrenzten Objektes (Definition Abschnitt II.) mit einem Koordinatengitter. Bildfläche im Kreis. *G* Grenzfläche; *M* Matrix; *K* Kugeln; *a* Abstand der Gitterlinien. Ein Trefferpunkt entspricht einer Fläche von a^2 im ebenen Bild

Abb. 6. Hier verwendet man besser unbegrenzte Punkt- oder Liniensysteme, welche das Objekt allseitig überragen (HENNIG, 1957b, 1958). In allen derartigen Fällen ist der abgebildete Koordinatenraster brauchbar (Abb. 6). Er gestattet sowohl eine Treffer- wie eine Nadelanalyse.

Unbegrenzte Objekte findet man vorzugsweise im makro- und mikroskopischen Bereich (Mineral- und Metallanschliffe; Schnitte durch homogen aufgebaute Organe, z.B. Lunge, Leber). Sie sind mit den begrenzten Punkt- und Liniensystemen bedeutend angenehmer und rascher auszuwerten als begrenzte Objekte. Da die unbegrenzten Objekte zunächst im Vordergrund des Interesses standen, sind die Zählvorrichtungen und Berechnungsmethoden vor allem auf sie abgestimmt. *Die meisten submikroskopischen Objekte sind jedoch begrenzt oder ungleichmäßig aufgebaut.* Die gängigen Vorrichtungen und Verfahren können daher in der Cytomorphologie nur in sehr beschränktem Umfang eingesetzt werden. Die begrenzten Objekte werden daher im folgenden besonders eingehend behandelt.

III. Bestimmen von Flächen nach der Nadelmethode

III.1 Begrenzte Objekte

Das Buffonsche Nadelproblem läßt sich auf sehr einfache Weise lösen: Wirft man die Nadel hinreichend oft auf das Gitter (Abb. 1), so kommen Winkel α zwischen 0 und 179,99° praktisch gleich häufig vor. Man könnte dabei f_L [Gl. (2)] empirisch bestimmen. Eleganter ist ein Gedankenexperiment: Wenn alle Winkellagen gleich häufig vorkommen, wie im Beispiel Abb. 7a, so kann man die einzelnen Nadellagen ohne Verändern der Gesamtsumme aller Schnittpunkte C zu einem Halbkreis vom Durchmesser d zusammenfügen (Abb. 7b). Dies gilt um so genauer,

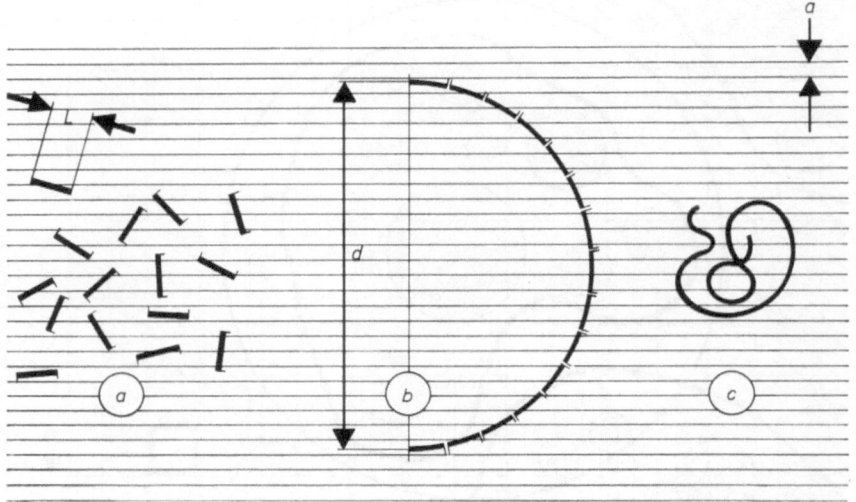

Abb. 7a—c. Berechnen von Längen nach der Nadelmethode. Statistisch wahllos ausgerichtete Elemente mit der Länge L (a) können zu einem Halbkreis (b) mit dem Durchmesser d zusammengefügt werden, wenn alle Orientierungen zum Gitter gleich häufig vorkommen. Die Zahl der Schnittpunkte C verändert sich bei dieser Transformation nicht ($C=24$). Die Gesamtlänge L_{ges} entspricht dem Umfang $\pi d/2$, die Zahl $C=d/a$. Man erhält daraus die Formel (5), welche das Ausmessen beliebig geformter Linien (c) ermöglicht

je größer die Zahl n der Würfe ist, da ein Kreis (bzw. Halbkreis) die einfachste geometrische Figur ist, in der alle Richtungen gleich häufig erscheinen. Ist L die Nadellänge und a der Abstand der Gitterlinien, so ist der Halbkreis-Umfang in Abb. 7b bei n Nadelwürfen $n \cdot L = \pi \cdot d/2$ oder $n = \pi \cdot d/2 \cdot L$. Die Gesamtzahl der Schnittpunkte C_{ges} hängt vom Durchmesser d des Halbkreises und vom Abstand a der Gitterlinien ab ... $C_{ges} = d/a$. Die mittlere Zahl der Schnittpunkte $\overline{C}$ pro Nadelwurf ergibt sich demnach aus C_{ges} durch Division mit der Wurfzahl ... $\overline{C} = C_{ges}/n = d/a \cdot n$. Setzt man den oben abgeleiteten Ausdruck für n ein, so erhält man aus $\overline{C} = d/n \cdot a$ und $1/n = 2 \cdot L/\pi \cdot d ... \overline{C} = 2 \cdot L/\pi \cdot a$. Man formt um und erhält für Länge

$$L = \pi \cdot C \cdot a/2 = f_L \cdot C \cdot a \qquad (5)$$

Die Gl. (5) entspricht der Gl. (2) — $f_L = \pi/2 = 1,57$ ist der gesuchte *Faktor für die Längenmessung*. Er entspricht dem Quotienten „Halbkreisumfang : Kreisdurchmesser".

Die Formel (5) gilt natürlich für jede Längenbestimmung, soweit in der interessierenden Linie alle Richtungen gleich häufig vorkommen (*Meßobjekt ohne Vorzugs-*

richtung). So kann man beispielsweise die Fadenlänge in Abb. 7c aus der Zahl der Schnittpunkte C nach Formel (5) bestimmen. Auch in diesem Fall gilt ein analoges Gedankenexperiment: Man kann kleine Linienabschnitte zu einem Halbkreis zusammensetzen. Demgegenüber weist die Mäanderlinie in Abb. 8a eine *Vorzugsrichtung* in der Achse $\overline{AA'}$ auf. Hier erhält man in Abhängigkeit vom Winkel α zwischen den Gitterlinien und der Achse $\overline{AA'}$ unterschiedliche C-Werte ($C_1 \neq C_2$). Als Modell zum Lösen dieses Problems kann man wiederum die Buffonsche Nadel (Abb. 1) verwenden. Die Länge L der Nadel kann bei hinreichend vielen Nadelwürfen aus $\overline{C}$ nach Gl. (2) mit $f_L = \pi/2$ berechnet werden. Würde man dieses Vor-

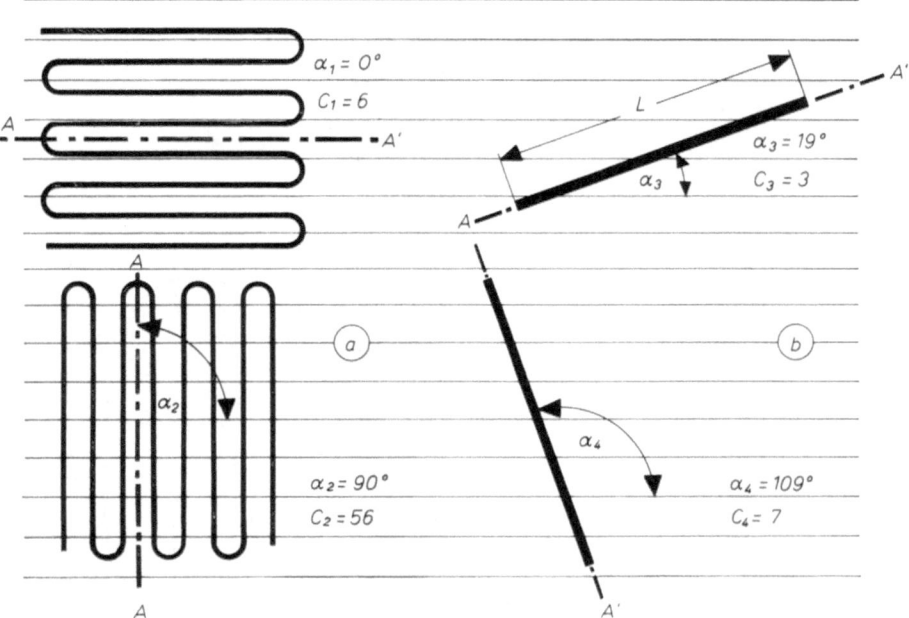

Abb. 8a u. b. Ausmessen von Linien mit Vorzugsrichtung nach der Nadelmethode. a Die Zahl der Schnittpunkte C ist abhängig vom Winkel α zwischen Vorzugsrichtung $\overline{AA'}$ und Gitterlinien. b Brauchbare Resultate erhält man mit zwei Messungen bei α-Werten von 19 und 109°; zum Berechnen von L verwendet man das Mittel $(C_3 + C_4)/2 = 5$. Vgl. im übrigen Text

gehen exakt auf Abb. 8a übertragen, so wäre man lange beschäftigt. Man müßte das Gittersystem so oft willkürlich in verschiedenen Orientierungen auf die Linie projizieren, bis alle Winkelwerte im Bereich $0° \leqq \alpha < 180°$ annähernd gleich häufig vorliegen; bei der üblichen statistischen Streuung sind hierzu ziemlich viele Zufallseinstellungen notwendig. Dies beweist das Experiment. Bei jeder Einstellung müßte man die Zahl C der Schnittpunkte bestimmen und daraus das Mittel $\overline{C}$ errechnen.

Es ist rationeller, den Winkelbereich von 180° nicht willkürlich, sondern systematisch zu erfassen (HENNIG, 1956b, 1963). Im einfachsten Fall macht man zwei Messungen und dreht dabei die Linie oder das Meßgitter nach der ersten Bestimmung um $180/2 = 90°$. Dieser Vorgang ist mit einer Buffonschen Nadel als Modell in Abb. 8b dargestellt. Man kann sich leicht davon überzeugen, daß es hierbei nicht gleichgültig ist, welchen Winkel α zwischen Vorzugsrichtung $\overline{AA'}$ (Nadelachse) und Meßgitterlinien man verwendet: Das Optimum liegt bei α-Werten von ± 19 bzw. $\pm 71°$. Diesen Umstand kann man nützen und bereits mit zwei Messungen genaue Resultate erzielen; dies gilt insbesondere bei schwach ausgeprägter Vorzugs-richtung. Extreme Fehler ergeben sich bei $\alpha = 0$ (Fehler rd. -20%) sowie $\alpha = \pm 45°$ (Fehler rd. $+10\%$). Genauere Resultate kann man mit drei Messungen bei einem Drehen um jeweils $180/3 = 60°$, vier Messungen mit $180/4 = 45°$ oder allgemein *in Messungen mit einem Drehen um jeweils $180/n°$ erzielen.*

Oberflächen in ausgerichteten Objekten (Abb. 3b) können nach Formel (5) berechnet werden. Im *Querschnitt* ergibt sich dabei aus der Umfangslänge L und der Höhen-ausdehnung H (Abb. 3b) mit $f_L = \pi/2$ die Objektfläche S zu

$$S = L \cdot H = f_L \cdot a \cdot C \cdot H \tag{6}$$

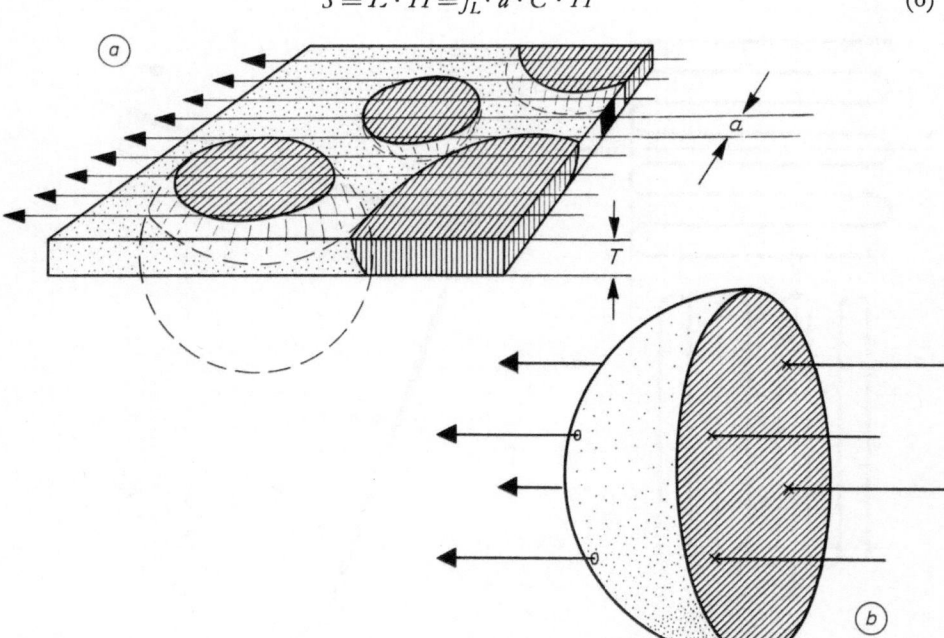

Abb. 9a u. b. Berechnung des Faktors f_F für die Nadelanalyse an Dünnschnitten. a Jeder Schnittpunkt zwischen einer Gitterlinie und einer Grenzlinie entspricht einem Grenzflächenabschnitt $> a \cdot T$; *a* Gitterlinienabstand, *T* Schnittdicke. b Die Größe der mittleren Grenzfläche pro Schnittpunkt verhält sich zu $a \cdot T$ wie die Fläche einer Halbkugelschale zur Fläche eines Kreises mit identischem Durchmesser. Vgl. Text III.1, insbesondere Gl. (10)

Komplizierter wird der Fall *bei gleichmäßigen Objekten* nach Abb. 3a. Hier kommen Grenzflächen in einer gleichmäßigen statistischen Lageverteilung vor — alle räum-lichen Orientierungen sind beim *Fehlen einer Vorzugsrichtung* im Mittel gleich häufig anzutreffen. Überzieht man einen Schnitt (Abb. 3a) mit einem Gitter der Periode a, so erhält man in der Meß- oder Schnittfläche A_T eine Zahl von C Schnittpunkten. Aus Abb. 9a ist zu ersehen, daß im Mittel auf jeden Schnittpunkt mindestens eine Fläche der Größe $S_{min} = a \cdot T$ entfallen muß, wenn T die Schnittdicke ist. Es gilt also $S_{min}/C = a \cdot T$ oder

$$S_{min} = a \cdot T \cdot C \tag{7}$$

Diese Minimalfläche würde dann auftreten, wenn alle Grenzflächen im Präparat sowohl senkrecht zur Schnittebene als auch senkrecht zu den Gitterlinien liegen würden. Tatsächlich gibt es hier aber keine Vorzugsrichtung. Die im Schnitt vorhandenen Grenzflächen — in Abb. 3a und 9a Kugelflächen — werden eine Größe S aufweisen, welche S_{min} wesentlich übertrifft:

$$S > S_{min} = a \cdot T \cdot C \tag{8}$$

Man kann wiederum einen Faktor verwenden, der im Gegensatz zu Gl. (2) und (5) mit f_F bezeichnet wird:

$$S = f_F \cdot a \cdot T \cdot C \tag{9}$$

Nach der Ungleichung (8) muß f_F in jedem Fall größer als eins sein. Den exakten Wert erhält man durch einen Kunstgriff. S und S_{min} müssen sich zueinander verhalten wie eine Kreis- zu einer Halbkugelfläche gleichen Durchmessers (Abb. 9b). Senkrecht auf die Kreisfläche auftreffende Strahlen bilden mit dieser ebenso viele Schnittpunkte C, wie mit der Halbkugelfläche. Wiederum ist die (Halb-)Kugelschale die geometrisch einfachste Fläche ohne Vorzugsorientierung (alle Lagen gleich häufig). Der Faktor f_F ergibt sich als Quotient S/S_{min} nach den Gln. (8), (9) auf dieser Basis wie folgt:

$$S/S_{min} = f_F = \text{Halbkugelfläche/Kreisfläche} = 2 \tag{10}$$

Man muß daher beim gleichmäßigen Objekt $f_F = 2$ in Gl. (9) verwenden. Man erhält damit die Größe S der Grenzflächen im vermessenen Schnittfeld A_T. Das Volum des Schnittes im Meßfeld ist $V = A_T \cdot T$. Damit kann die Schnittdicke T eliminiert und aus $S = f_F \cdot a \cdot T \cdot C$ sowie $V = A_T \cdot T$ ein allgemein gültiger Ausdruck gebildet werden:

$$S/V = f_F \cdot a \cdot C/A_T \tag{11}$$

bzw.

$$S = (f_F \cdot a \cdot C/A_T) \cdot V \tag{12}$$

Da die Hilfsgröße T wegfällt, gelten die Gln. (11), (12) für beliebige Objektvolumina V. Gl. (11) gibt die Relation „Fläche pro Volumeinheit" an — Gl. (12) die absolute Größe der Grenzflächen in einem Objekt mit dem Volum V. Der Wert C/A_T gibt die Anzahl C der Schnittpunkte an, welche auf ein Meßfeld der Fläche A_T bei einem Abstand a der Gitterlinien entfallen. A_T kann bei begrenzten Objekten mit einem Koordinatensystem bestimmt werden (Abb. 6). Jeder Koordinatenschnittpunkt entspricht der Fläche a^2. Man zählt die Zahl der Treffer P auf das Objekt und erhält daraus die Meßfläche A_T, welche hier der Objektfläche im Schnitt entspricht:

$$A_T = a^2 \cdot P \tag{13}$$

bzw. nach Einsetzen in Gl. (12)

$$S = f_F \cdot (C/a \cdot P) \cdot V \tag{14}$$

Damit ist eine Flächenanalyse begrenzter Objekte nach Abb. 6 möglich. Vorzugsrichtungen der Membranen schaltet man dadurch aus, daß man die Zahl der Schnittpunkte C_s mit den senkrechten wie mit den waagrechten Geraden C_w getrennt ermittelt und daraus den Mittelwert $C = (C_s + C_w)/2$ bestimmt. Ist die Vorzugsorientierung sehr ausgeprägt, so orientiert man das Koordinatensystem in der oben dargelegten Weise zur Vorzugsachse ($\alpha = \pm 19°$ bzw. $\pm 71°$).

III.2 Unbegrenzte Objekte

Unbegrenzte *gleichmäßige Objekte* (Abb. 2) können mit Gl. (11) oder (12) erfaßt werden, wenn man mit einem Gitter ein Meßfeld A_T erfaßt; vgl. Gln. (13) und (14). Die Zahl C der Schnittpunkte liefert die gesuchten Werte. Ähnlich kann man bei unbegrenzten *ausgerichteten Objekten* vorgehen, die im Querschnitt von gleichmäßigen Objekten nicht zu unterscheiden sind (Abb. 4): So könnte Abb. 2 auch einen Querschnitt durch parallel angeordnete Zylinder darstellen. Ein derartiges Objekt kann nach der Gl. (6) berechnet werden, wenn die Größe des Meßfeldes A_T analog zu den Formeln (11)—(14) eingeführt wird. Das Objektvolum V ergibt sich aus der Meßfläche A_T und der Höhe H zu $V = A_T \cdot H$. Setzt man $H = V/A_T$ in Gl. (6) ein, so erhält man

$$S/V = f_L \cdot a \cdot C/A_T \qquad (15)$$

bzw.

$$S = f_L \cdot (a \cdot C/A_T) \cdot V \qquad (16)$$

Die Formeln (15), (16) entsprechen den Gln. (11), (12) und ermöglichen die analoge Flächenanalyse am unbegrenzten ausgerichteten Objekt. Wie im begrenzten ausgerichteten Objekt hat der Faktor f_L auch hier die Größe $f_L = \pi/2 = 1{,}57$.

In der Praxis hat sich indessen ein bequemeres Verfahren durchgesetzt. Zeichnet man in Abb. 2 eine *Meßstrecke der Länge* L_T ein, so bildet diese mit den Grenzlinien der Kugeln Schnittpunkte. Setzt man die Meßlinie hinreichend oft an verschiedenen Stellen eines homogenen Objektes an, so erhält man schließlich einen Mittelwert $\overline{C}$. Die Größe von $\overline{C}/L_T$ ist charakteristisch für jedes unbegrenzte gleichmäßige Objekt im Schnitt bzw. Anschliff. Je größer $\overline{C}/L_T$ ist, desto mehr Grenzflächen sind im Objekt enthalten. L_T kann auf einfache Weise in die Gleichungen eingeführt werden. Man setzt hierzu das Meßfeld $A_T = a \cdot L_T$ und verwendet demnach ein „Gitter mit einer einzigen Linie" der Länge L_T bei einem Abstand a zur nächsten Gitterlinie. A_T wird in die Gln. (15) und (16) eingesetzt und liefert die Formeln für das *unbegrenzte ausgerichtete Objekt*:

$$S/V = f_L \cdot \overline{C}/L_T \qquad (17)$$

bzw.

$$S = f_L \cdot (\overline{C}/L_T) \cdot V \qquad (18)$$

Die Gleichungen für das *unbegrenzte gleichmäßige Objekt* erhält man auf vollkommen analoge Weise aus den Formeln (11), (12):

$$S/V = f_F \cdot \overline{C}/L_T \qquad (19)$$

bzw.

$$S = f_F \cdot (\overline{C}/L_T) \cdot V \qquad (20)$$

Die Gln. (17), (18) unterscheiden sich von den Gln. (19), (20) wiederum nur durch die Faktoren $(f_L \ldots f_F)$.

In der lichtmikroskopischen Praxis verwendet man Okulare, die eine Standardmeßstrecke enthalten (Abb. 5). Das Meßplättchen eines derartigen Integrationsokulares von Zeiß nach Hennig (1957c, 1958, Abb. 5d) enthält eine Meßstrecke L_T, die in sechs parallele Einzelstrecken zerfällt ($4 \cdot L_T/5 + 2 \cdot L_T/10$). Eine *Vorzugsrichtung* im Objekt schaltet man wiederum durch mindestens zwei Messungen und Bilden eines Mittelwertes aus. Zwischen beiden Messungen wird das Liniensystem (Okular) oder Objekt um $180/2 = 90°$ gedreht. Dabei ist wiederum der Winkel α zwischen der Vorzugsachse und der Standardmeßstrecke zu beachten (Minimalfehler bei $\alpha = \pm 19$ oder $\pm 71°$). Ein wahlloses Drehen der Meßlinien ist zusätzlichen statistischen Streuungen ausgesetzt und damit dem planmäßigen Vorgehen weit unterlegen; vgl. III.1. Günstiger als zwei Messungen sind auch hier drei Messungen mit einer Drehung um jeweils $180/3 = 60°$. An Stelle der parallelen Meßlinien verwendet man hierfür mit Vorteil ein gleichseitiges Dreieck, dessen drei Seiten s die Meßstrecke $L_T = 3s$ bilden (Abb. 5c). Der maximale Fehler durch eine Vorzugsrichtung bleibt bei dieser *Dreiecksmeßstrecke* stets unter 10% gegenüber

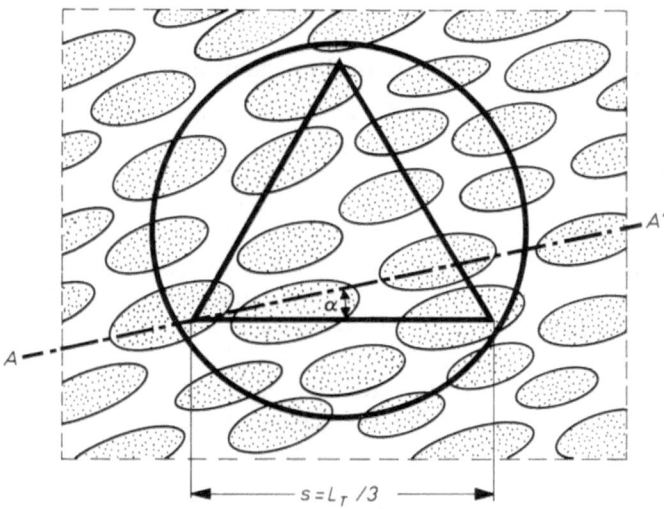

Abb. 10. Bestimmen der Grenzflächen in einem unbegrenzten gleichmäßigen Objekt mit Vorzugsrichtung. Als Standardmeßstrecke der Länge L_T wird ein gleichseitiges Dreieck verwendet. Optimale Werte ergeben sich bei einem Winkel $\alpha = \pm 12°$ zwischen der Vorzugsrichtung $\overline{AA'}$ und einer Dreiecksseite. Die Grenzfläche wird aus dem Mittelwert $\overline{C}/L_T$ (hier $C/L_T = 18$) nach Gl. (20) berechnet. Vgl. Text III.2

rd. 20% beim Messen in zwei Richtungen. Der Fehler kann auch hier wieder auf ein Minimum reduziert werden, wenn man eine der Dreiecksseiten s in einem Winkel $\alpha = \pm 12°$ oder $\pm 48°$ zur Vorzugsachse setzt (Abb. 10). In analoger Weise werden Fehler durch Vorzugsrichtungen beim Testsystem nach WEIBEL (1963a, b; vgl. Abb. 5f.) ausgeschaltet; 15 Meßlinien ergeben zusammengesetzt fünf gleichseitige Dreiecke. Die Genauigkeit läßt sich sinngemäß durch ein weiteres Steigern der Zahl n der Messungen auf $n = 4, 5, 6$ usf. erhöhen, wobei die Drehung zwischen zwei aufeinanderfolgenden Messungen jeweils $180°/n$ betragen muß. Verwendet man analog zum Meßdreieck an Stelle der Drehungen regelmäßige Vielecke, so gelangt man schließlich folgerichtig im Grenzfall zum *Meßkreis* (Abb. 5e) mit dem Umfang L_T, bei dem *weder ein Drehen noch ein Berücksichtigen der Vorzugsachse* notwendig ist; es muß lediglich eine Marke angebracht werden, welche den Anfangspunkt für die Zählung festlegt.

Zum *Auswerten von Elektronenbildern* kann man entweder den Leuchtschirm gravieren (WEIBEL, 1963a, b) oder ein Integrationsokular in das Beobachtungsfernrohr einsetzen, soweit die Bildhelligkeit dazu ausreicht. In den meisten Fällen wird man jedoch das Auszählen an den Elektronenmikrographien durchführen.

Hierzu kann das Elektronenbild auf eine Meßfigur projiziert werden, $v \cdot v$. Schließlich kann man die Projektion (Vergrößerungsapparat) durch eine gezeichnete oder photographisch hergestellte Meßfolie (Klarsichtfolie mit Meßsystem) ersetzen. Entscheidend ist stets ein exaktes Bestimmen des Bildmaßstabes bzw. der Länge L_T oder der Gitterperiode a. Beim *Ausmessen von gleichmäßigen Objekten mit Vorzugsrichtung* sind Überlegungen notwendig, die nicht im Detail behandelt werden können. Man ist gezwungen, das Objekt in verschiedenen räumlichen Orientierungen gezielt anzuschneiden und festzustellen, ob eine oder mehrere Vorzugsrichtungen existieren. Der Gang der Analyse muß hierbei der ermittelten Eigenart des Objektes angepaßt werden.

IV. Bestimmen von Volumanteilen nach der Treffermethode

Im Gegensatz zur vorangehend diskutierten Nadelmethode ist der mathematische Aufwand bei der Treffermethode extrem gering — ihr Prinzip und ihre praktische Anwendung sind äußerst einfach. Es kann daher auf Einzelheiten verzichtet werden; vgl. Abschnitt I, II sowie zit. Fachliteratur. *Unbegrenzte Objekte* werden mit Meßanordnungen nach Abb. 5 analysiert, die in der lichtmikroskopischen Praxis zum Teil in Integrationsokularen angewandt werden. Zum Anwenden im Elektronenmikroskop vgl. man Abschnitt III.2. Leider liegen im submikroskopischen Größenordnungsbereich meist *begrenzte oder inhomogene Objekte* vor, welche man besser mit unbegrenzten Punktsystemen analysiert. Abb. 11 gibt hierfür ein Beispiel aus der Praxis. Man verwendet im Hinblick auf eine zusätzliche Flächenanalyse mit der Nadelmethode (vgl. Abschnitt VI.3) am besten den dargestellten Koordinatenraster, dessen Kreuzungspunkte der Trefferzählung dienen.

V. Kombination von Treffer- und Nadelmethode

Eine Kombination von Treffer- und Nadelmethode erlaubt das Aufstellen von S/V-*Relationen*. Dies ist besonders bei Systemen mit mehreren verschiedenartigen Komponenten (X, Y, Z) interessant. Die Kombination ermöglicht Beziehungen zwischen der Fläche S_x einer beliebigen Komponente (X) und dem Volum V_y einer beliebigen anderen Komponente (Y). Entfallen auf (Y) P_y von insgesamt P_{ges} Treffern, so ergibt sich bei bekanntem Gesamtvolum V_{ges} das Volum V_y von (Y) nach

$$V_y/P_y = V_{ges}/P_{ges} \tag{21}$$

Die Gln. (21) und (14) kann man kombinieren. Die Grenzfläche S_x wird dabei durch die Zahl C_x der Schnittpunkte mit dem Meßgitter ermittelt. P_{ges} und V_{ges} gelten für denjenigen Teil des *begrenzten gleichmäßigen Objektes*, der im analysierten Schnitt enthalten ist. Die adaptierte Gl. (14) $S_x = f_F (C_x/a \cdot P_{ges}) \cdot V_{ges}$ liefert mit Gl. (21) die allgemeine Form der S/V-Relation

$$S_x/V_y = f_F \cdot C_x/a \cdot P_y \tag{22}$$

Die analoge Formel für das begrenzte ausgerichtete Objekt unterscheidet sich nur durch den Faktor. Im Gegensatz zum gleichmäßigen Objekt $(f_F = 2)$ gilt für das *ausgerichtete Objekt im Querschnitt* wie in allen anderen Beispielen der Faktor $f_L = \pi/2 = 1,57$:

$$S_x/V_y = f_L \cdot C_x/a \cdot P_v \tag{23}$$

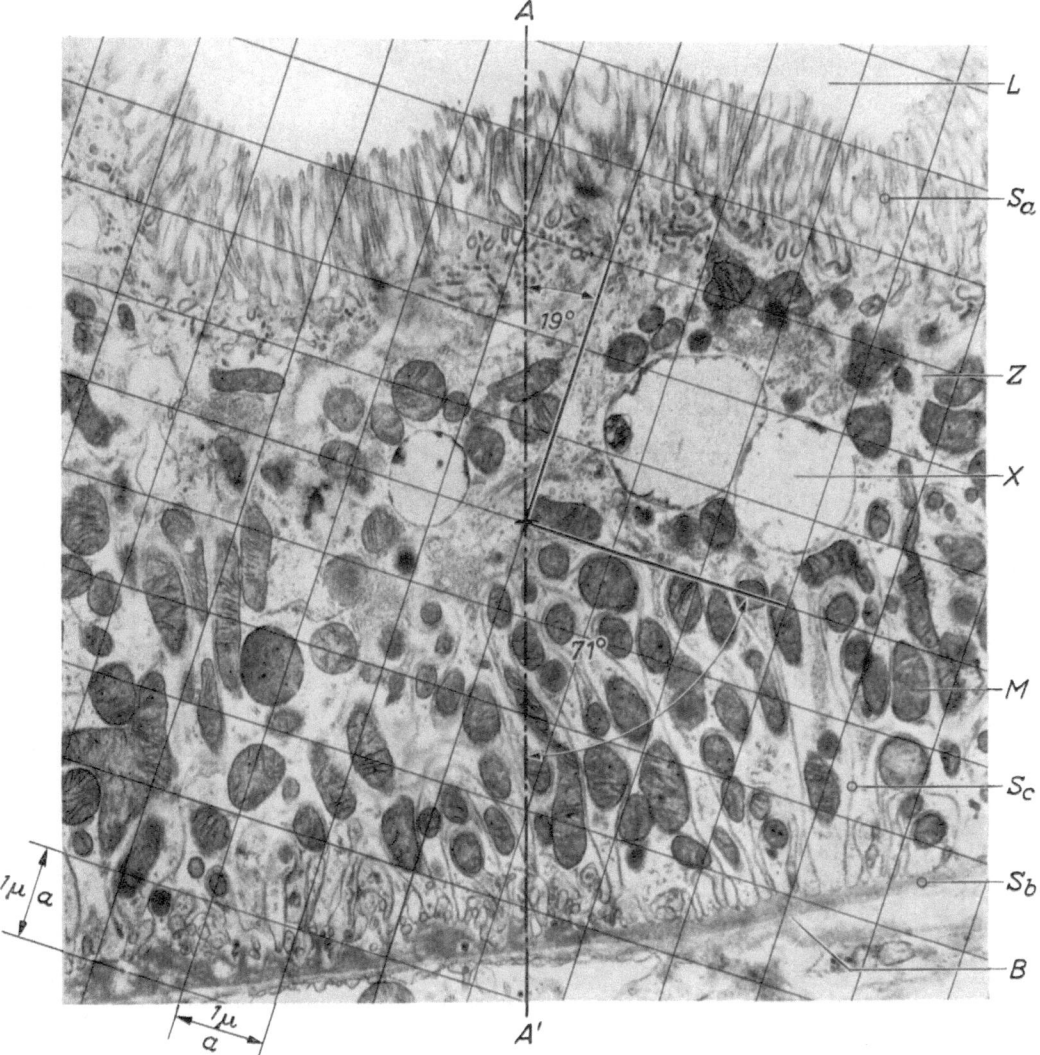

Abb. 11. Ausmessen eines Epithelabschnittes aus dem proximalen Teil des Hauptstückes einer Säugerniere. Die Linien des Koordinatengitters sind um $\alpha=19$ bzw. 71° gegen die Vorzugsrichtung $\overline{AA'}$ gedreht. Der Abstand a der Gitterlinien beträgt 1 μ. B Basalmembran; L Tubuluslumen; M Mitochondrien; $S_a-S_b-S_c$ apicaler, basaler und intercellulärer Zellmembranabschnitt (vgl. Abb. 13); X diverse Zelleinschlüsse und -organellen. Aus der Analyse dieses Einzelbildes ergeben sich bei etwa 85 Treffern auf das Epithel die Volumanteile ($Z\sim66\%$, $M\sim26\%$, $X\sim8\%$) sowie bei etwa 570 Schnittpunkten mit den Grenzlinien S_{abc} die Flächenanteile ($S_a\sim43\%$, $S_b\sim3\%$, $S_c\sim54\%$). Da bei den intercellulären Abschnitten S_c stets zwei Membranen benachbarter Zellen aneinander liegen, werden auch an denjenigen Stellen zwei Schnittpunkte gerechnet, an denen die „Doppelmembranen" nicht getrennt erscheinen. Für ein statistisch gesichertes Resultat müssen mehrere Bilder ausgemessen werden. Hierbei ergeben sich signifikante Unterschiede zwischen den verschiedenen Hauptstückabschnitten. El.-opt. Direktvergrößerung 2600:1; lichtopt. nachvergrößert

Die Gln. (22), (23) gelten für begrenzte Objekte ohne Vorzugsrichtung. Zum Ausgleich von Vorzugsorientierungen vgl. Abschnitt III.1.

Bei *unbegrenzten Objekten* arbeitet man mit den üblichen Meßvorrichtungen nach Abb. 2, 5 und 10. Normalerweise verwendet man zum Bestimmen von S_x einer

Komponente (X) die Liniensysteme nach Abb. 5d, f oder 10 und rechnet mit den sinngemäß modifizierten Gln. (18), (20):

$$S_x = f_L(\overline{C}_x/L_T) \cdot V_{\text{ges}} \tag{24}$$

$$S_x = f_F(\overline{C}_x/L_T) \cdot V_{\text{ges}} \tag{25}$$

Für das ausgerichtete Objekt [Gl. (24)] und das gleichmäßige Objekt [Gl. (25)] werden wiederum nur die Faktoren gewechselt $(f_L = \pi/2 = 1,57; f_F = 2)$. $\overline{C}_x$ ist die mittlere Zahl der Schnittpunkte mit der Meßstrecke L_T, V_{ges} das Gesamtvolum. Unabhängig von der Flächenanalyse wird das Volum mit Punktsystemen nach Abb. 5a, b oder f bestimmt. Der Anteil V_y für (Y) ergibt sich nach Formel (21). Die getrennt bestimmten Werte S_x und V_y liefern die gesuchte Relation S_x/V_y. Das Ausmessen kann durch ein *kombiniertes Meßsystem* vereinfacht werden, das aus einer Dreiecks- oder Kreismeßstrecke und einem 25-Punktsystem für die Trefferanalyse zusammengesetzt ist (Abb. 5c, e, f).

VI. Anwendung der Punktzählverfahren in der Cytomorphometrie

VI.1 Bestimmen der Relativwerte (S, V)

Ohne besondere mathematische Vorkenntnisse kann man mit den Punktzählmethoden Relativwerte ermitteln. Beim *Ausmessen eines begrenzten gleichmäßigen Objektes* verwendet man am besten den Koordinatenraster (vgl. Abb. 12). Man zählt zunächst die Treffer P_z der Kreuzungspunkte auf das Cytoplasma (Z), den Kern $(K \dots P_k)$, die Mitochondrien $(M \dots P_m)$ usf. und ermittelt daraus die angegebenen Prozente (Tabelle 1). Danach bestimmt man die Zahl C der Schnittpunkte

Tabelle 1. *Relativwerte der Flächen und Volumina in Abb. 12a und b*

Zelle	Trefferzahlen			Volumina[2] (%)			Schnittpunkte[1]			Flächen[2] (%)		
	P_k	P_m	P_z	V_k	V_m	V_z	C_k	C_m	C_z	S_k	S_m	S_z
(a)	9	6	19	26	18	56	24	36	28	27	41	32
(b)	9	6	19,5	26	17	57	28	32	60	23	27	50

zwischen den Grenzlinien und den Koordinaten — in Abb. 12 beispielsweise mit der Zellmembran $(z \dots C_z)$, der Kernhülle $(k \dots C_k)$ oder der äußeren Mitochondrienhülle $(m \dots C_m)$ und bestimmt die prozentuale Verteilung (Tabelle 1). Weitere Zellstrukturen können einbezogen werden, so etwa das endoplasmatische Reticulum, die Golgizonen usf. Ein *begrenztes ausgerichtetes Objekt* nach Abb. 3b (z.B. Nerv, Sehne) wird im Querschnitt gleichartig erfaßt. Allgemein gilt, daß sich die Treffer- P bzw. Schnittpunkte C wie die Volumina V bzw. Flächen S im räumlichen Objekt verhalten:

$$P_a : P_b : P_c = V_a : V_b : V_c \tag{4}$$

$$C_a : C_b : C_c = S_a : S_b : S_c \tag{26}$$

[1] Die Zahl C der Schnittpunkte wird zunächst getrennt für die waagrechten (C_w) und senkrechten (C_s) Gitterlinien bestimmt. Die angegebenen Werte entsprechen jeweils der Summe $(C_w + C_s)$.

[2] Messungen an einem einzelnen Bild liefern in der Praxis keine verbindlichen Resultate; vgl. Text VII.

Die Relativwerte erlauben *Aufschlüsse über Vorgänge.* So können Membrantransformationen und Schwellungen bei pathologischen Prozessen in Verlaufskurven erfaßt werden. *Auch im Rahmen der deskriptiven Morphologie* sollte man die Bezeichnungen „relativ viele Mitochondrien", „relativ spärlich entwickeltes endoplasmatisches Reticulum" oder „sehr wenige Golgizonen" endlich fallenlassen, da sie unreproduzierbar und daher wertlos sind. Statt dessen wären beispielsweise Angaben wie „20% Mitochondrien, bezogen auf das Zellvolum" wünschenswert, welche einen Brückenschlag zur Biochemie und Physiologie der Zelle ermöglichen würden. So kann der angeführte *Volumanteil der Mitochondrien* in der Zelle wertvolle Aufschlüsse über die Kapazität der Zellatmung liefern — dies *auch in Mikrobereichen,*

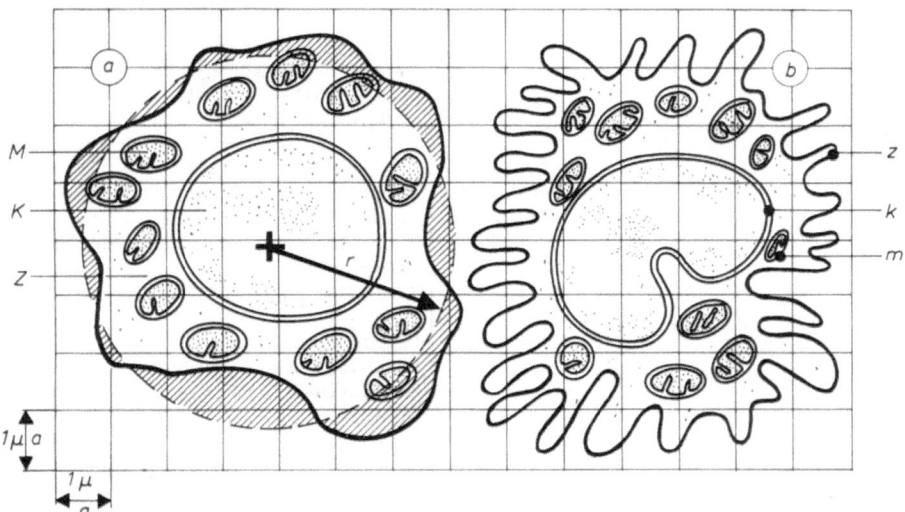

Abb. 12 a u. b. Ausmessen von isodiametrischen Einzelzellen mit dem Koordinatengitter. *K* Zellkern; *M* Mitochondrien; *Z* Cytoplasma; *k* Kernhülle; *m* äußere Mitochondrienmembran (entsprechend S_a in Abb. 15); *z* äußere lipoidische Zellmembran. Der Rauminhalt einer Zelle kann unter Annahme annähernd konstanter Zelldurchmesser *d* in Querschnitten mit maximalen *d*-Werten durch den Radius *r* in der skizzierten Weise roh geschätzt werden. Die Zellen (a) und (b) liefern bei der Trefferanalyse identische Volumverhältnisse $V_m : V_k : V_z$; vgl. Tabelle 1 sowie Text

Tabelle 2. *Verhältnis der Zelloberflächenabschnitte im Schema Abb. 13. Vgl. hierzu Abb. 11*

Abschnitt	Schnittpunkte[1]			Flächenanteile[2] (%)		
	C_a	C_b	C_c	S_a	S_b	S_c
Proximaler Tubulus (*P*)	90	10	85	49	5	46
Distaler Tubulus (*D*)	16	12	69	17	12	71

welche anderen Methoden nicht zugänglich sind. Verschiedene Zelltypen können in dieser Weise morphometrisch klar getrennt werden (SITTE, 1965). Ebenso können *relative Flächenangaben* sehr wertvoll sein. Betrachtet man die Tubulusepithelien der Säugerniere, so stellt man zwischen den verschiedenen Abschnitten des Nephrons charakteristische Unterschiede fest (Abb. 13). Die äußere Membran dieser Zellen besteht zumindest aus drei Abschnitten, die sich physiologisch unterschiedlich verhalten. Die Grenze S_a gegen das Lumen wird durch die Schlußleiste (*S*) limitiert.

---

[1] [2] Vgl. Tabelle 1.

Tabelle 3. *Merkmale der Objektklassen nach den Definitionen in Abschnitt II und*

Merkmale der Objektklassen nach Abschnitt II

(A) *Begrenztes Objekt:* Objekt-durchmesser etwa in Größe des Bildfeldes bzw. Objekt durch Zonen unterbrochen, die bei der Analyse nicht interessieren (Abb. 6)	(A.I) Begrenztes *gleichmäßiges* Objekt: Grenzflächen in allen räumlichen Lagen (Abb. 3 a)	(A.I.1) Begrenztes gleichmäßiges Objekt *ohne Vorzugsrichtung:* Grenzflächen in allen räumlichen Lagen gleich häufig (Abb. 3 a, 4 oben links, 12)
		(A.I.2) Begrenztes gleichmäßiges Objekt *mit Vorzugsrichtung:* Verschiedene räumliche Lagen der Grenzflächen verschieden häufig (Abb. 4 unten links, 13)
	(A.II) Begrenztes *ausgerichtetes* Objekt: Interessierende Grenzflächen *durchwegs* parallel zu einer Achse *AA′* ausgerichtet (Abb. 3 b)	(A.II.1) Begrenztes ausgerichtetes Objekt *ohne Vorzugsrichtung:* Im Querschnitt alle Grenzlinienrichtungen gleich häufig (Abb. 3 b, 4 oben rechts)
		(A.II.2) Begrenztes ausgerichtetes Objekt *mit Vorzugsrichtung:* Im Querschnitt verschiedene Grenzlinienrichtungen verschieden häufig (Abb. 4 unten rechts)
(B) *Unbegrenztes Objekt:* Durchmesser des homogenen räumlichen Objektes wesentlich größer als Bildfeld; gesamte Objektfläche für die Analyse von Interesse. Mehrfacher Bildfeldwechsel ohne wesentliche Veränderung des Bildhabitus möglich (Abb. 2, 10)	(B.I) Unbegrenztes *gleichmäßiges* Objekt: Grenzflächen in *allen* räumlichen Lagen (Abb. 2)	(B.I.1) Unbegrenztes gleichmäßiges Objekt *ohne Vorzugsrichtung:* Grenzflächen in allen räumlichen Lagen gleich häufig (Abb. 2, 4 oben links)
		(B.I.2) Unbegrenztes gleichmäßiges Objekt *mit Vorzugsrichtung:* Grenzflächen in verschiedenen räumlichen Lagen verschieden häufig (Abb. 4 unten links, 10)
	(B.II) Unbegrenztes *ausgerichtetes* Objekt: Grenzflächen sind durchwegs parallel zu einer Achse *AA′* ausgerichtet (Nerven, Sehnen, Pflanzenstengel, Muskeln)	(B.II.1) Unbegrenztes ausgerichtetes Objekt *ohne Vorzugsrichtung:* Im Querschnitt alle Grenzlinienrichtungen gleich häufig (Abb. 4 oben rechts, Nerv)
		(B.II.2) Unbegrenztes ausgerichtetes Objekt *mit Vorzugsrichtung:* Im Querschnitt verschiedene Grenzlinienrichtungen verschieden häufig (Abb. 4 unten rechts)

Hinweise zum Bestimmen der Grenzflächen im Objekt mit Punktzählverfahren

Bestimmen von Flächen nach der Nadelmethode		Bestimmen der S/V-Relation durch Kombination der Treffermethode mit der Nadelmethode		Beim Auswerten zu beachten
Meßsysteme	Gleichungen	Meßsysteme	Gleichungen	
Unbegrenztes Liniensystem oder Koordinatengitter (Abb. 1, 6, 7, 11 bis 15)	(9/10) (12 bis 14) (26)	Unbegrenztes Koordinatengitter (Abb. 6, 11 bis 15)	(11/13) (22)	—
Unbegrenztes Koordinatengitter. Winkel α zwischen Gitterlinien und Vorzugsachse AA' 19° bzw. 71° (Abb. 11, 13, 14)	(9/10) (12 bis 14) (26)	Unbegrenztes Koordinatengitter. Winkel α zwischen Gitterlinien und Vorzugsachse AA' 19° bzw. 71° (Abb. 11, 13, 14)	(11/13) (22)	Schnitte in verschiedenen räumlichen Lagen notwendig
Wie A.I.1	(6) (16/13) (26)	Wie A.I.1	(15/13) (23)	Exakte Querschnitte notwendig
Wie A.I.2	(6) (16/13) (26)	Wie A.I.2	(15/13) (23)	
Begrenzte Standardmeßstrecke der Länge L_T (Abb. 2, 5c, d, e, f oder 10)	(20) (26)	Kombiniertes Meßsystem nach Abb. 5c, e, f oder getrenntes Ermitteln von Treffern und Schnittpunkten mit Systemen nach Abb. 2, 5a, b, d oder 10	(19) (25)	—
Spezielle Standardmeßstrecken der Länge L_T (Abb. 5c, e, f bzw. 10) oder systematisches Drehen von Objekt bzw. Meßsystem bei Standardmeßstrecken nach Abb. 2 oder 5d	(20) (26)	Spezielle kombinierte Meßsysteme (Abb. 5c, e, f) oder getrennte Analysen mit Systemen nach Abb. 5a, b, und 10 bzw. nach Abb. 2, 5a, b und 5d (Systematisches Drehen von Meßstrecke oder Objekt)	(19) (25)	Schnitte in verschiedenen räumlichen Lagen notwendig
Wie B.I.1	(18) (16/13) (26)	Wie B.I.1	(15/13) (17) (24)	Exakte Querschnitte notwendig
Wie B.I.2	(16/13) (18) (26)	Wie B.I.2	(15/13) (17) (24)	

Durch diesen Membranabschnitt muß wahrscheinlich der größte Teil derjenigen Stoffe treten, welche im Rahmen eines Resorptions- oder Austauschprozesses das Lumen verlassen. Der Abschnitt S_b an der Basalmembran steht mit dem Inhalt der angrenzenden Blutcapillaren über das lockere Fasergerüst der Basalmembran und das porenhaltige Endothel in Kontakt. Ein dritter Abschnitt S_c berührt die Nach-

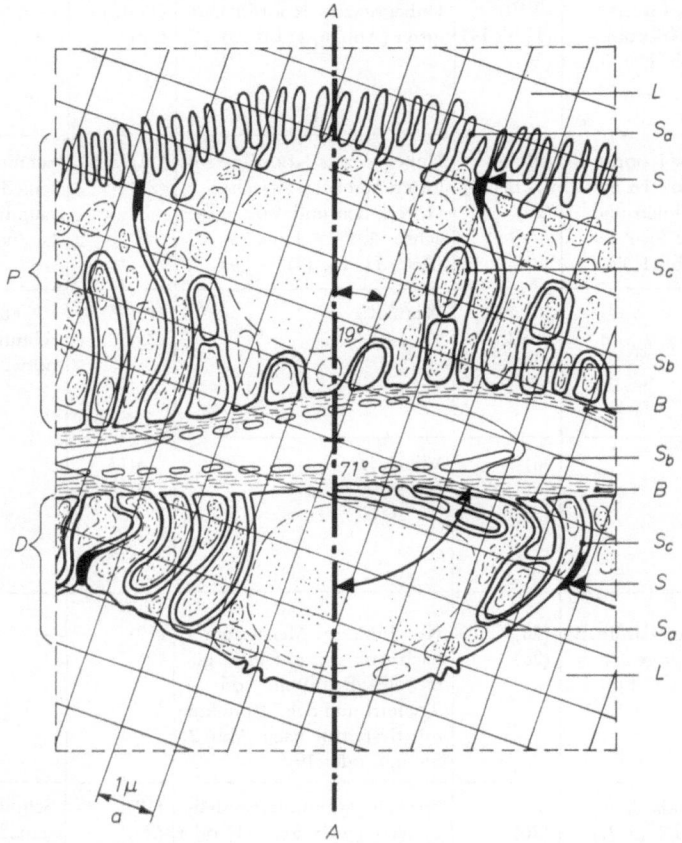

Abb. 13. Anteile der verschiedenen Grenzflächen am proximalen (P) und distalen (D) Tubulusepithel der Säugerniere. Bestimmung durch die Zahl C der Schnittpunkte mit dem Koordinatengitter nach der Nadelmethode. S_a apikale Grenzfläche gegen das Tubuluslumen L; S_b direkt der Basalmembran B anliegende Grenzflächen; S_c Grenzflächen zwischen den Schlußleisten S und der Basalmembran B im Bereich der Intercellularspalten. Koordinatengitter mit Linienabstand a ist um $\varkappa=19$ bzw. 71° gegen die Vorzugsachse $\overline{AA'}$ gedreht. Meßwerte in Tabelle 2. Vgl. Abb. 11 und 14 sowie Text

barzellen. Das Verhältnis $S_a : S_b : S_c$ (Tabelle 2) ist daher für den Stoffaustausch und -transfer des Epithels von großem Interesse. Es ist vollkommen unmöglich, die gemessenen Größen auch nur einigermaßen richtig abzuschätzen.

Beim Ermitteln der Relativwerte sind wesentlich weniger Fehlerquellen zu beachten, als beim Bestimmen von Absolutwerten. So verfälschen Schneide- und Präparationsartefakte (Schnittstauchung, Volumänderungen beim Fixieren und Einbetten) sowie fehlerhafte Vergrößerungsangaben Relativwerte im allgemeinen nicht. Es besteht demnach für jeden ohne weiteres Training eine Möglichkeit zur morphometrischen Arbeit; die Cytomorphologen sollten die gegebenen Möglichkeiten nützen.

VI.2 Bestimmen von Absolutwerten (S, V)

Absolute Größenbestimmungen erfordern mehr Vorkenntnisse und einen größeren Arbeitsaufwand. In die *Flächenberechnung* geht der Abstand a der Gitterlinien bzw. die Länge L_T der Meßstrecke ein: Daher muß der *Abbildungsmaßstab* des Elektronenbildes genau festliegen. Zum *Berechnen der Volumina* muß das Gesamtvolum V_{ges} bekannt sein. V_{ges} kann bei unbegrenzten Objekten meist relativ einfach ermittelt werden, weil hier Räume größerer Ausdehnung erfaßt werden. Bei begrenzten Objekten ist dies oft nur approximativ möglich. Will man die Größe von Flächen der Teilvolumina einer Einzelzelle berechnen, so müßte man als V_{ges} das Zellvolum einsetzen. Dieses kann man bei freien Zellen (Leukocyten, Gewebekulturzellen) nach dem größten Durchmesser mit einem flächengleichen Kreis abschätzen (Abb. 12a; Radius r). Der Kugelinhalt $4\pi r^3/3$ gibt in vielen Fällen einen brauchbaren Näherungswert. Das Volum von Einzelzellen im Geweben Verband bzw. von anisodiametrischen Einzelzellen muß auf andere Weise abgeschätzt werden. Im allgemeinen ist das Angeben einer S/V-Relation einfacher und daher vorzuziehen.

Da acht verschiedene Objektklassen vorkommen (Abschnitt II), die beim Auswerten verschiedene Methoden und Maßsysteme verlangen, sind die Merkmale und Meßanordnungen sowie die Formeln für die Größen S und S/V in Tabelle 3 nochmals kurz zusammengefaßt.

VI.3 Bestimmen der S/V-Relation[1]

Das Verhältnis „*Fläche pro Volumeinheit*" stellt ebenso wie eine Flächen- oder Volumangabe einen Absolutwert dar. Gegenüber den Einzelangaben für S oder V hat die Relation S/V jedoch einen wesentlichen Vorteil: Die Werte sind besser vergleichbar. Die Größe des einzelnen Objektes ist gleichgültig, da ein Wert ange-

Tabelle 4. *Werte der Treffer- und Nadelanalyse am Epithel und Endothel im Schema Abb. 14*

Analyse	Wert	Epithel	Endothel	Bemerkungen
Schnittpunktzahlen (Nadelanalyse)	C_a	19	19	Vgl. [1] [2] Tabelle 1
	C_b	17	18	
	C_c	25	22	
Flächenanteile nach C-Werten	S_a	31%	32%	Unterschiede zwischen Epithel und Endothel innerhalb der Fehlergrenze
	S_b	28%	31%	
	S_c	41%	37%	
Trefferzahlen	P_k	12	4	Vgl. [1] [2] Tabelle 1
	P_m	16	6	Treffer auf Grenzlinien zählen mit 0,5; vgl. Text VII
	P_z	42,5	15	
Volumanteile nach Trefferzahlen P	V_k	17%	16%	Unterschiede zwischen Epithel und Endothel innerhalb der Fehlergrenze
	V_m	23%	24%	
	V_z	60%	60%	
Flächen-Volumrelationen (S/V) nach C- und P-Werten	S_{ges}/V_{ges}	0,87 μ^2/μ^3	2,4 μ^2/μ^3	$S_{ges} = S_a + S_b + S_c$
	S_{ges}/V_m	3,8 μ^2/μ^3	9,8 μ^2/μ^3	$V_{ges} = V_k + V_m + V_z$

[1] Für das Bestimmen der Relation S/V werden in der Literatur verschiedene Verfahren angegeben. Vgl. u.a. CAMPBELL u. TOMKEIEFF (1952); CHALKLEY et al. (1949); CROFTON (1898); SMITH u. GUTTMAN (1953).

geben wird, welcher einer Dichte oder Konzentration entspricht. Damit entfällt die Volumbestimmung, welche oft beträchtliche Fehler einführt. Man wird daher im allgemeinen die Flächenangabe nicht auf einen bestimmten Objektabschnitt, sondern auf eine Volumeinheit beziehen. Die Formeln und Meßanordnungen können Tabelle 3 entnommen werden.

Abb. 14 demonstriert einen prinzipiellen *Vorteil absoluter Größenangaben*. Das Drüsenepithel ist wesentlich höher als das Capillarendothel. Beide Zellschichten grenzen jedoch in gleicher Weise apikal mit dem Membranabschnitt S_a an die Lumina — beide liegen mit ihrer Basisfläche S_b der Basalmembran an — beide

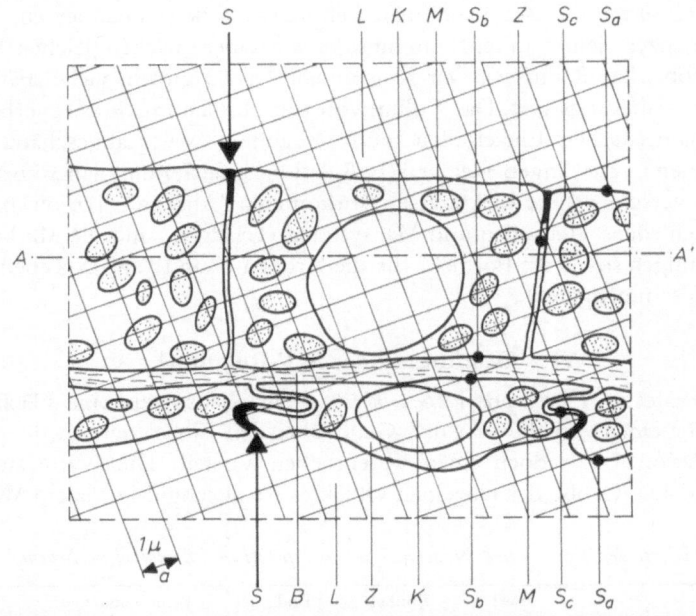

Abb. 14. Beispiel für den Nachteil von Relativwerten. Epithel (oben) und Endothel (unten) ergeben gleiche Oberflächenanteile $S_a:S_b:S_c$ und gleiche Volumanteile $V_k:V_m:V_z$, obwohl die Zellen deutlich voneinander unterschieden sind. Eine klare Differenzierung ist nur durch Absolutwerte S/V möglich; vgl. Tabelle 4. *B* Basalmembran; *K* Zellkern; *L* Lumen des Tubulus (oben) bzw. der Capillare (unten); $S_a—S_b—S_c$ apikale, basale und intercelluläre Abschnitte der lipoidischen Zellgrenze analog Abb. 13; *S* Schlußleisten; *Z* Cytoplasma. Koordinatengitter mit Linienabstand $a=1\,\mu$ wie in Abb. 11 bis 13 gegen Vorzugsachse $\overline{AA'}$ gedreht

berühren mit dem Anteil S_c ihrer Oberfläche die Nachbarzellen. Ermittelt man nach Abschnitt VI.1 das Verhältnis $S_a:S_b:S_c$, so erhält man in Abb. 14 für Epithel und Endothel gleiche Werte. Mehr noch: Ermittelt man das Volumverhältnis „Cytoplasma:Kern:Mitochondrien", so erhält man wiederum gleiche Resultate. Auf Grund dieser Relativwerte könnte man annehmen, daß es sich um Zellen mit identischer Struktur und Funktion handelt. Demgegenüber geben Absolutwerte (z.B. S/V) den vorliegenden Sachverhalt klar wieder (Tabelle 4). Nach den Formeln (11), (13) ist es möglich, die Membranflächen $S_a+S_b+S_c=S_{ges}$ im Meßfeld mit dem Volum $V_z+V_k+V_m=V_{ges}$ in Bezug zu setzen. Die daraus resultierende Relation S_{ges}/V_{ges} zeigt den Unterschied zwischen Endothel und Epithel. Nach Formel (22) kann man darüber hinaus die Relation zwischen Zelloberfläche S_{ges} und Mitochondrienvolum V_m bestimmen. Man gewinnt dadurch unter Umständen einen Anhaltspunkt über die Möglichkeiten des ATP-gespeisten aktiven Transportes an der

Zelloberfläche. Auch der Wert S_{ges}/V_m zeigt im Schema deutliche Unterschiede zwischen Endothel und Epithel. Es ist dabei zu berücksichtigen, daß die Mitochondrien verschiedener Zellen klare Strukturunterschiede zeigen. Auch diese Differenzen kann man morphometrisch erfassen. Die Mitochondrien (Abb. 15) sind von einer Cytoplasmamembran S_a umschlossen; ihre eigene Membran zerfällt in die äußere Begrenzung S_b und in die Membranen der Cristae S_c bzw. Tubuli mitochondriales. Für das Ausmaß der oxydativen Phosphorylierung scheint die Fläche S_c der Cristae bzw. Tubuli entscheidend. Definiert man als Mitochondrienvolum V_m den Raum, der von der Membran S_a umschlossen wird, so kann man die Relation S_c/V_m durch

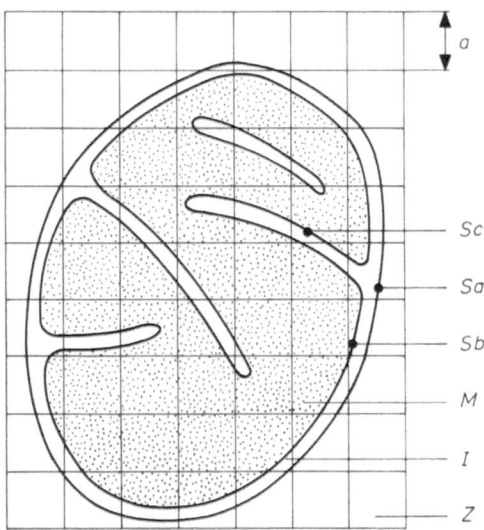

Abb. 15. Treffer- und Nadelanalyse mit Koordinatengitter an Mitochondrium. I Interphase zwischen Mitochondrien- und Cytoplasma; S_a äußere (Cytoplasma-) Membran; S_b innere Mitochondrienmembran ohne S_c Cristae-Membran. Durch die Trefferanalyse kann man die Meßfläche $A_T = a^2 \cdot P$ $(P=39)$ bzw. das Volumverhältnis „Interphase: Mitochondrienplasma" $(V_i : V_m = P_i : P_m = 6,5 : 32,5)$ ermitteln. Die Nadelanalyse liefert die Grenzflächenanteile $(S_a : S_b : S_c = C_a : C_b : C_c = 28 : 25 : 33)$. Nach Gl. (22) erhält man für die Cristaefläche S_c, bezogen auf das Gesamtvolum $V = V_i + V_m$ des Mitochondrium $S_c/V = 0,85/a$. Die Größe und Dimension von a legt das Resultat fest. Für $a = 0,1$ μ ergibt sich hier beispielsweise $S_c/V = 8,5$ μ²/μ³

die Treffer P_m auf den Mitochondrieninhalt und die Schnittpunkte C_c mit den Cristaemembranen nach Formel (22) bestimmen. Die Werte S_c/V_m zeigen bei verschiedenen Mitochondrientypen deutliche Unterschiede und erreichen bei besonders leistungsfähigen Mitochondrien (z. B. im Flugmuskel von Insekten) die höchsten Werte.

VII. Fehlerquellen — Meßgenauigkeit

Bereits beim *Entnehmen, Fixieren und Einbetten des Objektes* können Veränderungen eintreten, welche Fehlinterpretationen nach sich ziehen. Ein besonders krasses Beispiel liefert die Säugerniere, die nach Abtrennen vom Blutkreislauf binnen kürzester Zeit ihre Feinstruktur verändert (SITTE, 1965; TRUMP u. ERICSSON, 1965). Auf ähnliche Weise kann sich die Lunge bei der Entnahme aus dem Thorax verändern (WEIBEL, 1963a). Beim Fixieren und Einbetten treten Schrumpfungs- und Quellungsvorgänge auf, welche das Volum teilweise um mehrere Prozente verändern. Soweit man auf *reproduzierbare Resultate* Wert legt, welche nicht in allen Fällen fehlerfrei sein können, müssen genaue Angaben zur Methodik (Objektgröße,

Zeiten, Temperaturen, Lösungen etc.) vorgelegt werden. In Einzelfällen müssen optimal erhaltene Objektbereiche ausgewählt werden (LOUD et al., 1965; SITTE, 1965); auch diese Auswahl sollte stets erwähnt werden.

Weitere Artefakte werden durch den *Schneideprozeß* eingeführt. Manche Ultradünnschnitte sind zunächst bis auf 50% ihrer Fläche gestaucht und weisen daher nach dem Schneiden eine wesentlich reduzierte Kantenlänge (h'; Abb. 16) auf; vgl. etwa GLAUERT u. PHILLIPS (1964); LOUD et al. (1965); PEACHEY (1958, 1960);

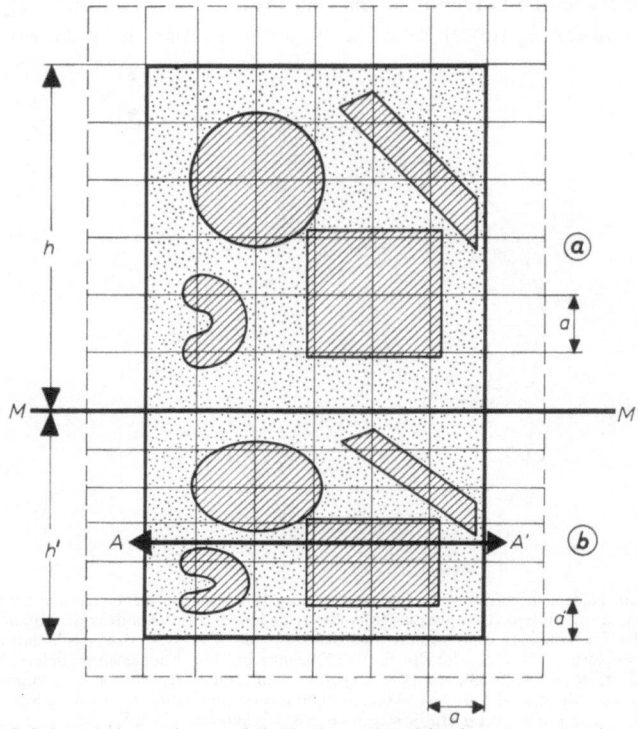

Abb. 16a u. b. Einfluß der Schnittstauchung auf die Treffer- und Nadelanalyse. Gegenüber der Anschnittfläche am Objektblock (a) mit der Höhe h weist die Schnittfläche (b) infolge der Kompression des Schnittes eine reduzierte Höhe h' auf. Dadurch wird eine artefizielle Vorzugsrichtung $\overline{AA'}$ eingeführt. Die Meßresultate werden nicht beeinflußt, wenn man beim Ausmessen des Schnittes (b) den Abstand der Gitterlinien parallel zur Messerschneide $\overline{MM'}$ auf $a' = a \cdot h'/h$ reduziert. Vgl. Text VII

PEASE (1964); SATIR u. PEACHEY (1958); SITTE (1960). Durch die *Stauchung* erhält das Objekt eine artefizielle *Vorzugsrichtung*. Da alle Schnittpartien im allgemeinen gleichartig gestaucht werden, wird eine Volumanalyse nach der Treffermethode dadurch nicht verfälscht. Demgegenüber kann man aber — besonders beim Auswerten unterschiedlich gestauchter Schnitte — in die Flächenanalyse beträchtliche Fehler einführen. Handelt es sich um Objekte, die von Natur aus keine Vorzugsrichtung aufweisen, so orientiert man die Gitterlinien in Richtung der Messerriefen bzw. senkrecht zur Vorzugsrichtung (Abb. 16b). Darüber hinaus kann man den Linienabstand in der Stauchungsrichtung auf $a' = a \cdot h'/h$ reduzieren, zum Ausrechnen aber weiterhin den Wert a einsetzen; das Resultat entspricht dann dem ungestauchten Schnitt nach Abb. 16a. Schließlich wird man stets versuchen, die Schnittkompression minimal zu halten. Dies gelingt durch besonders langsames Schneiden, spitze

Klingen, geringe Freiwinkel, kleine Anschnittflächen sowie durch Spreiten der Ultradünnschnitte mit Dämpfen organischer Solventien bzw. Wärme.

Der *Einfluß der Schnittdicke* auf den Bildhabitus und die Resultate lichtmikroskopisch-morphometrischer Analysen wurde u.a. von HAUG (1963, 1966), HENNIG (1956c, 1957a, b; vgl. auch ZEISS) und TREFF (1963) diskutiert. Analoge Überlegungen gelten für den Ultradünnschnitt und den Habitus des Schnittbildes im Elektronenmikroskop; vgl. FUJIWARA (1958), SITTE (1960), WILLIAMS u. KALLMAN (1955) sowie YAMAMOTO (1964). Membranen werden in dickeren Schnitten (Abb. 17; Dicke T) ohne Kontrastierung nur an Stellen abgebildet, in denen sie vom Elek-

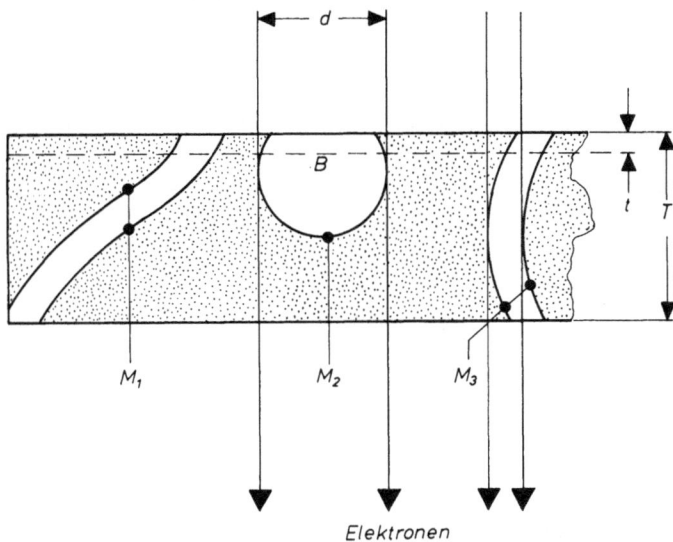

Abb. 17. Einfluß der Schnittdicke auf die Meßwerte. Bei der Nadelanalyse erhält man mit Schnitten größerer Dicke (T) zu niedere Werte, da die Grenzmembranen im Elektronenmikroskop nur dann klar abgebildet werden, wenn sie vom Elektronenstrahl tangential getroffen werden (M_2, M_3). Durchgehend schrägliegende Membranen (M_1) werden nur in dünneren Schnitten (z.B. Dicke t) erfaßt. Partikel mit Durchmessern $d < T$ (z.B. Bläschen B) führen bei der Trefferanalyse zu überhöhten Werten. Eine Reduktion der Schnittdicke ($T \rightarrow t$) senkt derartige Fehler. Vgl. Text

tronenstrahl tangential getroffen werden (M_2, M_3). Durchgehend schräg liegende Membranen (M_1) entziehen sich unter diesen Umständen einer Abbildung. Dies führt zu Flächenangaben, welche zu niedrig liegen. Demgegenüber werden kleine Bläschen oder Röhrchen (z.B. Mikropinocytosevesikel, Mikrotubuli, Profile des ER; vgl. B, Abb. 17) in dickeren Schnitten häufig abgebildet, weisen aber Durchmesser $d < T$ auf und führen damit zu überhöhten Volumangaben. Diese gegensinnigen Fehler wirken sich auf die Relation S/V besonders stark aus. Zudem wird häufig die *Dicke der Ultradünnschnitte falsch eingeschätzt*. Gefühlsmäßig erscheint ein Ultradünnschnitt im Vergleich zu einem normalen Mikrotomschnitt extrem dünn. Man übersieht dabei häufig, daß sich die Auflösung der Licht- zur Elektronenoptik ebenso verhält, wie die Schnittdicken — daß also das Problem trotz wesentlich reduzierter Schnittdicken das gleiche bleibt. Zudem wurden für die Dicken von Ultradünnschnitten zunächst viel zu niedrige Werte angegeben (PORTER u. BLUM, 1953). Auf diese Fehler haben u.a. BACHMANN u. SITTE (1959, 1960), PEACHEY (1958, 1960), SITTE (1960) und WALTER (1961) hingewiesen. Trotzdem ist bis heute noch nicht allgemein bekannt, daß die Schnittdicken normalerweise im Bereich zwischen 500 und 1200 ÅE liegen und daß Dicken unter 300 ÅE nur unter besonderen Bedingungen erreicht werden können. Schnitte dieser geringen Dicke werden im allgemeinen beim ersten Durchmustern der Netze im Elektronenmikroskop (unbewußt) ausgescheiden, weil ihr Kontrast gering und ihre Bildwirkung schlecht ist. Fehler und Schwierigkeiten bei der morphometrischen Analyse lassen sich jedoch erfahrungsgemäß durch bewußtes Verwenden derart dünner Schnitte wesentlich reduzieren. Man schneidet hierfür mit Diamantklingen so dünn als möglich und erhält auf diese Weise nach interferometrischen Messungen Schnittdicken im Bereich von rd. 150 ÅE. Diese Schnitte werden möglichst stark kontrastiert[1].

Weitere Fehler kann man durch das elektronenoptische Bild einführen, soweit die *elektronenoptische Vergrößerung* nicht exakt festliegt oder *Bildfehler* (bes. *Verzeichnung*) vorliegen. Auch diese Fehler können ohne weiteres 10% erreichen. Über das Kalibrieren der Bildmaßstäbe informieren u. a. die Arbeiten von BAHR u. ZEITLER (1965 b), ELBERS u. PIETERS (1964), LOUD et al. (1965) sowie REISNER (1965). Die Verzeichnung elektronenoptischer Systeme wird von den meisten Herstellerfirmen angegeben; beim Anwenden bestimmter Linsenkombinationen läßt sie sich meist auf ein Maß reduzieren, das nicht mehr stört.

Schließlich muß man den *Bildmaßstab* dem Meßsystem anpassen. Die Strukturen müssen so groß abgebildet werden, daß Treffer oder Schnittpunkte sicher zu ermitteln sind. *Treffer auf Grenzlinien* (P_1; Abb. 18) wertet man mit $\frac{1}{2}$ und nimmt dabei an, daß der Treffer etwa gleich häufig auf die eine oder die andere Komponente trifft. Demgegenüber wertet man eine *Berührung durch eine Meßlinie* bei der Nadelanalyse als einen vollen Schnittpunkt (C_3; Abb. 18), da man jeweils in der Hälfte der Fälle ein Vorbeilaufen der Meßlinie an der Struktur ($C = 0$) bzw. ein Anschneiden mit $C = 2$ Schnittpunkten erwarten darf. Beide Annahmen sind unbedenklich, solange die Objektdurchmesser d wesentlich über der *Dicke T_L der Meßlinien* liegen, die man zum Ausmessen verwendet (Abb. 18). Erreicht die Dicke jedoch Werte $T_L \geq d/10$, so können beträchtliche Fehler auftreten. Man verwendet daher Meßsysteme mit möglichst fein gezogenen Linien und hinreichend große Abbildungsmaßstäbe.

Neben den oben diskutierten Fehlern durch Methoden und Geräte zeigen die Resultate morphometrischer Analysen *statistische Streuungen*, die in der Natur der Objekte begründet sind und bei jeder derartigen Analyse auftreten. Die *erreichbare Genauigkeit* (vgl. HENNIG, 1957 b, c, 1958; HENNIG u. MEYER-ARENDT, 1963) läßt sich nach den Gesetzen der Statistik zwar beliebig steigern, wächst aber weniger rasch, als die hierfür notwendige Zahl der Messungen: Steigert man die Zahl der Messungen auf das Vierfache, so sinkt der Fehler nur auf die Hälfte. Der tragbare und sinnvolle Arbeitsaufwand limitiert also in jedem Fall die Genauigkeit. Trotzdem bestehen in vielen Fällen Möglichkeiten, den *Arbeitsaufwand* ohne Einbuße an Genauigkeit zu senken. Beim Ausmessen eines Einzelbildes führt beispielsweise ein Vervielfachen der Punkte des Meßrasters durch Reduktion des Linienabstandes *a* rascher zu einem

---

[1] Besonders starke Kontraste erhält man mit Bleihydroxyd nach Fixation in Phosphatpuffer (MILLONIG, 1961a, 1962). Die Methoden nach KARNOVSKY (1961) und MILLONIG (1961b) liefern stärkere Kontraste als das Verfahren nach REYNOLDS (1963). Optimale Resultate erhält man mit einer kombinierten Uranyl-Blei-Kontrastierung; vgl. z.B. PEASE (1964) sowie VENABLE u. COGGESHALL (1965).

guten Resultat, als ein wahlloses Verschieben des Meßsystemes. Dieser Fall entspricht dem systematischen bzw. planlos-willkürlichen Drehen eines Meßsystemes
bei Objekten mit einer Vorzugsrichtung (Abschnitt III): Beim planlosen Verschieben
bzw. Drehen der Meßvorrichtung überlagert ein weiteres Zufallsglied die bereits
vorhandene Streuung; bei gleicher Treffer- oder Schnittpunktzahl bzw. identischem
Arbeitsaufwand ist der Fehler des Resultates beim systematischen Vorgehen wesentlich geringer. Eine andere Möglichkeit bietet das Eliminieren von Bereichen, welche
nicht direkt interessieren (LOUD et al., 1965; SITTE u. STEINHAUSEN, 1963). So ist
es wesentlich günstiger, das Kernvolumen nicht zu erfassen, wenn die „Mitochon-
drien-Konzentration" in der Zelle bestimmt werden soll. Der Mitochondrienanteil

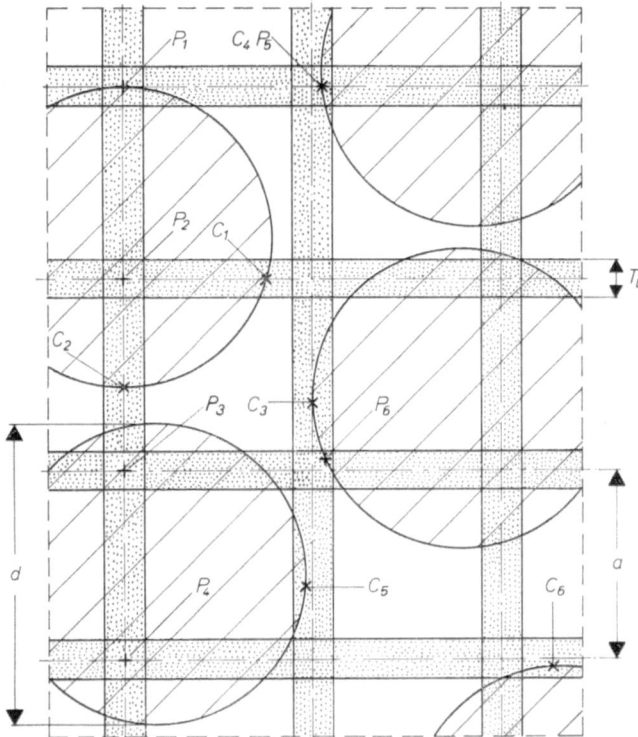

Abb. 18. Einfluß der Gitterliniendicke T_L auf die Meßwerte. Ideal dünne Gitterlinien (strichpunktiert) liefern
beispielsweise die Treffer P_2, P_3, P_4 sowie die Schnittpunkte C_1 und C_2. Reelle Treffer auf die Grenzlinie zwischen
beiden Komponenten (P_1) bzw. Tangenten (C_3) treten in diesem Fall relativ selten auf. Ihre Zahl erhöht sich bei
dickeren Gitterlinien mit $T_L \geqq d/10$ wesentlich (vgl. P_5, P_6 sowie C_4, C_5, C_6) und verfälscht das Resultat. a Abstand
der Linien des Koordinatengitters; d Partikeldurchmesser; T_L Dicke der Gitterlinien

im Cytoplasma ist relativ konstant; man erhält daher beim Vergleich des Mito-
chondrienvolumens mit dem Cytoplasmavolum sehr geringe Streuungen. Demgegenüber führt die nicht immer angeschnittene Kernfläche bei Vergrößerungen
$\geqq 2000:1$ Streuungen ein, welche die Genauigkeit der Analyse sehr reduzieren.
Will man das Kernvolum ermitteln, so führt man zweckmäßiger eine gesonderte
Bestimmung bei reduzierter Vergrößerung durch. Im übrigen gilt stets die Regel,
daß es besser ist, 100 verschiedene Bilder je einmal auszuwerten, als ein Bild mit
100mal größerer Genauigkeit. Trotzdem ist die *Genauigkeit der Einzelmessung* natür-

lich nicht belanglos. Die optimale Gitterperiode *a* ermittelt man an einem typischen Bild, bevor man die restlichen Aufnahmen auswertet. Dadurch ist es möglich, die Meßgenauigkeit auf das Objekt abzustimmen und eine sinnlos überhöhte Präzision der Analyse zu vermeiden.

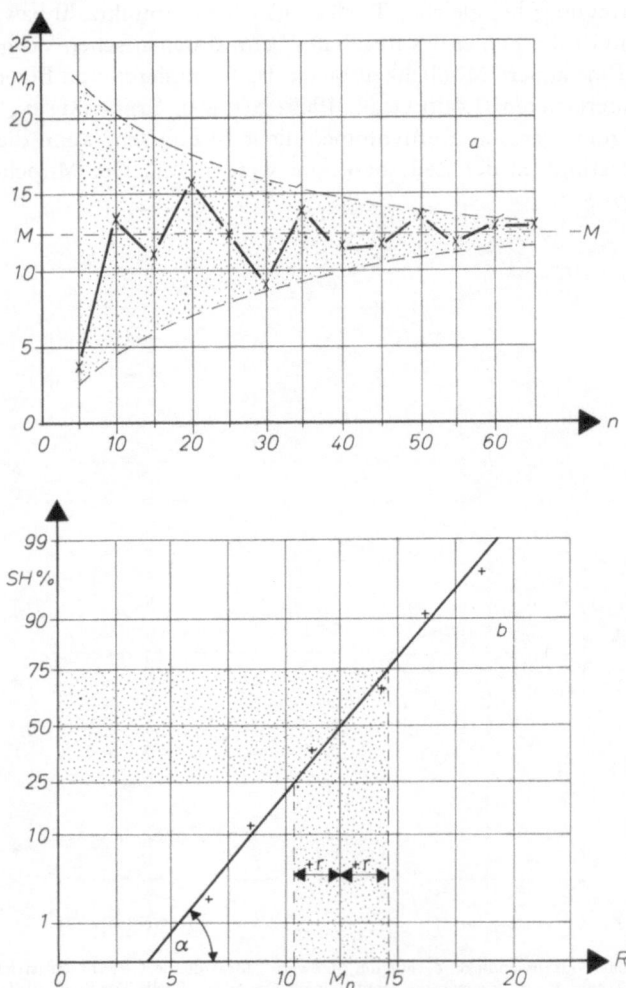

Abb. 19a u. b. Kontrolle des Arbeitsganges durch laufendes Bilden von Mittelwerten (a) sowie Überprüfen des Resultates auf normale Gaußsche Streuverteilung (b). a Man bildet z.B. jeweils nach 5 Messungen einen neuen Mittelwert M_n und erhält dadurch im n/M_n-Diagramm eine gegen den wahrscheinlichsten Wert M konvergierende Zickzacklinie. b Man ermittelt nach Abschluß der Messungen die Zahl der Werte in verschiedenen Bereichen (z.B. in den Bereichen 2,5—5; 5—7,5; 7,5—10; 10—12,5 usf., vgl. u. a. Hennig, 1958) und trägt die Prozentanteile der einzelnen Bereiche am Gesamtergebnis in Form einer Summenkurve (Summenhäufigkeits-Prozente= SH-%) in ein Wahrscheinlichkeitsnetz ein. Bei normaler Gauß-Verteilung (Statistische Streuung der Einzelwerte) erhält man eine Gerade. Der Winkel α gibt die Genauigkeit des Wertes (Streuung) an; er geht bei steigender Genauigkeit gegen 90°. Das Resultat R lautet $M_n \pm r$ (Fehlergrenzen $\pm r$). Vgl. Text VII

Den *Verlauf der morphometrischen Analyse* kontrolliert man durch ein wiederholtes Bilden von Mittelwerten. Wertet man beispielsweise jedes vermessene Bild als eine Messung, so bildet man nach jeweils zehn Messungen neuerlich einen Mittelwert aller Messungen und trägt diesen in ein Diagramm ein (Abb. 19a). Man erhält eine mit steigender Zahl n der Messungen zum Mittelwert M konvergierende Zickzacklinie. Hält man sich vor Augen, daß der Fehler nur durch ein Steigern der Messungen auf das Vierfache auf die Hälfte reduziert werden kann, so kann man den Verlauf der Analyse gut beurteilen und diese rechtzeitig in dem Moment abbrechen, in dem ein höherer Aufwand nicht mehr lohnend erscheint. Nach *Abschluß der Messungen* kontrolliert man die Werte durch Eintragen der Häufigkeitssummen in ein *Wahrscheinlichkeitsnetz*[1]; vgl. Abb. 19b sowie HENNIG (1957b, c, 1958) und HENNIG u. MEYER-ARENDT (1963). Die Ordinatenachsen dieses Netzes sind nach dem Gaußschen Integral für Häufigkeitssummen zwischen 0,02 und 99,98% geteilt. Trägt man auf der linearen Abszissenachse die Meßwerte ein, so erhält man bei normaler Gauß-Verteilung eine Gerade; ein Abweichen von der statistischen Streuverteilung kann man auf diese Weise leicht erfassen und berücksichtigen.

Literatur

BACH, G.: Kugelgrößenverteilung und Schnittkreisverteilung; ihre wechselseitigen Beziehungen und Verfahren zur Bestimmung der einen aus der anderen. In: Symposion über quantitative Methoden in der Morphologie, 8. Anat. Kongr. Wiesbaden 1965 [E. R. WEIBEL u. H. ELIAS (ed.)], p. 23. Berlin-Heidelberg-New York: Springer 1967.

BACHMANN, L., u. P. SITTE: Dickenbestimmung nach TOLANSKY an Ultradünnschnitten. Mikroskopie **13**, 289—304 (1959).

— — Über Schnittdickenbestimmung nach dem Tolansky-Verfahren. In: Verh. 4. Int. Kongr. Elektronenmikroskopie, Berlin 1958 [W. BARGMANN et al. (ed.)], Bd. II, S. 75—79. Berlin-Göttingen-Heidelberg: Springer 1960.

BAHR, G. F., and E. H. ZEITLER (ed.): Quantitative electron microscopy. Proc. Symposion Washington D. C. 1964. In: Lab. Invest. **14** (6), part II, 733—1340 (1965a).

— — The determination of magnification in the electron microscope. II. Means for the determination of magnification. Lab. Invest. **14**, 880—891 (1965b).

BUFFON, G. L. L.: Essai d'arithmétique morale. Suppl. a l'Histoire Nature IV. Paris 1877. Zit. nach HENNIG (1956).

CAMPBELL, H., and S. I. TOMKEIEFF: Calculation of the internal surface of a lung. Nature (Lond.) **170**, 117 (1952).

CHALKLEY, H. W.: Method for the quantitative morphologic analysis of tissues. J. nat. Cancer Inst. **4**, 47—53 (1943). Zit. nach R. POCHE u. D. MÖNKEMEIER (1962).

— J. CORNFIELD, and H. PARK: A method for estimating volume-surface ratios. Science **110**, 295—297 (1949).

CHAYES, F.: Determination of relative volume by sectional analysis. Lab. Invest. **14**, 987—995 (1965).

CLAWSON, C., A.-M. CARPENTER, P. VERNIER, F. HARTMANN, and A. LAZAROW: Volume ratio of mitochondria, nucleus, and cytoplasm of rat liver. Grid scan of electron micrographs compared with integrating stage scan of histologic slides (Abstr.). J. Histochem. Cytochem. **6**, 393f. (1958).

CROFTON, W.: Probability. In: Encyclopedia Britannica, 9th ed., vol. 19, p. 784. 1898. Zit. nach HENNIG (1956).

DELESSE, M. A.: Procédé mécanique pour determiner la composition des roches. C. R. Acad. Sci. (Paris) **25**, 544—545 (1847). Zit. nach WEIBEL (1963a).

— Procédé mécanique pour déterminer la composition des roches. Ann. mines **13**, 379 (1848). Zit. nach A. HENNIG and J. R. MEYER-ARENDT (1963).

ELBERS, P. F., and J. PIETERS: Accurate determination of magnification in the electron microscope. J. Ultrastruct. Res. **11**, 25—32 (1964).

---

[1] Wahrscheinlichkeitsnetze werden von der Firma Schleicher & Schüll, Einbeck/Han. (DBR) über den Fachhandel geliefert.

FISCHMEISTER, H.: Apparative und automatische Hilfsmittel in der mikroskopischen Stereologie. In: Symposion über quantitative Methoden in der Morphologie. 8. Anat. Kongr. Wiesbaden 1965 [E. R. WEIBEL u. H. ELIAS (ed.)], p. 221. Berlin-Heidelberg-New York: Springer 1967.

FUJIWARA, T.: Theoretical considerations on the geometrical thickness-effect of ultrathin sections, concerning as the interpretations of electron images. Electron Microscopy (Tokyo) **6**, 65 (1958).

GLAGOLEFF, A. A.: On the geometrical methods of quantitative mineralogic analysis of rocks. Trans. Inst. Econ. Mineral. (Moskau) **59** (1933). Zit. nach WEIBEL (1963a).

GLAUERT, A. M., and R. PHILLIPS: The preparation of thin sections. In: Techniques for electron microscopy [D. KAY (ed.)]. Oxford: Blackwell Scient. Publ. 1964, p. 194—228. (Vgl. insbesondere p. 219 „Spreiten und Kompression".)

HAUG, H.: Die Treffermethode, ein Verfahren zur quantitativen Analyse im histologischen Schnitt. Z. Anat. Entwickl.-Gesch. **118**, 302—312 (1955).

— Bedeutung und Grenzen der quantitativen Meßmethoden in der Histologie. Med. Grundlagenforsch. **4**, 299—344 (1962).

— Strukturzählungen am histologischen Schnitt. Einfluß von Größe und Form auf die Zählergebnisse. Ref. 17 in: Verh. 1. Int. Kongr. f. Stereologie, Wien 1963 [H. HAUG u. H. ELIAS (ed.)]. Wien VI: Congressprint 1963.

— Probleme und Methoden der Strukturzählung im Schnittpräparat. In: Symposion über quantitative Methoden in der Morphologie, 8. Anat. Kongr. Wiesbaden 1965 [E. R. WEIBEL u. H. ELIAS (ed.)], p. 58. Berlin-Heidelberg-New York: Springer 1967.

—, u. H. ELIAS (ed.): Verh. 1. Int. Kongr. f. Stereologie. Wien 1963 (insges. 35 Ref.). Wien VI: Congressprint 1963.

HENNIG, A.: Bestimmung der Oberfläche beliebig geformter Körper mit besonderer Anwendung auf Körperhaufen im mikroskopischen Bereich. Mikroskopie **11**, 1—20 (1956a).

— Inhalt einer aus Papillen oder Zotten gebildeten Fläche. Mikroskopie **11**, 206—213 (1956b).

— Diskussion der Fehler bei der Volumbestimmung mikroskopisch kleiner kugeliger Körper oder Hohlräume aus den Schnittprojektionen. Z. wiss. Mikr. **63**, 67—71 (1956c).

— Fehler der Oberflächenbestimmung von Kernen bei endlicher Schnittdicke. Mikroskopie **12**, 7—11 (1957a).

— Das Problem der Kernmessung. Eine Zusammenfassung und Erweiterung der mikroskopischen Technik. Mikroskopie **12**, 174—202 (1957b).

— Volum- und Oberflächenmessung in der Mikroskopie. Verh. anat. Ges. (Jena) **54**, 254—265 (1957c).

— Kritische Betrachtungen zur Volumen- und Oberflächenmessung in der Mikroskopie. Zeiß-Werk-Z. **6** (30), 78—86 (1958).

— Grundprobleme der Stereologie und Wege zu ihrer Lösung. Ref. 6 in: Verh. 1. Int. Kongr. f. Stereologie, Wien 1963 [H. HAUG u. H. ELIAS (ed.)]. Wien VI: Congressprint 1963.

— Methoden zur Ausmessung räumlicher Strukturen mittels zufälliger Sonden (Punkten, Linien und Ebenen). In: Symposion über quantitative Methoden in der Morphologie, 8. Anat. Kongr., Wiesbaden 1965 [E. R. WEIBEL u. H. ELIAS (ed.)], p. 99. Berlin-Heidelberg-New York: Springer 1967.

—, and J. R. MEYER-ARENDT: Microscopic volum determination and probability. Lab. Invest. **12**, 460—464 (1963).

HUDSON, G., A. LAZAROW, and J. F. HARTMANN: A quantitative electron microscopic study of mitochondria in motor neurones following axonal section. Exp. Cell Res. **24**, 440—456 (1961).

KARNOVSKY, M. J.: Simple methods for "staining with lead" at high pH in electron microscopy. J. biophys. biochem. Cytol. **11**, 729—732 (1961).

LAZAROW, A., and A.-M. CARPENTER: Component quantitation of tissue sections. I. Characterization of the instruments. J. Histochem. Cytochem. **10**, 324—328 (1962).

LENZ, F.: Die Bestimmung der Größenverteilung von in einem Festkörper eingebetteten kugelförmigen Teilchen mit Hilfe der durch einen ebenen Schnitt erhaltenen Schnittkreise. Optik 11, 524—527 (1954).

— Zur Größenverteilung von Kugelschnitten. Z. wiss. Mikr. 63, 50—56 (1956).

LOUD, A. V.: A method for the quantitative estimation of cytoplasmic structures. J. Cell Biol. 15, 481—487 (1962). Abstr. in: J. appl. Phys. 32, 1632 (1961).

— W. C. BARANY, and B. A. PACK: Quantitative evaluation of cytoplasmic structures in electron micrographs. Lab. Invest. 14, 996—1008 (1965).

MILLER, F.: Orthologie und Pathologie der Zelle im elektronenmikroskopischen Bild. Verh. dtsch. Ges. Path. 42, 261—332 (1959).

MILLINGTON, P. F.: Comparison of the thicknesses of the lateral wall membrane and the microvillus membrane of intestinal epithelial cells from rat and mouse. J. Cell Biol. 20, 514—517 (1964).

MILLONIG, G.: The advantages of a phosphate buffer for OsO$_4$-solutions in fixation. J. appl. Phys. 32, 1637 (1961a).

— A modified procedure for lead staining of thin sections. J. biophys. biochem. Cytol. 11, 736—739 (1961b).

— Further observations on a phosphate buffer for osmium solutions in fixation. Ref. P-8. In: Electron Microscopy, Proc. 5th Int. Congr. Philadelphia 1962 [S. S. BREESE jr. (ed.)]. New York and London: Academic Press 1962.

PEACHEY, L. D.: Thin sections. I. A study of section thickness and physical distortion produced during microtomy. J. biophys. biochem. Cytol. 4, 233—242 (1958).

— Section thickness and compression. In: Verh. 4. Int. Congr. Elektronenmikroskopie, Berlin 1958 [W. BARGMANN et al. (ed.)], Bd. II, S. 72—75. Berlin-Göttingen-Heidelberg: Springer 1960.

PEASE, D. C.: Histological techniques for electron microscopy, 2nd ed. New York and London: Academic Press 1964. (Vgl. insbesondere p. 175f.: Schnittstauchung und -spreitung sowie p. 184—186: Schnittdicke.)

PORTER, K. R., and J. BLUM: A new microtome for ultrathin sectioning and one of its applications in electron microscopy. Anat. Rec. 117, 685—712 (1953).

REISNER, J. H.: The determination of magnification in the electron microscope. I. Instrumental factors influencing the estimate of magnification. Lab. Invest. 14, 875—879 (1965).

REYNOLDS, E. S.: The use of lead citrate at high pH as an electronopaque stain in electron microscopy. J. Cell Biol. 17, 208—211 (1963).

ROSIWAL, A.: Über geometrische Gesteinsanalysen. Ein einfacher Weg zur ziffernmäßigen Feststellung des Quantitätsverhältnisses der Mineralbestandteile gemengter Gesteine. Verh. k. k. Geol. Reichsamt Wien 5, 143—175 (1898). Zit. nach A. LAZAROW and A.-M. CARPENTER (1962).

SATIR, P. G., and L. D. PEACHEY: Thin sections. II. A simple method for reducing compression artifacts. J. biophys. biochem. Cytol. 4, 345—348 (1958).

SCHUCHARDT, E.: Das Integrationsverfahren in der mikroskopischen Technik. In: Handbuch der Mikroskopie in der Technik, Bd. I/1, Allgemeines Instrumentarium der Auflichtmikroskopie [H. FREUND (ed.)], S. 565—588. Frankfurt a.M.: Umschau-Verlag 1957.

SITTE, H.: Physikalische Probleme bei der Herstellung von Dünnschnitten. In: Verh. 4. Int. Kongr. Elektronenmikroskopie, Berlin 1958 [W. BARGMANN et al. (ed.)], Bd. II, S. 63—72. Berlin-Göttingen-Heidelberg: Springer 1960.

— Volum- und Flächenbestimmung nach Schnitt- und Abdruckbildern. Ref. Seminar 2470 „Grundlagen und Methoden der Elektronenmikroskopie". Techn. Akad. Esslingen 1964. (Nicht im Druck erschienen; Repro durch Verf.)

— Beziehungen zwischen Zellstruktur und Stofftransport in der Niere. In: Funktionelle und morphologische Organisation der Zelle. Sekretion und Exkretion. 2. Wissensch. Konf. Ges. Dtsch. Naturforscher und Ärzte, Reinhardsbrunn 1964 [K. E. WOHLFARTH-BOTTERMANN (ed.)], S. 343—370. Berlin-Heidelberg-New York: Springer 1965.

—, u. M. STEINHAUSEN: Stereologische Auswertung elektronenoptischer Aufnahmen der Säugerniere. Ref. 24 in: Verh. 1. Int. Kongr. Stereologie, Wien 1963 [H. HAUG u. H. ELIAS (ed.)]. Wien VI: Congressprint 1963.

SJÖSTRAND, F. S.: The ultrastructure of the plasma membrane of columnar epithelium cells of the mouse intestine. J. Ultrastruct. Res. **8**, 517—541 (1963).

SMITH, C. S., and L. GUTTMAN: Measurement of internal boundaries in three dimensional structures by random sectioning. J. Metals **5**, 81 (1953). Zit. nach NEBEL et al. (1960).

STOEBER, W.: Statistical size distribution analysis. Lab. Invest. **14**, 892—908 (1965).

TOMKEIEFF, S. I.: Linear intercepts, areas and volumes. Nature (Lond.) **155**, 24, 107 (1945). Zit. nach WEIBEL (1963a).

TREFF, W. M.: Einfluß der Schnittdicke auf die meßbaren Größen bei Nervenzellen. Ref. 18 in: Verh. 1. Int. Kongr. Stereologie, Wien 1963 [H. HAUG u. H. ELIAS (ed.)]. Wien VI: Congressprint 1963.

TRUMP, B. F., and J. L. E. ERICSSON: The effect of the fixative solution on the ultrastructure of cells and tissues. A comperative analysis with particular attention to the proximal convoluted tubule of the rat kidney. Lab. Invest. **14**, 1245—1340 (1965).

UNDERWOOD, E. E.: Proposed basic list of symbols and their definitions. Stereologia **3**, 6 (1964).

VENABLE, J. H., and R. A. COGGESHALL: A simplified lead citrate stain for use in electron microscopy. J. Cell Biol. **25**, 407f. (1965).

WALTER, F.: Ultramikrotomie. I. Das Ultramikrotom nach FERNÁNDEZ-MORAN. Leitz-Mitt. Wiss. u. Techn. **1**, 236—243 (1961).

WEIBEL, E. R.: Morphometry of the human lung. Berlin-Göttingen-Heidelberg: Springer 1963a.

— Principles and methods for the morphometric study of the lung and other organs. Lab. Invest. **12**, 131—155 (1963b).

WILLIAMS, R. C., and F. KALLMAN: Interpretation of electron micrographs of single and serial sections. J. biophys. biochem. Cytol. **1**, 301—314 (1955).

YAMAMOTO, T.: The geometrical effect of the section thickness of the unit membrane. Tohoku J. exp. Med. **82**, 201—217 (1964).

ZEISS, C.: Zeiß-Integrationsokulare — eine neue Universaleinrichtung für Mengen- und Flächenanalysen unter dem Mikroskop. Druckschrift 40-195-d. IX/1959. 12 S.

Morphometrische Analyse der Umbauvorgänge in der Kompakta des Knochens**

Robert Schenk*

Zusammenfassung

An der Oberfläche und im Inneren der Knochenkompakta laufen zeitlebens Umbauvorgänge ab, an denen Osteoblasten und Osteoklasten beteiligt sind. Der Umbau entlang der periostalen und endostalen Oberfläche steht vorwiegend im Dienste der funktionellen Anpassung an die mechanische Belastung. Der innere, Haverssche Umbau wird mit der Aufrechterhaltung der Calciumhomöostase in Zusammenhang gebracht.

Unentkalkte Knochenschliffe und Mikrotomschnitte erlauben eine einwandfreie Unterscheidung zwischen Anbauflächen, Resorptionszonen und inaktiven Bezirken der Knochenoberfläche. Die Tetracyclinmarkierung stellt ein einfach und gefahrlos anwendbares Mittel dar, um die Aktivität des Knochenanbaues quantitativ zu erfassen. Sie hat der bioptischen Untersuchung des Knochengewebes ganz neue Möglichkeiten eröffnet.

Die morphometrische Untersuchung von Diaphysen- und Rippenquerschliffen setzt eine systematische Auswertung der gesamten Präparatfläche voraus. Ihre praktische Durchführung und einige dazu erforderliche Geräte werden eingehend beschrieben. Die äußere und innere Struktur der Knochenkompakta erlaubt es, aus der Querschnittsfläche direkt auf Volumina zu schließen. Rippenteilstücke, die nach einheitlichen Gesichtspunkten gesammelt werden (7. Rippe, mittlere Axillarlinie), eignen sich in gewissen Grenzen für die Aufstellung von Normwerten für die verschiedenen Komponenten der Querschnittsfläche in Abhängigkeit vom Lebensalter. Eine solche Standardisierung ist für die Abgrenzung und Beurteilung von Osteoporosen erstrebenswert.

Der innere Umbau der Corticalis spielt sich in Form einer Erneuerung der Osteone ab. Er beginnt mit der Ausbildung von Resorptionskanälen, die von Osteoklasten in der Längsrichtung der Corticalis vorgetrieben werden. Anschließend wird die Lichtung dieser Kanäle durch die Ablagerung neuer Knochenlamellen konzentrisch eingeengt. Die Zahl der in einem gegebenen Zeitpunkt im Umbau befindlichen Osteone, aber auch die Geschwindigkeit, mit der die Resorption und die Produktion der Knochensubstanz ablaufen, ist Veränderungen unterworfen. Zur quantitativen Beurteilung dieser Vorgänge eignen sich die Osteonstatistik und

* Anatomisches Institut der Universität Basel (Vorsteher: Prof. Dr. med. et phil. G. Wolf-Heidegger).

** Herrn Prof. Dr. med. Gian Töndury zum 60. Geburtstag gewidmet.

die Berechnung von Indices, welche auf der Zahl der im Umbau befindlichen Osteone pro mm³ Corticalis basieren. Unter der Voraussetzung einer planmäßigen Tetracyclinmarkierung kann für den Haversschen Umbau schließlich die jährliche Anbaurate berechnet werden.

Die morphometrische Bestimmung der Umbauvorgänge in der Knochenkompakta verspricht somit wesentliche Einblicke in die Regenerations- und Alterungsvorgänge im Skeletsystem und in die Pathogenese von generalisierten Skeleterkrankungen.

Summary

The external and internal surfaces of cortical bone undergo a continuous remodelling during life. The removal and apposition of bone tissue is partly due to adaptation to mechanical stress, partly connected with the regulation of calcium level in tissue fluids.

In undecalcified bone sections, the sites of bone formation and bone resorption are easily distinguishable from the inactive bone surface. In addition, the labelling of the actively mineralizing bone by means of tetracyclines offers the possibility of a quantitative evaluation of the osteoblastic activity. These technics have greatly improved the value of the microscopic examination of bone biopsies.

Measurements of bone turnover in the diaphysis of ribs or long bones require a systematic analysis of the whole cross section area. The technics and special apparatus for this procedure are described in detail. The structure and arrangement of the subunits of cortical bone allow a direct calculation of their volume from measurements of their cross sectional areas. If the axillar part of the seventh rib is chosen as a standard bone, certain components of the cross sectional area can be selected for establishing normal values in relation to different age groups. These values are desirable for judging the presence and the degree of osteoporosis.

During the internal remodelling a part of the cortex is replaced by regenerating osteons. The first step consists in the formation of a resorption channel, which proceeds in the longitudinal direction of the diaphysis. After a short time interval, osteoblasts are forming an epithelial layer along the inner wall of the channel and start to deposit concentrically arranged bone lamellae. Under certain circumstances, there are changes in the number of osteons undergoing transformation at a given time, or alterations of the rate of bone resorption and bone formation involved in this process. For a quantitative evaluation, several measurements are proposed, based on the relative amount of resorption cavities, growing and resting osteons, and on the number of growing osteons per mm³ of cortical bone (osteoid seam index by Frost). In rib biopsies taken from patients labelled with tetracycline at given intervals, the bone formation rate can be calculated as the amount of newly formed bone per year in percent of the pre-existing bone.

The morphometric evaluation of the remodelling processes in cortical bone promises important information concerning aging and regeneration of tissues and adds new facts to the understanding of the pathogenesis of metabolic bone diseases.

1. Einleitung

Die Anwendung morphometrischer Methoden auf das Studium der Entwicklung, des Wachstums und des Umbaues des Skeletsystems ist in verschiedener Hinsicht erfolgversprechend. Das Knochengewebe bietet die wohl einzigartige Voraussetzung, daß Volumen und Form eines einmal gebildeten Gewebeanteils solange unverändert erhalten bleiben, bis der Abbau durch die Osteoklasten erfolgt. In Mineralisation begriffenes Knochengewebe hat überdies die Eigenschaft, in seiner Hartsubstanz eine ganze Reihe von Substanzen irreversibel zu fixieren. Dazu gehören neben radioaktiven Isotopen und Schwermetallen Farbstoffe wie das Alizarin und die fluoreszenzmikroskopisch nachweisbaren Tetracycline. Auf Grund dieser Eigenschaften kann der Knochen Daten über seine Entstehung, seine Erneuerung und seine Alterung speichern, die einer quantitativ-morphologischen Analyse zugänglich sind.

Derartige Untersuchungen drängen sich aber auch aus anderen Überlegungen auf. Das Skeletsystem wird von einer Reihe von Entwicklungsstörungen und Krankheiten betroffen, bei denen Bilanzstörungen zwischen An- und Abbau eine entscheidende Rolle spielen. Eindrücklich zeigt sich dies bei den deformierenden Osteopathien des Kindesalters, bei der Akromegalie und beim Morbus Paget. Auch bei den Osteoporosen besteht eine Störung im Gleichgewicht zwischen Knochenbildung und Knochenresorption, die allerdings an der Grenze zu den physiologischen Werten zu liegen scheint. Endokrin bedingte Störungen des Mineralstoffwechsels können schließlich mit Veränderungen des Knochenumbaues einhergehen, die in der Bilanz ausgeglichen, in der Intensität aber weit von der Norm entfernt sind.

Die quantitative Bewertung der Umbauvorgänge im Skeletsystem ist an eine Reihe technischer Voraussetzungen gebunden. Auch in bezug auf die Definition und die Auswahl der zu messenden Größen und die Anwendung der morphometrischen Methoden verlangt sie eine gewisse Standardisierung. FROST und seine Mitarbeiter haben in dieser Hinsicht eine wertvolle Grundlage geschaffen (1963). Verschiedene andere Arbeitsgruppen bedienen sich bei der Beurteilung von Knochenbiopsien ebenfalls der Morphometrie (JOWSEY et al., 1965; VAN DER SLUYS VEER et al., 1964; SISSONS und LEE, 1964). Die im folgenden beschriebene Methodik basiert auf den Erfahrungen bei der Verarbeitung und Auswertung einer großen Zahl von Präparaten normaler und pathologisch veränderter Knochen. Soweit es sich um Knochenbiopsien handelt, so stammen diese zum größten Teil aus einem gemeinsam mit H. G. HAAS (Medizinische Klinik der Universität Basel) in Angriff genommenen Arbeitsprogramm über klinische und Skeletveränderungen bei verschiedenen Osteopathien.

2. Auswahl, Vorbereitung und histologische Verarbeitung des Untersuchungsmaterials

Die physiologischen Umbauvorgänge laufen nicht in allen Teilen des Skeletsystems gleichmäßig ab. So liegt die Umbaurate im Rumpfskelet eindeutig höher als in den Gliedmaßen. Aber auch zwischen den Knochen einer einzelnen Extremität bestehen große Unterschiede, wie MAROTTI (1963) beim Hund und FROST et al. (1960) in der unteren Extremität des Menschen nachgewiesen haben. Die Entnahme der Biopsien sollte deshalb nach möglichst einheitlichen Gesichtspunkten erfolgen. Allgemein verbreitet sind Stanz- und Bohrbiopsien im Bereich der Spina iliaca anterior. Sie sind als extreme Stichproben aufzufassen und ausschließlich für die Bewertung der Spongiosa verwendbar. Aus diesem Grunde bevorzugen wir die chirurgische Entnahme eines keilförmigen Stückes mit 1—2 cm Basislänge aus der

Mitte des Darmbeinkammes. Derartige Stücke bieten weit mehr Material für die Untersuchung und erlauben vor allem die Herstellung exakt orientierter Querschnitte. Wenn aber die Patienten zu einer chirurgischen Biopsie bereit sind, so bietet die Entnahme eines Rippenteilstückes wesentliche Vorteile. In der Regel verwenden wir ein 3—5 cm langes Teilstück der 7. Rippe aus der mittleren Axillarlinie. Für die Erarbeitung der Normwerte dienen analoge Präparate von Unfalltoten. Bei Sektionen werden nach Möglichkeit auch das Schädeldach, der Femurkopf und der Femurschaft in die Untersuchung einbezogen[1].

Die erstmals von MILCH, RALL und TOBIE (1957) beschriebene Tetracyclinmarkierung hat der quantitativen Beurteilung des Knochenanbaues ganz neue Möglichkeiten eröffnet. Sie ist denkbar einfach und gefahrlos durchzuführen und sollte heute grundsätzlich vor jeder bioptischen Untersuchung des Knochengewebes angeordnet werden. In der Regel verabreichen wir den Patienten eine Tagesdosis von 1 g Achromycin. Wesentlich ist, daß zwischen der Tetracyclingabe und der Entnahme der Biopsie eine Pause von mindestens 2, besser 3—5 Tagen eingeschaltet wird. Während dieses Intervalls wird das die Gewebe diffus durchtränkende Tetracyclin ausgeschwemmt und nur in der Mineralisationszone fixiertes Tetracyclin bleibt zurück. Die gemeinsam mit HAAS untersuchten Patienten, die über längere Zeitabschnitte klinisch beobachtet werden können, erhalten doppelte und dreifache Tetracyclinmarkierungen in Intervallen von 10—20 Tagen. Mehrfachmarkierungen sind aber nur dann sinnvoll, wenn Rippenbiopsien begutachtet werden können. Für die Untersuchung der Spongiosa bedeuten sie eher eine Erschwerung.

Die Schwierigkeiten, welche bei der histologischen Verarbeitung des Knochengewebes auftreten, sind bekannt. Das übliche Verfahren mit Entkalkung und anschließender Paraffin- oder Celloidineinbettung ist von unkontrollierbaren Quellungs- und Schrumpfungsvorgängen begleitet, die eine morphometrische Auswertung von vornherein in Frage stellen. Überdies wird mit der Entkalkung das Tetracyclin herausgelöst und auch andere spezielle Untersuchungsmethoden, wie die Mikroradiographie oder der autoradiographische Nachweis von Calciumisotopen, sind ausgeschlossen. Die histologische Verarbeitung von unentkalkten Knochen gewinnt deshalb immer mehr an Bedeutung. FROST (1958, 1959) verwendet unentkalkte, frische Knochenschliffe, die nach verschiedenen Methoden gefärbt werden. Diese Technik eignet sich gut für kompakten Knochen, versagt aber bei der Spongiosa. Überdies gehen beim Schleifen fast alle Zellen, die an der Knochenoberfläche und in den Kanälen liegen, verloren. Mikrotomschnitte unentkalkter Knochen können nach verschiedenen Methoden hergestellt werden (BOELLAARD und v.HIRSCH, 1959; BURKHARDT, HELL, 1962). Ihre Anwendung ist aber auf den spongiösen Knochen beschränkt. Wir haben deshalb ein kombiniertes Verfahren entwickelt, das hier nur kurz zusammengefaßt werden soll:

1. Fixierung: Alkohol 40% (in Formalin fixierte Präparate sind nach ausgiebiger Wässerung mit Einschränkung verwendbar).

2. Stückfärbung in der aufsteigenden Alkoholreihe, der 0,1—0,5% basisches Fuchsin zugesetzt ist. Verweildauer in jeder Alkoholstufe 1—2 Tage.

---

[1] Den Herren Prof. Dr. med. J. IMOBERSTEG (Gerichtsmedizinisches Institut der Universität Basel) und Prof. Dr. med. E. UEHLINGER (Pathologisches Institut der Universität Zürich) danke ich für die zuvorkommende Überlassung von wertvollem Autopsiematerial.

3. Auswaschen des überschüssigen Fuchsinalkohols in Xylol (2—3 Portionen über 1—2 Tage).

4. Infiltration mit Methylmethacrylat (2—6 Tage, Zimmertemperatur).

5. Einbetten in Methylmethacrylat (3—4 Tage, 42° C).

Für Infiltration und Einbettung verwenden wir das gleiche Methacrylatgemisch:

Methylmethacrylat (stabilisiert) . . . . . 100 ml
Polyäthylenglykol-distearat MW 1540 . . . 20 g
Dibutylphthalat . . . . 14 ml
Benzoylperoxyd . . . . 2 g

Der Vorteil dieses Verfahrens liegt darin, daß die Blöcke gesägt, geschliffen und bei spongiösem Knochen auf geeigneten Mikrotomen geschnitten werden können. Die so hergestellten Präparate eignen sich für die qualitative und quantitative Bewertung ausgezeichnet. Für methodische Einzelheiten wird auf frühere Publikationen verwiesen (HELL, 1962; SCHENK, 1965).

3. Die mikroskopische Untersuchung der unentkalkten Knochenpräparate und die Kriterien für die Beurteilung des An- und Abbaus

Die Färbung unentkalkter Knochenschliffe mit basischem Fuchsin geht auf das von KROMPECHER (1937) wieder aufgegriffene Rupprichtsche Verfahren (1930/31) zurück, das seit 1959 auch von FROST propagiert wird. In alkoholischer Lösung durchtränkt dieser Farbstoff sehr schnell die den Knochen umgebenden Weichteile, dringt in die Knochenkanäle und das die Osteocyten enthaltende System der Canaliculi und Lacunae ein und diffundiert in die Intercellularsubstanz. Die Diffusion in die Knochenmatrix ist abhängig vom Mineralisationsgrad. Das nicht mineralisierte Osteoid wird tiefrot angefärbt. Mit zunehmender Dichte der Apatiteinlagerung wird die Diffusion erschwert, die Intensität der Färbung nimmt ab (Abb. 1). Wenn 70—80% des endgültigen Mineralgehaltes erreicht sind, wird die Intercellularsubstanz für basisches Fuchsin undurchlässig. Osteocyten, die von ungefärbter, voll mineralisierter Intercellularsubstanz umgeben sind, treten durch die Anfärbung des Cytoplasma samt ihren Ausläufern deutlich hervor. Der Zellkern erscheint infolge seiner dichteren Struktur dunkler. Nach Stückfärbung und Methacrylateinbettung ist aber auch die Darstellung der übrigen Zellen und Gewebsbestandteile durchaus befriedigend. Dies gilt insbesondere für Osteoblasten, Osteoklasten, Blutgefäße, Bindegewebe und Muskulatur. Einzig der hyaline Knorpel ist stark überfärbt und in feineren Einzelheiten nicht zu beurteilen.

Maßgebend für die Beurteilung des Knochenumbaues ist die Unterscheidung von Anbauflächen, Resorptionszonen und inaktiven Bezirken der Knochenoberfläche. Kennzeichnend für den *Knochenanbau* sind die osteoiden Säume. In unentkalkten Schliffen und Mikrotomschnitten bereitet ihre färberische Darstellung keine Schwierigkeiten (VILLANUEVA et al., 1964; SCHENK, 1965). Aktive osteoide Säume sind von Osteoblasten bedeckt, die einen echten epithelialen Verband bilden (Abb. 1). Diese Zellen produzieren die organische Knochenmatrix, welche zu 95% aus kollagenen Fibrillen besteht, die bereits innerhalb des Osteoidsaumes in Lamellen angeordnet sind. Die restlichen 5% entfallen auf den Mucopolysaccharidkomplex der Kittsubstanz. FROST (1963) hat berechnet, daß die Osteoblasten pro Tag eine

Schicht von 0,8—1 μ ablagern. Im Anschluß daran wird das Osteoid in einem Reifungsprozeß von rund 10 Tagen Dauer für die Mineralisation vorbereitet. Die Ausfällung der Apatitkristalle beginnt in der sog. Mineralisationsfront (Demarkationszone). Wenn der Knochenanbau in vollem Gang ist, rückt die Mineralisationsfront im gleichen Tempo wie die Matrixproduktion vor, die Osteoblasten bleiben also von der Mineralisationsfront durch einen 8—10 μ breiten osteoiden Saum getrennt. Entlang der Mineralisationsfront treten die Apatitkristalle zuerst in getrennten Nestern auf, die der Grenzzone ein eigentümlich granuläres, oft auch feingezahntes Aussehen verleihen. Die Einlagerung der Knochensalze geht sehr rasch vor

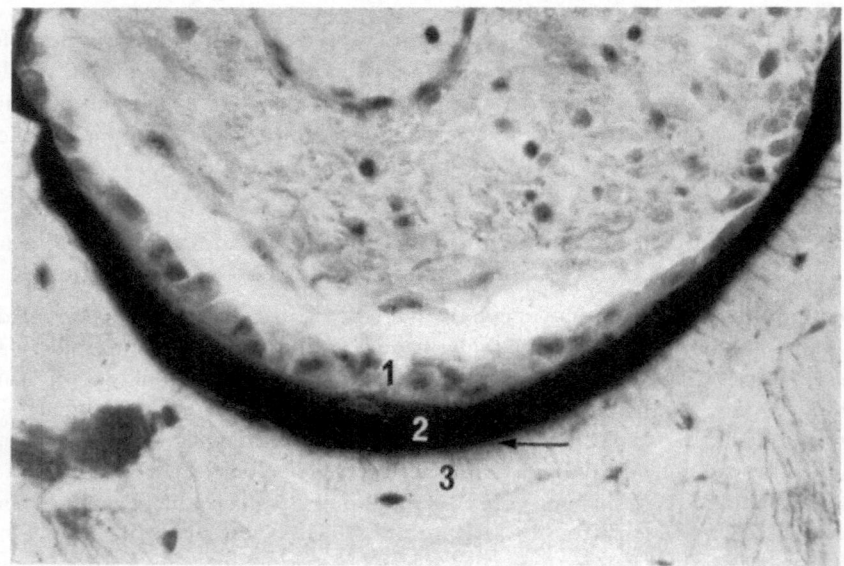

Abb. 1. Aktiver Osteoidsaum. Rippenbiopsie eines 42jährigen Mannes. *1* Osteoblasten; *2* Osteoid; *3* mineralisierte Knochensubstanz. Die Pfeilspitze bezeichnet die Mineralisationsfront. Unentkalkter Dünnschliff nach Stückfärbung in basischem Fuchsin und Methacrylateinbettung

sich, und bereits innerhalb von 3—5 Tagen sind 70—80% des endgültigen Mineralgehaltes erreicht (Grenze der Fuchsinpermeabilität!). Noch ungeklärt ist die Bedeutung einer von FROST (1960) als "feathering" beschriebenen Persistenz untermineralisierter Zonen, für deren Entstehung eine vorzeitige Hemmung der Diffusion für Calcium- und Phosphationen in die Matrix angenommen wird. Innerhalb der Mineralisationsfront werden auch die Tetracycline gebunden und irreversibel fixiert. Der Einbau der Tetracycline in der Mineralisationszone (Abb. 8) ist nicht nur die Grundlage eines idealen Markierungsverfahrens, sondern unter Umständen ein diagnostisch wichtiger Hinweis auf den normalen Ablauf der Mineralisation. Störungen der Mineralisationsvorgänge, wie sie für die Rachitis und die Osteomalazie typisch sind, zeigen oft einen negativen oder nur sehr schwachen Ausfall der Tetracyclinmarkierung (Abb. 2, SCHENK und HAAS, 1964). Wir betrachten dies als eines der zuverlässigsten Zeichen eines ‚ruhenden' oder inaktiven Osteoidsaums, in dem sowohl die Matrixbildung wie die Mineralisation zum Stillstand gekommen sind. Weitere Kennzeichen der ruhenden Säume sind das Fehlen der Osteoblasten und die oft auffallend scharfe Grenzlinie zur mineralisierten Intercellularsubstanz. Diese Merkmale sind aber so wenig zuverlässig, daß wir ohne eine vorgängige Tetracyclinmarkierung auf die differenzierte Auswertung von aktiven und ruhenden Osteoidsäumen verzichten.

Die Abgrenzung der Osteoidsäume von der *inaktiven Oberfläche* bereitet in der praktischen Arbeit wenig Schwierigkeiten. Auf eine Erörterung der theoretisch interessanten initialen und terminalen Stadien der Anbautätigkeit kann deshalb verzichtet werden. Weit größere Schwierigkeiten treten auf, wenn es um die Beurteilung des *Knochenabbaues* geht. Für die Resorption der mineralisierten Knochensub-

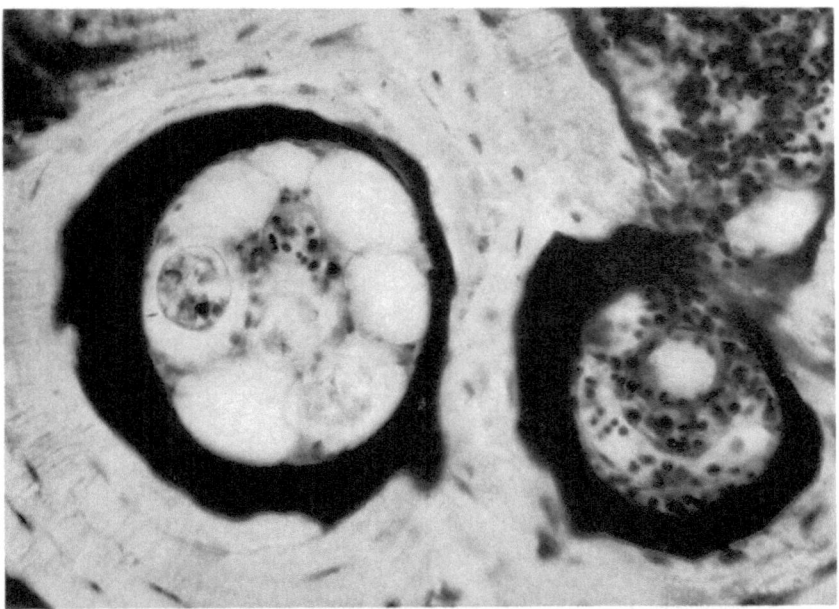

Abb. 2. Ruhende Osteoidsäume bei Osteomalacie. Rippenbiopsie eines 61jährigen Mannes mit Malabsorption und Lebercirrhose. Breite, gegen die mineralisierte Knochensubstanz scharf abgesetzte Osteoidsäume ohne Osteoblastenbelag. Gleiche Technik wie Abb. 1

stanz werden die Osteoklasten verantwortlich gemacht. Diese vielkernigen Riesenzellen weisen zumindest eine ganze Reihe von strukturellen und biochemischen Merkmalen auf, die für die Fähigkeit zum Abbau der organischen Matrix und zur Auflösung der Knochensalze sprechen. Osteolytische Eigenschaften wurden neuerdings auch den Osteocyten zugeschrieben (BELANGER et al., 1961). Solange es um die Beurteilung der Resorption entlang der eigentlichen Knochenoberfläche geht, darf dieser Aspekt der Osteolyse jedoch vernachlässigt werden.

Osteoklasten sind hochaktive Zellen, deren Lebensdauer auf nur 3—5 Tage geschätzt wird. Pro Tag zerstören sie aber ebensoviel Knochensubstanz, wie 150 Osteoblasten in der gleichen Zeit aufbauen können (JOHNSON, 1964). Zudem stellen sie eine Zellpopulation dar, die unter dem Einfluß verschiedener aktivierender Faktoren in relativ kurzer Zeit mobilisiert werden kann. Diese Tatsachen belasten jeden Versuch, die osteoklastische Resorption quantitativ zu erfassen, mit einer gewissen Unsicherheit. Fast alle derartigen Untersuchungen basieren auf den typischen Fraßspuren der Osteoklasten, den Howshipschen Lakunen. Dabei handelt es sich um ein Kriterium, das auch in frischen, von den Zellen entblößten Knochen-schliffen nachweisbar ist (Sedlin et al., 1963). Auch in Mikroradiographien sind die Lakunen eindeutig zu erkennen (Jowsey et al., 1965). Osteoklasten treten meistens in Gruppen auf, so daß eigentliche Resorptionsfronten entstehen (Abb. 3). Zur quantitativen Beurteilung wird häufig die Ausdehnung dieser Resorptionsfronten als prozentualer Anteil der gesamten Knochenoberfläche herangezogen. Dabei muß aber beachtet werden, daß eine Howshipsche Lakune als Spur der Aktivität eines Osteoklasten solange unverändert erhalten bleibt, bis sie von neugebildetem Knochen überlagert wird. Dies kann Wochen, Monate oder auch Jahre dauern. Bei trägem Knochenanbau kommt es zu einer ausgesprochenen Kumulierung und zu

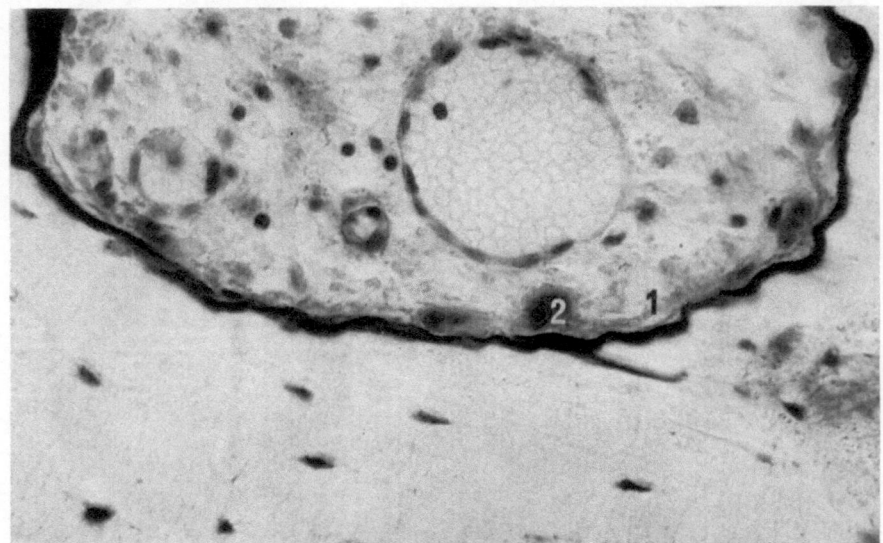

Abb. 3. Resorptionsfront mit Howshipschen Lakunen (*1*) und Osteoklasten (*2*). Rippenbiopsie eines 42jährigen Mannes. Gleiche Technik wie Abb. 1

relativ überhöhten Werten. Wir überprüfen zur Zeit verschiedene Möglichkeiten, die Osteoklasten selbst in die quantitative Beurteilung einzubeziehen. Im Gegensatz zum Knochenanbau wird es aber kaum je möglich sein, eine echte Abbaurate, d. h. den innerhalb einer bestimmten Zeitspanne resorbierten Anteil einer Volumeneinheit von Knochensubstanz anzugeben.

4. Methoden zur morphometrischen Untersuchung der Knochenkompakta

Bei der Auswertung von Knochenpräparaten stellt sich grundsätzlich das gleiche Problem wie bei anderen Geweben und Organen: Im zweidimensionalen histologischen Schnitt sollen das Ausmaß von Flächen und die Länge von Begrenzungslinien bestimmt und aus den erhaltenen Werten Volumina und Oberflächen berechnet werden. Zur Bestimmung der Volumina verwenden wir das Punktzählverfahren, für die Berechnung von Oberflächen die Schnittpunktzählung (Hally, 1964; Hennig, 1958; Smith und Guttman, 1953; Weibel, 1963). Die strukturellen Gegebenheiten der Präparate bedingen aber gewisse Modifikationen in der praktischen Durchführung der Auswertungen. Dabei sind zwei Punkte zu beachten:

1. Oft liegen Schnitte durch räumlich begrenzte Präparate vor, die vollständig ausgemessen werden müssen. Dies gilt insbesondere für Querschnitte durch die Diaphyse von Röhrenknochen oder Rippen. Dabei interessieren weniger die relativen Anteile der einzelnen Strukturelemente als die absoluten Maßzahlen für Oberflächen und Volumina.

2. Es kann nicht damit gerechnet werden, daß die Umbauplätze innerhalb eines histologischen Präparates auch nur einigermaßen gleichförmig über die Schnittfläche verteilt sind. Für die Berechnung des Knochenumsatzes reichen deshalb zufällig ausgewählte Ausschnitte nicht aus. Die Präparate müssen vollständig und systematisch ausgewertet werden.

Die systematische Auswertung der gesamten Schnittflächen und die Berechnung der effektiven Maßzahlen setzen voraus, daß die Präparate lückenlos mit einem Punktgitter bzw. mit Linienscharen bedeckt werden können. Kreisrunde Testfelder, wie sie z.B. in käuflichen Integrationsocularen enthalten sind, eignen sich dazu weniger als quadratische oder rechteckige (Abb. 5, 6). Die Begrenzung dieser Meßfelder ist so gewählt, daß sie gleichzeitig als Anschlußlinie beim Verschieben der Präparate dienen kann. Die Fläche des Meßfeldes entspricht selbstverständlich dem Produkt aus der Anzahl der Testpunkte × Netzwert. Für die praktische Durchführung haben wir eine Reihe von improvisierten Einrichtungen und Geräten erprobt. Für die verschiedenen Anwendungsbereiche haben sich die folgenden am besten bewährt:

4.1 Auswertungen bei Lupenvergrößerung (bis 10 : 1)

Die Präparate werden mit einem photographischen Vergrößerungsapparat in einem genau bekannten Maßstab auf ein gezeichnetes Testnetz projiziert. Der Abbildungsmaßstab wird so auf den Netzwert der Testpunkte oder den Abstand der Linien abgestimmt, daß sich die Längen- oder Flächenmessungen direkt in mm oder mm² ergeben. In Abb. 4 beträgt beispielsweise der Netzwert auf der Zeichnung 1 cm², der Abbildungsmaßstab 10:1. Diese Methode eignet sich ganz besonders für das Ausmessen von vollständigen Rippen- oder Diaphysenquerschliffen und für ausgedehnte Spongiosapartien (Crista iliaca und Femurkopf).

4.2 Messungen bei schwachen mikroskopischen Vergrößerungen (bis 100 : 1)

Eine sehr einfache und rationelle Arbeitsweise ergibt sich aus der Verwendung eines sog. Projektionsaufsatzes (Abb. 5). Mittels eines Objektmikrometers wird zuerst der exakte Abbildungsmaßstab des Projektionsbildes für die in Betracht kommenden Objektive festgelegt. Zeichnungen von Testnetzen werden photographisch reproduziert und in einem Maßstab auf Diapositivplatten kopiert, der für das betreffende Objektiv wieder einfach zu berechnende absolute Werte ergibt. Für die Auswertung werden diese Diaplatten so auf den Projektionsschirm gelegt, daß die Begrenzungslinien mit den Verschiebungsrichtungen des Kreuztisches fluchten. Das Arbeiten mit dieser Einrichtung ist auch für ausgedehnte Messungen sehr angenehm und ergänzt oder modifiziert die bei Lupenvergrößerung ermittelten Werte durch die Einbeziehung weniger ausgedehnter Gewebskomponenten (z.B. Lichtung der Haversschen Kanäle in der Knochenkompakta).

4.3 Die Herstellung von Testnetzen für Oculareinsätze

Oculare, die für den Einbau gravierter Strichplatten vorgesehen sind, werden im Handel von verschiedenen Herstellern angeboten. Gezeichnete Testnetze können auf Diafilme kopiert, in der gewünschten Größe ausgestanzt und in derartige Oculare eingebaut werden. In bezug auf die Strichdicke können allerdings nicht die gleichen

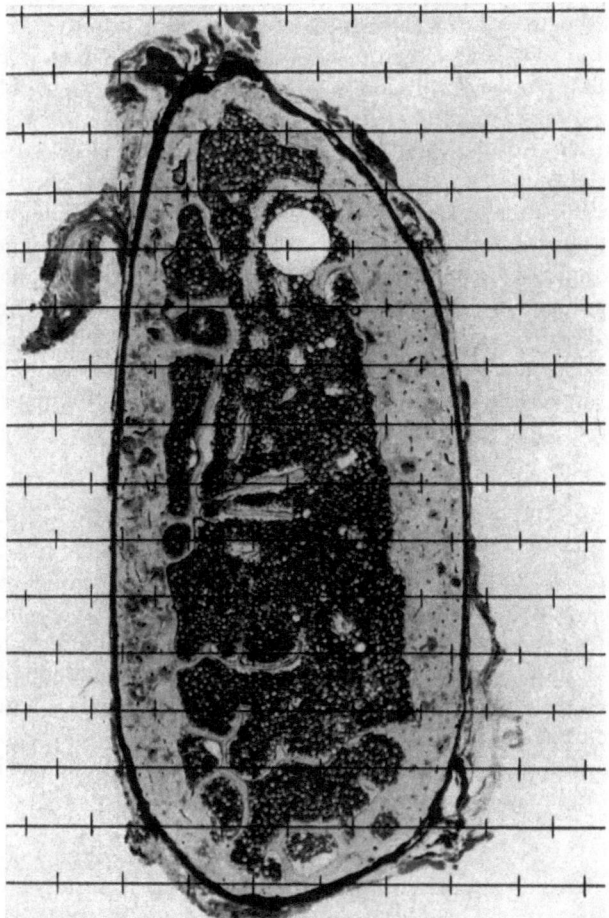

Abb. 4. Flächenmessung mit dem Punktzählverfahren bei Lupenvergrößerung (vgl. S. 207, 4.1)

Anforderungen gestellt werden wie bei den käuflichen gravierten oder aufgedampften Platten. Das Verfahren bietet aber den Vorteil, für die Untersuchung beliebige, auf Objekt und Fragestellung abgestimmte Punktnetze oder Meßlinien anwenden zu können.

4.4 Die Einspiegelung von Testnetzen in den mikroskopischen Strahlengang

Unter Verwendung von Zubehörteilen, wie sie den mikroskopischen Zeichengeräten zugrundeliegen, können Testnetze in den mikroskopischen Strahlengang eingespiegelt werden. Abb. 6 zeigt unsere konstruktive Lösung, die auf dem sog.

Photowechsler der Firma Zeiss basiert. Der Spezialansatz nimmt Reproduktionen von Strichzeichnungen auf, die als Kleinbilddiapositive gefaßt sind. Die Scharfeinstellung erfolgt durch Verschieben des im horizontal angeordneten Geradtubus befindlichen Oculars. Mit dieser Einrichtung können nur Negative, also weiße Striche auf schwarzem Grund, verwendet werden. Ein weißer Grund überstrahlt

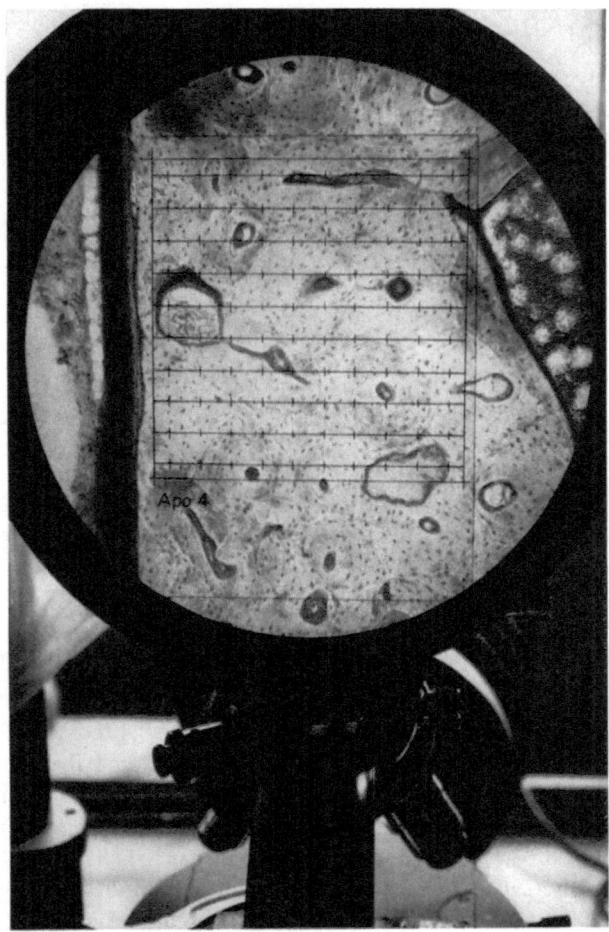

Abb. 5. Anwendung des Punktzählverfahrens für Flächenmessungen mit Hilfe eines Projektionsaufsatzes
(vgl. S. 207, 4.2)

das mikroskopische Präparat. Negativvorlagen sind aber gerade dann von Vorteil, wenn die Auswertung bei lichtschwachen mikroskopischen Abbildungsverfahren zu erfolgen hat (Dunkelfeld, Phasenkontrast und Fluoreszenzmikroskopie). In unserem Falle trifft dies bei der Auswertung tetracyclinmarkierter Knochenpräparate zu, wo wir diesen Vorteil nicht mehr missen möchten (Abb. 8). Wie bei den Oculareinsätzen läßt sich bei dieser Hilfseinrichtung der Netzwert, der Linienabstand oder die Länge der Meßlinien nicht im voraus festlegen. Wenn es um absolute Maßzahlen geht, müssen diese Werte jeweils mit Hilfe eines Objektmikrometers ermittelt und in die Berechnung einbezogen werden.

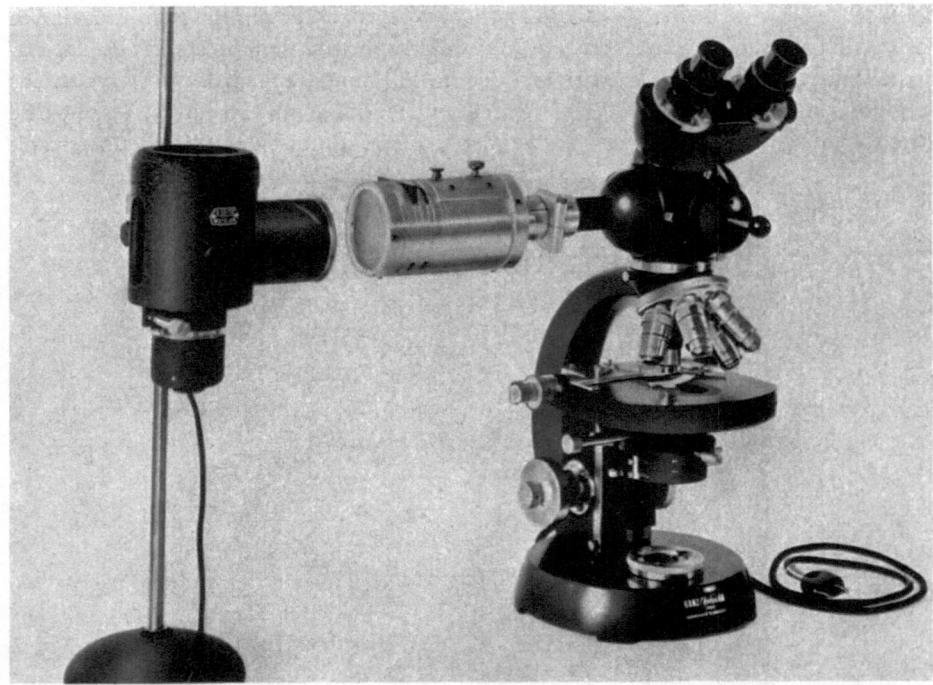

Abb. 6. Einrichtung zum Einspiegeln von Testnetzen in den Strahlengang des Mikroskops (vgl. S. 208, 4.4 und Abb. 8). Die Beleuchtung der als Kleinbilddiapositiv gefaßten Vorlage erfolgt mit einer Niedervoltlampe, die an einen Reguliertransformator angeschlossen ist

5. Die morphometrische Untersuchung der Knochenkompakta

Die folgenden Richtlinien nehmen in erster Linie auf die Rippencorticalis Bezug, die namentlich wegen der Möglichkeit zur bioptischen Untersuchung besonderes Interesse verdient. Sie gelten aber auch für die Diaphysen von Röhrenknochen und die Corticalis von Metaphysen, sofern diese eine annähernd zylindrische Grundgestalt und parallel zur Längsachse ausgerichtete Osteone aufweisen. Unter der Voraussetzung exakt orientierter Querschliffe können die Schnittflächen dieser Strukturelemente als Grundflächen, die Begrenzungslinien als Umfänge von Hohlzylindern aufgefaßt werden. Bezogen auf eine angenommene Schnittdicke von 1 mm ergeben sich daraus Volumina (in mm³) und Oberflächen (in mm²). Für die Berechnung der Flächen mit der Punktzählmethode gilt nach HENNIG (1958), HALLY (1964) u.a.:

$$F = \text{mittlere Trefferzahl} \times \text{Netzwert.}$$

Die Berechnung der Umfangslinien erfolgt auf Grund der Ableitungen für das ebene Problem, wie sie von SMITH und GUTTMAN (1953) und von HENNIG (1958) angegeben wurde:

$$\mu = \pi/2 \cdot a \cdot pm.$$

a = Abstand paralleler Geraden; pm = mittlere Schnittpunktzahl.

Die Auswertung der Diaphysenquerschnitte kann unter zwei verschiedenen Gesichtspunkten erfolgen. Form, Querschnittsfläche, Wandstärke und räumliche Ordnung der feineren Strukturelemente sind weitgehend auf die mechanische Beanspruchung ausgerichtet. Seit langem ist bekannt, daß der Aufwand an Baumaterial sehr fein auf die statische Belastung abgestimmt ist und im Laufe des Lebens ständige Veränderungen im Sinne einer funktionellen Anpassung erfährt. Einer der möglichen Reglermechanismen ist neuerdings in Gestalt piezoelektrischer Potentiale nachgewiesen worden (BASSETT und BECKER, 1962; BECKER et al., 1964). Die Anpassung der Corticalis an eine veränderte Beanspruchung erfolgt vor allem durch einen Umbau entlang der periostalen und endostalen Oberflächen. Der innere Umbau der Corticalis steht dagegen vorwiegend im Dienste des Mineralstoffwechsels. Er bewirkt einen zwar langsamen, aber kontinuierlichen Ersatz der Osteone. Für die morphometrische Analyse bieten beide Arten des Umbaues verschiedene Aspekte.

5.1 Die Beurteilung der periostalen und endostalen Umbauvorgänge

Anbau und Resorption entlang der periostalen und endostalen Oberfläche sind während des Wachstums für die Größen- und Formveränderungen des Diaphysenquerschnitts verantwortlich. Im allgemeinen wird für die periostale Fläche ein Überwiegen des Anbaues, für die endostale ein Vorherrschen der Resorption angenommen. Doch liegen die Verhältnisse in den meisten Fällen wesentlich komplizierter (ENLOW, 1963). Nach Abschluß des Wachstums nimmt die osteoblastische und osteoklastische Aktivität entlang dieser Flächen eher den Charakter einer Oberflächenmodellierung an, die Bilanz ist nahezu ausgeglichen. Über längere Zeitabschnitte ergeben sich aber dennoch Änderungen in den Querschnittsdimensionen (SEDLIN et al., 1963). Die Masse der Querschnittsflächen eignen sich auch als Vergleichsbasis für die Beurteilung von Osteoporosen und liefern die Grundlage für die quantitative Erfassung des Haversschen Umbaues. Mit Hilfe der unter 4.1 (S. 207) beschriebenen Methode bestimmen wir bei der Begutachtung von Rippenquerschnitten in einem Arbeitsgang folgende Flächenelemente (in mm²):

$$F_t = \text{Gesamtquerschnittsfläche der Rippe} \tag{1}$$

$$F_c = \text{Querschnittsfläche der Corticalis} \tag{2}$$

$$F_m = \text{Querschnittsfläche des Markraums} \tag{3}$$

$$F_{sp} = \text{Schnittfläche der Spongiosatrabekel} \tag{4}$$

Für die ersten 3 Werte ergeben 5 verschiedene Einstellungen auf dem Punktnetz gemäß Abb. 4 eine ausreichende Genauigkeit. Beim Ausmessen der Trabekel im Markraum empfiehlt es sich, noch 3—5 zusätzliche Einstellungen auszuzählen. Die Gesamtfläche der Lichtungen der Haversschen und Volkmannschen Kanäle wird am besten mit Hilfe des Projektionsaufsatzes (Abb. 5) ausgemessen und von F_c abgezogen.

In der Rippencorticalis haben FROST u. Mitarb. die altersabhängigen Veränderungen der einzelnen Komponenten in der Querschnittsfläche untersucht und verschiedene Relationen aufgestellt, im Bestreben, die individuelle Größenvariation zu eliminieren (SEDLIN, 1964; SEDLIN et al., 1963; EPKER und FROST, 1964). Eine Überprüfung dieser Werte auf Grund unseres Materials ergab teils analoge, teils divergierende Resultate. Es darf aber nicht verschwiegen werden, daß die große Variation innerhalb der Skeletgesunden die Standardisierung der Norm und die Abgrenzung zwischen physiologischen und pathologischen Befunden erschwert. Dennoch dürfte es sich lohnen, diese Ermittlungen weiter auszubauen und zu verfeinern, zumal die meisten davon als Grundlage für Umsatzberechnungen in Frage kommen.

5.2 Berechnungen über den inneren Umbau der Knochenkompakta

Der innere Umbau der Corticalis läuft unter dem Bilde einer Erneuerung der Osteone (Haversscher Umbau) ab. Er beansprucht deshalb besonderes Interesse,

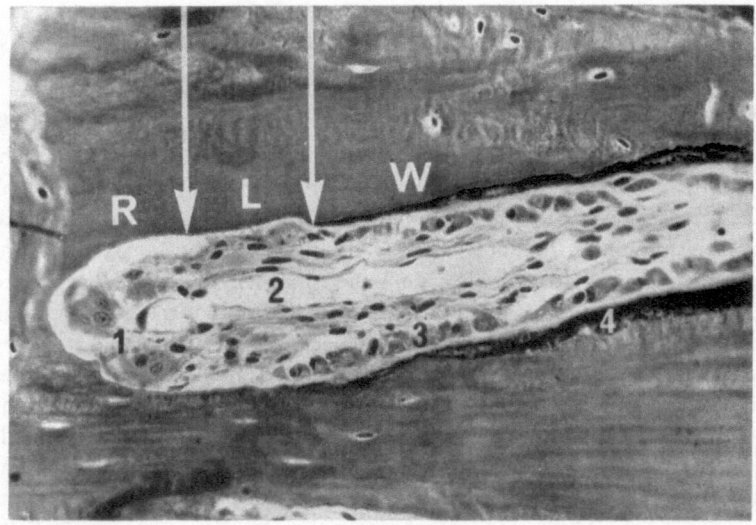

Abb. 7. Längsgetroffenes, regenerierendes Osteon. Hunderadius, 10 Wochen nach einer experimentellen Fraktur. Die Pfeile bezeichnen die Grenzen zwischen den Abschnitten, die sich in der Resorptionsphase (R), Latenzphase (L) und Wachstumsphase (W) befinden. *1* Osteoklasten; *2* Blutgefäß; *3* Osteoblasten; *4* Osteoid. Unentkalkter Mikrotomschnitt, 5 μ, Goldnerfärbung (aus SCHENK und WILLENEGGER 1964)

weil er direkt oder indirekt im Dienste der Calciumhomöostase steht. Mit Hilfe der Mikro- und Autoradiographie, ganz besonders aber an Hand von tetracyclinmarkierten Knochen, läßt sich der Erneuerungsprozeß leicht verfolgen. Grundlage für das Verständnis des formalen Ablaufs sind Längsschnitte durch regenerierende Osteone, wie sie besonders bei der Heilung von Schaftfrakturen beschrieben worden sind (SCHENK und WILLENEGGER, 1964).

Die Auslösung der Osteonregeneration erfolgt durch noch unbekannte Faktoren. Sie wird getragen von der Zellpopulation innerhalb der Haversschen Kanäle und beginnt mit einer mitotischen Vermehrung der perivasculären Zellen, aus denen zunächst Osteoklasten hervorgehen. Zu einer Gruppe zusammengefaßt, treiben die Osteoklasten in der Längsrichtung der Corticalis einen Resorptionskanal vor (Abb. 7). Der ‚Osteoklasten-Bohrkopf‘ legt auch die äußere Begrenzung des künftigen Osteons fest. Auf die Resorptionszone folgt ein kurzer, von indifferenten Zellen ausgekleideter Abschnitt des Kanals. Im Anschluß daran beginnen Osteoblasten mit dem Aufbau neuer Knochenlamellen, welche die Lichtung des Kanals konzentrisch einengen. Die Gliederung in der Längsrichtung entspricht einem bestimmten zeitlichen Ablauf, in dem wir eine *Resorptionsphase*, eine *Latenzphase* und eine *Wachstumsphase* unterscheiden. Jede dieser Phasen ist histologisch eindeutig charakterisiert. Die Tetracyclinmarkierung ermöglicht es, Aussagen über die Dynamik dieser Regenerationsvorgänge zu machen. So konnten wir nach experimentellen Osteotomien am Hunderadius feststellen, daß die Osteoklasten in der Längsrichtung der Corticalis täglich um 40—70 μ vorrücken (SCHENK und WILLENEGGER, in press). Die Wachstumsphase, d. h. die zentripetalwärts fortschreitende Ablagerung neuer Knochenlamellen, erstreckt sich beim Hund über 5—6 Wochen, beim Menschen über rund 3 Monate.

Die Beurteilung des Ausmaßes des Haversschen Umbaues ist jedoch nur an Querschnitten möglich. Eine differenzierte Auszählung der Resorptions-, Latenz- und Wachstumsstadien läßt aber eine Häufigkeitsverteilung erwarten, die direkt von der Ausdehnung dieser Zonen in der Längsrichtung abhängig ist. Auf die Gesamtzahl der Osteone oder auf das Volumen der Corticalis bezogen gibt der Anteil der regenerierenden Haversschen Systeme ein Bild über den Umfang der Umbautätigkeit. Auf Grund dieser Überlegungen führen wir folgende Auswertungen aus:

5.2.1 *Die Osteonstatistik*

Sämtliche, in einem oder mehreren Querschnitten getroffenen Osteone werden getrennt nach Resorptionskanälen, wachsenden und ruhenden Osteonen ausgezählt. Das Ergebnis dieser Zählung wird in Prozentzahlen ausgedrückt. Zu den *Resorptionskanälen* rechnen wir in diesem Falle sowohl die Resorptions- wie die Latenzstadien. Kriterium für die *wachsenden Osteone* ist die Auskleidung des Haversschen Kanals durch einen aktiven Osteoidsaum. In den *ruhenden Osteonen* herrscht weder eine osteoblastische noch eine osteoklastische Aktivität.

Bei der Beurteilung der Ergebnisse muß man bedenken, daß Resorptionskanäle und wachsende Osteone lediglich zwei verschiedene Arbeitsphasen einer in Betrieb befindlichen Baustelle repräsentieren: Die Resorptionskanäle entsprechen der Baugrube, die wachsenden Osteone dem fortschreitenden Rohbau. Die Summe der Resorptionskanäle und der wachsenden Osteone spiegelt somit den Anteil der im Umbau befindlichen Osteone an der Gesamtzahl. Das Zahlenverhältnis zwischen Resorptionskanälen und wachsenden Osteonen läßt eine gewisse Konstanz erwarten, die normalerweise etwa bei 3:4 liegt. Bei Skeletaffektionen weicht es oft beträchtlich von diesem Richtwert ab. Aus einem Überwiegen der einen oder anderen Komponente darf aber nicht einfach auf eine langfristige Störung in der Bilanz zwischen Knochenresorption und Knochenanbau geschlossen werden. So verlangt beispielsweise eine relative Vermehrung der Resorptionskanäle ein sorgfältiges Abwägen verschiedener Erklärungsmöglichkeiten:

1. Die Umbaurate im Skelet hat vor relativ kurzer Zeit eine Steigerung erfahren. Auf den neuen Umbauplätzen ist die Resorptionsphase im Gang oder bereits abgeschlossen, die Wachstumsphase hat aber noch nicht eingesetzt. Diese Situation wird z. B. in der Kompakta eines Röhrenknochens 3—4 Wochen nach einer Fraktur angetroffen und führt tatsächlich zu einer transitorischen lokalen Osteoporose.

2. Die relative Vermehrung der Resorptionskanäle kann auf einer Verlangsamung der Resorptionsprozesse beruhen, sei es infolge einer Verminderung der

Anzahl oder der Leistungsfähigkeit der Osteoklasten oder einer Erschwerung der Resorption (Natriumfluorideinlagerung?).

3. Das zahlenmäßige Überwiegen der Resorptionsphase ist in einer Verzögerung des Beginnes der Wachstumsphase begründet (‚Anbaustop‘). In dieser Situation ist vor allem eine relative Vermehrung der Latenzstadien zwischen Resorption und Anbau zu erwarten.

Die Interpretation einer Osteonstatistik verlangt eine sorgfältige Prüfung aller qualitativ-histologischen Daten und ist ohne die Zuhilfenahme der klinischen und Stoffwechseldaten kaum möglich.

5.2.2 *Die Berechnung von Indices für Anbau und Resorption*

Frost und Villanueva (1960) haben einen einfach zu berechnenden Index für die osteoblastische Aktivität in Diaphysenquerschnitten vorgeschlagen. Sie berechnen die Anzahl der mit einem Osteoidsaum ausgekleideten Osteone pro mm^3 Corticalis. In einer späteren Arbeit wird dieser Wert als ‚*Osteoidsaumindex*‘ bezeichnet (Villanueva et al., 1963). Es ist zu beachten, daß dieser Index auf Grund des gesamten Corticalisvolumens berechnet wird, das nicht nur die Osteone, sondern auch die Schaltlamellen und die periostalen und endostalen Grundlamellen einschließt (Berechnung nach 4.1, S. 207). Der Osteoidsaumindex läßt sich auch aus Sektionsmaterial und an Hand von nativen, fuchsingefärbten Schliffen berechnen, mit dem einzigen Vorbehalt, daß eine Unterscheidung von aktiven und ruhenden Osteoidsäumen nicht möglich ist. Dies führt beim Vorliegen einer osteomalazischen Komponente zu abnorm hohen Werten. Der Osteoidsaumindex eignet sich gut für eine Standardisierung nach Altersgruppen und hat zu der beachtenswerten Feststellung geführt, daß der Haverssche Umbau zwischen dem 25. und 35. Altersjahr einen Minimalwert erreicht und von da an wieder ansteigt (Frost, 1963).

Sedlin (1964) hat auch die Anzahl der Resorptionskanäle pro mm^3 Rippencorticalis berechnet und als ‚*Resorptionsindex*‘ bezeichnet. Die Normwerte für verschiedene Altersstufen laufen zum Osteoidsaumindex parallel. Dies war zu erwarten, da Resorptionskanäle und wachsende Osteone zwei zwangsläufig gekoppelte Phasen der Osteonserneuerung darstellen. Den physiologischen Gegebenheiten wird man also am ehesten gerecht, wenn man den Osteoidsaumindex und den Resorptionsindex zu einem ‚*Umbauindex*‘ zusammenfaßt und allfällige Störungen im Gleichgewicht zwischen Anbau und Resorption an Hand der Osteonstatistik zu beurteilen versucht. Diesbezügliche Erhebungen sind in unserem Laboratorium im Gang.

5.3 Die Berechnung der jährlichen Anbaurate in der Knochenkompakta

Werte wie der Osteoidsaumindex, der Resorptions- oder der Umbauindex geben lediglich Auskunft darüber, wieviele Umbauplätze pro Volumeneinheit Corticalis im Zeitpunkt der Untersuchung in Betrieb stehen. Über diese Information hinaus erlaubt die Berechnung einer jährlichen Umbaurate eine Aussage darüber, welcher *Anteil eines gegebenen Ausgangsvolumens pro Jahr durch Umbauvorgänge erneuert wird.* Aus methodischen Gründen ist es mit der quantitativ-histologischen Untersuchung bis heute nur möglich, die Anbaurate zu erfassen. Bei ausgeglichener Skeletbilanz stimmt diese aber mit der Abbaurate überein. Der Schlüssel zur Berechnung der Anbaurate liegt in der Tetracyclinmarkierung. Tatsächlich kann eine langfristige therapeutische Tetracyclinmedikation soviel neugebildetes Knochengewebe anfärben, daß eine morphometrische Auswertung möglich wird. Für diagnostische Zwecke grenzt man die Anbauzonen aber besser durch 1—3tägige, in Intervallen gesetzte Tetracyclinmarken ab (Abb. 8). Für die Berechnung maßgebend ist immer die Zeitspanne zwischen der 1. Markierung und der Biopsie. Je größer diese Zeitspanne, um so zuverlässiger wird das Ergebnis. Die Wiederholung der Markierung in Intervallen von 10—20 Tagen ist notwendig, um auch die Osteone zu erfassen, die während der Beobachtungsdauer in die Wachstumsphase eintreten. Unter diesen Voraussetzungen wird die *Anbaurate* über folgende Schritte bestimmt:

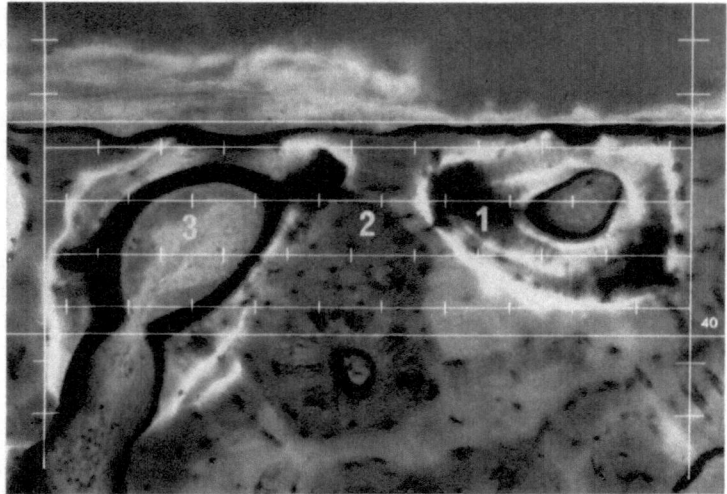

Abb. 8. Bestimmung des Anbauvolumens beim Haversschen Umbau in der Rippencorticalis mit Hilfe der Tetracyclinmarkierung. Rippenbiopsie einer 57jährigen Patientin mit postklimakterischer Osteoporose. Tetracyclinmarkierung am 5., 25. und 45. Tag vor der Biopsie. Das für die Auswertung verwendete Testnetz ist in die fluoreszensmikroskopische Aufnahme einkopiert. *1* Treffer innerhalb der Anbauzone; *2* Treffer in der vorbestehenden Corticalis; *3* Treffer in der Lichtung eines Haversschen Kanals

1. Ausmessen des Gesamtvolumens der Corticalis oder der Kompakta in mm³ (nach 4.1, S. 207).

2. Ausmessen des seit der 1. Tetracyclinmarkierung angebauten Corticalisvolumens (nach 4.4, S. 208, Abb. 8) in mm³.

3. Berechnung des prozentualen Anteils des angebauten am gesamten Corticalisvolumen.

4. Bestimmung der Zeitspanne zwischen der 1. Markierung und der Biopsie.

5. Berechnung der Anbaurate als

% Anteil des Anbauvolumens am Gesamtvolumen/Jahr.

Die Berechnung setzt eine systematische morphometrische Auswertung von mehreren vollständigen Corticalisquerschnitten voraus. Sie beschränkt sich bewußt auf das im Zuge des Haversschen Umbaues angebaute Knochenvolumen. Das Ausmaß der Anbauzonen entlang der periostalen und endostalen Oberfläche wird nicht in die Berechnung einbezogen, da diese Umbauvorgänge anderen regulatorischen Einflüssen unterstellt sind. Zudem ist entlang der endostalen Oberfläche die Voraussetzung eines senkrecht zur Längsachse geschnittenen zylindrischen Körpers nicht erfüllt. Die Grenzfläche zum Markraum mit den Buchten und den fließenden

Übergängen in die Spongiosa liefert bei Schrägschnitten durch die Anbauflächen zu hohe Werte. Wie bei der Spongiosa kann hier nur noch die Oberflächenausdehnung der Anbauzonen ausgemessen werden, dagegen nicht mehr das Anbauvolumen. Die Grenzfläche zum Markraum wird deshalb gleich wie die Oberfläche der Spongiosatrabekel behandelt, die in diesem Beitrag nicht zur Diskussion steht.

Diese Einschränkungen zeigen, daß die morphometrische Bestimmung der Knochenumbaurate genauso wie die Bilanzuntersuchungen und die Berechnung der Calciumeinlagerung mit radioaktiven Substanzen ihre methodisch bedingten Grenzen hat. Auch die Standardisierung von Normwerten stößt auf Schwierigkeiten, weil man auf eine vorgängige Tetracyclinmarkierung angewiesen ist. Zwar weisen 20—30% der von uns untersuchten, autoptisch gewonnenen Knochen Tetracyclinspuren auf, doch hat es sich als außerordentlich schwierig erwiesen, retrograd einigermaßen zuverlässige Daten über den Zeitpunkt und die Dauer der Verabreichung zu erhalten. Die morphometrische Bestimmung der Knochenanbaurate bleibt somit eine Methode, die nur im Rahmen von planmäßigen bioptischen Untersuchungen bei generalisierten Skeletaffektionen angewandt werden kann. Im Verein mit den klinischen Befunden und den Stoffwechseldaten stellt sie aber eine wertvolle Bereicherung der Untersuchungstechnik dar, erleichtert das Verständnis für die Pathogenese der Knochenerkrankungen und eröffnet eine Möglichkeit zur Objektivierung des Erfolges der therapeutischen Maßnahmen.

Literatur

BASSETT, C. A. L., and R. O. BECKER: Generation of electric potentials by bone in response to mechanical stress. Science **137**, 1063 (1962).

BECKER, R. O., C. A. BASSETT, and O. H. BACHMANN: Bioelectric factors controlling the bone structure. In: Bone biodynamics (H. M. FROST ed.), p. 209. Boston: Little Brown & Co. 1964.

BÉLANGER, L. F., J. ROBICHON, B. B. MIGICOVSKY, D. H. COPP, and J. VINCENT: Resorption without osteoclasts (Osteolysis). In: Mechanism of hard tissue destruction (R. F. SOGNNAES ed.). Publ. Amer. Ass. Advanc. Sci. **75**, 137 (1961).

BOELLAARD, J. W., u. TH. v. HIRSCH: Die Herstellung histologischer Schnitte von nicht entkalkten Knochen mittels Einbettung in Methacrylsäure-ester. Mikroskopie **13**, 386 (1959).

BURKHARDT, R.: Präparative Voraussetzungen einer klinischen Histologie des menschlichen Knochenmarks. Blut (in Vorbereitung).

ENLOW, D. H.: Principles of bone remodelling. Springfield (Ill.): Ch. C. Thomas 1963.

EPKER, B. N., and H. M. FROST: The parabolic index: A proposed index of the degree of osteoporosis in ribs. J. Geront. **19**, 469 (1964).

FROST, H. M.: Preparation of thin undecalcified bone sections by rapid manual method. Stain Technol. **33**, 273 (1958).

— Staining of fresh, undecalcified, thin bone sections. Stain Technol. **34**, 135 (1959).

— A new bone affection: Feathering. J. Bone Jt Surg. A **42**, 447 (1960).

— Microscopy: Depth of focus, optical sectioning and integrating eyepiece measurement. Henry Ford Hosp. Bull. **10**, 267 (1962).

— Human osteoid seams. J. clin. Endocr. **22**, 631 (1962).

— Bone remodelling dynamics. Springfield (Ill.): Ch. C. Thomas 1963.

—, and A. R. VILLANUEVA: Measurement of osteoblastic activity in diaphyseal bone. Stain Technol. **35**, 179 (1960).

— — and H. ROTH: Measurement of bone formation in a 57 year old man by means of tetracyclines. Henry Ford Hosp. Bull. **8**, 239 (1960).

HALLY, A. D.: A counting method for measuring the volumes of tissue components in microscopical sections. Quart. J. micr. Sci. **105**, 503 (1964).

HELL, K.: Anwendung ausgewählter histochemischer Reaktionen zum Studium der Binde- und Stützgewebsdifferenzierung am unentkalkten Knochenschnitt. Acta anat. (Basel) 51, 177 (1962).

HENNIG, A.: Kritische Betrachtungen zur Volumen- und Oberflächenmessung in der Mikroskopie. Zeiss-Werkztg 6, 78 (1958).

JOHNSON, L. C.: Morphologic analysis in pathology. In: Bone biodynamics (H. M. FROST ed.). Boston: Little, Brown & Co. 1964.

JOWSEY, J., P. J. KELLY, B. L. RIGGS, A. J. BIANCO, D. A. SCHOLZ, and J. GERSHON-COHEN: Quantitative microradiographic studies of normal and osteoporotic bone. J. Bone Jt Surg. A 47, 785 (1965).

KROMPECHER, ST.: Die Knochenbildung. Jena: Gustav Fischer 1937.

MAROTTI, G.: Quantitative studies on bone reconstruction. I. The Reconstruction in homotypic shaft bones. Acta anat. (Basel) 52, 291 (1963).

MILCH, R. A., D. P. RALL, and J. E. TOBIE: Bone localization of the tetracyclines. J. nat. Cancer Inst. 19, 87 (1957).

RUPPRICHT, W.: Knochenzellen und Fortsätze der Odontoblasten von Kaltblütern, an frischen Schliffen durch Fuchsinfärbung dargestellt. Anat. Anz. 71, Erg.-H. 239 (1930/31).

SCHENK, R.: Zur histologischen Verarbeitung von unentkalkten Knochen. Acta anat. (Basel) 60, 3 (1965).

—, u. H. G. HAAS: Teamwork zwischen Morphologen und Stoffwechselforscher auf dem Gebiet systemisierter Osteopathien. Osteoporose-Symposium, Badenweiler 1964 (in press).

—, u. H. WILLENEGER: Histologie der primären Knochenheilung. Langenbecks Arch. klin. Chir. 308, 440 (1964).

— — Fluoreszenzmikroskopische Untersuchungen zur Heilung von Schaftfrakturen nach stabiler Osteosynthese am Hund. In: Calcified tissues, p. 125. Université de Liège 1964.

— — Zur Biomechanik der Frakturheilung. In: Callus Symposium (ST. KROMPECHER ed.). Debrecen (in press).

SEDLIN, E. D.: The rate of cortical area / total area as a measure of osteoporosis in ribs. Clin. Orthop. 36, 161 (1964).

— Uses of bone as a model system in the study of aging. In: Bone biodynamics (H. M. FROST ed.). Boston: Little, Brown & Co. 1964.

— H. M. FROST, and A. R. VILLANUEVA: Variations in cross-section area of rib cortex with age. J. Geront. 18, 9 (1963).

— — — Age changes in human rib cortex. J. Geront. 18, 345 (1963).

— A. R. VILLANUEVA, and H. M. FROST: Variations in the specific surface of Howship's lacunae with age. Anat. Rec. 146, 201 (1963).

SISSONS, H. A., and W. R. LEE: Tetracycline studies of bone turnover. In: Bone and tooth (H. J. J. BLACKWOOD ed.), p. 65. Oxford: Pergamon Press 1964.

SLUYS VEER, J. VAN DER, D. SMEENK, and R. O. VAN DER HEUL: Tetracycline labelling of bone in hyperparathyroidism. In: Bone and tooth (H. J. J. BLACKWOOD ed.), p. 85. Oxford: Pergamon Press 1964.

SMITH, C. S., and L. GUTTMAN: Measurement of internal boundaries in three-dimensional structures by random sectioning. J. Metals 5, 81—87 (1953).

VILLANUEVA, A. R., R. HATTNER, and H. M. FROST: A tetrachrome bone stain. Stain Technol. 39, 87 (1964).

— E. D. SEDLIN, and H. M. FROST: Variations in osteoblastic activity with age by the osteoid seam index. Anat. Rec. 146, 209 (1963).

WEIBEL, E. R.: Principles and methods for the morphometric study of the lung and other organs. Lab. Invest. 12, 131 (1963).

Chapter 5

Instrumentation

Apparative Hilfsmittel der Stereologie

H. F. Fischmeister *

Zusammenfassung

Die zur zahlenmäßigen Beschreibung räumlicher Strukturen erforderlichen Meß-größen, die aus ebenen Schnittbildern gewonnen werden können, werden im Rahmen eines Überblicks über die mathematischen Methoden der Stereologie präsentiert. Im Anschluß daran werden Methoden zur Einsammlung der erforderlichen Daten besprochen, und zwar unter folgenden Ordnungsgesichtspunkten:

a) Nicht- und halbautomatische Hilfsmittel für Punktzählen, Ermittlung von Größenverteilungen, Linearanalyse.

b) Vollautomatische Geräte: Verfahren zur Bildabtastung, Wechselbeziehungen zwischen Auflösung und Kontrast (das „Grautonproblem"), prinzipielle Lösungen des Formerkennungsproblemes, Verteilungsmessungen, laufende Kontrolle der Funktion automatischer Geräte.

Weiters wird über Versuche des U.S. National Bureau of Standards zur quantitativen Bildanalyse mittels Elektronenrechner berichtet.

Die Anwendungsbereiche für halb- und vollautomatische Methoden werden gegeneinander abgewogen.

Besonders betont wird die Notwendigkeit gekoppelter Weiterentwicklung auf dem instrumentellen und dem mathematisch-methodologischen Gebiet.

Summary

Starting with a summary of the mathematical methods of stereology, a review is given of methods available for collecting data from plane sections which allow a numerical characterization of three-dimensional structures.

Apparatus for collecting such data is discussed under the following headings:

a) Non- or semiautomatic equipment for point counting, size distribution measurements, and lineal analysis.

b) Automatic equipment: scanning methods, interdependence of contrast and resolution (the "grey tone problem"), recognition of discrete image elements, size distribution measurement, operating control by human supervision.

Work done at the U.S. National Bureau of Standards on quantitative analysis of photomicrographs by computer techniques is reviewed.

The scope of applicability of semi- *vs.* fully automatic methods is discussed.

Finally, the need for coordination of instrumental and mathematical development in stereology is emphasized and urgent topics are pointed out.

* Chalmers Technische Hochschule, Göteborg, Institut für metallische Werkstoffe

1. Einheitsoperationen der Stereologie

Die Stereologie stellt sich die Aufgabe, die räumliche Beschaffenheit eines Körpers aus Daten, die zweidimensionalen Schnittbildern entnommen werden, zu rekonstruieren. Sie bedient sich hierzu geometrisch-statistischer Zusammenhänge. Die Einsammlung der zur Rekonstruktion erforderlichen Daten läßt sich auf die Einheitsoperationen des *Zählens*, der *Längen-* und der *Flächenmessung* von Bildelementen zurückführen.

Das Schnittbild kann entweder *vollständig* (in seiner ganzen Fläche) abgesucht werden, oder durch Sonden*linien* oder schließlich durch Sonden*punkte*, die entweder systematisch (z. B. in einem Rechteckraster) oder zufällig placiert werden. Die Totalabsuchung gibt für das einzelne Gesichtsfeld natürlich das genaueste Ergebnis. Soweit dabei aber einzelne Bildelemente mehrfach erfaßt werden, sind die erhaltenen Daten statistisch weniger wertvoll als solche, die sämtlich von verschiedenen Bildelementen herrühren und deswegen voneinander völlig unabhängig sind.

Die Benützung statistischer Gesetzmäßigkeiten zur Rekonstruktion des geschnittenen Körpers setzt in der Regel voraus, daß seine Struktur frei von Vorzugsrichtungen ist, oder daß genügend viele Schnittebenen zufälliger Orientierung untersucht wurden, um den Einfluß von Vorzugsrichtungen herauszumitteln. Wenn im folgenden von „Schnittebenen" die Rede ist, ist stets eine — wirkliche oder durch Mittelung konstruierte — Datengesamtheit gemeint, die dieser Anforderung entspricht.

Die Schnittpräparate der Biologie haben — im Gegensatz zu den Anschliffen der Metallographie oder Petrographie — endliche Dicke, so daß die Definition der eigentlichen Schnittebene auf Schwierigkeiten stößt. Im folgenden wird vereinfachend vorausgesetzt, daß Schnittdickeneffekte entweder rechnerisch korrigiert [1, 2] oder durch Verwenden dünner Schnitte vernachlässigbar gemacht worden sind.

2. Anwendung der Einheitsoperationen zur stereologischen Datenerhebung

Zähloperationen mit *Totalabsuchung* stellen die Anzahl der Bildelemente einer bestimmten Gattung im Gesichtsfeld bzw. in der Flächeneinheit des Schnittes fest. Mit ihrer Hilfe erfaßt man die Länge linien- oder fadenförmiger Strukturelemente im Einheitsvolumen des Körpers. Nach SMITH und GUTTMAN [3] ist die Länge L_V einer Raumkurve im Einheitsvolumen gegeben durch die Anzahl P_A ihrer Schnittpunkte mit einer ebenen Einheitsfläche beliebiger Orientierung (Abb. 1a):

$$L_V = 2 P_A. \tag{1}$$[1]

Die Anzahl von Schnitten diskreter Teilchen oder zusammenhängender Zellen in der Einheitsfläche des Schnittbildes ist u. a. erforderlich zur näherungsweisen Ermittlung von Teilchen- oder Zellengrößen-Verteilungen im Raume nach einem kürzlich entwickelten, einfachen Verfahren [13—15], auf das später noch eingegangen wird (Abschnitt 3). Auch diese Größe wird durch Zählung mit Totalabsuchung bestimmt.

[1] Siehe Verzeichnis der Formelzeichen auf S. 17.

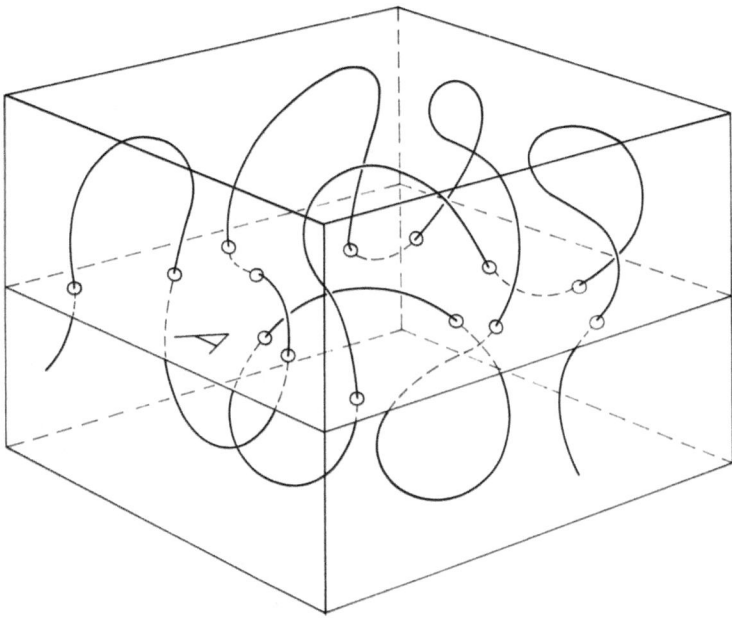

Abb. 1a. Messung der Länge einer Raumkurve durch Zählung ihrer Durchstoßpunkte durch eine Fläche [Gl. (1)]

Bei völlig zusammenhängenden Strukturen, wie z. B. lückenlosen Zellverbänden, ergibt die Zählung der geschnittenen Zellen in der Flächeneinheit des Schnittbildes (A_A) ein Maß für die mittlere Zellgröße:

$$\overline{A} = \frac{A_A}{N_A} \cdot \frac{1}{N_A} \qquad (2)$$

(in der Metallographie als Jeffreysche Korngröße gebräuchlich). $\overline{A}$ ist die mittlere Zellen-Schnittfläche. Ihr Zusammenhang mit räumlichen Parametern, z. B. dem mittleren Zellvolumen, ist aber spezifisch von der Zellengestalt abhängig und daher als Maßzahl weniger zweckmäßig als etwa $\overline{L}$ [s. Gl. (5)].

Zählung mit *punktweiser* Absuchung ist die Einheitsoperation der Mengenanalyse nach dem „Punktzählverfahren": Nach GLAGOLEV [4] ist der Anteil eines Strukturbestandteiles (α) am gesamten Volumen des Körpers gegeben durch die Anzahl der Rasterpunkte (bezogen auf die gesamte Punktzahl des Rasters), die in Bildelementen von α zu liegen kommen (Abb. 2):

$$V_{V\alpha} = P_{P\alpha} = \frac{P_\alpha}{\sum\limits_{\varkappa} P_\varkappa} \cdot \qquad (3)$$

Zählung entlang einer *Sondenlinie* wird verwendet zur Bestimmung der Größe von Raumflächen innerhalb des geschnittenen Körpers, z. B. der gesamten Fläche der Zellwände in einer Zellstruktur. Analog dem Ausdruck für die Länge einer Raumkurve gilt nämlich nach SMITH und GUTTMAN [3] für die Flächengröße im Einheitsvolumen (Abb. 1b):

$$S_V = 2P_L, \qquad (4)$$

d.h. die Größe der im Einheitsvolumen enthaltenen Raumfläche ist gegeben durch die Anzahl P_L ihrer Durchstoßpunkte mit einer Meßlinie von Einheitslänge.

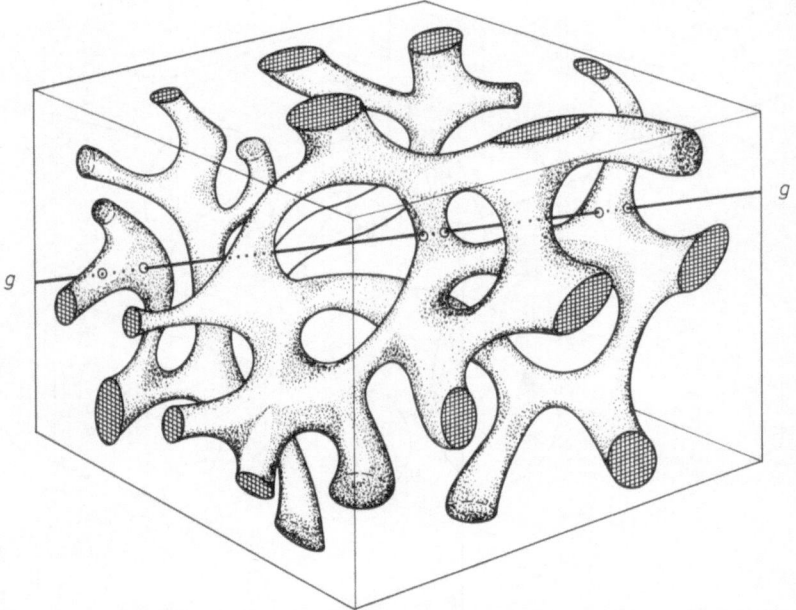

Abb. 1b. Messung der Größe einer Raumfläche durch die Zahl ihrer Durchstoßpunkte mit einer Meßgeraden
[Gl. (4)]

Bei einer lückenlosen Zellstruktur gibt P_L $(=N_L)$ ein Maß für die mittlere Zellgröße:

$$\overline{L} = \frac{1}{N_L}. \tag{5}$$

Die mittlere Sehnenlänge der Zellen, $\overline{L}$, läßt sich zwar ebensowenig wie $\overline{A}$ ohne Voraussetzung über die Zellenform in einen räumlichen Durchmesser umrechnen. Sie hat aber gegenüber $\overline{A}$ den Vorteil des direkten Zusammenhanges [3] mit einer anderen räumlichen Größe,

$$\overline{L} = \frac{1}{P_L} = \frac{2}{S_V}. \tag{6}$$

Die mittlere Sehnenlänge läßt sich weiters — im Gegensatz zur mittleren Schnittfläche — in einfachster Weise auch für isolierte Teilchen oder für nicht lückenlose Zellstrukturen ermitteln, indem man sich auf jene Teillänge $L_{L\alpha}$ der Meßgeraden bezieht, die auf die betrachtete Gattung von Bildelementen (α) entfällt:

$$\overline{L}_\alpha = \frac{L_{L\alpha}}{N_\alpha} = \frac{1}{N_{L\alpha}}. \tag{7}$$

Längenmessungen bei *Totalabsuchung* des Gesichtsfeldes werden manchmal zur Festlegung von Größenverteilungen diskreter Bildelemente (Teilchen) benützt. Eine große Anzahl „charakteristischer Längen" ist zu diesem Zweck definiert worden. Eine vollständige Behandlung findet sich an anderer Stelle [5]. Hier sei als ein Beispiel der „Feretsche Durchmesser" genannt, der die auf eine für das ganze Gesichtsfeld gleiche Richtung projizierte Länge des Teilchens angibt[1]. Derartige

---

[1] Für ausschließlich konvexe Objekte ist der Feretsche Durchmesser gleich dem Durchmesser des Kreises, dessen Peripherielänge dem Mittel der Peripherielängen aller beobachteten Objekte entspricht.

Messungen lassen sich mit Geräten zur Linearanalyse unter gewissen Voraussetzungen automatisieren. Ein anderes Beispiel einer charakteristischen Länge ist die größte Sehne, die man (unabhängig von der Orientierung der Meßlinie) in einem Teilchen finden kann. Bezeichnet man dieses Maß als „Länge" des Teilchens und den Abstand zweier hierzu paralleler Geraden, die das Teilchen tangieren, als „Dicke", so hat man zwei Maßzahlen, die zur Erfassung der Teilchenform als Längen-zu-Dicken-Verhältnis verwendet werden. Ihre automatische Erhebung ist bei Systemen ohne Vorzugsorientierung bisher nur mittels Elektronenrechner möglich (vgl. Abschnitt 6).

Die apparativ am einfachsten erfaßbare charakteristische Länge ist die Sehne jedes Teilchens (bzw. jeder Zelle), die von einer das ganze Bild durchquerenden Geraden abgeschnitten wird. Wir kommen hierauf im Abschnitt 3 zurück.

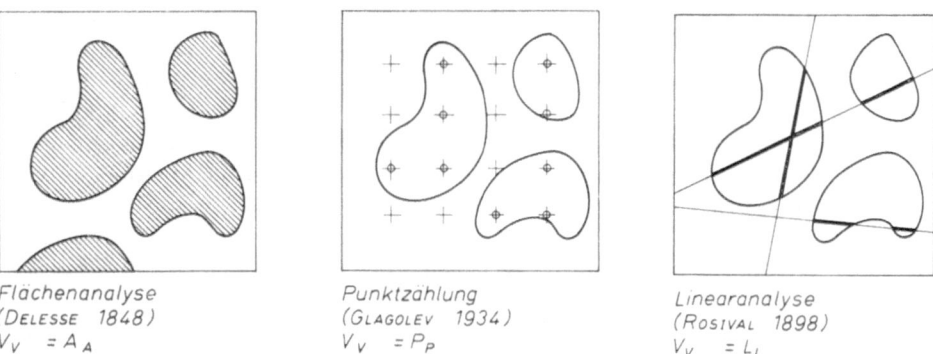

Flächenanalyse   Punktzählung   Linearanalyse
(DELESSE 1848)   (GLAGOLEV 1934)   (ROSIVAL 1898)
$V_V = A_A$ $V_V = P_P$ $V_V = L_L$

Abb. 2. Die drei Verfahren zur Bestimmung von Volumanteilen aus dem Schnitt

Längenmessungen längs einer *durchlaufenden Meßgeraden* bilden die Grundlage einer der beiden klassischen Methoden zur Mengenanalyse von Mikropräparaten. Nach ROSIVAL [6] ist der Anteil des Strukturbestandteiles α am Gesamtvolumen des geschnittenen Körpers gegeben durch die Summe der Sehnenlängen einer Meßgeraden mit den Bildelementen dieses Strukturbestandteiles, bezogen auf die gesamte Länge der Meßgeraden (Abb. 2):

$$V_{V\alpha} = L_{L\alpha} = \frac{L_\alpha}{\sum_\varkappa L_\varkappa}, \tag{8}$$

wobei $L_\varkappa = \sum l_\varkappa$ die Summe der Längen aller Sehnen des Strukturbestandteiles $\varkappa$ mit der Meßgeraden bedeutet.

Flächenbestimmungen einzelner Bildelemente kommen für gewöhnlich nur bei der Ermittlung von Größenverteilungen vor, und zwar immer im Zusammenhang mit einer Totalabsuchung. Exakte Flächenmessung unregelmäßiger Bildelemente fordert hohen apparativen Aufwand (vollautomatische elektronische Abtastgeräte); Schätzung ist mit einfacheren Hilfsmitteln möglich (Abschnitt 4.2).

Die Mengenanalyse durch Flächenbestimmung nach dem von DELESSE [7] aufgefundenen Prinzip der Gleichheit von Volumens- und Flächenanteilen (Abb. 2)

$$V_{V\alpha} = A_{A\alpha} = \frac{A_\alpha}{\sum_\varkappa A_\varkappa} \tag{9}$$

wird bei manuellen Messungen praktisch nie mehr verwendet. Sie läßt sich mit gewissen elektronischen Abtastgeräten verwirklichen (vgl. Abschnitt 5).

15 Quant. Meth. in Morphol.

3. Die Ermittlung von Größenverteilungen

Unabhängig davon, ob die Größe der einzelnen Bildelemente im Schnittbild durch Längen- oder Flächenmessung festgelegt wird, muß die Größenverteilung der Strukturbestandteile im Raume aus dem Datenmaterial des Schnittes rechnerisch rekonstruiert werden. Für diese Rekonstruktion gibt es bis jetzt nur Näherungsverfahren, die an die vereinfachende Vorstellung gleicher Form aller Teilchen bzw. Zellen gebunden sind. Für den einfachsten Fall kugelförmiger Teilchen existiert eine große Anzahl von Umrechnungsverfahren, den unabhängigen Bemühungen von Biologen, Chemikern, Mineralogen, Mathematikern und Metallkundlern entsprungen. Aus ihrer Vielzahl sei nur eines der Verfahren für *Schnittflächen* als Primärmaterial [8] und eines für *Sehnenlängen* als Primärmaterial [9] genannt und im übrigen auf Zusammenfassungen verwiesen [10, 11, 12].

Für die Dateneinsammlung ist es wichtig, sich vor Augen zu halten, daß Größenverteilungen in der Praxis stets mittels *endlicher Größenklassen* (in Form von Histogrammen oder Summenpolygonen) beschrieben werden. Für die exakte experimentelle Ermittlung einer Verteilung in kontinuierlicher Form (mit unendlich kleinen Größenklassen) wäre ein Datenmaterial erforderlich, dessen Erhebung unsinnigen Aufwand fordern würde, selbst bei Verwendung vollautomatischer Abtastgeräte.

Es ist deswegen zwecklos, die Größe der einzelnen Bildelemente *exakt* festzulegen. Sie brauchen nur *klassifiziert* (in Größenintervalle eingestuft) zu werden. Besonders wenn ohne vollautomatische Hilfsmittel gearbeitet werden soll, ist diese Beschränkung auf eine Klassifizierung eine wesentliche Vereinfachung.

In letzter Zeit sind Rechenmethoden entwickelt worden (DE HOFF [13, 14]; BACH [15]), die es gestatten, bei Kenntnis der allgemeinen Form der Verteilungsfunktion oder aber der Gestalt der (gleichförmigen) Teilchen oder Zellen die Größenverteilung im Raume aus drei leicht erhältlichen Daten zu ermitteln: N_A, der Anzahl der Teilchenschnitte in der Flächeneinheit des Schnittes; P_L, der Anzahl der von einer Meßgeraden von Einheitslänge geschnittenen Bildelement-Grenzen, und V_V, dem Volumenanteil der betrachteten Gattung von Strukturelementen (Teilchen, Zellen). V_V bestimmt man nach den Vorschlägen von DE HOFF und BACH durch separate Punktzählanalyse nach Gl. (3); in vielen Fällen wird es aber einfacher sein, diese Größe gleichzeitig mit P_L durch Linearanalyse zu ermitteln [Gl. (8)]. N_A wird durch direktes Auszählen mit Totalabsuchung erfaßt.

Der Näherungscharakter dieser Methoden und ihre Bindung an die Vorkenntnis gewisser Eigenschaften der Partikel oder ihrer Verteilungsfunktion ist kein so großer Nachteil, wie man zuerst zu glauben geneigt ist, denn auch die Konvertierung exakt bestimmter Primärdaten ist bisher nicht ohne ähnlich starke Vereinfachungen möglich. Zumindest in der mineralogischen und metallographischen Praxis erweist sich außerdem, daß die meisten „natürlich entstandenen" Strukturen logarithmisch-normalverteilt sind. Bei biologischen Systemen dürfte eine ähnlich verbreitete Gültigkeit einfacher Verteilungsfunktionen zu erwarten sein. Unter dieser Voraussetzung kann ein Großteil der Mühe oder der Apparatkosten für die eigentliche *Messung* von Verteilungsdaten eingespart werden. Einzig bei Mischpopulationen können ernste Fehler entstehen. Zur Kontrolle der Einheitlichkeit der Verteilung lohnt es sich deswegen, die Sehnenlängen- oder Flächenverteilung zu ermitteln — ohne sich aber die Mühe zu machen, sie auf räumliche Größen zu konvertieren.

4. Einfache (nichtautomatische) Hilfsmittel

4.1. Punktzählgeräte

Punktzählungen führt man nach Vorschlägen von HENNIG [16] und HILLIARD [17] am einfachsten mit Spezialokularen aus, die eine Punktrasterplatte enthalten. Wenn das Raster nicht zu viele Punkte umfaßt — HILLIARD empfiehlt zwischen 9 und 25 —, kann das Auge sämtliche Treffer gleichzeitig als *Gruppenwahrnehmung* erfassen. Sind außerdem, wie im Zeißschen „Integrationsokular" nach HENNIG (Abb. 3) die Rasterlinien in einer Richtung durchgezogen, so können sie als Liniensonden für die Messung von Raumflächen oder mittlerer Größen von Bildelementen nach Gl. (4), (5) und (7) dienen. Die Streifeneinteilung des Gesichtsfeldes, die sich bei durchgezogenen Rasterlinien ergibt, ist schließlich nützlich bei Totalabsuchung des Gesichtsfeldes zur Bestimmung von N_A, der Anzahl der Bildelemente im Gesichtsfeld, da sie den Überblick über schon erfaßte und noch zu zählende Bildelemente erleichtert. So können mit einem Okular dieser Art mit vernachlässigbarem Kostenaufwand und dabei doch guter Arbeitsgeschwindigkeit die meisten Einheitsoperationen der Stereologie ausgeführt werden. Unter anderem können damit alle Daten eingesammelt werden, die zur näherungsweisen Ermittlung von Größenverteilungen nach den Verfahren von DE HOFF und BACH benötigt werden.

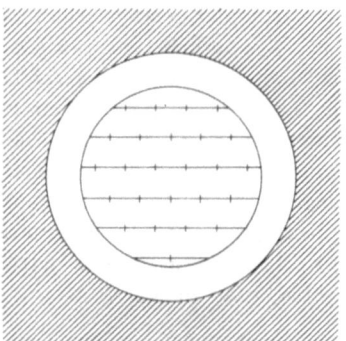

Abb. 3. Okularplatte zum Punktzählen (HENNIG, 1958) [16]

Bei allen manuellen Arbeitsverfahren der Stereologie ist ein Satz von elektrischen oder mechanischen Zählwerken von unschätzbarem Nutzen. Mit ihrer Hilfe kann der Beobachter seine Resultate festhalten, ohne den Blick vom Mikroskop abwenden zu müssen. Auch eine Rechenmaschine, deren Tastatur man „im Griff" hat, tut den gleichen Dienst. Verschiedene Zählergebnisse aus dem gleichen Gesichtsfeld, z.B. N_A, P_P und P_L können — durch Nullen voneinander getrennt — als eine Zahlengruppe eingetastet werden. Bei Abschluß der Arbeit liegen dann die Resultate bereits summiert vor. Das oft empfohlene Diktieren der Ergebnisse auf Tonband ist wesentlich weniger praktisch, da zum Abspielen noch einmal die gleiche Zeit aufgewendet werden muß wie für die Zählung.

Als GLAGOLEV die Punktzählmethode in der Mikroskopie einführte, bediente er sich eines eigens konstruierten Tischaufsatzes, der das Präparat in Schritten gleicher Größe unter dem Objekt verschob. Der Fadenkreuzmittelpunkt des Okulares diente als Sondenpunkt. Ähnliche Punktzähltische werden von J. SWIFT in London und von den Rathenower Optischen Werken hergestellt. Die Treffer werden in elektrischen Zählwerken registriert, wobei gleichzeitig der nächste Vorschubschritt ausgelöst wird. CHAYES [18] versah die Vorschubschrauben eines gewöhnlichen Kreuztisches mit Federklinken, die bei jeder Umdrehung mehrmals einrasten und so die Absuchung eines Punktrasters nach dem Gefühl ermöglichen. Ein solcher Tisch wird von Leitz hergestellt.

Punktzähltische sind gegenüber dem schneller arbeitenden Okularverfahren dann gerechtfertigt, wenn etwa zur polarisationsoptischen Identifizierung der

Strukturbestandteile in jedem Rasterpunkt eine Tischdrehung ausgeführt werden muß, oder aber zur Vermessung besonders grober Strukturen, denen der Okularraster nicht durch Wahl einer geeigneten Objektivvergrößerung angepaßt werden kann. Schließlich können sie beim Arbeiten mit dem Okular oder sogar mit vollautomatischen Absuchgeräten die gleichmäßige Auslegung zu vermessender Gesichtsfelder automatisieren.

Die Anzahl der zu untersuchenden Gesichtsfelder ergibt sich je nach der angestrebten Genauigkeit aus dem bekannten Ausdruck für die Standardabweichung (S) von Punktzählresultaten:

$$S(P_{P\alpha}) = \frac{100}{\sqrt{P_\alpha}} \cdot P_{P\alpha} \, [\%] \tag{10}$$

nach dem der relative Meßfehler (ausgedrückt in Prozent des erhaltenen Wertes von $P_{P\alpha}$) verkehrt proportional der Quadratwurzel aus der Zahl der tatsächlich beobachteten Treffer ist. Nach HILLIARD [17] erreicht man eine angestrebte Genauigkeit am schnellsten mit einem Raster, dessen Punktabstand größer ist als das größte Bildelement der betrachteten Gattung, so daß nie zwei Treffer vom gleichen Bildelement herrühren. Diese Regel ist maßgeblich für die Wahl der Objektivvergrößerung zu einem gegebenen Punktzählokular oder für die Wahl der Schrittweite bei Punktzähltischen. Die Anzahl der zu untersuchenden Gesichtsfelder ergibt sich aus Formel (10) und aus der mittleren Trefferzahl je Gesichtsfeld während der ersten Beobachtungsreihe.

4.2. Flächenklassifizierung

Wie schon erwähnt, kommen Flächenmessungen beim manuellen Arbeiten nur zur Erfassung von Größenverteilungen in Frage, wobei eine Klassifizierung den gleichen Dienst tut wie eine genaue Messung.

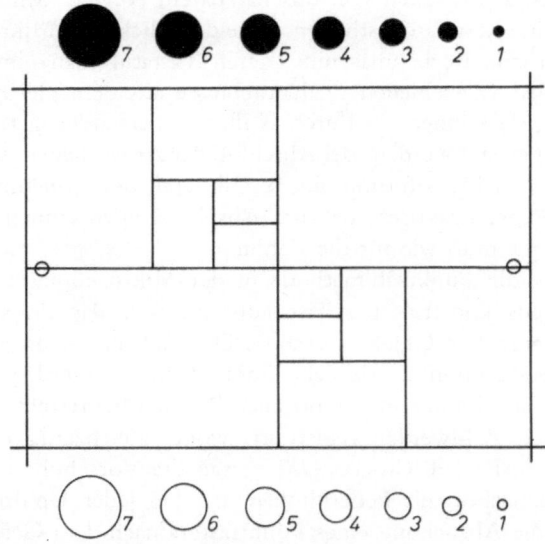

Abb. 4. Okularplatte zur Größenklassifizierung (FAIRS, 1943) [49]

Das einfachste Klassifizierungs-Hilfsmittel ist wiederum eine Okularplatte, wie sie in großer Auswahl zur Verfügung steht (Abb. 4). Die Klassifizierung geschieht durch Vergleich der Bildelemente mit den Kreisflächen am Bildfeldrand, wobei es wichtig ist, zur Vermeidung systematischer Schätzfehler dunkle Objekte mit den dunklen und helle mit den hellen Kreisen zu vergleichen. Die Streifen-Einteilung des Gesichtsfeldes erleichtert den Überblick über die zu zählenden Objekte.

Obwohl das Auge die Flächengleichheit benachbarter Figuren — auch bei unterschiedlicher Gestalt — erstaunlich gut beurteilt, ermöglicht doch die direkte Überlagerung der Vergleichsfigur über das Objekt eine wesentlich höhere Genauigkeit. Der Verfasser bevorzugt eine transparente Schablone nach Abb. 5, deren Kreise und Ellipsen innerhalb jeder Gruppe gleiche Fläche haben, so daß Objekte sehr variierenden Achsenverhältnisses bequem geschätzt werden können. Von Gruppe zu Gruppe wachsen die Flächeninhalte im Verhältnis 1:2. Diese Staffelung entspricht gut der mit dem Auge bequem erreichbaren Schätzgenauigkeit. Die

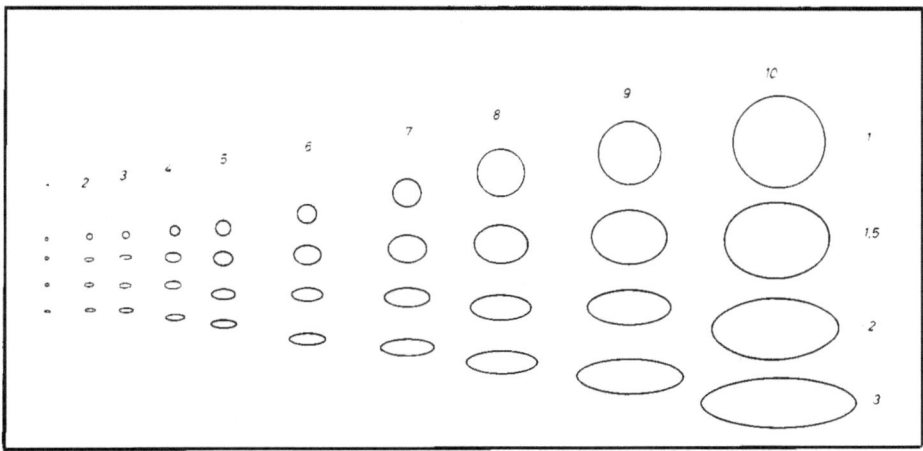

Abb. 5. Schablone zur Größenklassifizierung (FISCHMEISTER, 1961) [46]. Warnung: Nach Umzeichnen für den Druck entsprechen die Flächen und Achsenverhältnisse der Ellipsen nicht mehr genau den angegebenen Werten, weswegen die Figur nicht als Vorlage zur photographischen Herstellung von Schablonen verwendbar ist. Siehe statt dessen Fig. 6 in [46] oder Fig. 8 in [5]

Schablone wird einem Photo oder lieber dem direkt projizierten Mikrobild überlagert. Im letzteren Fall kann etwa mit einem Kameramikroskop gearbeitet werden, dessen Mattscheibe gegen eine Klarglasscheibe ausgetauscht ist. Die Emulsionsschicht des Planfilms, auf dem die Schablone photographiert ist, kann durch geeignete Fixierung genügend milchig gemacht werden, daß ein gut sichtbares, kornfreies Bild direkt in der Schablone entsteht. Auf dem Rahmen der Schablone sind kleine Kontakte (micro switches) angebracht, die auf eine Reihe elektrischer Zählwerke wirken und die Registrierung der geschätzten Größenklasse ohne Wegblicken erlauben. Mit einer zweiten Kontaktreihe am vertikalen Schablonenrand ließe sich leicht eine Verteilung der Achsenlängenverhältnisse aufnehmen. Mit einer solchen Schablone und elektrischen Zählwerken läßt sich eine Arbeitsgeschwindigkeit von über 1000 Objekten pro Stunde erreichen. Das Arbeiten am direkt projizierten Mikrobild erlaubt individuelles Nachfokussieren jedes Objektes und spart die Herstellung von vergrößerten Photos ein. Der Überblick über die noch zu zählenden Objekte wird erleichtert, wenn man auf der Matt- oder Klarglasscheibe ein grobes Raster von Tuschelinien zeichnet.

HÖRNSTEN [19] und ENDTER und GEBAUER [20] haben Geräte beschrieben, in denen als Vergleichsobjekt das Abbild einer stufenlos einstellbaren Irisblende verwendet wird. Der Vorteil der stufenlosen Einstellung ist nach den Erfahrungen des Verfassers beim Klassifizieren bedeutungslos und rechtfertigt nicht den beträchtlichen apparativen Aufwand dieser Geräte. Auch die Arbeitsgeschwindigkeit ist nicht größer als die des Schablonenverfahrens bei Verwendung elektrischer Zählwerke zur Registrierung.

Im Gerät von HÖRNSTEN wird das Vergleichsbild direkt ins Okular eingespiegelt. Bei dem Apparat von ENDTER und GEBAUER, der von Zeiß hergestellt wird, liegt eine Transparentvergrößerung des Bildes auf einem Pult und der Lichtkreis der Irisblende wird von unten her ins Bild projiziert. In beiden Geräten wird die eingestellte Öffnung der Irisblende von einem Kontaktring an Zählwerke übertragen (und dabei in Klassenwerte übersetzt). Im Gerät von Zeiß bewirkt das Registrierungssignal auch noch die Kennzeichnung des vermessenen Bildelementes durch Lochung.

4.3. Linearanalyse

Bei den hier zu besprechenden, einfachen Geräten zur Linearanalyse wird in allen Fällen das Präparat geradlinig auf dem Mikroskoptisch verschoben und dabei durch ein Fadenkreuzokular beobachtet. Der Weg des Fadenkreuzmittelpunktes bildet die Meßgerade.

Der klassische Vertreter dieser Instrumentengruppe ist der Leitzsche Integrationstisch, der auf ein im Jahre 1916 von SHAND [21] angegebenes und später von SCHEUMANN [22] bedeutend verbessertes Gerät zurückgeht. Der Name Integrationstisch kommt daher, daß mit Hilfe dieser Apparate die zeitraubende Planimetrierung („Integration") von Flächenanteilen als Methode zur Mengenanalyse durch die viel schnellere Linearanalyse ersetzt werden konnte.

Beim Integrationstisch von SCHEUMANN werden die Vorschubbewegungen von sechs Mikrometerspindeln durch Keile additiv auf den Präparatschlitten übertragen. Jede Spindel wird einer Gattung von Bildelementen zugeordnet. Die Summe der auf jede Gattung entfallenden Teilstrecken kann jederzeit an den Spindeln abgelesen werden (Abb. 6).

Wesentlich bequemere Handhabung ergibt sich bei elektrischem Antrieb des Präparatvorschubes (DRESCHER-KADEN, 1936 [23]; HURLBUT, 1939 [24] und danach eine Reihe ähnlicher Konstruktionen, über die an anderer Stelle berichtet wurde (FISCHMEISTER [5]). Die Messung der zu summierenden Teillängen geschieht in neueren Geräten (FISCHMEISTER und MÖLLER [24a]; SMITH [26]) mittels eines photoelektrischen Impulsgebers, der mit dem Präparatvorschub gekoppelt ist und je Längeneinheit des zurückgelegten Weges eine konstante Zahl von Impulsen abgibt. Je nachdem, zu welcher Gattung das gerade überquerte Bildelement gehört, werden die Impulse über einen Tastensatz verschiedenen Zählwerken zugeführt und dort summiert.

Abb. 7 zeigt das Prinzip eines für metallographische Zwecke entwickelten Apparates dieser Art (H. FISCHMEISTER [24a, 25]). Die Strukturbestandteile werden in der Metallographie als Phasen bezeichnet. Jede Phase kann in sich ein Korngrenzennetz aufweisen, das den Zellwänden biologischer Präparate geometrisch ähnlich ist.

Zählwerke registrieren die Teilstreckensummen (Volumenanteile) für zwei Phasen, ferner $P_{\alpha\beta}$, die Anzahl der überschrittenen Phasengrenzen (Anzahl der Phasenbereiche) und die Anzahl der überschrittenen Korngrenzen ($P_{\alpha\alpha}$ und $P_{\alpha\beta}$. Das Zählwerk „Phase α" wird dem mengenmäßig dominierenden Strukturbestandteil zugeordnet, so daß nur beim Passieren der eingesprengten kleinen Bereiche von Phase β die „Phasentaste" betätigt zu werden braucht. Das Überschreiten einer Korngrenze wird durch kurzen Druck auf die Korngrenzentaste registriert. Längere „ereignislose" Strecken können mit erhöhter Geschwindigkeit durchlaufen werden; die Absuchgeschwindigkeit wird mit einem Pedal geregelt.

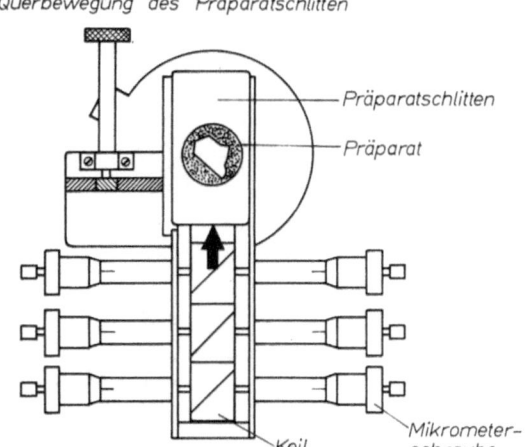

Abb. 6. Mechanischer Integrationstisch (SCHEUMANN, 1931) [22]

Das Prinzip der Wegmessung durch elektrische Impulse erlaubt in einfacher Weise die Sortierung der Bildelement-Sehnen in Größenklassen. Die zu einer Sehne gehörigen Impulse werden in einem elektronischen Speicher gelagert; beim Verlassen des Bildelementes bewirkt das Betätigen der Korngrenzen- oder Phasentaste die Einsortierung der gespeicherten Impulszahl in ein ihrer Größenklasse entsprechendes Zählwerk. Der Speicher besteht aus zwei einfachen binären Zählketten, die zusammen die Intervallgrenzen 0,5, 0,7, 1,0, 1,4, 2,0 ... 320 µm oder Vielfache davon ergeben. Diese Intervallstaffelung kommt der geometrischen Progression $0,5 \cdot \sqrt{2^n}$ sehr nahe, die sich zur Erfassung der meist logarithmisch-normalen Größenverteilungen metallographischer Objekte besonders eignet. Natürlich ließe sich auch eine arithmetische Intervallstaffelung verwirklichen. Auch der Ausbau auf mehr als zwei Phasen bietet keine prinzipiellen Schwierigkeiten.

Das Gerät liefert bei einmaligem Durchlaufen der Meßlänge gleichzeitig folgende Größen: die Volumenanteile der Strukturbestandteile ($V_{V\varkappa}$); die mittlere Größe ihrer Bildelemente $\bar{L}_\varkappa$; die Größe der Grenzfläche zwischen den Strukturbestandteilen (Phasengrenzfläche) $S_{V\alpha\beta} = 2 N_{\alpha\beta}$; die Größe der Korngrenzenfläche jeder Phase $S_{V\alpha\alpha}$ und $S_{V\beta\beta}$; schließlich die Sehnenlängenverteilung der Körner jeder Phase.

Aus den Größen $S_{V\alpha\beta}$ und $S_{V\alpha\alpha}$ sowie $S_{V\beta\beta}$ läßt sich nach einem Definitionsvorschlag von GURLAND [27] schließlich noch ein Maß für den Grad des räumlichen

Zusammenhanges der beiden Phasen bilden:

$$K_\alpha = \frac{S_{V\alpha\alpha}}{S_{V\alpha\beta} + S_{V\alpha\alpha}}.$$ (11)

Die Zahl K, nach Gurland „Kontiguität" genannt, gibt für jede Phase an, ein wie großer Teil ihrer gesamten Oberfläche Berührungsfläche mit Körnern gleicher Gattung ist.

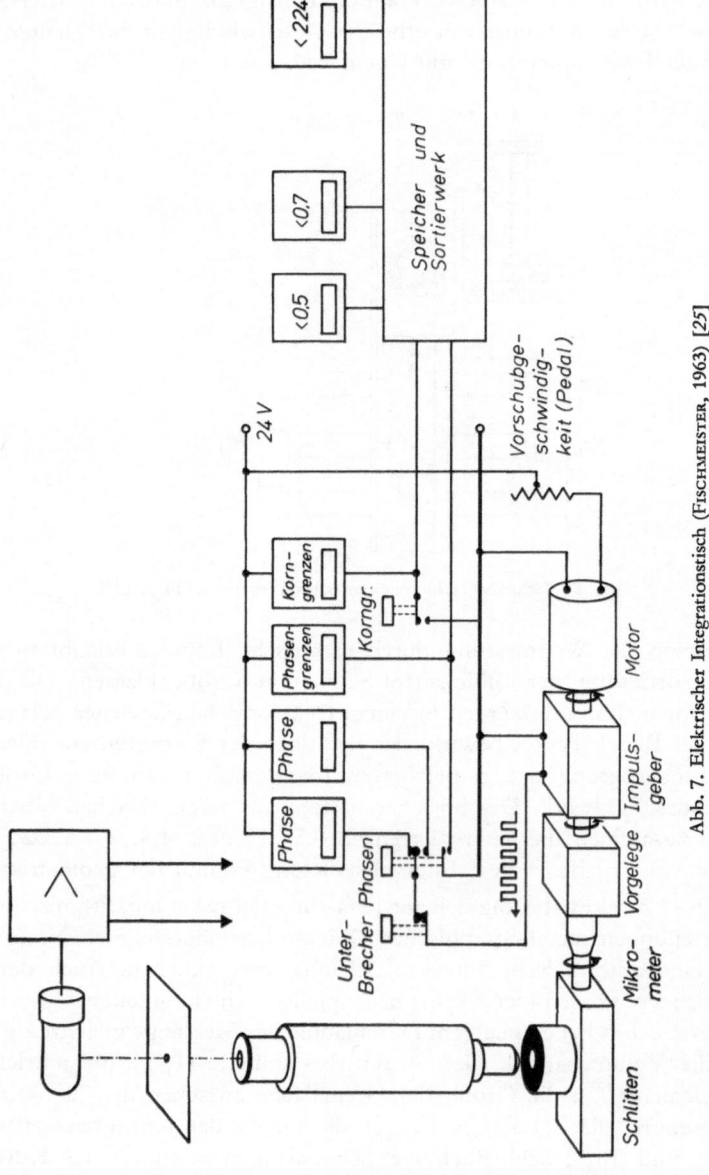

Abb. 7. Elektrischer Integrationstisch (Fischmeister, 1963) [25]

Die einzige Größe, die die Linearanalyse nicht erfassen kann, ist N_A, die Zahl der Bildelemente in der Einheitsfläche. Bei nicht zu großer Konzentration der interessierenden Objekte kann man aber auch diese Größe im gleichen Durchgang erfassen, indem man die Zahl der Objekte feststellt, die von einer zur Meßgeraden senkrechten Linie bekannter Länge überstrichen werden.

Ein Nachteil der Linearanalyse liegt in dem hohen Grad von Konzentration, der vom Beobachter gefordert wird. Aus diesem Grund muß der Apparat unbedingt so aufgebaut sein, daß einerseits die Vorschubgeschwindigkeit jederzeit zur Analyse schwierigerer Partien beliebig herabgesetzt werden kann, und daß andererseits die Messung in jedem Augenblick unterbrochen werden kann. Dies ist der Grund für die Unterbrechertaste in Abb. 7.

Ganz umgangen oder wesentlich gemildert wird die Beanspruchung des Beobachters, wenn bei genügend kontrastreichen Präparaten das Auge durch eine Photozelle ersetzt werden kann, die beim Überschreiten von Korn- oder Phasengrenzen über Verstärker und Relais automatisch die entsprechenden Schalter betätigt. Auf die entscheidende Rolle des Kontrastes beim Einsatz vollautomatischer Abtastgeräte wird im nächsten Abschnitt näher eingegangen, doch sei bereits hier darauf hingewiesen, daß automatisierte Geräte der oben beschriebenen, einfachen Art sich bei schwierigen Präparaten besser eignen können als Vollautomaten.

5. Vollautomatische Geräte

Es bereitet kaum Schwierigkeiten, das menschliche Auge durch eine Photozelle oder ein anderes lichtempfindliches Schaltelement („Photo-Sensor") zu ersetzen und die Aufzeichnung und Verarbeitung der aufgenommenen Daten elektronischen Zähl- und Rechenkreisen zu übertragen. Schwierig ist es hingegen, die *formerkennende* und *-beurteilende* Funktion des Beobachters zu ersetzen.

Die geringsten Ansprüche an Urteilsvermögen stellt das Prinzip der Abtastung längs einer einzelnen Sondenlinie. Hier wird die Beurteilung jedes einzelnen Signals umgangen und durch die statistische Behandlung der akkumulierten Daten ersetzt. Die meisten Absuchgeräte arbeiten aber mit Bauelementen der Fernsehtechnik, die sich ihrer Natur nach am besten zur Totalabsuchung eignen, und damit entsteht das Problem der Zusammenordnung von Signalen, die vom gleichen Bildelement in verschiedenen Abtastzeilen erzeugt werden.

Aber auch in einer zweiten Hinsicht spielt das Urteilsvermögen des Beobachters eine oft entscheidende Rolle: bei der Ergänzung und Korrektur des unmittelbaren Seheindrucks. Das Auge erfaßt mit einem Male die gesamte Fläche eines Bildelementes inklusive dessen Umgebung, und grenzt die beiden Flächen auch dann gegeneinander ab, wenn die eigentliche Grenze stellenweise schlecht oder gar nicht sichtbar ist. Diese Fähigkeit ist bei vollautomatischen Abtastgeräten nur unvollkommen und mit großem Aufwand nachzuahmen. Im allgemeinen verlangt die vollautomatische Absuchung ein wesentlich kontrastreicheres und perfekteres Bild als das menschliche Auge. Nicht nur müssen sich die Bildelemente an jedem Punkt ihrer Peripherie klar von ihrer Umgebung abheben, sondern es muß auch der absolute Helligkeitswert aller Bildelemente einer Gattung überall im Gesichtsfeld gleich sein, um ihre richtige Identifizierung zu gewährleisten. Schwankungen der Hintergrundhelligkeit auf Grund ungleichmäßiger Präparatdicke, Färbung oder Beleuchtung — die das Auge selbständig ausschaltet — stellen für den Photosensor eine ernste Fehlerquelle dar.

Auf apparattechnische Möglichkeiten der Kontrastverbesserung und -korrektur kommen wir noch zurück. Offenbar liegt aber eine bedeutende Verantwortung in der Hand des Präparanten. Die Entwicklung geeigneter Präparationstechnik kann unter Umständen ähnlichen Aufwand erfordern, wie die visuelle Analyse weniger vollkommener Präparate zur Lösung der vorliegenden Aufgabe gebraucht hätte.

Da die Maschine ein fehlerhaftes oder unvollkommenes Bildfeld nicht von einem einwandfreien unterscheiden kann, sondern auf schlechtes Bildmaterial durch falsche Resultate reagiert, muß in praxi jedes der Maschine vorgelegte Bildfeld von einem geschulten Beobachter kontrolliert werden.

Bei der weiteren Behandlung der Absuchtechnik setzen wir „ideale", d.h. kontrastreiche und gleichmäßige sowie fehlerfreie Präparate voraus.

Unsere Diskussion automatischer Analysengeräte wird also folgende Punkte behandeln müssen: 1. technische Prinzipien für die Abtastung, 2. Kontraststeigerung, 3. Formerkennung, 4. Kontrolle der richtigen Funktion während der Analyse.

Methoden zur Zählung und Sortierung der gewonnenen Daten (z.B. bei der Messung von Größenverteilungen) im Takt ihres Anfallens können praktisch gebrauchsfertig der Technik der Elektronenrechner entnommen werden.

5.1. Abtastverfahren

Während das menschliche Auge — unterstützt etwa vom Fadenkreuz — sich selbst einen Blickpunkt im Gesichtsfeld wählt, muß ein photoelektrischer Sensor mit einer kleinen, aus dem Bildfeld herausgeblendeten Bild*fläche* arbeiten (Abb. 8). Zur Absuchung wird entweder das Präparat bewegt (Abb. 8a) oder die Blendenöffnung (Abb. 8b), etwa indem man mehrere Blendenlöcher in einer rotierenden Scheibe anbringt („Nipkow-Scheibe").

Statt den Absuch„punkt" in der Bildebene herauszublenden, kann man ihn als Lichtpunkt in der Präparatebene erzeugen. Hierzu dreht man nach Abb. 8c den Strahlengang des Mikroskops um und erzeugt ein stark verkleinertes Abbild des bewegten Licht„punktes" im Präparat. Die Photozelle erhält das jeweils durchgelassene Licht über einen Kondensor; eine Vergrößerung ist nicht mehr notwendig, da die Auflösung in der Präparatebene durch die Feinheit des Lichtpunktes gegeben ist.

Für die Abtastverfahren nach Abb. 8b und c liefert uns die Fernsehtechnik fertige Bauelemente. Der wandernde Lichtpunkt in Abb. 8c kann der Leuchtfleck einer Kathodenstrahlröhre sein, der zeilenförmig den Schirm überstreicht. Die lineare Abtastung in der Bildebene (Abb. 8b) kann mittels einer Fernsehkamera ausgeführt werden, deren wirksames Element, das Bildrohr, der moderne Nachfahre der Nipkow-Scheibe ist.

Beide Lösungen sind in einer Reihe von Einzelgeräten verwendet worden. Ein Referat der recht umfangreichen Literatur über solche Konstruktionen wurde an anderer Stelle gegeben (Fischmeister [5]). Hier seien nur solche Konstruktionen erwähnt, die zu käuflichen Geräten geführt haben. Die Abtastung mit bewegtem Lichtpunkt verwendeten zuerst Dell [28] im „Film Scanning Particle Analyzer" der Mullard Ltd. (London W. C. 1) und gleichzeitig Roberts und Young [29] in ihrem „Flying Spot Microscope" (Abb. 9), das später von Rank-Cintel Ltd. (London SE 26) herausgebracht wurde. (Beide Konstruktionen gehen auf Patentanmeldungen vom Jahre 1951 zurück.) Das Gerät von Dell war nur für die Absuchung transparenter Filmbilder ausgelegt; das „Flying Spot"-Mikroskop kann seit 1962 alle Methoden der Durchlicht- und der Auflichtmikroskopie direkt verwenden, kann aber zur Abtastung photographischer Bilder (z. B. Elektronenmikrophotos) auch mit einer schwach vergrößernden Optik versehen werden. Für Spezialzwecke — u. a. das Studium von Strahlenschäden an lebenden Zellen — kann mit der ultravioletten

Abtastung in der Prä-
paratebene (mechani-
sche Bewegung)

Abtastung in der Bildebene
(Nipkowscheibe)

(Fernsehkamera)

Abtastung in der Lichtquellen-
ebene („Flying Spot Microscope")

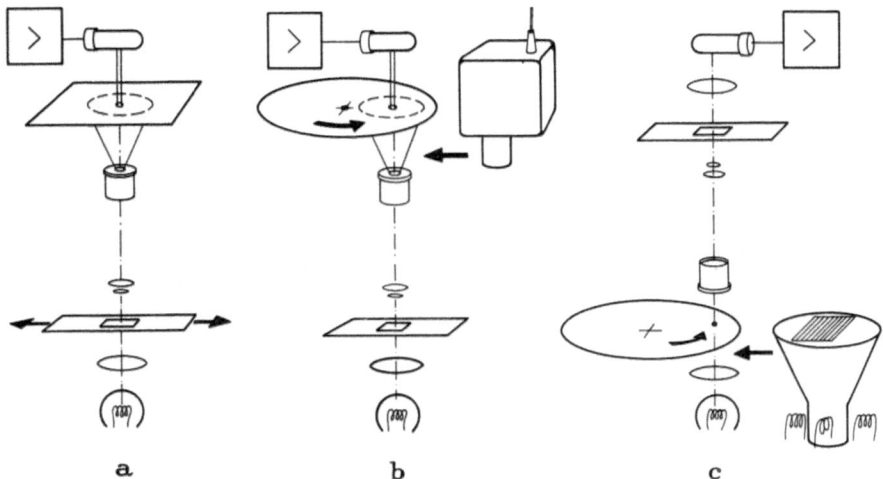

a
b
c

Abb. 8. Die Haupttypen der automatischen Abtastverfahren

Strahlungskomponente besonderer Kathodenstrahl-Leuchtschirme gearbeitet werden (MONTGOMERY und HUNDLEY [30]). Die spezifische Absorption bestimmter Zellbestandteile im Ultravioletten kann unter Umständen zu ihrer Differenzierung nützlich sein. Ebenso sollte die Möglichkeit beachtet werden, biologische und mineralogische Objekte durch ihre natürliche oder durch Färbung aufgeprägte Fluorescenzstrahlung bei ultravioletter Beleuchtung zu differenzieren.

Für Zwecke der Bildüberführung und Demonstration ist die Verwendung von Fernsehkameras an Mikroskopen heute gang und gäbe. Für Zählzwecke wurde dieses Prinzip erstmalig von FLORY und PIKE (1953) [31] verwendet, und zwar zur automatischen Zählung von Blutkörperchen. Ein sehr weit entwickeltes Gerät, das nach diesem Prinzip arbeitet, ist das „Quantitative Television Microscope" (Abb. 10) der Metals Research Ltd. (Cambridge). Auch dieses Gerät kann alle Methoden der direkten Durch- und Auflichtmikroskopie (einschließlich Phasenkontrast- und Dunkelfeldmikroskopie) verwenden; ein Epidiaskopzusatz gestattet die Analyse photographischer Transparent- oder Papierbilder.

In allen diesen Geräten wird das gesamte Bildfeld Zeile für Zeile dicht abgesucht, da die Begrenzung auf einzelne Meßgeraden bei der hohen Absuchgeschwindigkeit der Elektronenstrahlgeräte keine Zeitersparnis bringen würde. Im Gegensatz hierzu ist bei Abtastung mit mechanischer Präparatbewegung nach Abb. 8a die Absuchung einzelner Linien das gegebene Verfahren. Zu dieser Gruppe gehört

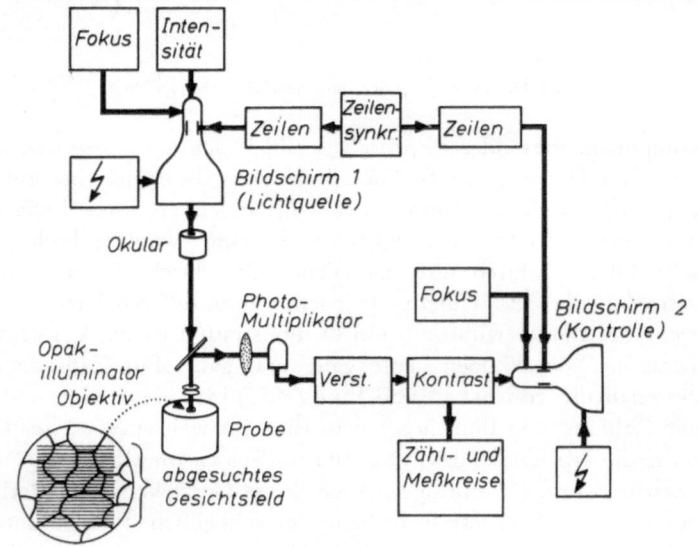

Abb. 9. Ansicht und Funktionsschema des Flying Spot Microscope nach ROBERTS und YOUNG (1952) [38]. Das
Schema zeigt die Ausführung für auffallendes Licht, die Ansicht jene für durchfallendes Licht

das historisch erste automatische Gerät, ein Blutkörperchen-Zähler von LAGER-
CRANTZ (1948) [32]. LAGERCRANTZ verwendete zur Präparatbewegung einen motor-
getriebenen Drehtisch und umging dabei in eleganter Weise die Schwierigkeiten,
die der Konstruktion eines erschütterungsfrei, leicht und völlig eben laufenden

Tisches entgegenstehen. Ein kommerzielles Gerät mit mechanischer Präparatbewegung ist der „Automatic Particle Counter and Sizer" der Casella Ltd. (London N.W. 1) [33]. Zur Präparatbewegung dient ein an breiten Blattfedern aufgehängter Schwingtisch, der eine reibungslose und schnelle Bewegung ohne Verlassen der

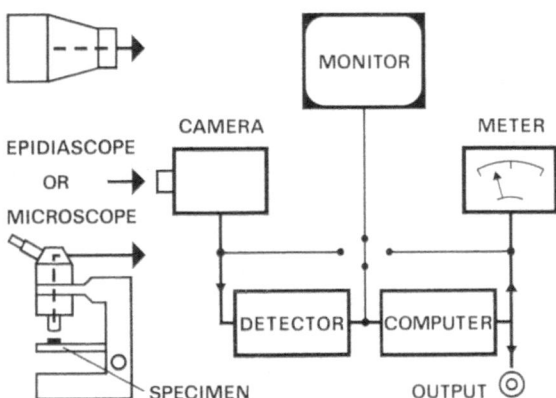

Abb. 10. Ansicht und Funktionsschema des „Quantitative Television Microscope" (nach Firmenprospekt)

Schärfeebene des Objektivs ermöglicht. Ein Gerät zur (langsamen) Abtastung und Analyse photographischer Transparentbilder, die auf einer rotierenden Glastrommel aufgespannt sind, wurde von NASSENSTEIN [34] beschrieben.

Die Leistungsfähigkeit der mechanischen Abtastgeräte wird durch die relativ langsame Präparatbewegung begrenzt, wozu bei höheren Objektivvergrößerungen die Schwierigkeit kommt, Abweichungen aus der Schärfeebene zu vermeiden. Das Billigerwerden der elektronischen Abtastgeräte hat den Anreiz für die Weiterentwicklung der mechanischen stark vermindert. Dennoch sollte man diese Apparatgruppe nicht ganz vernachlässigen, denn gerade die langsame Abtastung einer einzigen Meßgeraden gibt dem Operateur gute Möglichkeiten zu korrektiven „Hilfeleistungen" bei der Analyse schwieriger Präparate — z. B. durch fortlaufendes Nachstellen der Diskriminationsschwelle zwischen „schwarzen" und „weißen"

Bildelementen bei Helligkeitsschwankungen im Präparat. Die Anpassung von Kontrastüberhöhung und Ansprechschwelle ist natürlich leichter für einen langsam wandernden, einzelnen Punkt durchführbar als — wie das bei den voll elektronischen Geräten geschehen muß — für das ganze Gesichtsfeld. Man könnte z.B. den im Abschnitt 4.3 beschriebenen, automatisierten Linearanalysator (Abb. 7) mit einer zweiten Photozelle versehen, die einen dem eigentlichen Abtastpunkt etwas vorlaufenden Punkt sondiert. Der Beobachter würde den Weg dieses Rekognoszierungspunktes durch das Bild auf einem Projektionsschirm verfolgen und Kontrast bzw. Empfindlichkeit so regeln, daß eine im Absuchpunkt eingebaute Kontrollampe das richtige Funktionieren des Gerätes bei jedem Bildelement anzeigt. Gegenüber der direkten visuellen Arbeit würde dies eine wesentliche Erleichterung bringen.

5.2. Kontrast und Auflösung

Die Abtastvorrichtung liefert ein elektrisches Signal, dessen Stärke ungefähr proportional zur Bildpunkt-Helligkeit variiert. Beim Überschreiten eines wählbaren Schwellenwertes werden Schaltfunktionen zur Zählung oder Sortierung ausgelöst. Im Interesse sicherer Funktion wünscht man eine möglichst weite Spanne zwischen den Signalen zu unterscheidender Bildelemente. Die einem bestimmten Helligkeitsunterschied entsprechende Signalspanne kann natürlich durch Verstärkung erhöht werden, wie bei der Kontrastregelung eines Fernsehempfängers. Dieser elektrischen Kontraststeigerung ist aber eine Grenze gesetzt durch das Risiko, daß Störsignale über die Ansprechschwelle gehoben oder daß dunklere Gesichtsfeldpartien völlig schwarz und strukturlos wiedergegeben werden. Aus diesem Grunde sind die heute existierenden Geräte in der Regel nur zur Unterscheidung zweier Helligkeitsklassen — „schwarz" und „weiß" — ausgelegt. Hierbei spielt auch der Umstand mit, daß bei Einführung weiterer Helligkeitsstufen die Zähl- und Sortierkreise vervielfacht werden müssen. In Spezialgeräten — insbesondere für sehr gleichmäßiges Präparatmaterial — kann aber mit Grautonerkennung gearbeitet werden. BOSTROM, SAWYER und TOLLES [35a] haben ein Gerät beschrieben, daß bei der Absuchung cytologischer Abstrichpräparate beschädigte, überlappende oder zusammengerollte Zellen auf Grund ihrer falschen Grautonsequenz von der Zählung ausschließt (Abb. 11).

Die Auflösung eines Abtastgerätes ist durch die Größe des Abtastpunktes gegeben, der an sich so klein wie möglich gewünscht wird. Seiner Verkleinerung ist aber eine Grenze gesetzt durch den Mindestbedarf an Lichtintensität des photoelektrischen Sensors. Sollen außer „schwarz" und „weiß" auch noch Grautöne erkannt werden können, so muß der Lichtpunkt so weit vergrößert werden, daß die früher von weißen Bildelementen erzeugte Intensität nun schon bei der ersten Graustufe anfällt.

Die theoretische Auflösungsgrenze des Flying Spot-Mikroskopes ist nach Ansicht von ROBERTS und YOUNG [29] gleich oder etwas besser als die des verwendeten Mikroskopes, da Lichtstärke und Empfindlichkeit von Kathodenstrahl-Leuchtschirm bzw. Photomultiplikator so weit getrieben werden können, daß sie eine bessere Auflösung zulassen als die verfügbaren Mikroskopobjektive. Die Erhöhung der Gesamtauflösung wird ermöglicht durch den Umstand, daß jeweils nur ein Bildpunkt beleuchtet, Störeffekte benachbarter Punkte also ausgeschaltet werden können. — Der Leuchtfleck des Kathodenstrahlrohres hat auf dem Schirm einen

Durchmesser von 25 μm, im Präparat also bei 1000facher Verkleinerung theoretisch 250 Å, mit einer wirklichen Mikroskopoptik aber verbreitert durch Beugungseffekte. Wegen der kurzen Verweilzeit des Leuchtflecks kann seine Lichtintensität bis zu 10^2 W/cm^6 betragen. Die elektrische Kontraststeigerung kann Werte von 100:1 erreichen, so daß mit einem optischen Kontrast im Präparat von 10% noch eine zureichend sichere Unterscheidung von Bildelementen möglich sein sollte.

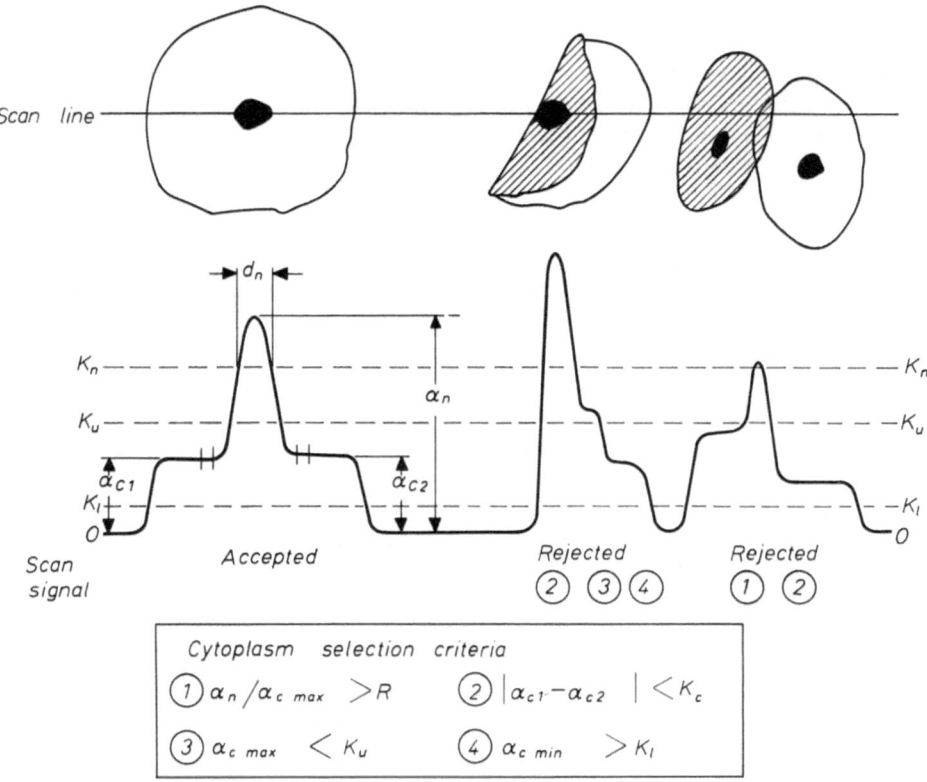

Abb. 11. Auf Grautonsequenzen beruhende Auswahlregeln für die Aufnahme bzw. Ausschließung von Zellen bei der automatischen Zählung im „Cytoanalyser" von TOLLES (1959) [35]

Der Kontrast wird hierbei definiert als relativer Helligkeitsunterschied des Objektes gegenüber dessen Umgebung

$$C = \frac{h - h_o}{h_o}. \tag{12}$$

Der Hersteller des Flying Spot-Mikroskopes gibt ein Auflösungsvermögen von 0,1 μm an, vermutlich aber im Anschluß an die oben referierte Diskussion, die sich auf die theoretisch erreichbare Auflösung*grenze* bezieht. Für das „Quantitative Television Microscope" wird von der Herstellerfirma ein Auflösungsvermögen von 0,4 μm angegeben. Beide Werte müssen wohl für wirkliche Präparate nach Maßgabe des schlechteren Kontrastes erhöht werden.

In einer eingehenden Analyse der Voraussetzungen für ein Abtastgerät optimaler Auflösung weist MOORE [36] darauf hin, daß bei Ausnutzung der vollen Abtastgeschwindigkeit und Liniendichte von Fernsehbildröhren und Flying Spot-Röhren

die Überlappung benachbarter Zeilen und das Nachleuchten des Leuchtschirm-
phosphors die theoretisch erreichbare Definition des Bildpunktes beeinträchtigt,
was sich bei der Analyse — im Gegensatz zur bloßen Betrachtung — durch Informationsverlust bemerkbar macht. Er kommt zu dem Schluß, daß die mit einem
mechanischen Abtastgerät erreichbare Präzision mit Serienbauelementen der Fernsehtechnik nicht verwirklicht werden kann.

5.3. Formerkennung

Signale von ein und demselben Bildelement kommen in der Regel auf mehreren
Zeilen vor, und es muß Vorsorge getroffen werden, daß z.B. bei der Zählung der
Bildelemente (N_A) von jedem Element nur ein Signal aufgezeichnet wird. Der
Absuchmaschine muß also eine Funktion einverleibt werden, die der menschlichen
Fähigkeit zur Gestalterkennung und zum Zusammenfassen zusammengehöriger
Bildteile entspricht.

Der menschliche Beobachter übt diese Funktion dadurch aus, daß er außer
dem eigentlichen Absuchpunkt auch dessen Umgebung wahrnimmt und sie mit
dem Absuchpunkt vergleicht. Dieses Ergänzen des Absuchpunktes durch weitere
„Kontrollpunkte" ist auf verschiedene Weise verwirklicht worden:

1. durch Anhalten bei jedem signalerzeugenden Bildelement und Absuchen
seiner ganzen Fläche („arrested scan method", Dell, 1954 [37]);

2. durch Verdoppeln des Absuchpunktes (Dell, 1951 [37a]) — z.B. durch
Doppelbrechung in einem Kalkspatkristall (Roberts und Young, 1952 [38]) —, so
daß zwei Zeilen gleichzeitig und parallel abgetastet werden können;

3. durch Speicherung der Signale der vorher durchlaufenen Zeile in einem
Gedächtnis (Dell, 1954 [37]);

4. durch Abtasten mit einem rechteckigen Schlitz, der sich quer zu seiner Längsrichtung bewegt (Hawksley et al., 1954 [33]).

Die zuletzt genannte Methode erlaubt im Gegensatz zu den ersten drei kein
individuelles Ansprechen der Objekte, sondern nur die Feststellung von Größenverteilungen durch statistische Auswertung wiederholter Abtastungen mit variieren-
der Schlitzlänge. Das Verfahren bildet die Grundlage des mechanischen Absuch-
gerätes der Casella Ltd.; seine Übertragung auf elektronische Geräte bietet keine
Vorteile.

Das „arrested scan"-Verfahren hat keine technische Bedeutung erlangt, da es
zu aufwendig ist. Bei der Bildanalyse mit Elektronenrechnern ist dieses Arbeits-
prinzip aber wieder zur Anwendung gekommen (vgl. Abschnitt 6). Es ist das einzige
Verfahren, das Irreführungen der Maschine durch besondere Teilchenform ganz
ausschließen kann.

Die Methoden 2. und 3. sind eigentlich nur verschiedene Ausführungsformen
des Grundgedankens, jeden Bildpunkt mit seinem Gegenstück in der vorhergehen-
den Zeile zu vergleichen. Die Arbeitsweise soll an Hand von Abb. 12 besprochen
werden. Wenn der untere Punkt das Bildelement betritt, während der obere noch
daran vorbeistreicht, wird ein Zählimpuls erzeugt (Zeile 2/3). In der folgenden
Zeile laufen beide Punkte durch das Bildelement, und ein neuerlicher Zählimpuls wird
durch eine Sperrfunktion des Kontrollpunktes unterdrückt. Um diese Sperrung
auch bei schrägen Konturen wirksam zu machen (wie in Abb. 12 rechts oben), muß
die eventuelle Auslösung des Zählimpulses durch den unteren Punkt verzögert

werden. Je größer die Verzögerung, desto schrägere Konturen können noch als zum gleichen Objekt gehörig akzeptiert werden — desto größer wird aber auch das Risiko, daß zwei in Wirklichkeit getrennte Objekte als eines gezählt werden. Moderne Absuchgeräte lassen daher eine manuelle Einstellung dieser Verzögerung zu, die für jedes Präparat individuell optimisiert wird.

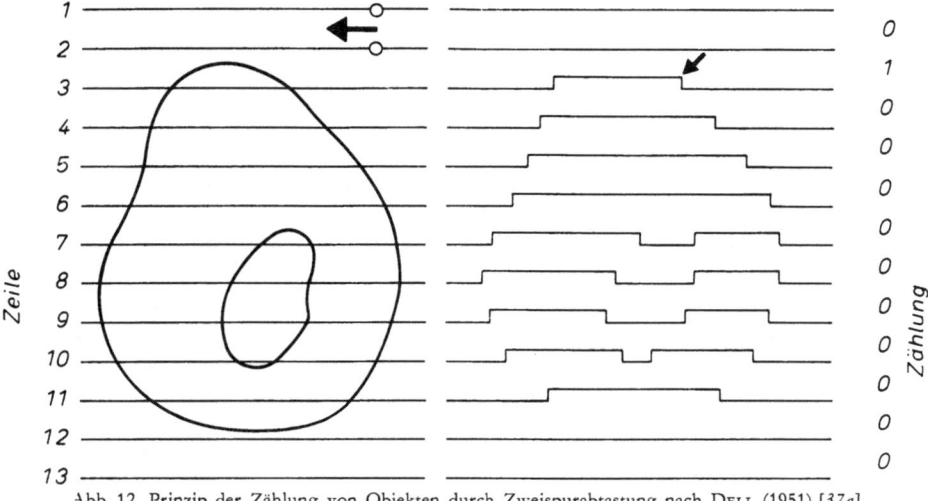

Abb. 12. Prinzip der Zählung von Objekten durch Zweispurabtastung nach DELL (1951) [*37a*]

Ein derartiges System läßt sich nach MANSBERG [*39*] auch durch Löcher in den Bildelementen nicht verwirren, denn wenn das Punktpaar einen Lochrand eingabelt, entsteht die umgekehrte Situation wie am oberen Rand des Bildelementes (Zeile 6/7): der obere Punkt übt während der ganzen Zeit seine Sperrfunktion aus. Auch am unteren Lochrand kann kein Zählimpuls erzeugt werden, da das Signal vom unteren Punkt während der ganzen Zeit der Entsperrung konstant bleibt (Zeile 10/11).

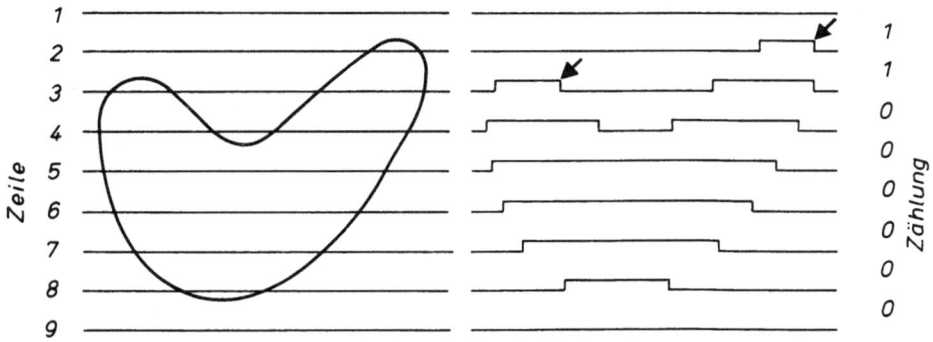

Abb. 13. Möglichkeit der Fehlzählung bei Zweispurabtastung

Doppelt gezählt werden hingegen U-förmige Bildelemente (Abb. 13). Für die Vermeidung derartiger Doppelzählungen ist bis jetzt kein einfaches Verfahren entwickelt worden. NASSENSTEIN [*34*] verwendete hierzu eine Anordnung vieler Photozellen längs dreier Linien, die auch bei Teilchen mit mehreren Spitzen die absolut tiefste oder höchste erkennen können soll. Auf vollautomatische Geräte ist dieses Verfahren nicht übertragen worden.

16a Quant. Meth. in Morphol.

Ein natürlicher Fehler aller Absuchautomaten ist die einfache Zählung von Objektpaaren mit gegenseitiger Berührung — wenn sie nicht gerade so liegen, daß sie zwei Höchst- oder Tiefstpunkte aufweisen.

5.4. Verteilungsmessungen

Zur Festlegung von Größenverteilungen dienen Unterdrücker, die alle Objekte unterhalb einer gewählten Größenschwelle von der Zählung ausschließen. Wiederholte Absuchung mit variierter Größenschwelle ergibt die gesamte Verteilung.

Nur das „arrested scan"-Verfahren erlaubt es, die *Fläche* jedes einzelnen Objektes genau zu messen. Bei allen anderen Absuchverfahren muß eine charakteristische Länge benützt werden, deren Definition dem Abtastprinzip angepaßt ist. Das gebräuchlichste Maß ist die *längste Sehne* in Zeilenrichtung.

Es liegt auf der Hand, daß auch Messungen „längster Sehnen" nur unter Annahme einfacher geometrischer Form der Objekte in räumliche Verteilungen konvertiert werden können. In der Regel wird Kugelform angenommen; die längste Sehne wird dann als Schnittkreisdurchmesser der entsprechenden Kugel gedeutet. Trotz des Aufwandes für die elektronische Absuchung und Formerkennung erhält man also kein detaillierteres Ergebnis als mit einem Linearanalysator. — Jedes Zeilenabtastgerät liefert, wenn die Formerkennungs-Vorrichtung außer Betrieb gesetzt wird, direkt die Längenverteilung aller Sehnen im ganzen Gesichtsfeld. Sie läßt sich mit gleichem Näherungsgrad in eine räumliche Verteilung umrechnen wie die der längsten Sehnen.

Zur automatischen Feststellung der längsten Sehnen bedient man sich nach TAYLOR [40] der gleichen Verzögerungsschaltung, die auch zur Erkennung schräger Konturen nötig ist. Wenn das abtastende Punktpaar ein Objekt trifft, wird der Zählimpuls erst nach einer einstellbaren Verzögerungszeit freigegeben, während der sich das Punktpaar um eine bestimmte Strecke weiterbewegt. Hat es dabei das Objekt verlassen, so erfolgt keine Zählung. Ist aber die Sehne länger als die Verzögerungsstrecke, so wird das Objekt *einmal* gezählt, da die Unterdrückung der folgenden Signale vom gleichen Objekt ihre gewöhnliche Funktion (vgl. Abb. 12) ausübt. Auf diese Weise erhält man die Anzahl aller Objekte im Gesichtsfeld, die überhaupt längere Sehnen enthalten als die eingestellte Verzögerungslänge. Bei wiederholter Abtastung mit schrittweise herabgesetzter Verzögerungslänge ergibt sich die Summenverteilung aller Objekte, deren längste Sehne die jeweils gewählte Verzögerungslänge übersteigt.

5.5. Funktionskontrolle

Die elektronischen Absuchgeräte sind zur Kontrolle von Gesichtsfeld, Abbildungsgüte und Kontrast- sowie Diskriminationsschwelleneinstellung mit einem Kontroll-Bildschirm versehen, der das Bild so zeigt, wie es sich den elektrischen Zählkreisen der Maschine darstellt. Das Ansprechen der Zählschaltungen wird durch einen hellen Markierungspunkt an jeder Stelle des Bildes, die die Zählung auslöst, angezeigt. Kontrast und Ansprechschwelle werden so eingestellt, daß alle Objekte im Gesichtsfeld mit Markierungspunkten versehen erscheinen. Es ist also in der Regel nicht möglich, ein vollautomatisches Gerät ohne einen kontrollierenden, sachkundigen Beobachter arbeiten zu lassen. Sollen Größenverteilungen gemessen werden, so muß außerdem jedes Gesichtsfeld mehrmals mit verschiedenen Größenschwellen abgesucht werden. Die Resultate müssen bei den meisten Geräten von Hand aufgezeichnet werden; automatische Ausschrift mittels druckender Zählwerke ist möglich, aber teuer.

Wie bereits erwähnt, sind Daten, die vom selben Bildelement herrühren, statistisch weniger wertvoll. Dies trifft auf die Mehrzahl der von einem totalabsuchenden Vollautomaten gelieferten Signale zu. In der Regel müssen also mehrere Gesichtsfelder untersucht werden, deren jedes außer der Justierung von Kontrast und Ansprechschwelle eventuell wiederholte Absuchung mit verschiedenen Einstellungen und dazwischen immer wieder Aufschreiben der Resultate verlangt. Die Arbeit mit einem vollautomatischen Gerät ist deswegen nicht ganz so schnell wie man zu erwarten geneigt ist. Das große Schirmbild macht die Einstellarbeit aber bequemer als das Arbeiten direkt am Mikroskop.

Mit den elektronischen Absuchgeräten lassen sich alle Operationen der Stereologie ausführen, von der Zählung gleichartiger Bildelemente über die Messung von Raumflächen und Volumenanteilen zur Bestimmung mittlerer Objektgrößen (Flächen und charakteristische Längen) sowie der Festlegung von Größenverteilungen. Es fehlt einzig die Operation der Punktzählung, die aber bei Totalabsuchung sowieso überflüssig wird.

Manche Automaten sind nur auf die Auswertung photographischer Bilder eingestellt. Bei lichtmikroskopischer Arbeit ist der Umweg über das Photo nur dann gerechtfertigt, wenn damit — wie etwa im Falle von Farbenkontrasten — eine Vereinfachung des Kontrastproblemes für die Absuchmaschine verbunden ist; allenfalls auch noch bei starker Belastung des Apparates, da dann Gesichtsfeldwahl und Scharfstellung nicht die knappe Apparatzeit in Anspruch nehmen.

In der Elektronenmikroskopie wird man für gewöhnlich mit Photos arbeiten, obwohl die Absuchung eines Präparates direkt durch den Elektronenstrahl bei geringen Vergrößerungen seit einiger Zeit technisch verwirklicht ist, z. B. im „Scanning Electron Microscope" von COSSLETT und DUNCUMB [41]. Im normalen Vergrößerungsbereich des Elektronenmikroskops stellen sich der direkten Abtastung Stabilitätsschwierigkeiten entgegen, die von der Entwicklung derartiger Geräte noch abschrecken.

6. Automatische Bildanalyse mit einem Elektronenrechner

Bedeutend stärkere Methoden zur Formerkennung, Messung einzelner Bildbereiche und zur quantitativen Analyse von Bildern können in Angriff gebracht werden, wenn die Auswertung der Abtastsignale einem Elektronenrechner übertragen wird. Dieser von WELKOWITZ (1954) [42] vorgeschlagene Gedanke wurde von MOORE und WYMAN [36, 43, 44, 45] seit 1957 in einer Reihe sehr gründlicher Arbeiten systematisch verwirklicht. Die ersten vollständigen Analysen gelangen 1962.

Als Vorlage dienen Papier- oder Transparentvergrößerungen, die von einem mechanischen Abtastgerät (Abb. 14) in elektrische Impulse übersetzt und in dieser Form auf Magnetband gespeichert werden. Bis hierher ist die Bildbehandlung völlig vom Elektronenrechner getrennt, um diesen nicht mit Wartezeiten für langsame Operationen zu belasten. Der Elektronenrechner kann natürlich auch Bilddaten anderer Herkunft — z.B. von einem Fernsehmikroskop oder Flying Spot-Gerät — verarbeiten, wenn sie ihm in einer Form vorgelegt werden, die seinem Raster und seinem Kodifizierungssystem entspricht.

Die photomechanische Abtastvorrichtung arbeitet langsamer als ein Fernsehmikroskop, gibt aber größere Genauigkeit, die der Elektronenrechner dank seiner überlegenen Datenbehandlungskapazität auch verwerten kann. In der Versuchsanlage wird ein Bild von 42×42 mm² in 168×168 ($= 28\,224$) Bildpunkte zerlegt

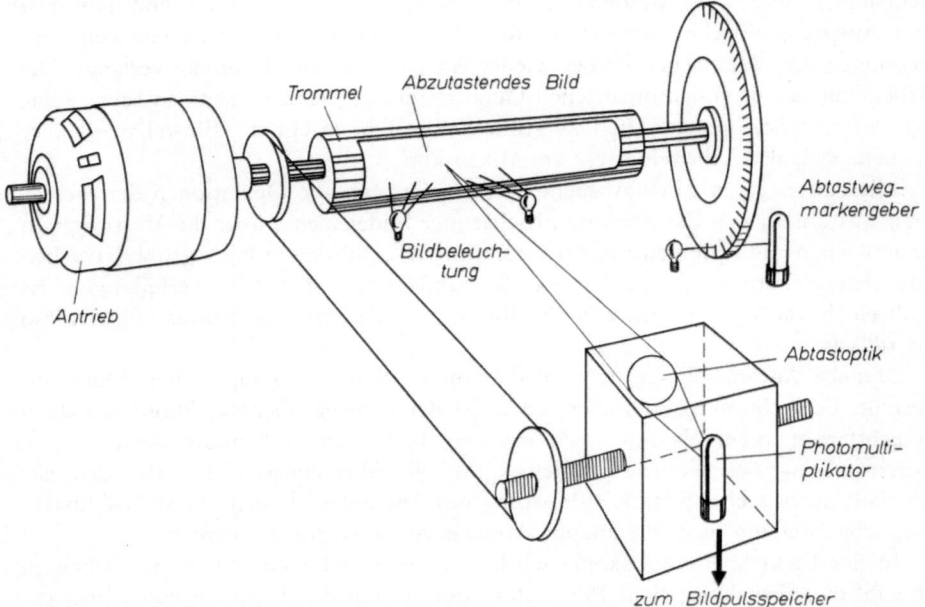

Abb. 14. Mechanisches Abtastgerät zur Bildanalyse mit Elektronenrechner („SADIE" = *S*canning *A*nalogue to *D*igital *I*nput *E*quipment) des National Bureau of Standards (MOORE und WYMAN, 1963) [*43*]

Das resultierende Raster von etwa 4 Linien per mm entspricht etwa dem zur Wiedergabe einfacherer Halbtonphotographien in technischen und medizinischen Fachzeitschriften verwendeten. Für die endgültige Ausführung plant man ein doppelt so feines Raster mit einer Bildgröße von 200×250 mm, das etwa 800000 Punkte umfassen würde [*43*]. Eine obere Grenze für die Zahl der ausnützbaren Rasterpunkte ergibt sich nach MOORE [*36*] aus dem Auflösungsvermögen des Lichtmikroskopes, der Emulsionen handelsüblicher Filme und der Absuchvorrichtung zusammen mit der Größe des mikroskopischen Gesichtsfeldes zu etwa 10^6 Punkten. Eine untere Grenze leitet MOORE aus der Minimalforderung bezüglich Analysengenauigkeit (3σ für Flächenmessungen $< 1\%$, σ für Verteilungsmessungen $< 3\%$ des Inhaltes jeder Klasse) zu etwa 150000 Punkten ab[1].

Zur Bearbeitung des Bildmateriales hat man Standardprogramme für 28 Einheitsoperationen ausgearbeitet, die vom Benützer nach Wunsch zu einem Auswertungsprogramm zusammengestellt werden können. Diese Einheitsprogramme sind in der Maschine gespeichert und werden von ihr selbsttätig nach den im Programm des

[1] Diese Betrachtung gilt für Rechteckverteilungen; für Verteilungsfunktionen der üblichen Typen dürfte die erforderliche Punktzahl noch wesentlich höher sein.

Benützers gegebenen Anweisungen aufgesucht und ausgeführt. Die Einheitsoperationen, haben ähnlich wie in anderen „Programmsprachen", leicht erlernbare englische Namen, so daß die Programmierung nicht Spezialisten überlassen werden muß. — Die vollständige rechnerische Analyse eines Bildes mit 168 × 168 Punkten dauert zur Zeit etwa 11 min; beim Übergang auf das beabsichtigte größere Bild wird der Zeitverlust durch Benützung eines größeren und schnelleren Rechners wettgemacht.

Die Bildpunkte werden im Schnellspeicher des Rechners gelagert. Ein zweiter Speicher analoger Ausführung dient zur Aufnahme von Abwandlungen des Bildes, die sich im Verlauf der Bearbeitung ergeben. Der Inhalt beider Gedächtnisse kann zur Kontrolle jederzeit auf einem Bildschirm sichtbar gemacht werden. Das Ausgangsbild geht im Zuge der Datenbehandlung nicht verloren, sondern kann jederzeit rekonstruiert werden.

Unter den verfügbaren Analysenoperationen seien folgende besonders erwähnt:

„AREA": Zählung aller schwarzen Bildpunkte im Gesichtsfeld, womit der Flächenanteil der „schwarzen" Bildelemente bestimmt wird.

„LINE": Vollständige Linearanalyse längs aller horizontaler Rasterzeilen mit Aufzeichnung der Sehnenlängen und der Anzahl der Unterbrechungen (Zell- oder Korngrenzen).

„ROTATE": Drehung des Bildes um 90°. Nach dieser Operation kann z.B. neuerlich die Operation LINE ausgeführt werden, wobei Anisotropieeffekte berücksichtigt und quantitativ gekennzeichnet werden können.

„BLOB TRANSFER": Überführung eines Bildelementes („blob") in den Parallelspeicher zur speziellen Weiterbehandlung. Hierbei können folgende Charakteristika des isolierten Objektes gemessen werden:

a) Fläche.
b) Breite (längs der horizontalen Bildkante).
c) Höhe (längs der vertikalen Bildkante).
d) Länge (Abmessung in Richtung der längsten Sehne bei beliebiger Orientierung).
e) Dicke (Abmessung quer zur Richtung der „Länge").
f) Formfaktor (Verhältnis Länge:Dicke).
g) Peripherielänge.
h) „Komplexitätsfaktor" (Verhältnis [Peripherielänge]² : Fläche).
i) Lagekoordinaten der Ecken des umschriebenen Rechtecks.
j) Laufnummer.

Die letzten beiden Angaben sind notwendig zur Ausscheidung von Objekten, die vom Gesichtsfeldrand beschnitten werden (die Koordinaten des umschriebenen Rechtecks fallen dann mit denen eines Bildrandes zusammen).

Schließlich kann der Elektronenrechner sämtliche Ergebnisse klassenweise sortieren und die resultierenden Verteilungen in Form von Histogrammen auf einem Bildschirm darstellen.

Man bemerkt, daß der Elektronenrechner eine Reihe von Meßgrößen erfassen kann, die sonst in der Stereologie nicht verwendet werden. Einige davon sind von unmittelbar-anschaulichem Wert; für die Übersetzung anderer in räumliche Charakteristika müssen erst noch geeignete Konvertierungsmethoden entwickelt werden.

Der offenbare Vorteil des Elektronenrechners gegenüber dem spezialisierten Abtastgerät liegt in der Möglichkeit, das Repertoire seiner Analysenmethoden ohne Umbau zu erweitern. So ist z.B. ein Spezialprogramm für die Zerlegung des Bildes in Streifen und Messung der einzelnen Streifeninhalte entwickelt worden, das eine Signifikanzbeurteilung des untersuchten Gesichtsfeldes im Verhältnis zu den lokalen Schwankungen der Struktur ermöglicht (allerdings nur in dem Maße, wie sich die Schwankungen innerhalb des untersuchten Feldes abspiegeln!). Eine andere Spezialoperation gestattet es, jedem diskreten Bildbereich die äußerste Bildpunktreihe abzuschälen, wodurch einander berührende Teilchen zu Zählzwecken getrennt werden können. Durch wiederholte „Schälung" kann ein Bildbereich in Form von Wachstumsringen abgebaut und der Ursprungspunkt seines Wachstums (allerdings nur in der Bildebene!) gefunden werden.

Die Technik der Gestalterkennung durch Elektronenrechner wird wegen ihrer praktischen Bedeutung — z.B. für Lesemaschinen oder bei der Kontrolle gedruckter und geschriebener Zahlen im Bankwesen — intensiv entwickelt. Für die stereologische Bildanalyse hat dies dazu geführt, daß man heute schon den Elektronenrechner unterbrochene Linien ergänzen oder Staubteilchen (in günstigen Fällen) von wirklichen Bildelementen unterscheiden lassen kann.

Schlußbemerkung

Vor allem auf dem Gebiet der automatischen Abtastgeräte ist eine rege Entwicklung im Gange. Die ersten Konstruktionen wurden 1951 beschrieben. Noch vor etwa 5 Jahren erschien ihre Anwendbarkeit auf Sonderfälle beschränkt; heute beginnen sie sich auf breiterer Front durchzusetzen. Das Versuchsstadium ist überwunden; mehrere Geräte mit ambitiösem Meßprogramm werden auf dem Markt angeboten. Für umfangreiche Serienuntersuchungen wird sich heute bereits in manchen Fällen die Entwicklung eines geeigneten Präparationsverfahrens, das die Voraussetzung automatischer Analyse darstellt, lohnen. Der weitaus größte Teil der vollautomatischen Geräte, die in der Literatur beschrieben sind, wurde für medizinische Reihenuntersuchungen entwickelt und ist somit den Gegebenheiten spezieller biologischer Präparate angepaßt.

In dem Maß, wie Elektronenrechner häufiger und durch Anlage von Datenterminalen zugänglicher werden, kann auch die automatische Analyse von mit einfachen Geräten erfaßten Bilddaten an Interesse gewinnen, insbesondere für komplizierte Meßaufgaben, denen der begrenzte Auswertungsapparat der gewöhnlichen Abtastgeräte nicht gewachsen ist. Bevor die intensive Datenbehandlung im Elektronenrechner aber wirklich nutzbar gemacht werden kann, ist noch wesentliche *mathematische* Entwicklungsarbeit zu leisten, denn im Augenblick fehlt es noch an Methoden zur Konvertierung detaillierten Datenmaterials ohne Informationsverlust. Für die Mathematiker kann dabei als Leitgedanke dienen, daß der Elektronenrechner sicherlich auch die kompliziertesten Meßgrößen erfassen kann, sofern die Konstruktion solcher Meßgrößen einen Fortschritt bringen sollte.

Für die zweckmäßige Planung weiterer Entwicklung sowohl auf dem Gebiet der Absuchautomaten als auch auf dem der Spezialprogrammierung von Elektronenrechnern wäre es von großem Wert, wenn schon heute — mit den verfügbaren, mühevolleren Methoden — genauere Studien über die Tragfähigkeit verschiedener Umrechnungs- und Meßverfahren gemacht würden. Solche Untersuchungen könnten entwicklungsfähige von weniger brauchbaren Meßverfahren scheiden und würden auch eine Abschätzung des mit apparativen Neuentwicklungen zu erhoffenden Genauigkeitsgewinnes ermöglichen[1]. Damit würde es möglich, die Apparatentwicklung der Stereologie vom Stadium der zufälligen Einfälle in das der gezielten Entwicklungsprojekte zu führen.

Die eingangs besprochenen, einfachen Hilfsmittel — vor allem das Punktzählokular und der Linearanalysator — werden neben den Vollautomaten ihren Platz sicher behaupten, einerseits für Untersuchungen kleineren und mittleren Umfanges, andererseits für die Vorbereitung von Routineprojekten, hauptsächlich aber für die Analyse schwieriger Objekte, die auch mit spezieller Präparationstechnik nicht der vollautomatischen Analyse zugänglich gemacht werden können. Die Stereologie steht noch so am Anfang ihrer Entwicklung, daß sie auf die flexiblen manuellen Analysenhilfsmittel noch lange nicht verzichten können wird.

Literatur

1. CAHN, J. W., and J. NUTTING: Transmission quantitative metallography. Trans. Am. Inst. Mining Met. Engrs. **215**, 526 (1959).
2. BACH, G.: Kugelgrößenverteilung und Verteilung der Schnittkreise; ihre wechselseitigen Beziehungen und Verfahren zur Bestimmung der einen aus der anderen. Symposium „Quantitative Methoden in der Morphologie" Wiesbaden 1965. Berlin-Heidelberg-New York: Springer pp. 23—45 (1967)
3. SMITH, C. S., and L. GUTTMAN: Measurement of internal boundaries in three-dimensional structures by random sectioning. Trans. Am. Inst. Mining Met. Engrs. **197**, 81 (1953).
4. GLAGOLEV, A. A.: Quantitative analysis with the microscope by the "Point" method. Eng. Mineralogy J. **135**, 399 (1934).
5. FISCHMEISTER, H. F.: Scanning methods in quantitative metallography. In: F. N. RHINES and R. T. DE HOFF, Quantitative metallography, Kap. XIII (im Druck). New York: McGraw-Hill Book Co. Siehe auch: Acta Polytech. Scand. Ch 56. (Stockholm 1966).
6. ROSIVAL, A.: Über geometrische Gesteinsanalysen. Ein einfacher Weg zur ziffernmäßigen Feststellung des Quantitätsverhältnisses der Mineralbestandteile gemengter Gesteine. Verh. k. k. geol. Reichsanst. 143 (1898).
7. DELESSE, A.: Procédé mécanique pour déterminer la composition des roches. Ann. mines **13**, 379 (1848).
8. SCHWARTZ, H. A.: The metallographic determination of the size distribution of temper carbon nodules. Metals & Alloys **5**, 139 (1934).
9. LORD, G. W., and T. F. WILLIS: Calculation of air bubble size distribution from results of a Rosival traverse of aerated concrete. ASTM Bull. **177**, No 10, 56 (1951).
10. UNDERWOOD, E. E.: Particle size distribution. In: F. N. RHINES and R. T. DE HOFF, Quantitative Metallography (im Druck). New York: McGraw-Hill Book Co.
11. SCHÜCKER, F. H.: Grain size. Acta Polytech. Scand. Ch 54 (Stockholm 1966).
12. AARON, H. B., R. D. SMITH, and E. E. UNDERWOOD: Spatial grain-size distribution from two-dimensional measurements. Proc. 1st Intern. Congr. for Stereology, Wien 1963, paper No. 16, Congressprint, Wien 1963.
13. HOFF, R. T. DE: The determination of the size distribution of ellipsoidal particles from measurements made on random plane sections. Trans. Am. Inst. Mining Met. Engrs. **224**, 474 (1962).
14. — The determination of the geometric properties of aggregates of constant-size particles from counting measurements made on random plane sections. Trans. Am. Inst. Mining Met. Engrs. **230**, 764 (1964).

---

[1] Als Beispiel für die hierher gehörenden Probleme sei die Frage genannt, welche Größenverteilungsfunktionen in der Natur verwirklicht sind, und wie groß Abweichungen von den üblichen Verteilungen sein müssen, um signifikanten Einfluß auf die Eigenschaften des Systems zu haben.

15. BACH, G.: Schätzung charakteristischer Partikelgrößen im Gefüge durch einfache Auszählung an zufälligen Anschliffebenen. Z. Metallk. **56**, 376 (1965).

16. HENNING, A.: Kritische Betrachtungen zur Volumen- und Oberflächenmessung in der Mikroskopie. Zeiss-Werkz. **6**, 78 (1958).

17. HILLIARD, J. E., and J. W. CAHN: An evaluation of procedures in quantitative metallography. I. Volume-Fraction Analysis. Trans. Am. Inst. Mining Met. Engrs. **221**, 344 (1961).

18. CHAYES, F.: A simple point counter for thin-section analysis. Am. Mineralogist **34**, 1 (1949). — Some notes on the point counter. Am. Mineralogist **34**: 600 (1949); — A point counter based on the Leitz mechanical stage. Am. Mineralogist **40**, 126 (1955).

19. HÖRNSTEN, Å.: A method and a set of apparatus for mineralogic-granulometric analysis with a microscope. Bull. Geol. Inst. Univ. Uppsala **38**, 105 (1959).

20. ENDTER, F., u. H. GEBAUER: Ein einfaches Gerät zur statistischen Auswertung von mikroskopischen bzw. elektronenmikroskopischen Aufnahmen. Optik **13**, 97 (1956).

21. SHAND, S. J.: A recording micrometer for geometrical rock analysis. J. Geol. **24**, 394 (1916).

22. SCHEUMANN, K. H.: Zwei Hilfsapparaturen für das petrographische Mikroskop. II. Integrationstisch für das Shandsche Analysenverfahren. Mineral. Petr. Mitt. **41**, 180 (1931).

23. DRESCHER-KADEN, F. K.: Über eine Integrationseinrichtung mit elektrischer Zählung. Fortschr. Mineral. **20**, 37 (1936).

24. HURLBUT, C.: An electric counter for thin section analysis. Am. J. Sci. **237**, 253 (1939).

24a. FISCHMEISTER, H., u. M. MÖLLER: Ein Apparat zur schnellen Ausführung von Korngrößenbestimmungen und Gefügeanalysen an feinkörnigen Präparaten. Z. Metallk. **50**, 478 (1959).

25. — Verfahren und Apparate der quantitativen Metallographie. Z. prakt. Metallographie **2**, 251 (1965).

26. SMITH, C. S.: Some devices for quantitative metallography. Trans. Am. Inst. Mining Med. Engrs. **218**, 58 (1960).

27. GURLAND, J.: The measurement of grain contiguity in two-phase alloys. Trans. Am. Inst. Mining Met. Engrs. **212**, 452 (1958).

28. DELL, H. A.: An automatic particle counter and sizer. Philips Tech. Rev. **21**, 253 (1960).

29. ROBERTS, F., and J. Z. YOUNG: The flying spot microscope. Proc. Inst. Elec. Engrs. **99**, 747 (1952).

30. MONTGOMERY, P. O'B., and L. L. HUNDLEY: The use of television and scanning techniques for ultraviolet irradiation studies of living cells. IRE Trans. Med. Electronics 135 (July 1960).

31. FLORY, L. E., and W. S. PIKE: Particle counting by television techniques. RCA Rev. **14**, 546 (1953).

32. LAGERCRANTZ, G.: Photoelectric counting of individual microscopic plant and animal cells. Nature **161**, 25 (1948). — On the theory of counting individual microscopic cells by photoelectric scanning. Acta Physiol. Scand. **26**, Suppl. 93, 1 (1952).

33. HAWKSLEY, P. G. W., J. H. BLACKETT, E. W. MEYER, and A. E. FITZSIMMONS: The design and construction of a photo-electric scanning machine for sizing microscopic particles. Brit. J. Appl. Phys., Suppl. **3**, 165 (1954).

34. NASSENSTEIN, H.: Automatische Größenanalyse disperser Systeme durch photoelektrische Abtastung. I. Theoretischer Teil. Chemie-Ing.-Techn. **27**, 535 (1955); — II. Experimenteller Teil. Chemie-Ing.-Techn. **27** 787 (1955); — Die Praxis der automatischen Dispersoidanalyse. Chemie-Ing.-Techn. **29**, 92 (1957).

35. TOLLES, W. E.: Methods of automatic quantitation of micro-autoradiographs. Lab. Invest. **8**, 99 (1959).

35a. BOSTROM, R. C., H. S. SAWYER, and W. E. TOLLES: Instrumentation for automatically prescreening cytological smears. Proc. I.R.E. **47**, 1895 (1959).

36. MOORE, G. A.: Survey of factors controlling the design of automatic systems for the quantitative analysis of micrographs. National Bureau of Standards USA (Washinton, D. C.), Report 8073 (1963).

37. DELL, H. A.: Stages in the development of an arrested scan type microscopic particle counter. Brit J Appl. Phys., Suppl. **3**, 156 (1954).

37a. — Brit. Pat. Appl. 15311/51.

38. ROBERTS, F., and J. Z. YOUNG: The flying spot microscope. Proc. Inst. Elec. Engrs. (London) **99**, 747 (1952).

39. MANSBERG, H. P.: Automatic particle and bacterial counter. Science **126**, 823 (1957).

39a.— Y. YAMAGAMI, and C. BERKLEY: Spot scanner counts micron sized particles. Electronics **30**, 142 (1957).

40. TAYLOR, W. K.: An automatic system for obtaining particle size distribution with the aid of the flying spot microscope. Brit. J. Appl. Phys., Suppl. **3**, 173 (1954).

41. COSSLETT, V. E., and P. DUNCUMB: A scanning microscope with either electron or X-ray recording. In: Electron microscopy, Proceedings of the Stockholm Conference Sept. 1956 (ed. F. S. SJÖSTRAND and J. RHODIN). Stockholm: Almqvist & Wiksell 1957.

42. WELKOWITZ, H.: Programming a digital computer for cell counting and sizing. Rev. Sci. Instr. **25**, 1202 (1954).

43. MOORE, G. A., and L. L. WYMAN: Quantitative metallography with a digital computer: Application to a Nb-Sn superconducting wire. J. Research Nat. Bur. Standards **67**A, 127 (1963).

44. — Direct quantitative analysis of photomicrographs by a digital computer. Photogr. Sci. & Eng. **8**, 152 (1964).

45. MICHAELIS, R. E., H. YAKOWITZ, and G. A. MOORE: Metallographic characterization of an NBS spectrometric low-alloy steel standard. J. Research Nat. Bur. Standards **68**A, 343 (1964).

46. FISCHMEISTER, H. F.: A comparative study of methods for particle-size analysis in the sub-sieve range. Powder Metallurgy **7**, 82 (1961).

47. FAIRS, G. L.: The use of the microscope in particle size analysis. Chem. & Ind. **62**, 374 (1943).

Chapter 6

Use of stereologic information in correlation of structure and function

Verwendung stereologischer Information in der Korrelation von Struktur und Funktion

Morphometry and lung models

Ewald R. Weibel *

Summary

Morphometric information, as obtained by application of stereologic methods in light and electromicroscopy of tissue sections, allows a quantitative definition of organ models. These serve attempts to correlate structure and function quantitatively and provide insight into internal functional processes. The possibilities for applying morphometric information are illustrated by means of a simplified model for the pulmonary gas exchange apparatus.

Zusammenfassung

Morphometrische Informationen, die mittels stereologischer Methoden an Gewebeschnitten licht- und elektronenmikroskopisch erhoben wurden, ermöglichen eine quantitative Definition von Organmodellen. Diese dienen einer exakten Korrelation von Struktur und Funktion. Dadurch kann mit kombiniertem Vorgehen Einblick in innere Lebensvorgänge genommen werden. An Hand eines einfachen Modells für den Gasaustauschapparat der Lunge wird die Verwendungsmöglichkeit morphometrischer Information aufgezeigt.

This symposium has presented to us a whole set of methods with which we can efficiently pursue quantitative investigations on the structure of many organs, tissues and cells. We have also been presented with a selection of possible applications of these methods. From this we have learned that the use of adequate quantitative techniques in morphologic research yields very rich, accurate and reliable information which could otherwise not be secured. However, we have also seen that these techniques are still laborious, in spite of some possibilities of partial automation, and that they seemingly present little fun to the investigator. We therefore have to ask now the general questions: Why do we want to measure structures? and: What use can be made of quantitative morphologic data in the general field of biology? In other words: What is the justification for our activity?

We can, on the one hand, study problems of *morphogenesis* quantitatively and be content with results indicating growth rates with good accuracy. Or we can apply quantitative techniques in the analysis of experimental studies, as shown by the work of Schenk in chapter 4. Or, we can be interested in comparative studies of the kind presented by Elias and Hennig in this volume, where the structural

---

* Anatomisches Institut der Universität Zürich.

adaptation of an organ to different environmental conditions forms part of the adaptation of the entire organism to different functional requirements.

The functions of an organ — for example urine formation in the kidneys or oxygen uptake in the lungs — are measured by the physiologist in his experiments on living organisms and are expressed in quantitative terms. It is therefore only proper that the morphologist, who wishes to supplement these physiologic data, also presents his findings in form of metric data, i.e. that he determines with appropriate stereologic methods some specific morphologic parameters which influence function — such as the number of nephrons or the glomerular filtration surface etc. We like to call this gathering of specified quantitative information on structure "morphometry". Using this morphometric approach the morphologist can contribute significantly to an integrated understanding of the correlation between structure and function.

Study of the functional center

The question now arises: *Why is there need for a correlation of structure and function?* After all, the *physiologist* can *directly measure* the urine output of the kidneys or the amount of oxygen picked up by the blood while passing through the lungs. However, he cannot and can never investigate directly the mechanism by which urine is formed in the kidneys, or the mechanism by which O_2 is transferred from air to blood in the lungs. His investigating probes have always to remain at some distance from the functional center of any system. This exclusion of the functional center from direct investigation was already briefly mentioned in the introductory chapter to this volume; it shall now be exposed more explicitly.

The exclusion of the functional center of any biological system from direct investigation is a special application of the general operational law that the truly internal behavior of any closed system cannot be investigated directly. This law has been discovered some 200 years ago by Leonhard Euler (1769; cf. Truesdell, 1957), when he was concerned with determining the internal pressure of fluids, i.e. the pressure exerted by one part of the fluid onto the immediately adjacent part of the same fluid. Euler realized that if a manometer was introduced as deeply as possible into the fluid it formed a surface against which the fluid pressure acted. This was no different from the pressure exerted by the fluid onto the vessel wall containing it and had therefore to qualify as a surface pressure. Euler found that there would be no means to measure directly the truly internal pressure but that it had to be inferred from indirect measurements on the basis of a theory which, in part, depended on a knowledge of the structure of the fluid.

It can easily be shown, that the realization of Euler that the true interior of any system is inaccessible to direct investigation is generally true and applies to all domains of research. It actually forms the very limitation of analytic research; but, at the same time, it is a great stimulus to the probing mind of man.

What are the consequences of this law in biologic research and what tasks evolve from it for the morphologist? It is clear that the organism is a closed system and that all functional events take place in its interior, in organs, in cells or in subcellular particles. They can thus not be directly investigated. We shall use the example of O_2 transfer from air to blood occurring in the lung to look into the problems evolving from this.

Fig. 1 illustrates the situation met by the physiologist when he wishes to study gas exchange in the lungs. He knows that air is flowing in and out of the lungs through airways. And he knows that venous blood is pumped through the pulmonary arteries into the lung from where it is released rich in O_2 via pulmonary veins. He can measure the amount of O_2 lost by the air with each breath, and he can measure the difference in O_2-concentration between venous and arterial blood; from this information the amount of O_2 which has passed from air to blood can be calculated. These basic measurements can be obtained at the mouth and in easily accessible

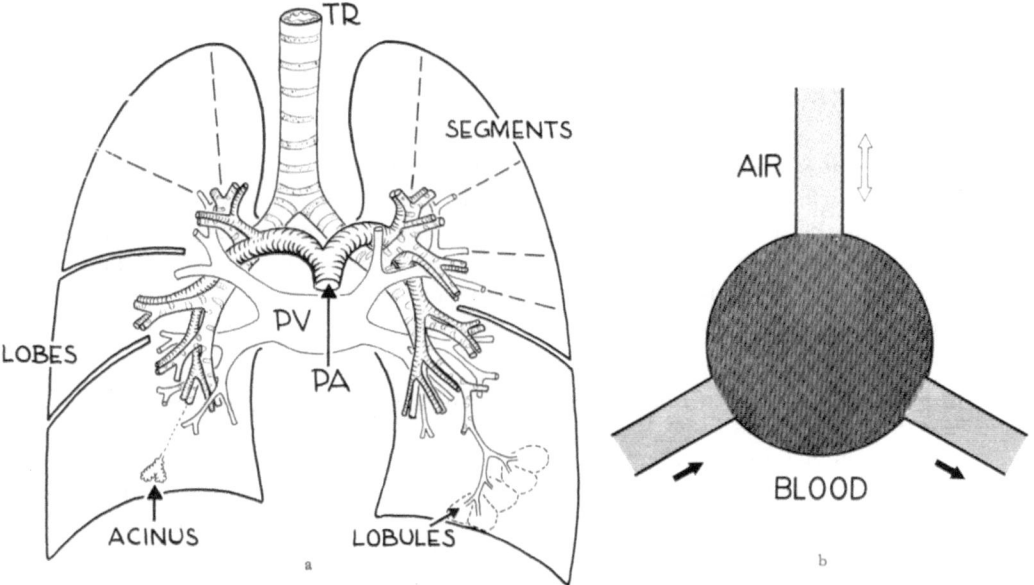

Fig. 1a and b. Anatomical diagram of lung (a) contrasted with black-box met by physiologist (b). (a From WEIBEL, 1963)

peripheral blood vessels. Or catheters can be advanced into bronchi and into the heart or pulmonary vessels. But no matter how far the physiologist advances his probes there will always be a black-box — an unknown functional center which remains inaccessible for direct investigation.

The functional events taking place in the black-box region must be inferred indirectly from independent studies on parts of the desintegrated organism. For this purpose it will be necessary to obtain as complete a knowledge as possible of structure, composition and functional behavior of the black-box region. This information must include a definition of all elements in terms of biochemical, biophysical and morphological characteristics, geometric properties and dimensions, and in terms of biological behavior. Furthermore, an exact knowledge of the architecture of the entire system, of the spatial relations and of the relative importance of the elements will form an essential basis for these considerations. In short, a variety of informations obtained by detailed *analysis on parts* of the desintegrated organism will be *re-combined* on the basis of *models*. The functional characteristics of these models are defined by theory and experiment, while their structural properties are given by morphometry.

The models thus obtained will never be perfect representations of reality for a number of reasons. First of all, it will not be possible to handle the rational theory of function of interconnected systems in its full complexity, so that simplifications of varying degree will have to be introduced: "less important" features must be disregarded, and this limits the applicability of one model to the one specific problem for which it has been developed, while different models must be designed for other situations. Secondly, experimental and morphometric information introduced into the model is rarely complete, since it is obtained on the desintegrated organism. We hence reach the conclusion that *models are thoughtful simplifications of reality* and therefore are *by definition wrong*.

Nonetheless, models are useful tools in advancing our knowledge on the functional behavior of inaccessible internal systems. Their limited verity should, however, always be borne in mind and should constantly prompt the investigator to improve the models as soon as progress in our knowledge justifies use of more complete models. A given model can remain in use until a better model becomes available; then it must be discarded. The model of the pulmonary gas exchange apparatus drafted and applied in the following must be accepted with this limitation in mind: it is a first rough model with many pitfalls, which will no doubt soon be replaced by a better model one step closer to — but still far away from — reality.

Lung structure and models of the pulmonary gas exchange apparatus[1]

It is common knowledge that air and blood are led into the gas exchange apparatus of the lung through separate channels (Fig. 2). It is also known that the air reaches small chambers, alveoli, which are apposed to the terminal branches of the airways (Fig. 3). The blood, however, perfuses a capillary network which envelopes the alveoli (Fig. 4), thus exposing the blood very intimately to the air trapped in alveoli. However, air and blood remain constantly confined to separate compartments by virtue of a thin but continuous tissue barrier which extends from the walls of bronchi and major blood vessels all the way out into the gas exchange region to ensheath alveoli and capillaries (Fig. 5).

This already defines one of the basic architectural properties of the pulmonary gas exchange region, and the black-box of Fig. 1b can be specified accordingly (Fig. 6): the airways end blindly in a terminal chamber which is surrounded by blood vessels; gases are exchanged through the intermediary of a thin layer of tissue. It would, of course, also have to be taken into consideration that the air is distributed into a large number of terminal units by an intricate system of conducting airways (Fig. 6b) and that each of these receives a certain portion of the total blood supply. However, this model is too complex for our present knowledge. We shall, for this stage of our work, be content with the model of simpler architecture of Fig. 6a: one terminal air chamber ensheathed by one large capillary bed. As soon as progress is adequate, however, this model will have to be improved to account for more complicated architecture, as it has been done for other aspects of lung function (Weibel, 1963).

[1] The models used in this work have been suggested by Dr. Domingo M. Gomez (1965) of Columbia University in New York. His valuable help is gratefully acknowledged.

To further define our model we shall now concentrate on the architectural relationship between capillaries and alveolar surface. Figs. 4 and 5 reveal that the capillaries are rather uniformly spread over the surface of alveoli; it is therefore sufficient to define the precise relation between air, tissue and blood for a small typical segment of the alveolar wall, as shown in the electron micrograph of Fig. 7.

Fig. 2. Plastic cast of peripheral bronchi (*B*) and peripheral branches of pulmonary artery (*PA*) and vein (*PV*). Note that air blood reach lung periphery through separate channels. (From WEIBEL, 1963)

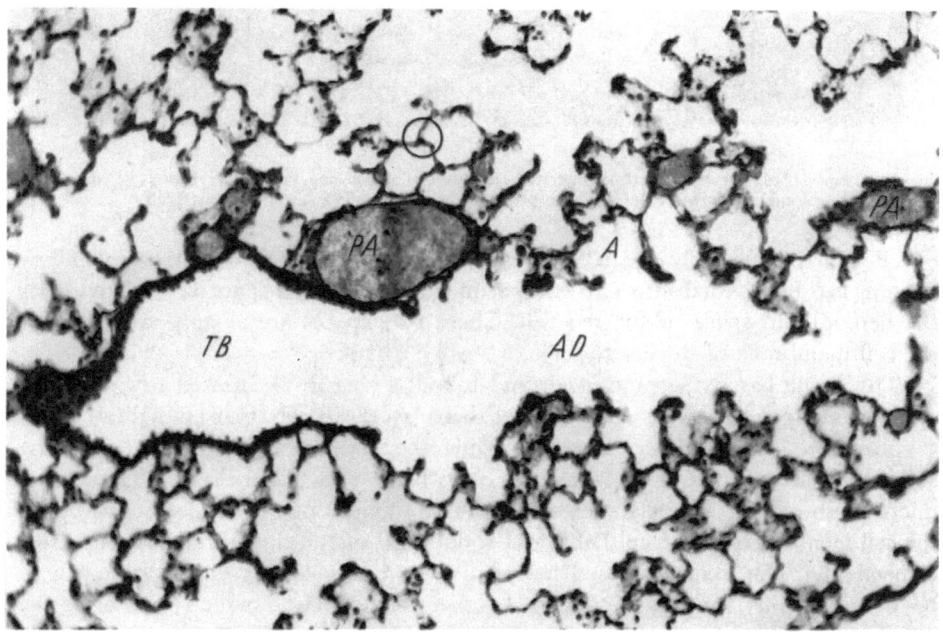

Fig. 3. Transition from conducting airway (terminal bronchioli *TB*) to transitory airways (alveolar duct *AD*), which have numerous alveoli (*A*) of gas exchange region attached to their wall. Blood vessels are contained in tissue partitions (pulmonary arteries *PA*). Rat lung. Circle indicates region equivalent to that represented at higher power in Fig. 5

We note, that the capillary occupies the major part of the septum between two alveoli. Each capillary is thus in contact with two neighbouring alveoli, so that only one half of the capillary is in contact with its adjoining alveolus, while the other half belongs to the other airway unit. Our simple model (Fig. 6a) admits air-blood contact only on one side; we hence have to split the capillary through the middle, as it is done in the diagrammatic representation of the alveolar wall in

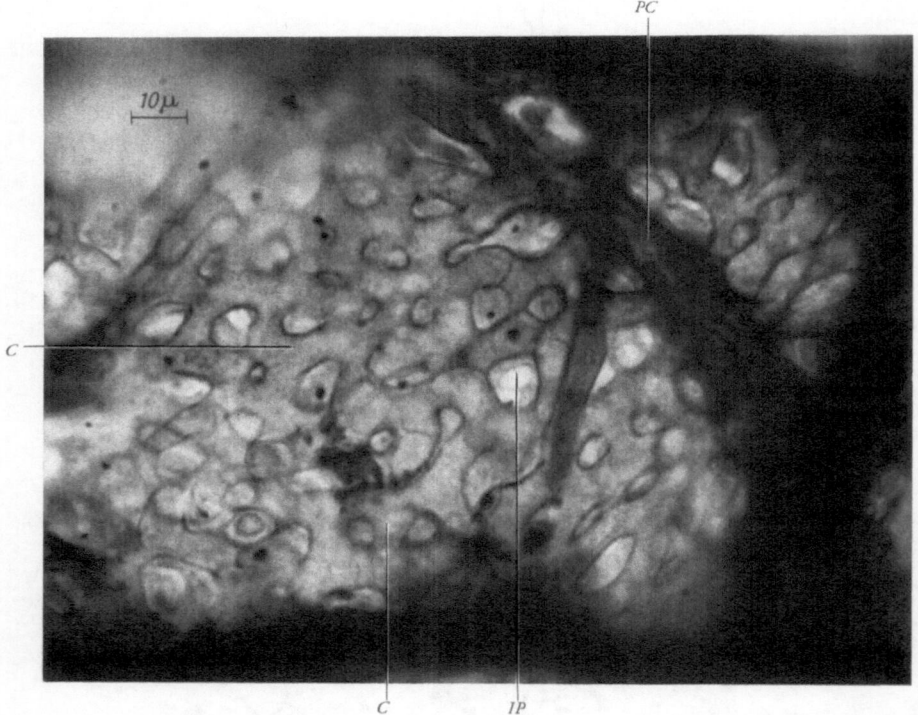

Fig. 4. Flat aspect of capillary network (C) in interalveolar septum of human lung. Pre-capillary vessel (PC) distributes blood into network. Interalveolar pore (IP) is visible. ×750. (From Weibel, 1963)

Fig. 8, and attribute only one half to the model. We will further note that the capillary content can be divided into two compartments: the plasma space which envelopes the hemoglobin space of the red cell. These two spaces are sharply separated by the cell membrane of the erythrocyte.

The tissue barrier separating air and blood is sharply delineated towards both alveolus and capillary. It is composed of three layers: the alveolar epithelium forms a continuous lining of the alveolus, while the endothelium lines the capillary. A mostly narrow interstitium separates endothelium and epithelium. The electron micrograph of Fig. 7 clearly shows that the boundaries of the barrier are given by the cell membranes of the epithelial and endothelial cells facing air and bloodplasma respectively. The tissue enclosed between these two membranes will be taken to be homogeneous for this model — another simplification which will limit the validity of the model but which is necessary for the time being, since we are presently not able to account for the vast complexity of cellular and interstitial structure. We shall, however, account for the great variability in barrier thickness.

For the purposes of our model the gas exchange apparatus of the lung has thus been reduced to four compartments: the air space of the alveolus, the tissue space, the plasma space and the hemoglobin space of erythrocytes. In considering, for example, movement of oxygen from air to hemoglobin these four compartments will be sequentially traversed by the molecules; they are thus arranged in series.

Physiological evidence indicates that oxygen is moved from air to blood by simple diffusion (cf. FORSTER, 1964). The amount of gas transported in the unit

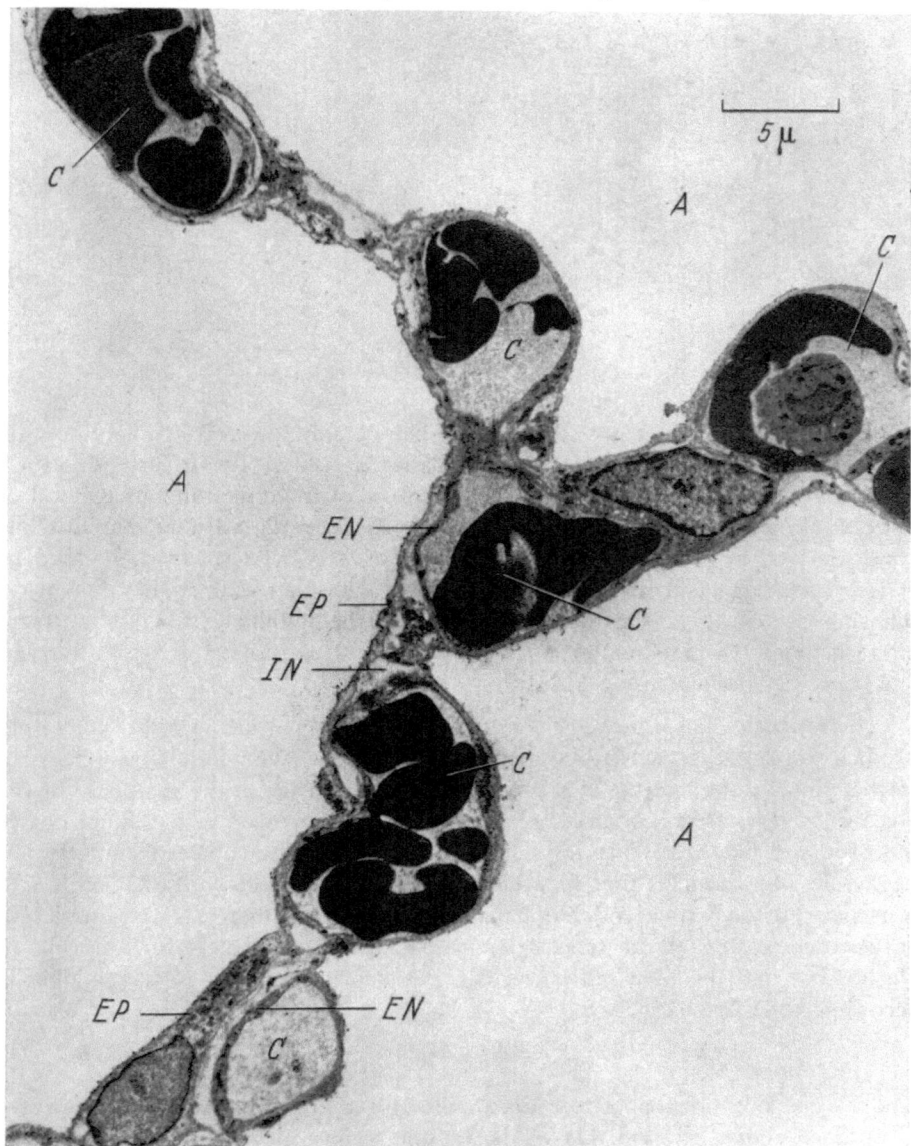

Fig. 5. Interalveolar septa of rat lung (cf. Fig. 3, encircled area). Alveolar air (*A*) and capillary blood (*C*) are separated by tissue barrier which is built of alveolar epithelium (*EP*), capillary endothelium (*EN*), and interstitial tissue (*IN*). Electron micrograph. ×3000

time is therefore dependent on the gradient of partial pressure of O_2 between air and blood ΔP_{O_2} and on the resistance met by diffusing molecules in the different compartments. ΔP_{O_2} depends on saturation of hemoglobin with oxygen and on the oxygen tension in the alveolar air and is thus a measure of the functional state of the system. It will be rather difficult to define ΔP_{O_2} for any particular unit of the

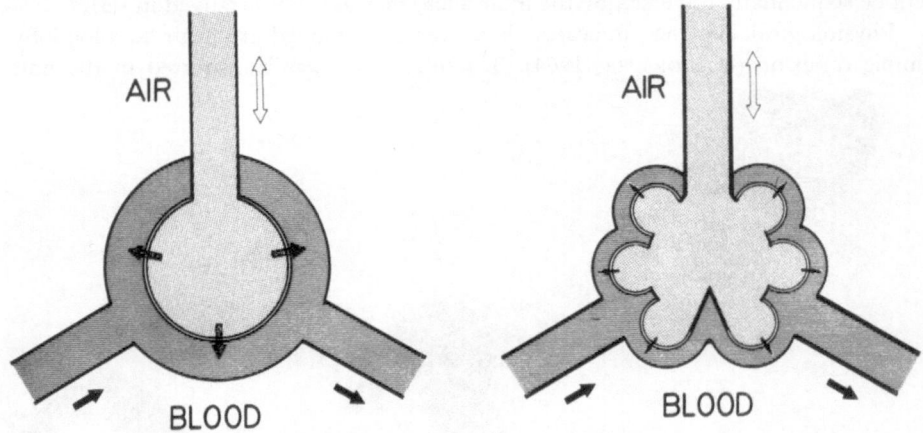

Fig. 6. Models for structure of black-box region of lung

gas exchange apparatus, since saturation of hemoglobin must change continuously along the path of blood through the capillaries (FORSTER, 1964); furthermore O_2 content in the alveolus will also fluctuate because of the discontinuous renewal of alveolar air with intermittent ventilation. It will hence be advantageous for our considerations to standardize the gradient of oxygen between air and blood to $\Delta P_{O_2} = 1$ mm Hg, as it is done by physiologists when they estimate the pulmonary diffusing capacity D_L. This parameter estimates the amount of O_2 moving from air to hemoglobin per minute with a gradient in O_2 tension of $\Delta P_{O_2} = 1$ mm Hg and hence has the dimension (ml $\cdot$ min^{-1} $\cdot$ Torr^{-1}).

The resistance to O_2 movement in the different compartments will depend only on their physical characteristics and on their dimensions. We will now assume — in further simplification of the model — that diffusion of O_2 in the gas phase of the alveolus is very fast as compared to diffusion of O_2 dissolved in the liquid phases of tissue and blood, so that resistance in the alveolar air compartment becomes negligible. Our model is thus reduced to three compartments with their respective resistances: tissue barrier (R_T), blood plasma (R_P), and erythrocyte (R_E). Considering an electrical analog of the serial arrangement of these partial resistances (Fig. 8) we observe that the total resistance to O_2 movement from air to hemoglobin is according to GOMEZ (1965)

$$R_L = R_T + R_P + R_E. \tag{1}$$

And if we let our model operate under a standardized pressure gradient of 1 mm Hg, as outlined above, we find that R_L is just the reciprocal value of the pulmonary diffusing capacity used by physiologists as a measure for the performance of the lung as gas exchange apparatus. This follows from the simple relation between flow

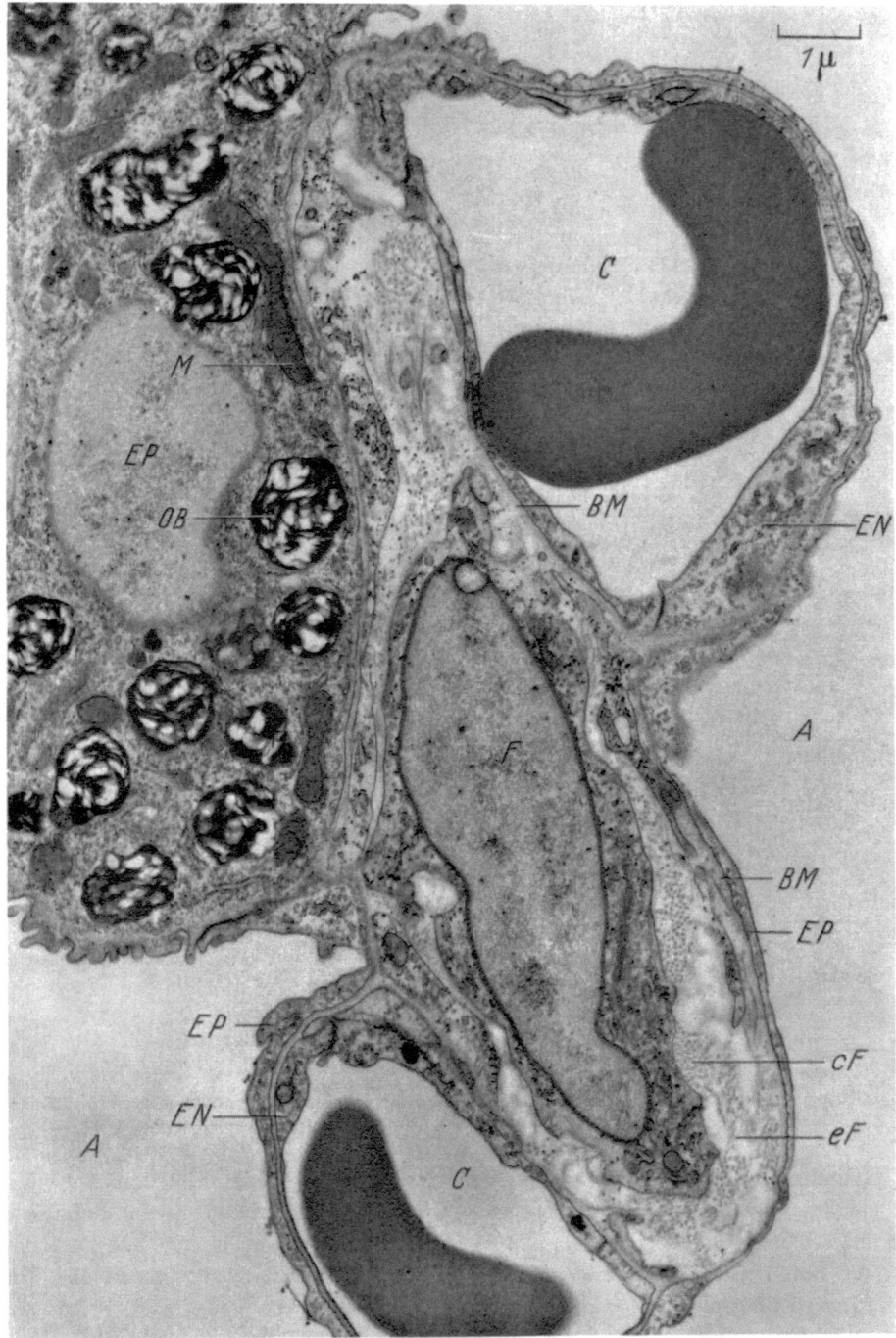

Fig. 7. Portion of interalveolar septum of rat lung with two capillaries (*C*). Alveolar epithelial cell (*EP*) containing osmiophilic bodies (*OB*) and mitochondria (*M*). Fibroblast (*F*) in interstitium is in close relation to collagenous (*cF*) and elastic (*eF*) fibres. Epithelium (*EP*) and endothelium (*EN*) are separated from interstitium by basement membrane (*BM*). Note thin and thick portions of air-blood barrier, as well as its complex structure. Electron micrograph. ×10,800

Q, tension gradient ΔP and resistance R_L as it is well-known for electrical circuits:

$$Q = \Delta P \cdot \frac{1}{R_L} . \tag{2}$$

And since the diffusing capacity is defined as the flow of O_2 per standardized gradient we obtain

$$D_{LO_2} = \frac{Q_{O_2}}{\Delta P_{O_2}} = \frac{1}{R_{LO_2}} . \tag{3}$$

Hence, if we succed in calculating a value for R_L on the basis of theory and structural model we will have found a direct parameter for correlating structure and function of the gas exchange region of the lung, and will have found a — temporarily — valid description of the black-box in which gas exchange is taking place.

MODEL FOR DIFFUSING CAPACITY AFTER D.M. GOMEZ

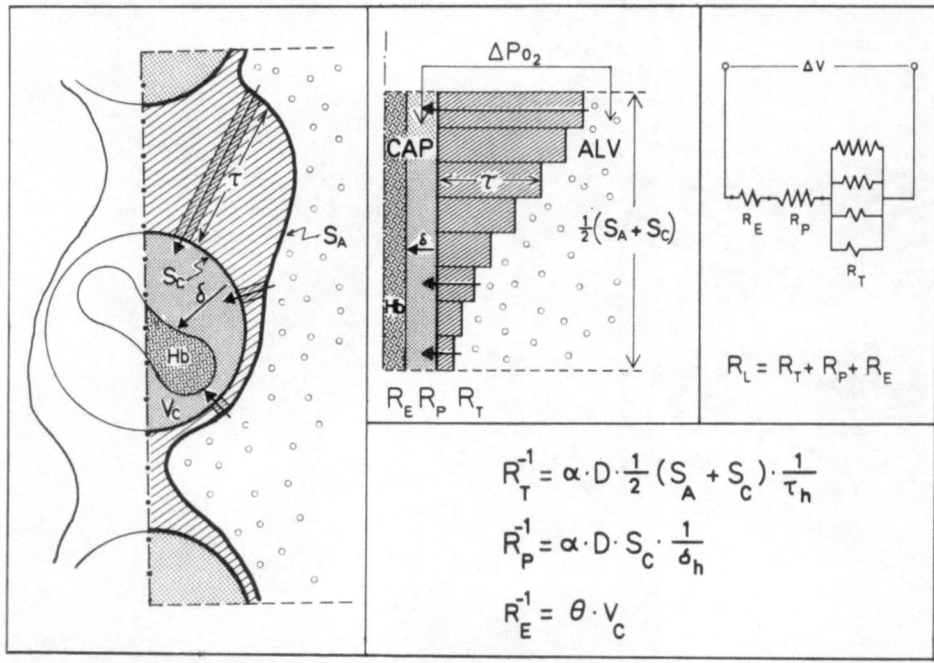

Fig. 8. Diagrammatic representation of model of pulmonary gas exchange region with partial resistances to diffusion in tissue (R_T), plasma (R_P), and erythrocytes (R_E). (After D. M. Gomez, 1965). Compare text

We shall now define each of the three resistances (Gomez, 1965) on the basis of current knowledge and see what morphometry can contribute to the definition of this model.

We first consider the resistance to O_2 diffusion in the tissue barrier R_T. To conform to physiological terms we shall define its reciprocal value R_T^{-1}, which can be called the conductance of the barrier for O_2 or its "diffusing capacity". This corresponds theoretically to the "membrane diffusing capacity" D_M of the physiologists (Forster, 1964). Again, as for the pulmonary diffusing capacity, D_M is standardized to a partial pressure gradient $\Delta P_{O_2} = 1$ mm Hg.

If the barrier is considered to be a "membrane" of thickness τ and cross section s (Fig. 9a), then Fick's law (FORSTER, 1964) defines the flow of O_2:

$$Q_{O_2} = \Delta P_{O_2} \cdot \alpha \cdot D \cdot S \cdot \frac{1}{\tau} \tag{4}$$

where α and D are solubility and diffusion coefficients for O_2 in the tissue. And the diffusing capacity D_M is given according to (3) as

$$R_T^{-1} = \alpha \cdot D \cdot S \cdot \frac{1}{\tau} \tag{5}$$

whereby $(\alpha \cdot D)$ will have to be adjusted to proper units to refer to a $\Delta P_{O_2} = 1$ Torr.

As has been shown above, the pulmonary air-blood barrier shows a wide variation in thickness which has to enter our considerations. The O_2 molecules passing through the barrier at various places will meet with varying resistances depending on the regional thickness of the barrier: it is plausible that those passing through thick parts will meet with more resistance than those passing through thin portions. The resistance to O_2 flow at each point of the barrier will therefore be proportional to the local thickness τ. In order to account for the variation in thickness observed in the tissue preparations we may subdivide the barrier into small prismatic elements of equal cross section whose height τ corresponds to the local barrier thickness (Fig. 8). In Fig. 9b these barrier elements have been arranged in order of size in simplified representation of the lung model.

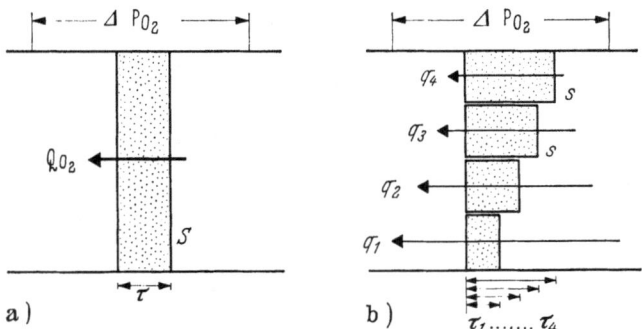

Fig. 9a and b. Model for geometry of diffusion barrier of equal (a) and varying thickness τ (b). Compare text

It is clear from equation 4 that the gas flow in each element will be inversely proportional to τ. The total flow through the entire barrier is found as the sum of the flows in all elements.

$$Q_{O_2} = \Sigma q_{O_2}$$
$$= \Delta P_{O_2} \cdot (\alpha \cdot D)_T \cdot \sum_{i=1}^{N} s_i \cdot \frac{1}{\tau_i} \,. \tag{6}$$

Since the cross section s of the elements is constant the summation term can be rearranged:

$$\sum_{i=1}^{N} s_i \cdot \frac{1}{\tau_i} = N \cdot s \cdot \left[\frac{1}{N} \sum_{i=1}^{N} \frac{1}{\tau_i} \right]. \tag{7}$$

It is seen that $N \cdot s = S$ is the total cross section of the barrier and

$$\frac{1}{N} \sum_{i=1}^{N} \frac{1}{\tau_i} = \frac{1}{\tau_h} \tag{8}$$

is the average of all reciprocal values of τ; in statistics the mean τ_h thus obtained is called "harmonic mean". From this we can now define the diffusing capacity of the barrier as

$$R_T^{-1} = (\alpha \cdot D)_T \cdot S \cdot \frac{1}{\tau_h}. \tag{9}$$

Two structural parameters thus define the barrier diffusing capacity: The total cross section S available for gas exchange and the harmonic mean of the barrier thickness τ_h. The cross section S can be approximately related to the alveolar and capillary surface areas S_A and S_c. Since these had been found to be of about the same size (WEIBEL, 1963) we will estimate S as the average of S_A and S_c (Fig. 8). Methods for estimating these two surface areas have been presented in chapter 4 of this volume. They can easily be determined on electron micrographs by counting intersections of these surfaces with random linear probes (WEIBEL, KISTLER and SCHERLE, 1966). The harmonic mean barrier thickness can again be determined on electron micrographs by a stereological method presented on p. 95 of this volume (WEIBEL and KNIGHT, 1964).

Morphometry can thus quantitatively define the structure of a barrier model. The two physical coefficients of solubility α_T and diffusion D_T should be determined by physiological methods. Unfortunately, no reliable data are available at present. Awaiting experimentally confirmed specific values of α_T and D_T we are here using, in rough approximation, those given for blood plasma (DITTMER and GREBE, 1958):

$$\alpha_{O_2} = 2 \cdot 8 \cdot 10^{-5} \, ml \cdot ml^{-1} \cdot Torr^{-1},$$
$$D_{O_2} = 15 \cdot 10^{-4} \, cm^2 \cdot min^{-1}.$$

We are aware that these can give only orders of magnitude. For comparative purposes this will, however, be adequate.

The blood plasma forms a layer of varying thickness which extends from the internal barrier surface (internal membrane of endothelial cells) to the erythrocyte membrane. It is thus again a barrier of similar characteristics as the tissue barrier; the diffusing capacity of the plasma layer is thus

$$R_P^{-1} = \alpha \cdot D \cdot S_P \cdot \frac{1}{\delta_h} \tag{10}$$

where S_P is its total cross section and δ_h its harmonic mean thickness. S_P can be conveniently estimated by the surface area of the capillary endothelium S_c; δ_h could also be determined by the same method as τ_h (see p. 95 of this volume); to date, no systematic measurements of δ_h have been made, however, since it is not certain yet whether the distribution of the plasma layer seen in our preparations (Figs. 5 and 7) corresponds to that in the functioning capillary. This is presently being investigated.

Finally, the actual resistance to O_2 diffusion inside the red cell is not easy to define since it is strongly influenced by the specific affinity of hemoglobin to O_2. A simple expression which estimates in essence the uptake of O_2 by whole blood has been introduced by physiologists (see FORSTER, 1964); for the present it may serve our purpose:

$$R_E^{-1} = \vartheta_{O_2} \cdot V_c \tag{11}$$

where V_c is the capillary volume and ϑ_{O_2} is the rate of uptake of O_2 by whole blood. V_c can be estimated morphometrically by methods presented on p. 92, e.g. by point counting. ϑ_{O_2} has been repeatedly determined experimentally; a generally accepted value for human blood has been found by STAUB, BISHOP and FORSTER (1962):

$$\vartheta_{O_2} = 2.5 \text{ ml} \cdot \text{ml}^{-1} \cdot \text{min}^{-1} \cdot \text{Torr}^{-1}.$$

Reviewing the relations 9, 10 and 11 we find that all of them have the dimensions of diffusion conductances or diffusing capacities (ml $\cdot$ min^{-1} $\cdot$ Torr^{-1}). The sum of their reciprocal values would thus define the total lung resistance R_L (equation 1). This very simple model for the pulmonary gas exchange apparatus thus behaves like an electric analog (Fig. 8) with three resistances arranged in series: their combined resistance is simply the sum of the individual resistances. On the other hand, within each layer, elements of different thickness τ or δ can be regarded as resistances arranged in parallel (Fig. 8); their combined resistance is obtained by summing the individual conductances R^{-1}.

Introduction of morphometric data into model

All the structural parameters that enter the model of the pulmonary gas exchange apparatus can be determined by stereologic methods. Table 1 presents data obtained on human (WEIBEL, 1963) and rat lungs (WEIBEL and KNIGHT, 1964; KISTLER, CALDWELL and WEIBEL, 1965). As exceptions, the plasma depth δ_h could not yet be studied systematically for reasons given above; estimates made on models provided a rough value of 1.4 μ. A reliable estimate of the thickness τ_h of the human air-blood barrier is not available either since adequate material for a systematic study was not yet available. Comparative information suggests that τ_h of the human barrier exceeds that of the rat by about 30%. These indirect estimates are printed in italics in Table 1.

The information gathered so far suggests that the human gas exchange apparatus is able to admit a 220 times larger quantity of O_2 from air to blood than the rat lung. This is in good agreement with the total oxygen consumption at rest which is about 170 times larger in man that in the rat. A comparison of the specific O_2 consumption of human and rat tissues with the specific gas exchange capacity of the lung, both defined as O_2 consumption and gas exchange capacity per gram body weight again shows good agreement: they are both larger in the rat by about a factor of 3.

In spite of the simplicity of our model, and although several parameters have been crudely estimated — if not guessed, as α and D — a reassuring agreement between morphometric model and experimental physiologic data is apparent. This approach appears very promising in attempts at quantitative correlation of structure and function. Performing physiological experiments on gas exchange and subsequent morphometric analysis on the lungs of the same animals may eventually allow an estimation of the physical coefficients α and D for pulmonary tissue. At present, no more direct approach to this eminent problem appears to be available.

The use of this model is also valuable in experimental studies. For example, it had been shown physiologically on human volunteers (Caldwell, Lee, Schild-kraut and Archibald, 1966) that breathing of pure O_2 at 1 atmosphere ambient pressure caused a serious fall in pulmonary diffusing capacity after a few days. In

Table I. *Comparison of models for human and rat gas exchange apparatus (italics are indirect rough estimates)*

Parameter	Rat	Man
Body weight	0.120 kg	70 kg
S_A	0.38 m²	77 m²
S_c	0.34 m²	70 m²
V_c	0.38 ml	140 ml
τ_h	0.45 μ	*0.6 μ*
δ_h	*1.4 μ*	*1.4 μ*
$R^{-1}_{TO_2}$	3.4	525*
$R^{-1}_{PO_2}$	1.0	210*
$R^{-1}_{EO_2}$	0.96	368*
$R^{-1}_{LO_2}$	0.43	96*
Relative O_2 consumption	1	170
Relative $R^{-1}_{LO_2}$	1	220
Specific O_2 consumption	770	220
Specific $R^{-1}_{LO_2}$	$3.6 \cdot 10^{-3}$	$1.4 \cdot 10^{-3}$

* ml · min⁻¹ · Torr⁻¹.

similar experiments on rats (Kistler, Caldwell and Weibel, 1965) morphometric analysis of lungs revealed a marked thickening of the air-blood barrier and a loss of exchange surface and capillary volume occurring during the second and third day. As a result of this, the diffusing capacity of the barrier $D_M = R^{-1}_T$ fell to less than 25% of the normal value in the course of the experiment. Again the agreement between physiologic and morphometric analysis was good. While the physiologic data indicated damages to the air-blood barrier to occur under pure O_2 breathing, the morphometric analysis has elucidated the nature of this damage (Kistler, Caldwell and Weibel, 1965) and has thus permitted some insight into internal events. Considering the great importance of pure O_2 breathing in both clinical medicine and space travel — where the capsule atmosphere still is pure O_2 — morphometry can here make substantial contributions which could otherwise not be secured.

After all this praise for our model, we should strongly emphasize that it is only a model which is, by definition, a poor and inaccurate representation of reality, and that our success is only transitory: as soon as a better model becomes available we must have the courage to cast away the old one — thus steadily advancing step by step towards truth.

Conclusions

What are the general implications evolving from this presentation? We have learned that the internal mechanism of O_2 transfer from air to blood cannot be directly investigated in the intact and living organism, but that it has to be inferred on the basis of a physical theory by combined morphometric and physiologic studies.

We have used a simple physical model for O_2 transfer by diffusion to calculate model values for the diffusing capacity of the lung. Besides some physical coefficients this model required — as all models will — the morphometric determination of various structural parameters. This could be achieved by application of the stereologic methods presented in this symposium. The results of this model analysis could be directly correlated with experimental physiologic data on O_2 uptake in the lungs and good agreement was found.

What we should learn from this is that measurements on structure become meaningful and of high biologic significance if they can be combined, on the basis of theoretical models, with physiologic findings on the living organism in the quest for an understanding of truly internal and thus inaccessible functional events.

Models thus play a central role in the sequence "experience-theory-experiment" governing all research (TRUESDELL, 1956). But we must always consider that models are by definition wrong to a certain degree, since we are wilfully disregarding numerous so-called unimportant facets of reality, and are even representing in idealized form those considered. However, progress is continously adding to our knowledge and thus we should also contribute to a continuous improvement of rhe models used to interpret this knowledge intelligently.

It has become clear, we hope, from this entire symposium that the morphologist can and must greatly contribute to this enterprise of correlated research involving all disciplines, mainly because he has the means to open the black-box enveloping the functional center of any organ and to investigate exactly and quantitatively its sttucture. There is here a vast field of rewarding research ahead of us.

References

CALDWELL, P. R. B., W. L. LEE jr., H. S. SCHILDKRAUT, and E. R. ARCHIBALD: Changes in lung volume, diffusing capacity and blood gases in men breathing oxygen. J. appl. Physiol. **21**, 1477—1483 (1966).

DITTMER, D. S., and R. M. GREBE: Handbook of respiration. Philadelphia and London: W. B. Saunders Co. 1958.

EULER, L.: Sectio prima de statu aequilibrii fluidorum. Novi comm. acad. sci. Petrop. **13**, 305—416 (1769).

FORSTER, R. E.: Diffusion of gases. In: Handbook of physiology, Sect. 3: Respiration, vol. I, p. 839—872 (W. O. FENN and H. RAHN, ed.). Washington: Amer. Physiol. Soc. 1964.

GOMEZ, D. M.: Personal communication 1965.

KISTLER, G. S., P. R. B. CALDWELL, and E. R. WEIBEL: Electron microscopic and morphometric study of rats exposed to 98.5 per cent oxygen at atmospheric pressure. Technical Report, Aerospace Med. Res. Lab., US Air Force [AMRL-TR-65-66] 1965.

STAUB, N. C., J. M. BISHOP, and R. E. FORSTER: Importance of diffusion and chemical reaction rates in O_2 uptake in the lung. J. appl. Physiol. **17**, 21—27 (1962).

TRUESDELL, C.: Experience, theory and experiment. Proc. Sixth Hydraulics Conf. Bull. Univ. of Iowa **36**, 3—18 (1956).

— Euler's Leistungen in der Mechanik. Enseignement mathématique **3**, 251—262 (1957).

WEIBEL, E. R.: Morphometry of the human lung. Berlin-Göttingen-Heidelberg: Springer 1963.

— G. S. KISTLER, and W. F. SCHERLE: Practical stereologic methods for morphometric cytology. J. Cell Biol. **30**, 23—38 (1966).

—, and B. W. KNIGHT: A morphometric study on the thickness of the pulmonary air-blood barrier. J. Cell Biol. **21**, 367 (1964).

Author Index — Namenverzeichnis

Italics refer to bibliographies

Kursive Zahlen verweisen auf Literaturverzeichnisse

Subject Index — Sachverzeichnis